严格依据管理类综合能力考试大纲编写

MBA MPA MPAcc MEM
管理类综合能力
数学历年真题详解

王杰通 编著

中国教育出版传媒集团
高等教育出版社·北京

- 应届生：MPAcc（会计硕士） MAUD（审计硕士） MLIS（图书情报硕士） MEM（工业工程与管理硕士、物流工程与管理硕士）
- 在职考生：MBA（工商管理硕士） MPA（公共管理硕士） MEM（工程管理硕士、项目管理硕士） MTA（旅游管理硕士）
- 最佳搭配：考试大纲＋数学分册＋数学题源教材＋数学历年真题详解＋条件充分性判断专项突破450题
- 把握命题规律 了解命题思路 吃透历年真题 完善备考内容
- 本书适用于2025年考生

图书在版编目（CIP）数据

MBA MPA MPAcc MEM 管理类综合能力数学历年真题详解 / 王杰通编著. -- 北京：高等教育出版社，2024. 8. --ISBN 978-7-04-062650-6

Ⅰ. O13-44

中国国家版本馆 CIP 数据核字第 2024PZ1297 号

MBA MPA MPAcc MEM 管理类综合能力数学历年真题详解
MBA MPA MPAcc MEM Guanli Lei Zonghe Nengli Shuxue Linian Zhenti Xiangjie

策划编辑	李晓翠	责任编辑	张耀明	封面设计	李小璐	版式设计	童 丹
责任绘图	邓 超	责任校对	刘娟娟	责任印制	赵义民		

出版发行	高等教育出版社	网 址	http://www.hep.edu.cn
社 址	北京市西城区德外大街4号		http://www.hep.com.cn
邮政编码	100120	网上订购	http://www.hepmall.com.cn
印 刷	山东润声印务有限公司		http://www.hepmall.com
开 本	787mm×1092mm 1/16		http://www.hepmall.cn
印 张	20		
字 数	480 千字	版 次	2024年8月第1版
购书热线	010-58581118	印 次	2024年8月第1次印刷
咨询电话	400-810-0598	定 价	65.00 元

本书如有缺页、倒页、脱页等质量问题，请到所购图书销售部门联系调换
版权所有　侵权必究
物 料 号　62650-00

目录

2024 年管理类综合能力数学真题及解析　　//　　1
2023 年管理类综合能力数学真题及解析　　//　　10
2022 年管理类综合能力数学真题及解析　　//　　18
2021 年管理类专业学位联考综合能力数学真题及解析　　//　　28
2020 年管理类专业学位联考综合能力数学真题及解析　　//　　37
2019 年管理类专业学位联考综合能力数学真题及解析　　//　　46
2018 年管理类专业学位联考综合能力数学真题及解析　　//　　55
2017 年管理类专业学位联考综合能力数学真题及解析　　//　　64
2016 年管理类专业学位联考综合能力数学真题及解析　　//　　73
2015 年管理类专业学位联考综合能力数学真题及解析　　//　　82
2014 年 1 月管理类专业学位联考综合能力数学真题及解析　　//　　91
2014 年 10 月在职攻读硕士学位全国联考综合能力数学真题及解析　　//　　100
2013 年 1 月管理类专业学位联考综合能力数学真题及解析　　//　　109
2013 年 10 月在职攻读硕士学位全国联考综合能力数学真题及解析　　//　　118
2012 年 1 月管理类专业学位联考综合能力数学真题及解析　　//　　127
2012 年 10 月在职攻读硕士学位全国联考综合能力数学真题及解析　　//　　137
2011 年 1 月管理类专业学位联考综合能力数学真题及解析　　//　　146
2011 年 10 月在职攻读硕士学位全国联考综合能力数学真题及解析　　//　　157
2010 年 1 月管理类专业学位联考综合能力数学真题及解析　　//　　166
2010 年 10 月在职攻读硕士学位全国联考综合能力数学真题及解析　　//　　175
2009 年 1 月管理类专业学位联考综合能力数学真题及解析　　//　　183
2009 年 10 月在职攻读硕士学位全国联考综合能力数学真题及解析　　//　　194
2008 年 1 月管理类专业学位联考综合能力数学真题及解析　　//　　202
2008 年 10 月在职攻读硕士学位全国联考综合能力数学真题及解析　　//　　214
2007 年 1 月管理类专业学位联考综合能力数学真题及解析　　//　　225
2007 年 10 月在职攻读硕士学位全国联考综合能力数学真题及解析　　//　　229
2006 年 1 月管理类专业学位联考综合能力数学真题及解析　　//　　239
2006 年 10 月在职攻读硕士学位全国联考综合能力数学真题及解析　　//　　243
2005 年 1 月管理类专业学位联考综合能力数学真题及解析　　//　　246
2005 年 10 月在职攻读硕士学位全国联考综合能力数学真题及解析　　//　　248

2004年1月管理类专业学位联考综合能力数学真题及解析 //	250
2004年10月在职攻读硕士学位全国联考综合能力数学真题及解析 //	253
2003年1月管理类专业学位联考综合能力数学真题及解析 //	255
2003年10月在职攻读硕士学位全国联考综合能力数学真题及解析 //	259
2002年1月管理类专业学位联考综合能力数学真题及解析 //	263
2002年10月在职攻读硕士学位全国联考综合能力数学真题及解析 //	269
2001年1月管理类专业学位联考综合能力数学真题及解析 //	273
2001年10月在职攻读硕士学位全国联考综合能力数学真题及解析 //	278
2000年1月管理类专业学位联考综合能力数学真题及解析 //	282
2000年10月在职攻读硕士学位全国联考综合能力数学真题及解析 //	286
1999年1月管理类专业学位联考综合能力数学真题及解析 //	290
1999年10月在职攻读硕士学位全国联考综合能力数学真题及解析 //	295
1998年1月管理类专业学位联考综合能力数学真题及解析 //	300
1998年10月在职攻读硕士学位全国联考综合能力数学真题及解析 //	306
1997年1月管理类专业学位联考综合能力数学真题及解析 //	311

2024年管理类综合能力数学真题及解析

真 题

一、问题求解：第1~15题，每小题3分，共45分。下列每题给出的五个选项中，只有一项是符合试题要求的。

1. 甲股票上涨20%后的价格与乙股票下跌20%后的价格相等，则甲、乙股票的原价格之比为（　　）.

   A. 1∶1　　　　　　　　　　　B. 1∶2
   C. 2∶1　　　　　　　　　　　D. 3∶2
   E. 2∶3

2. 甲、乙两人参加健步运动. 第一天两人走的步数相同，此后甲每天都比前一天多走700步，乙每天走的步数保持不变. 若乙前7天走的总步数与甲前6天走的总步数相同，则甲第7天走了（　　）步.

   A. 10 500　　　　　　　　　　B. 13 300
   C. 14 000　　　　　　　　　　D. 14 700
   E. 15 400

3. 函数 $f(x)=\dfrac{x^4+5x^2+16}{x^2}$ 的最小值为（　　）.

   A. 12　　　　　　　　　　　　B. 13
   C. 14　　　　　　　　　　　　D. 15
   E. 16

4. 将3张写有不同数字的卡片随机地排成一排，数字面朝下. 翻开左边和中间的2张卡片，如果中间卡片上的数字大，那么取中间的卡片，否则取右边的卡片. 则取出的卡片上的数字最大的概率为（　　）.

   A. $\dfrac{5}{6}$　　　　　　　　　　　　B. $\dfrac{2}{3}$
   C. $\dfrac{1}{2}$　　　　　　　　　　　　D. $\dfrac{1}{3}$
   E. $\dfrac{1}{4}$

5. 已知点 $O(0,0), A(a,1), B(2,b), C(1,2)$,若四边形 $OABC$ 为平行四边形,则 $a+b=$（　）.

   A. 3　　　　　　　　　　　　B. 4
   C. 5　　　　　　　　　　　　D. 6
   E. 7

6. 已知等差数列 $\{a_n\}$ 满足 $a_2 a_3 = a_1 a_4 + 50$,且 $a_2 + a_3 < a_1 + a_5$,则公差为（　）.

   A. 2　　　　　　　　　　　　B. -2
   C. 5　　　　　　　　　　　　D. -5
   E. 10

7. 已知 m, n, k 都是正整数,若 $m+n+k=10$,则 m, n, k 的取值方法有（　）种.

   A. 21　　　　　　　　　　　B. 28
   C. 36　　　　　　　　　　　D. 45
   E. 55

8. 如图,正三角形 ABC 的边长为3,以 A 为圆心,以2为半径作圆,再分别以 B, C 为圆心,以1为半径作圆,则阴影部分面积为（　）.

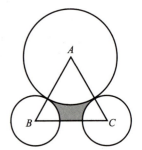

   A. $\dfrac{9}{4}\sqrt{3} - \dfrac{\pi}{2}$　　　　　　B. $\dfrac{9}{4}\sqrt{3} - \pi$

   C. $\dfrac{9}{8}\sqrt{3} - \dfrac{\pi}{2}$　　　　　　D. $\dfrac{9}{8}\sqrt{3} - \pi$

   E. $\dfrac{3}{4}\sqrt{3} - \dfrac{\pi}{2}$

9. 在雨季,某水库的蓄水量已达警戒水位,同时上游来水注入水库,需要及时泄洪,若开4个泄洪闸,则水库的蓄水量到安全水位要8天,若开5个泄洪闸,则水库的蓄水量到安全水位要6天,若开7个泄洪闸,则水库的蓄水量到安全水位要（　）天.

   A. 4.8　　　　　　　　　　　B. 4
   C. 3.6　　　　　　　　　　　D. 3.2
   E. 3

10. 如图,在三角形点阵中,第 n 行及其上方所有点的个数为 a_n,如 $a_1=1, a_2=3$,已知 a_k 是平方数且 $1<a_k<100$,则 $a_k=$（　）.

    A. 16　　　　　　　　　　　B. 25
    C. 36　　　　　　　　　　　D. 49
    E. 81

11. 如图,在边长为2的正三角形材料中,裁剪出一个半圆形.已知半圆的直径在三角形的一条边上,则这个半圆的面积最大为（　）.

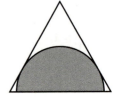

    A. $\dfrac{3}{8}\pi$　　　　　　　　　　B. $\dfrac{3}{5}\pi$

    C. $\dfrac{3}{4}\pi$　　　　　　　　　　D. $\dfrac{\pi}{4}$

E. $\frac{1}{2}\pi$

12. 甲、乙两码头相距 100 千米,一艘游轮从甲地顺流而下,到达乙地用了 4 小时,返回时游轮的静水速度增加了 25%,用了 5 小时,则航道的水流速度为( )千米/小时.

   A. 3.5   B. 4
   C. 4.5   D. 5
   E. 5.5

13. 如图,圆柱形容器的底面半径是 $2r$,将半径为 r 的铁球放入容器后,液面的高度为 r,液面原来的高度为( ).

   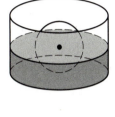

   A. $\frac{1}{6}r$ B. $\frac{1}{3}r$
   C. $\frac{1}{2}r$ D. $\frac{2}{3}r$
   E. $\frac{5}{6}r$

14. 有 4 种不同的颜色,甲、乙两人各随机选 2 种,则两人所选颜色完全相同的概率为( ).

   A. $\frac{1}{6}$ B. $\frac{1}{9}$
   C. $\frac{1}{12}$ D. $\frac{1}{18}$
   E. $\frac{1}{36}$

15. 设非负实数 x, y 满足 $\begin{cases} 2 \leqslant xy \leqslant 8, \\ \frac{x}{2} \leqslant y \leqslant 2x, \end{cases}$ 则 $x+2y$ 的最大值为( ).

   A. 3   B. 4
   C. 5   D. 8
   E. 10

二、条件充分性判断: 第 16~25 小题,每小题 3 分,共 30 分. 要求判断每题给出的条件(1)和条件(2)能否充分支持题干所陈述的结论。A、B、C、D、E 五个选项为判断结果,请选择一项符合试题要求的判断。

   A. 条件(1)充分,但条件(2)不充分.
   B. 条件(2)充分,但条件(1)不充分.
   C. 条件(1)和条件(2)单独都不充分,但条件(1)和条件(2)联合起来充分.
   D. 条件(1)充分,条件(2)也充分.
   E. 条件(1)和条件(2)单独都不充分,条件(1)和条件(2)联合起来也不充分.

16. 已知袋中装有红、白、黑三种颜色的球若干个,随机抽取 1 个球. 则该球是白球的概率大于 $\frac{1}{4}$.

(1) 红球数量最少.

(2) 黑球数量不到一半.

17. n 是正整数. 则 n^2 除以 3 余数为 1.

(1) n 除以 3 余数为 1.

(2) n 除以 3 余数为 2

18. 设二次函数 $f(x) = ax^2+bx+1$. 则能确定 $a<b$.

(1) 曲线 $y=f(x)$ 关于直线 $x=1$ 对称.

(2) 曲线 $y=f(x)$ 与直线 $y=2$ 相切.

19. 设 a,b,c 是实数. 则 $a^2+b^2+c^2 \leq 1$.

(1) $|a|+|b|+|c| \leq 1$.

(2) $ab+bc+ac=0$.

20. 设 a 是实数, $f(x)=|x-a|-|x-1|$. 则 $f(x) \leq 1$.

(1) $a \geq 0$.

(2) $a \leq 2$.

21. 设 a,b 是正实数. 则能确定 $a \geq b$.

(1) $a+\dfrac{1}{a} \geq b+\dfrac{1}{b}$.

(2) $a^2+a \geq b^2+b$.

22. 兔窝位于兔子正北 60 米, 狼在兔子正西 100 米, 狼和兔子同时直奔兔窝. 则兔子率先到达兔窝.

(1) 兔子的速度是狼的速度的 $\dfrac{2}{3}$.

(2) 兔子的速度是狼的速度的 $\dfrac{1}{2}$.

23. 设 x,y 是实数. 则能确定 $x \geq y$.

(1) $(x-6)^2+y^2=18$.

(2) $|x-4|+|y+1|=5$.

24. 设曲线 $y=x^3-x^2-ax+b$ 与 x 轴有三个不同的交点 A、B、C. 则 $|BC|=4$.

(1) 点 A 的坐标是 $(1,0)$.

(2) $a=4$.

25. 设 $\{a_n\}$ 是等比数列, S_n 是 a_n 的前 n 项和. 则能确定 a_n 的公比.

(1) $S_3=2$.

(2) $S_9=26$.

解　析

一、问题求解

1.【答案】 E

【解析】 设甲股票变化前的价格是 a，乙股票变化前的价格是 b，根据题意有
$$(1+20\%)a = (1-20\%)b,$$
整理得 $\dfrac{a}{b} = \dfrac{2}{3}$.

2.【答案】 D

【解析】 设甲、乙第 1 天走的步数为 x，根据题意，有

甲前 6 天走的步数依次为
$$x, x+700, x+1\,400, x+2\,100, x+2\,800, x+3\,500;$$

乙前 7 天走的步数依次为 x,x,x,x,x,x,x，由已知得到方程
$$x+x+700+x+1\,400+x+2\,100+x+2\,800+x+3\,500 = 7x,$$

从而 $x = 10\,500$，所以甲第 7 天走了 $10\,500+4\,200 = 14\,700$（步）.

【技巧】 把甲和乙走的步数分别看成首项为 x 的等差数列 $\{a_n\}, \{b_n\}$，甲以 700 为公差，乙以 0 为公差，则有 $a_1+a_2+\cdots+a_6 = 7b_1$，即
$$a_1+a_2+\cdots+a_6 = (a_1+a_6)+(a_2+a_5)+(a_3+a_4) = 3(a_1+a_6) = 3(x+x+3\,500) = 7b_1 = 7x,$$
得 $x = 10\,500$，则甲第 7 天走的步数是 $a_7 = x+6d = 10\,500+4\,200 = 14\,700$.

3.【答案】 B

【解析】 $f(x) = \dfrac{x^4+5x^2+16}{x^2} = x^2 + \dfrac{16}{x^2} + 5 \geqslant 2\sqrt{x^2 \cdot \dfrac{16}{x^2}} + 5 = 13.$

4.【答案】 C

【解析】 把抽象问题具体化，3 个数字记为 1,2,3，因为题目中要求随机排成一排，有 6 种可能：123,132,213,231,312,321，样本空间中元素个数是 6，事件 A = "取出的卡片上的数字最大".

按左边和中间卡片上的数字大小可以将样本空间分两类：

(1) 中间卡片上的数字大，那么取中间的卡片，有 123,132,231，满足事件 A 的有 2 种情况 132,231.

(2) 中间卡片上的数字小，那么取右边的卡片，有 213,312,321，满足事件 A 的有 1 种情况 213.

则取出的卡片上的数字最大的概率为 $P(A) = \dfrac{1}{2}$.

5.【答案】 B

【解析】 由于平行四边形的对角线相互平分，则 OB 的中点和 AC 的中点是一样的，建立方程组 $\begin{cases} \dfrac{0+2}{2} = \dfrac{a+1}{2}, \\ \dfrac{0+b}{2} = \dfrac{1+2}{2}, \end{cases}$ 从而得到 $a=1, b=3$.

6.【答案】 C

【解析】 $a_2 a_3 = a_1 a_4 + 50$，则 $(a_1+d)(a_1+2d) = a_1(a_1+3d)+50$，得
$$a_1^2 + 3da_1 + 2d^2 = a_1^2 + 3da_1 + 50,$$
则 $2d^2 = 50$，则 $d = \pm 5$，又由 $a_2 + a_3 < a_1 + a_5$，可以得到 $2a_1 + 3d < 2a_1 + 4d$，从而 $d > 0$。

7.【答案】 C

【解析】 本题可以转化为把 10 个相同的 1 放入 3 个不同的位置，由于 m, n, k 都是正整数，所以每个位置不允许空放，因此可以套隔板公式 $C_{n-1}^{m-1} \xrightarrow{n=10, m=3} C_9^2 = 36$。

8.【答案】 B

【解析】 考虑用面积差的方法，用等边三角形的面积去掉 3 个扇形的面积，
$$S_{阴} = S_{等边} - S_{扇} = \frac{\sqrt{3}}{4} \times 3^2 - \frac{1}{6}\pi \times 2^2 - \frac{1}{3}\pi \times 1^2 = \frac{9\sqrt{3}}{4} - \pi.$$

9.【答案】 B

【解析】 设 S 为水库的蓄水量，v 是每个泄洪闸的效率，x 是洪水的流速，t 为所求天数，根据题意，有
$$S = 4 \cdot v \cdot 8 - 8 \cdot x = 5 \cdot v \cdot 6 - 6 \cdot x = 7 \cdot v \cdot t - t \cdot x,$$
由 $S = 4 \cdot v \cdot 8 - 8 \cdot x = 5 \cdot v \cdot 6 - 6 \cdot x$ 可以得到 v 和 x 的关系 $v = x$，则令 $v = x = 1$，得 $S = 24$，代入 $S = 7 \cdot v \cdot t - t \cdot x$，则 $24 = 7 \times 1 \cdot t - t \cdot 1 = 6t$，所以 $t = 4$。

10.【答案】 C

【解析】 每行点的个数从上到下成等差数列，可知 $a_1 = 1, a_2 = 1+2, a_3 = 1+2+3$，从而 $a_k = 1+2+3+\cdots+k = \dfrac{k(k+1)}{2}$，$a_k$ 是完全平方数，且 $1 < a_k < 100$，则可以穷举
$$a_1 = 1, a_2 = 3, a_3 = 6, a_4 = 10, a_5 = 15, a_6 = 21, a_7 = 28, a_8 = 36.$$

11.【答案】 A

【解析】 如图所示，要使半圆的面积最大，必须使半圆和三角形的边相切，连接 AD, ED，半径一定垂直于切线，所以 $ED \perp AB$，半径最大是 $\triangle ABD$ 的斜高 ED，根据面积守恒，$ED = \dfrac{1 \times \sqrt{3}}{2}$，此时半圆的面积是 $\dfrac{1}{2}\pi\left(\dfrac{\sqrt{3}}{2}\right)^2 = \dfrac{3}{8}\pi.$

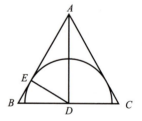

12.【答案】 D

【解析】 设船速是 v，水流速度为 x，根据题意建立方程
$$\begin{cases} \dfrac{100}{4} = v + x, \\ \dfrac{100}{5} = 1.25v - x, \end{cases}$$
求得 $x = 5$。

13.【答案】 E

【解析】 设液面原来的高度为 h，因为最后液面的高度是 r，为铁球的直径的一半，所以

球进入水中一半,因此原来液体的体积加上半球的体积正好等于水面高度为 r 的圆柱的体积,列方程得 $\pi(2r)^2 h + \frac{2}{3}\pi r^3 = \pi(2r)^2 r$,求得 $h = \frac{5}{6}r$.

14.【答案】 A

【解析】 样本空间是 $C_4^2 \cdot C_4^2 = 36$,事件 A 为"两人所选颜色完全相同",即:甲取到两种颜色之后,乙就唯一确定了,则 $P(A) = \dfrac{C_4^2}{C_4^2 C_4^2} = \dfrac{1}{6}$.

15.【答案】 E

【解析】 线性目标函数的最值一定在交点处达到,如图所示,直接求出交点 A、B、C、D 的坐标并逐个验证大小即可,

$\begin{cases} xy = 8, \\ y = 2x \end{cases} \Rightarrow A(2,4)$, $\begin{cases} xy = 8, \\ 2y = x \end{cases} \Rightarrow B(4,2)$,

$\begin{cases} xy = 2, \\ y = 2x \end{cases} \Rightarrow D(1,2)$, $\begin{cases} xy = 2, \\ 2y = x \end{cases} \Rightarrow C(2,1)$,

最后发现 A 点是最值点,把 $A(2,4)$ 代入目标函数,最大值是 10.

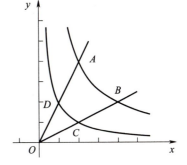

二、条件充分性判断

16.【答案】 C

【解析】 设红球 a 个,白球 b 个,黑球 c 个,该球是白球的概率大于 $\dfrac{1}{4}$ 等价于

$$\frac{b}{a+b+c} > \frac{1}{4} \Leftrightarrow a+c < 3b.$$

条件(1)红球数量最少,可以举出反例 $a=1, b=2, c=10$,所以条件(1)不充分.

条件(2)黑球数量不到一半,可以举出反例 $a=3, b=1, c=2$,所以条件(2)不充分.

考虑联合条件(1)和条件(2),设总球数为 $M = a+b+c$,则红球数量与白球数量超过 $\dfrac{M}{2}$,从而

$$2b > a+b > \frac{M}{2} \Rightarrow b > \frac{M}{4} \Rightarrow \frac{b}{M} > \frac{1}{4},$$

即 $a+c < 3b$,所以选 C.

17.【答案】 D

【解析】 对于条件(1) $n = 3k+1$,则 $n^2 = (3k+1)^2 = 9k^2 + 6k + 1 = 3(3k^2 + 2k) + 1$,所以条件(1)充分;

对于条件(2) $n = 3k+2$,则 $n^2 = (3k+2)^2 = 9k^2 + 12k + 4 = 3(3k^2 + 4k) + 3 + 1$,所以 n^2 除以 3 余数为 1,条件(2)也充分,故选 D.

18.【答案】 C

【解析】 对于条件(1)对称轴是 $x = -\dfrac{b}{2a} = 1$,无法确定 a 和 b 的大小.

比如:$a=1, b=-2$;$a=-\dfrac{1}{2}, b=1$,所以条件(1)不充分.

对于条件(2)曲线 $y=f(x)$ 与直线 $y=2$ 相切,联立方程

$$\begin{cases} f(x)=ax^2+bx+1 \\ y=2 \end{cases} \Rightarrow ax^2+bx-1=0 \Rightarrow \Delta=b^2+4a=0,$$

也无法确定 a 和 b 的大小. 比如: $a=-1,b=\pm 2$,所以条件(2)不充分.

考虑联合条件(1)和条件(2),$\begin{cases} b^2+4a=0 \\ b+2a=0 \end{cases} \Rightarrow b^2-2b=0 \Rightarrow b=0(\text{舍})$ 或 2, $a=-1$,从而确定 $a<b$. 故选 C.

19. 【答案】 A

【解析】 条件(2)显然不充分,可以举出反例 $a=2,b=0,c=0$.

对于条件(1) $|a|+|b|+|c|\leq 1$ 可以进行放缩,

$$a^2+b^2+c^2=|a||a|+|b||b|+|c||c|\leq |a|+|b|+|c|\leq 1,$$

所以条件(1)充分,故选 A.

【技巧】 两边平方: $|a|+|b|+|c|\leq 1 \Rightarrow a^2+b^2+c^2+2|ab|+2|ac|+2|bc|\leq 1$,

所以 $a^2+b^2+c^2\leq 1$.

20. 【答案】 C

【解析】 $f(x)=|x-a|-|x-1|$ 的最大值是 $|a-1|$,要使 $f(x)\leq 1$,则

$$|a-1|\leq 1 \Rightarrow -1\leq a-1 \leq 1 \Rightarrow 0\leq a\leq 2,$$

故选 C.

21. 【答案】 B

【解析】 对于条件(1)考虑对勾函数 $y=x+\dfrac{1}{x}$ 的图像,在第一象限不是单调函数,所以不充分,可以举出反例 $a=0.1,b=1$,对于条件(2) $y=x^2+x$ 在正实数范围下是单调增加函数,所以 $a^2+a\geq b^2+b$ 能推出 $a\geq b$,故选 B.

【技巧】 本题也可以采取因式分解的方法,对于条件(1)不难举出反例 $a=0.1,b=1$.

对于条件(2) $a^2+a\geq b^2+b \Leftrightarrow (a-b)(a+b)+a-b\geq 0 \Leftrightarrow (a-b)(a+b+1)\geq 0$,

所以 $a\geq b$. 故选 B.

22. 【答案】 A

【解析】 兔子距兔窝的距离是 60 米,根据勾股定理,狼距兔窝的距离是 $\sqrt{100^2+60^2}$ 米.

兔子如果率先到必须满足 $\left(\dfrac{v_\text{兔}}{v_\text{狼}}\right)^2 \geq \left(\dfrac{60}{\sqrt{100^2+60^2}}\right)^2 = \dfrac{9}{34}$,所以条件(1)充分,条件(2)不充分,故选 A.

23. 【答案】 D

【解析】 $x\geq y$ 代表的是直线 $y=x$ 的右下方区域.

条件(1) $(x-6)^2+y^2=18$ 代表圆形区域正好是直线 $y=x$ 的右下方区域的子区域(如下页左图);

条件(2) $|x-4|+|y+1|=5$ 代表正方形区域正好是直线 $y=x$ 的右下方区域的子区域(如下页右图),

所以选 D.

24.【答案】 C

【解析】 条件(1)单独考虑点 A 的坐标是 $(1,0)$,代入 $y=x^3-x^2-ax+b$,可以得到 $a=b$,此时无法确定 B 和 C 点,条件(1)不充分,对于条件(2) $a=4$,缺少 b 的信息,所以考虑联合条件(1)和条件(2),

$$y=x^3-x^2-ax+b=x^3-x^2-4x+4=(x-1)(x+2)(x-2)=0,$$

得 $A(1,0),B(-2,0),C(2,0)$,所以 $|BC|=4$. 故选 C.

25.【答案】 E

【解析】 对于条件(1) $S_3=2=\dfrac{a_1(1-q^3)}{1-q}$,显然无法确定公比,条件(1)不充分.

对于条件(2) $S_9=26=\dfrac{a_1(1-q^9)}{1-q}$,显然无法确定公比,条件(2)不充分.

考虑联合条件(1)和条件(2),

$$S_9=26=\dfrac{a_1(1-q^9)}{1-q},$$

$$S_3=2=\dfrac{a_1(1-q^3)}{1-q},$$

两式相除可得 $13=\dfrac{1-q^9}{1-q^3}=\dfrac{1^3-(q^3)^3}{1-q^3}=\dfrac{(1-q^3)(1+q^3+q^6)}{1-q^3}=1+q^3+q^6$,

所以 $13=1+q^3+q^6\Rightarrow q^6+q^3-12=(q^3+4)(q^3-3)=0$,因此 q 不唯一确定,故选 E.

2023年管理类综合能力数学真题及解析

真　　题

一、问题求解：第1~15小题，每小题3分，共45分。下列每题给出的五个选项中，只有一项是符合试题要求的。

1. 油价上涨5%后，加一箱油比原来多花20元. 一个月后油价下降4%，则加一箱油需要花（　　）元.

    A. 384　　　　　　　　　　　　B. 401
    C. 402.8　　　　　　　　　　　D. 403.2
    E. 404

2. 已知甲、乙两个公司的利润之比为3∶4，甲、丙两个公司的利润之比为1∶2. 若乙公司的利润为3 000万元，则丙公司的利润为（　　）万元.

    A. 5 000　　　　　　　　　　　B. 4 500
    C. 4 000　　　　　　　　　　　D. 3 500
    E. 2 500

3. 一个分数的分母和分子之和为38，其分子、分母都减去15，约分后得到$\frac{1}{3}$，则这个分数的分母与分子之差为（　　）.

    A. 1　　　　　　　　　　　　　B. 2
    C. 3　　　　　　　　　　　　　D. 4
    E. 5

4. $\sqrt{5+2\sqrt{6}}-\sqrt{3}=$（　　）.

    A. $\sqrt{2}$　　　　　　　　　　　　B. $\sqrt{3}$
    C. $\sqrt{6}$　　　　　　　　　　　　D. $2\sqrt{2}$
    E. $2\sqrt{3}$

5. 某公司财务部有男员工2名，女员工3名，销售部有男员工4名，女员工1名. 现要选出2男1女组成工作小组，并要求每个部门至少有1名员工入选，则工作小组构成的方式有（　　）种.

    A. 24　　　　　　　　　　　　　B. 36

C. 50
D. 51
E. 68

6. 甲、乙两人从同一地点出发,甲先出发10分钟.若乙跑步追赶甲,则10分钟可追上;若乙骑车追赶甲,每分钟比跑步多行100米,则5分钟可追上.那么甲每分钟走的距离为( )米.
   A. 50
   B. 75
   C. 100
   D. 125
   E. 150

7. 如图,已知点$A(-1,2)$,$B(3,4)$,若点$P(m,0)$使得$||PB|-|PA||$最大,则$m=$( ).
   A. -5
   B. -3
   C. -1
   D. 1
   E. 3

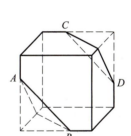

8. 由于疫情防控,电影院要求不同家庭之间至少隔一个座位,同一家庭的成员要相连.两个家庭去看电影,一家3人,一家2人,现有一排7个相连的座位,则符合要求的坐法有( )种.
   A. 36
   B. 48
   C. 72
   D. 144
   E. 216

9. 方程$x^2-3|x-2|-4=0$的所有实根之和为( ).
   A. -4
   B. -3
   C. -2
   D. -1
   E. 0

10. 如图,从一个棱长为6的正方体中截去两个相同的正三棱锥,若正三棱锥的底面边长$AB=4\sqrt{2}$,则剩余几何体的表面积为( ).
    A. 168
    B. $168+16\sqrt{3}$
    C. $168+32\sqrt{3}$
    D. $112+32\sqrt{3}$
    E. $124+32\sqrt{3}$

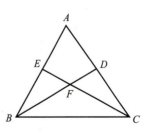

11. 如图,在三角形ABC中,$\angle BAC=60°$,BD是$\angle ABC$的角平分线交AC于点D,CE是$\angle ACB$的角平分线交AB于点E,BD和CE交于点F,则$\angle EFB$为( ).
    A. 45°
    B. 52.5°
    C. 60°
    D. 67.5°
    E. 75°

12. 跳水比赛中,裁判给某选手的一个动作打分,其平均值为8.6,方差为1.1.若去掉一个最高分9.7和一个最低分7.3,则剩余得分的( ).

A. 平均值变小,方差变大 B. 平均值变小,方差变小
C. 平均值变小,方差不变 D. 平均值变大,方差变大
E. 平均值变大,方差变小

13. 设 x 为正实数,则 $\dfrac{x}{8x^3+5x+2}$ 的最大值为(　　).

A. $\dfrac{1}{15}$ B. $\dfrac{1}{11}$

C. $\dfrac{1}{9}$ D. $\dfrac{1}{6}$

E. $\dfrac{1}{5}$

14. 如图,在矩形 $ABCD$ 中,$AD=2AB$,E,F 分别为 AD,BC 的中点,从 A,B,C,D,E,F 中任意选取 3 个点,则这 3 个点为顶点可组成直角三角形的概率为(　　).

A. $\dfrac{1}{2}$ B. $\dfrac{11}{24}$

C. $\dfrac{3}{5}$ D. $\dfrac{13}{20}$

E. $\dfrac{7}{10}$

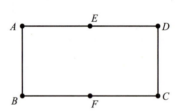

15. 快递员收到 3 个同城快递任务,取送地点各不相同,取送件可穿插进行,不同的取送件方式有(　　)种.

A. 6   B. 27
C. 36   D. 90
E. 360

二、条件充分性判断:第 16~25 小题,每小题 3 分,共 30 分。要求判断每题给出的条件(1)和条件(2)能否充分支持题干所陈述的结论。A、B、C、D、E 五个选项为判断结果,请选择一项符合试题要求的判断。

A. 条件(1)充分,但条件(2)不充分.
B. 条件(2)充分,但条件(1)不充分.
C. 条件(1)和条件(2)单独都不充分,但条件(1)和条件(2)联合起来充分.
D. 条件(1)充分,条件(2)也充分.
E. 条件(1)和条件(2)单独都不充分,条件(1)和条件(2)联合起来也不充分.

16. 有体育、美术、音乐、舞蹈 4 个兴趣班,每名同学至少参加 2 个.则至少有 12 名同学参加的兴趣班完全相同.

(1) 参加兴趣班的同学共有 125 人.

(2) 参加 2 个兴趣班的同学有 70 人.

17. 关于 x 的方程 $x^2-px+q=0$ 有两个实根 a 和 b. 则 $p-q>1$.

(1) $a>1$.

(2) $b<1$.

18. 已知等比数列 $\{a_n\}$ 的公比大于 1. 则 $\{a_n\}$ 单调递增.

(1) a_1 是方程 $x^2-x-2=0$ 的根.

(2) a_1 是方程 $x^2+x-6=0$ 的根.

19. 设 x,y 是实数. 则 $\sqrt{x^2+y^2}$ 有最大值和最小值.

(1) $(x-1)^2+(y-1)^2=1$.

(2) $y=x+1$.

20. 设集合 $M=\{(x,y)\,|\,(x-a)^2+(y-b)^2\leqslant 4\}$, $N=\{(x,y)\,|\,x>0,y>0\}$. 则 $M\cap N\neq\varnothing$.

(1) $a<-2$.

(2) $b>2$.

21. 甲、乙两车分别从 A,B 两地同时出发,相向而行,1 小时后,甲车到达 C 点,乙车到达 D 点(如图). 则能确定 A,B 两地的距离.

(1) 已知 C,D 两地的距离.

(2) 已知甲、乙两车的速度比.

22. 已知 m,n,p 是三个不同的质数. 则能确定 m,n,p 的乘积.

(1) $m+n+p=16$.

(2) $m+n+p=20$.

23. 八个班参加植树活动,共植树 195 棵. 则能确定各班植树棵数的最小值.

(1) 各班植树的棵数均不相同.

(2) 各班植树棵数的最大值是 28.

24. 设数列 $\{a_n\}$ 的前 n 项和为 S_n. 则 $a_2,a_3,a_4,\cdots$ 是等比数列.

(1) $S_{n+1}>S_n, n=1,2,3,\cdots$.

(2) $\{S_n\}$ 是等比数列.

25. 甲有两张牌 a,b, 乙有两张牌 x,y, 甲、乙各任意取出一张牌. 则甲取出的牌不小于乙取出的牌的概率不小于 $\dfrac{1}{2}$.

(1) $a>x$.

(2) $a+b>x+y$.

解 析

一、问题求解

1.【答案】 D

【解析】 设一箱油原价是 x 元,涨价后是 $x(1+5\%)$ 元,则 $x \cdot 5\% = 20$,得 $x = 400$. 油价下降 4% 后一箱油的价钱为 $(400+20) \times (1-4\%) = 403.2$(元),所以选 D.

2.【答案】 B

【解析】 利用统一比例法.

$\begin{cases} 甲:丙 = 1:2 = 3:6, \\ 甲:乙 = 3:4, \end{cases}$ 所以乙占了 4 份为 3 000 万元,则一份是 750 万元,从而丙公司的利润为:$750 \times 6 = 4\ 500$(万元).

3.【答案】 D

【解析】 设原来的分数是 $\dfrac{a}{b}$,且 $a+b=38$,$\dfrac{a-15}{b-15} = \dfrac{1}{3}$,则 $3a-b=30$,解得 $a=17$,$b=21$,这个分数的分母与分子之差为 4.

4.【答案】 A

【解析】 $\sqrt{5+2\sqrt{6}} - \sqrt{3} = \sqrt{(\sqrt{2}+\sqrt{3})^2} - \sqrt{3} = \sqrt{2}$.

所以答案为 A.

5.【答案】 D

【解析】 此题属于至多至少问题,可以从对立面入手,用总的方法数去掉只来自财务部或只来自销售部的情况就可以了,即 $N = C_6^2 C_4^1 - (C_2^2 C_3^1 + C_4^2 C_1^1) = 51$(种).

6.【答案】 C

【解析】 此题考查追及问题,直接套直线型追及公式即可. $10V_甲 = 10(V_乙 - V_甲)$,则 $2V_甲 = V_乙$,$(2V_甲 + 100 - V_甲) \cdot 5 = 10V_甲$,则 $V_甲 = 100$(米/分钟).

7.【答案】 A

【解析】 两个点在一条线的同侧,直接连接 BA 并延长交 x 轴于 P 点,这个 P 点就是我们要找的点. 直线 AB 的方程是 $y = \dfrac{4-2}{3-(-1)}(x+1)+2$,取 $y=0$,则 $x=-5$,即 $m=-5$.

8.【答案】 C

【解析】 这个题目是打包与插空的结合. 先把 3 口之家打包,再把 2 口之家打包,然后插在剩余两个空位形成的 3 个空隙即可,$N = P_3^3 P_2^2 C_3^2 P_2^2 = 72$.

9.【答案】 B

【解析】 本题考查去绝对值的方法. 当 $x \geq 2$ 时,方程可化为 $x^2 - 3x + 2 = 0$,两根为 1 和 2,只能取 2;

当 $x < 2$ 时,方程可化为 $x^2 + 3x - 10 = 0$,两根为 -5 和 2,只能取 -5.

10.【答案】 B

【解析】 截取两个正三棱锥,每个面都少一个等腰直角三角形,但是又多出两个等边三角形,所以剩余几何体的表面积为 $S=6\left(36-\dfrac{1}{2}\times 4\times 4\right)+2\times \dfrac{\sqrt{3}}{4}(4\sqrt{2})^{2}=168+16\sqrt{3}$.

11.【答案】 C

【解析】 由于 BD 和 CE 是角平分线,且 $\angle BAC=60°$,依据三角形内角和定理,$\angle FBC+\angle BCF=60°$,则 $\angle EFB=60°$.

12.【答案】 E

【解析】 不妨设有 5 个数据,依次是 $7.3,a,b,c,9.7$,根据平均值是 8.6,可以得到 $\dfrac{7.3+a+b+c+9.7}{5}=8.6$,则现在的平均值是 $\dfrac{a+b+c}{3}=\dfrac{26}{3}$,变大了.

由于去掉最高分和最低分,数据的波动减小,数据更稳定,故方差变小.

13.【答案】 B

【解析】 此题目可以用均值定理求解:

$$\dfrac{x}{8x^{3}+5x+2}=\dfrac{1}{8x^{2}+5+\dfrac{2}{x}}=\dfrac{1}{8x^{2}+\dfrac{1}{x}+\dfrac{1}{x}+5}\leqslant \dfrac{1}{3\sqrt[3]{8}+5}=\dfrac{1}{11}.$$

14.【答案】 E

【解析】 本题考查的是古典概型,先找样本空间.在 6 个点中任意取 3 个点,有 $C_{6}^{3}=20$(种)方法;再找可组成直角三角形的情况,共有 14 种,分别是:$\triangle ABE$,$\triangle ABF$,$\triangle AEF$,$\triangle EBF$,$\triangle ECD$,$\triangle FCD$,$\triangle EFC$,$\triangle EFD$,$\triangle AFD$,$\triangle BEC$,$\triangle ABD$,$\triangle ABC$,$\triangle ACD$,$\triangle BCD$. 所以答案是 E.

15.【答案】 D

【解析】 首先要读懂题目,搞清楚取和送两地的先后关系.

本题考查的是定序问题,把 3 个同城快递任务的取与送的地点 A_1,A_2,B_1,B_2,C_1,C_2 确定.快递要先取后送,A_1,A_2 的先后顺序已经确定,B_1,B_2 的先后顺序已经确定,C_1,C_2 的先后顺序已经确定,所以送件方式有:$\dfrac{P_{6}^{6}}{P_{2}^{2}P_{2}^{2}P_{2}^{2}}=90$(种).

二、条件充分性判断

16.【答案】 D

【解析】 本题考查的是抽屉原理.对于条件(1)来说,先求抽屉的个数:$C_{4}^{2}+C_{4}^{3}+C_{4}^{4}=11$,且 $\dfrac{125}{11}=11\cdots 4$,所以要想每个抽屉中的元素尽可能最少,就要平均分配,每个抽屉中分配 11 个元素,另外 4 个给其中 4 个不同的抽屉,这样可以算出至少有 12 名同学参加的兴趣班完全相同.

对于条件(2)来说,参加 2 个兴趣班的同学有 70 人,抽屉的个数是 $C_{4}^{2}=6$,$\dfrac{70}{6}=11\cdots 4$,所以要想每个抽屉中的元素尽可能最少,就要平均分配,每个抽屉中分配 11 个元素,另外 4 个给其中 4 个不同的抽屉,则至少有 12 名同学参加的兴趣班完全相同.故选 D.

17.【答案】 C

【解析】 本题是执果索因,根据韦达定理 $\begin{cases}a+b=p,\\ab=q,\end{cases}$ $p-q>1$ 等价转化为:$1-p+q<0$,等价于

$1-a-b+ab=(1-a)(1-b)<0$. 单独考虑条件(1)和(2)显然信息量不全,联合是充分的,所以选 C.

18. 【答案】 C

【解析】 对于条件(1),a_1 是方程 $x^2-x-2=0$ 的根,则 $a_1=2$ 或 -1. 因为公比大于 1,此时首项可能出现正和负两种情况. 当首项是正数的时候,此数列为单调递增数列;当首项是负数的时候,此数列为单调递减数列. 因此不充分. 同理,条件(2)也不充分. (1)与(2)联合的时候,$a_1=2$,此时等比数列 $\{a_n\}$ 一定是单调递增数列. 故选 C.

19. 【答案】 A

【解析】 函数 $\sqrt{x^2+y^2}$ 的几何意义是点 (x,y) 到点 $(0,0)$ 的距离. 条件(1) $(x-1)^2+(y-1)^2=1$ 表示一个圆,其上的点到原点的距离的最大值和最小值一定存在. 先求得圆心到原点的距离是 $\sqrt{2}$,则圆上的点到原点的最大距离是 $\sqrt{2}+1$,最小值是 $\sqrt{2}-1$. 对于条件(2),$y=x+1$ 是一条直线,其上的点到原点的距离只有最小值,没有最大值. 故选 A.

20. 【答案】 E

【解析】 集合 M 代表圆内的点(含圆周),圆心是 (a,b),半径是 2;集合 N 代表第一象限的点. 要保证 $M\cap N\neq\varnothing$,则必须使得 $(x-a)^2+(y-b)^2\leq 4$ 中的点有一部分落在第一象限.

条件(1)显然会使圆位于 y 轴的左边,始终不满足题干结论,不充分;条件(2)缺少 a 的信息,可以找到反例:$a=-3,b=5$,不充分. 条件(1)和(2)联合起来也不充分,举反例:$a=-3$, $b=5$. 因此选 E.

21. 【答案】 E

【解析】 先表示 AB 的长度:$AB=V_{甲}+CD+V_{乙}$. 要确定 AB 的长度,条件(1)显然信息量不全,缺少甲、乙的速度;条件(2)也信息量不全,缺少 CD 的长度. 条件(1)与条件(2)联合起来也缺少甲、乙速度的具体值,所以选 E.

22. 【答案】 A

【解析】 对于条件(1),$m+n+p=16$,m,n,p 只能是一偶二奇,所以可设 $m=2$,则 $n+p=14$,只有一种可能的组合:3 和 11. 所以条件(1)单独充分.

对于条件(2),$m+n+p=20$,m,n,p 只能是一偶二奇,所以可设 $m=2$,则 $n+p=18$,有两种可能的组合:7 和 11,5 和 13. 所以条件(2)单独不充分.

故选 A.

23. 【答案】 C

【解析】 对于条件(1),我们可以给出两种情况:1,2,3,4,5,6,7,167 与 2,3,4,5,6,7,8,160,所以各班植树棵数的最小值是 1 或者 2,此时最小值不唯一确定.

对于条件(2),各班植树棵数的最大值是 28,没有强调每个班植树棵数不相同,我们照样可以举出两个例子:28,27,26,25,24,23,23,19 与 28,27,26,25,24,24,23,18,此时最小值不唯一确定.

把两个条件(1)(2)联合起来考虑:满足八个数之和是 195,又互不相同,最大值为 28,要想使某个变量达到最小,其他变量就要尽可能大,所以我们考虑变量取 28,27,26,25,24,23,22,20,只有一种情况,最小值为 20. 如果最小值取小于 20 的正整数,由于总和一定,则必有数据重复(比如:28,27,26,25,24,24,23,18),所以最小值唯一确定. 故选 C.

24. 【答案】 C

【解析】 对于条件(1)，$S_{n+1}>S_n$，我们可以举出反例：$1,2,3,4,\cdots$，则 $a_2,a_3,a_4,\cdots$ 显然不是等比数列；对于条件(2)，$\{S_n\}$ 是等比数列，我们可以举出 $\{a_n\}$ 的反例：$1,0,0,0,\cdots$，所以单独都不充分. 考虑条件(1)和条件(2)联合：$S_{n+1}>S_n$ 告诉我们 $\{S_n\}$ 是严格递增数列，且 $\{S_n\}$ 是等比数列，我们设 $\{S_n\}$ 的公比为 m，从而 $\{S_n\}$ 的公比 $m\neq 1$ 且 $m\neq 0$，此时 $a_{n+1}=S_{n+1}-S_n=a_1m^n-a_1m^{n-1}=a_1\left(1-\dfrac{1}{m}\right)m^n$，即当 $n\geq 2$ 时符合 $a_n=A\cdot B^{n-1}$ 的形式，则 $a_2,a_3,a_4,\cdots$ 是等比数列，所以选 C.

25. **【答案】** B

【解析】 记事件 A = "甲取出的牌不小于乙取出的牌" = "甲≥乙".

设甲取出的牌点数为"甲"，乙取出的牌点数为"乙"，甲 $\in\{a,b\}$，乙 $\in\{x,y\}$.

样本空间 $N_\Omega=C_2^1C_2^1=4$，也就是 $(a,x),(a,y),(b,x),(b,y)$ 四种情况，而

$$P(A)=\dfrac{N_A}{N_\Omega}=\dfrac{N(\text{甲}\geq\text{乙})}{C_2^1C_2^1}=\dfrac{N(\text{甲}\geq\text{乙})}{4}.$$

要使得 $P(A)\geq\dfrac{1}{2}$，则只要满足 $N(\text{甲}\geq\text{乙})\geq 2$ 即可.

对于条件(1)，可以举出反例，$a=3,b=1,x=2,y=4$，此时甲≥乙的情况只有 $a=3,x=2$ 这种情况，不满足 $N(\text{甲}\geq\text{乙})\geq 2$，所以不充分.

对于条件(2)，不妨设 $a\geq b,x\geq y$，立刻得到 $2a\geq a+b>x+y\geq 2y$，也就是 $a>y$.

然后分两种情况讨论：

(Ⅰ) $a\geq x$，则 $a\geq y$ 一定成立，此时 $N(\text{甲}\geq\text{乙})\geq 2$ 满足.

(Ⅱ) $a<x$，则 $x+b>a+b>x+y$，从而 $b>y$，此时 $N(\text{甲}\geq\text{乙})\geq 2$ 也满足.

所以选 B.

2022年管理类综合能力数学真题及解析

真 题

一、问题求解：第1~15小题,每小题3分,共45分。下列每题给出的五个选项中,只有一项是符合试题要求的。

1. 一项工程施工3天后,因故停工2天,之后工程队提高工作效率20%,仍能按原计划完成,则原计划工期为(　　)天.

    A. 9 　　　　　　　　　　　B. 10

    C. 12 　　　　　　　　　　　D. 15

    E. 18

2. 某商品的成本利润率为12%,若其成本降低20%而售价不变,则利润率为(　　).

    A. 32% 　　　　　　　　　　B. 35%

    C. 40% 　　　　　　　　　　D. 45%

    E. 48%

3. 设 x,y 为实数,则 $f(x,y)=x^2+4xy+5y^2-2y+2$ 的最小值为(　　).

    A. 1 　　　　　　　　　　　B. $\dfrac{1}{2}$

    C. 2 　　　　　　　　　　　D. $\dfrac{3}{2}$

    E. 3

4. 如图,△ABC 是等腰直角三角形,以 A 为圆心的圆弧交 AC 于 D,交 BC 于 E,交 AB 的延长线于 F. 若曲边三角形 CDE 与 BEF 的面积相等,则 $\dfrac{AD}{AC}$=(　　).

    A. $\dfrac{\sqrt{3}}{2}$ 　　　　　　　　　　B. $\dfrac{2}{\sqrt{5}}$

    C. $\sqrt{\dfrac{3}{\pi}}$ 　　　　　　　　　　D. $\dfrac{\sqrt{\pi}}{2}$

    E. $\sqrt{\dfrac{2}{\pi}}$

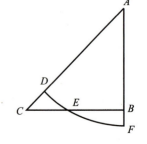

5. 如图,已知相邻的圆都相切,从这 6 个圆中随机取 2 个,这 2 个圆不相切的概率为( ).

   A. $\dfrac{8}{15}$ B. $\dfrac{7}{15}$

   C. $\dfrac{3}{5}$ D. $\dfrac{2}{5}$

   E. $\dfrac{2}{3}$

6. 如图,在棱长为 2 的正方体中,A,B 是顶点,C,D 是所在棱的中点,则四边形 $ABCD$ 的面积为( ).

   A. $\dfrac{9}{2}$ B. $\dfrac{7}{2}$

   C. $\dfrac{3\sqrt{2}}{2}$ D. $2\sqrt{5}$

   E. $3\sqrt{2}$

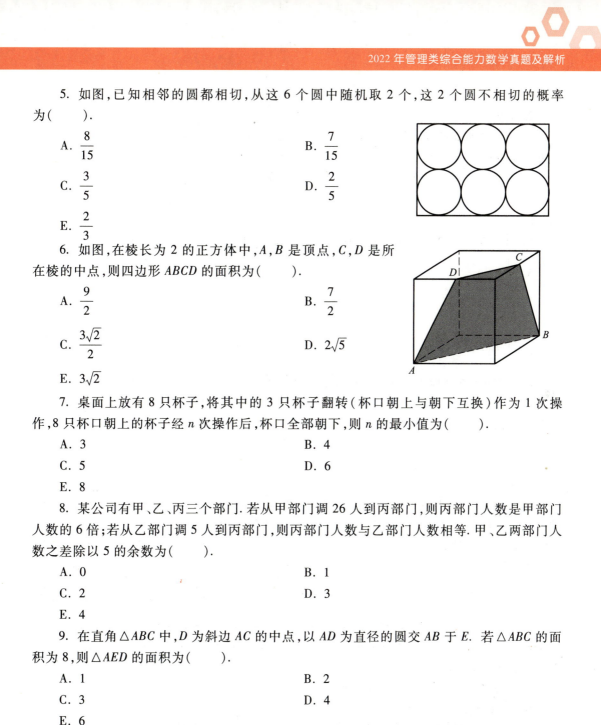

7. 桌面上放有 8 只杯子,将其中的 3 只杯子翻转(杯口朝上与朝下互换)作为 1 次操作,8 只杯口朝上的杯子经 n 次操作后,杯口全部朝下,则 n 的最小值为( ).

   A. 3   B. 4
   C. 5   D. 6
   E. 8

8. 某公司有甲、乙、丙三个部门. 若从甲部门调 26 人到丙部门,则丙部门人数是甲部门人数的 6 倍;若从乙部门调 5 人到丙部门,则丙部门人数与乙部门人数相等. 甲、乙两部门人数之差除以 5 的余数为( ).

   A. 0   B. 1
   C. 2   D. 3
   E. 4

9. 在直角 $\triangle ABC$ 中,D 为斜边 AC 的中点,以 AD 为直径的圆交 AB 于 E. 若 $\triangle ABC$ 的面积为 8,则 $\triangle AED$ 的面积为( ).

   A. 1   B. 2
   C. 3   D. 4
   E. 6

10. 一个自然数的各位数字均为 105 的质因数,且每个质因数最多出现一次,这样的自然数有( )个.

    A. 6   B. 9
    C. 12   D. 15
    E. 27

11. 购买 A 玩具和 B 玩具各 1 件需花费 1.4 元,购买 200 件 A 玩具和 150 件 B 玩具需花费 250 元,则 A 玩具的单价为( )元.

    A. 0.5   B. 0.6

C. 0.7　　　　　　　　　　　　D. 0.8

E. 0.9

12. 甲、乙两支足球队进行比赛,比分为 4∶2,且在比赛过程中乙队没有领先过,则不同的进球顺序有(　　)种.

A. 6　　　　　　　　　　　　B. 8

C. 9　　　　　　　　　　　　D. 10

E. 12

13. 4 名男生和 2 名女生随机站成一排,女生既不在两端也不相邻的概率为(　　).

A. $\dfrac{1}{2}$　　　　　　　　　　B. $\dfrac{5}{12}$

C. $\dfrac{3}{8}$　　　　　　　　　　D. $\dfrac{1}{3}$

E. $\dfrac{1}{5}$

14. 已知 A,B 两地相距 208 千米,甲、乙、丙三车的速度分别为 60 千米/小时,80 千米/小时,90 千米/小时. 甲、乙两车从 A 地出发去 B 地,丙车从 B 地出发去 A 地,三车同时出发. 当丙车与甲、乙两车距离相等时,用时(　　)分钟.

A. 70　　　　　　　　　　　B. 75

C. 78　　　　　　　　　　　D. 80

E. 86

15. 如图,用 4 种颜色对图中的 5 块区域进行涂色,每块区域涂一种颜色,且相邻的两块区域颜色不同. 不同的涂色方法有(　　)种.

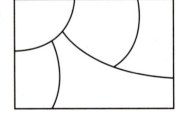

A. 12　　　　　　　　　　　B. 24

C. 32　　　　　　　　　　　D. 48

E. 96

二、条件充分性判断:第 16~25 小题,每小题 3 分,共 30 分。要求判断每题给出的条件(1)与条件(2)能否充分支持题干所陈述的结论。A、B、C、D、E 五个选项为判断结果,请选择一项符合试题要求的判断。

A. 条件(1)充分,但条件(2)不充分.

B. 条件(2)充分,但条件(1)不充分.

C. 条件(1)和条件(2)单独都不充分,但条件(1)和条件(2)联合起来充分.

D. 条件(1)充分,条件(2)也充分.

E. 条件(1)和条件(2)单独都不充分,条件(1)和条件(2)联合起来也不充分.

16. 如图,AD 与圆相切于点 D,AC 与圆相交于点 B,C. 则能确定 $\triangle ABD$ 与 $\triangle BDC$ 的面积比.

(1) 已知 $\dfrac{AD}{CD}$.

(2) 已知 $\dfrac{BD}{CD}$.

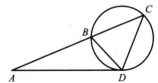

17. 设实数 x 满足 $|x-2|-|x-3|=a$. 则能确定 x 的值.

（1）$0<a\leq\dfrac{1}{2}$.

（2）$\dfrac{1}{2}<a\leq 1$.

18. 两个人数不等的班数学测验的平均分不相等. 则能确定人数多的班.
（1）已知两个班的平均分.
（2）已知两个班的总平均分.

19. 在 $\triangle ABC$ 中，D 为 BC 边上的点，BD,AB,BC 成等比数列. 则 $\angle BAC=90°$.
（1）$BD=DC$.
（2）$AD\perp BC$.

20. 将 75 名学生分成 25 组，每组 3 人. 则能确定女生人数.
（1）已知全是男生的组数和全是女生的组数.
（2）只有 1 名男生的组数和只有 1 名女生的组数相等.

21. 某直角三角形的三边长 a,b,c 成等比数列. 则能确定公比的值.
（1）a 是直角边长.
（2）c 是斜边长.

22. 已知 x 为正实数. 则能确定 $x-\dfrac{1}{x}$ 的值.

（1）已知 $\sqrt{x}+\dfrac{1}{\sqrt{x}}$ 的值.

（2）已知 $x^2-\dfrac{1}{x^2}$ 的值.

23. 已知 a,b 为实数. 则能确定 $\dfrac{a}{b}$ 的值.

（1）$a,b,a+b$ 成等比数列.
（2）$a(a+b)>0$.

24. 已知正数列 $\{a_n\}$. 则 $\{a_n\}$ 是等差数列.
（1）$a_{n+1}^2-a_n^2=2n, n=1,2,\cdots$.
（2）$a_1+a_3=2a_2$.

25. 设实数 a,b 满足 $|a-2b|\leq 1$. 则 $|a|>|b|$.
（1）$|b|>1$.
（2）$|b|<1$.

解 析

一、问题求解

1. 【答案】 D

【解析】 方法1：设总量为1，原计划工期为 x 天，则有 $\frac{1}{x} \cdot 3 + \frac{1}{x} \cdot (1+20\%) \cdot (x-5) = 1$，解得 $x = 15$.

方法2：根据题意可知提高效率前后工程量不变，此时工作效率与时间成反比，即 $\frac{P_{原}}{P_{提}} = \frac{1}{1.2} = \frac{5}{6}$，则 $\frac{T_{原}}{T_{提}} = \frac{6}{5}$，相差1份，而提速前后相差2天，即1份为2天，原计划时间为12天. 由于效率提高前已经施工了3天，所以原计划工期为15天.

【技巧】 方法3：利用变速公式 $V_{计} \cdot V_{实} = \frac{S \cdot \Delta V}{\Delta T}$.

如图：

则 $V \cdot 1.2V = \frac{(S-3V) \cdot 0.2V}{2}$，

从而 $S = 15V, T_{计} = \frac{S}{V} = 15$（天）.

2. 【答案】 C

【解析】 设原来成本为 x，则售价为 $1.12x$.

若成本降低20%而售价不变，则利润率为 $\frac{1.12x - 0.8x}{0.8x} \times 100\% = 40\%$.

3. 【答案】 A

【解析】 $f(x,y) = x^2 + 4xy + 5y^2 - 2y + 2 = (x^2 + 4xy + 4y^2) + (y^2 - 2y + 1) + 1 = (x+2y)^2 + (y-1)^2 + 1$，可知当 $y=1, x=-2$ 时，$f(x,y)$ 的最小值为 1.

4. 【答案】 E

【解析】 由题意知 $S_{\triangle ABC} = S_{扇形DAF}$. 设 $AB = x$，则 $AC = \sqrt{2}x$，

$\frac{1}{2} x \cdot x = \frac{1}{8} \cdot \pi \cdot AD^2$，得 $AD = \frac{2x}{\sqrt{\pi}}$，所以 $\frac{AD}{AC} = \frac{\frac{2x}{\sqrt{\pi}}}{\sqrt{2}x} = \sqrt{\frac{2}{\pi}}$.

5. 【答案】 A

【解析】 设 A 表示事件"从这6个圆中随机取2个，这2个圆不相切"，则 $\overline{A}$ 表示事件

"从这6个圆中随机取2个,这2个圆相切". 两圆相切共有左右相切、上下相切合计7种情况,故

$$P(A) = 1 - P(\bar{A}) = 1 - \frac{7}{C_6^2} = \frac{8}{15}.$$

6.【答案】 A

【解析】 四边形 $ABCD$ 是等腰梯形(如图), $CD = \sqrt{2}$, $AB = 2\sqrt{2}$, $DA = CB = \sqrt{5}$, 可得高

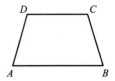

$$h = \sqrt{5 - \frac{1}{2}} = \frac{3}{2}\sqrt{2},$$

$$S_{梯形ABCD} = \frac{1}{2}(\sqrt{2} + 2\sqrt{2}) \times \frac{3}{2}\sqrt{2} = \frac{9}{2}.$$

7.【答案】 B

【解析】 方法1(穷举法):杯子标上1~8号. 第1次1、2、3翻下;第2次4、5、6翻下;第3次5、6翻上,7翻下;第4次5、6翻下,8翻下.

方法2:根据题意可知,8只杯子的杯口全部朝上,想将其全部翻转向下,需要将每只杯子翻转奇数次,而8只杯子最少翻转8次,且杯口朝下后的杯子在翻转过程中,想再次杯口朝下需要被翻转2次. 设有 x 只杯子被反复翻转,则杯子翻动的总次数可表示为 $8+2x$. 而每次操作翻转3只杯子,相当于每次操作翻转3次,设一共操作 n 次,则 n 次操作后总计翻转 $3n$ 次,所以 $8+2x = 3n$,当 $x = 2$ 时,n 取得最小整数4. 故本题选B.

【技巧】 N 个硬币正面向上,每次翻转 M 个,至少 X 次翻转可以使硬币全部正面向下,有如下秒杀规律:

(1) 若 N 为奇数,M 为偶数,则 X 不存在.

(2) 若 N 为奇数,M 为奇数;
    N 为偶数,M 为奇数;
    N 为偶数,M 为偶数.

这三种情况下,若 N 是 M 的倍数,则 $X = N/M$;

若 $N = M+1$,则 $X = N$;

若 $N > 2M$,则 $X = (N+2+2+\cdots+2)/M$,直到能整除为止;

若 $N < 2M$,则分两种情况:若 N 和 M 的奇偶性相同,则 $X = 3$;若 N 为偶数,M 为奇数,则 $X = 4$.

8.【答案】 C

【解析】 设甲、乙、丙三个部门人数分别为 x, y, z,则 $\begin{cases} 6(x-26) = z+26, \\ y-5 = z+5, \end{cases}$

消去 z,得 $y = 6x - 172$,则 $\frac{x-y}{5} = \frac{x-(6x-172)}{5} = \frac{172}{5} - x$,余数为2.

9.【答案】 B

【解析】 如图,设以 AD 为直径的圆的圆心为 O,⊙O 的半径为 r. 由题意易得 $\triangle AED \sim$

△ABC,故有

$$\frac{S_{\triangle AED}}{S_{\triangle ABC}} = \left(\frac{AD}{AC}\right)^2 = \left(\frac{2r}{4r}\right)^2 = \frac{1}{4}, 则 S_{\triangle AED} = 2.$$

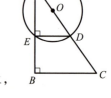

10.【答案】 D

【解析】 105=3×5×7,按照自然数的位数分类讨论:

(1) 一位数,3,5,7,共 3 个;(2) 两位数,$P_3^2 = 6$(个);(3) 三位数,$P_3^3 = 6$(个).

这样的自然数共有:3+6+6=15(个).

11.【答案】 D

【解析】 设 A 玩具、B 玩具的单价分别为 x 元和 y 元,则有

$\begin{cases} x+y=1.4, \\ 200x+150y=250, \end{cases}$ 消去 y,得 x=0.8.

12.【答案】 C

【解析】 第 1 个球肯定甲进,从第 2 个球开始分类讨论:

(1) 若第 2 个球甲进,则后面 4 个球任选 2 球甲进,有 $C_4^2 = 6$(种)可能;

(2) 若第 2 个球乙进,则第 3 个球甲进,后面 3 个球任选 2 球甲进,有 $C_3^2 = 3$(种)可能.

不同的进球顺序共有 6+3=9(种).

13.【答案】 E

【解析】 先排 4 名男生,共有 P_4^4 种排法,然后 2 名女生插入 4 名男生中间的 3 个空隙,

共有 P_3^2 种排法.所求概率为 $\frac{P_4^4 \cdot P_3^2}{P_6^6} = \frac{1}{5}$.

14.【答案】 C

【解析】 设用时 t 小时,丙车与甲、乙两车距离相等,如图所示,则有

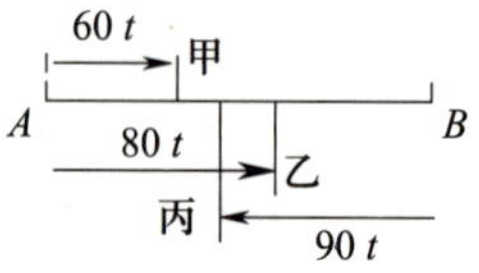

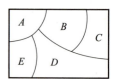

$$208-60t-90t=80t+90t-208,$$

解得 $t = \frac{13}{10}$ 小时=78 分钟.

15.【答案】 E

【解析】 方法 1:解决涂色问题,就如图所示的区域 A 与区域 C 的颜色异、同进行分类讨论.

(1) A,C 同色时,有 4×3×2×1×2=48(种)不同的涂色方法;

(2) A,C 异色时,有 4×3×2×2×1=48(种)不同的涂色方法.

所以不同的涂色方法有 48+48=96(种).

方法 2:根据题意,可利用分步计数原理按照 A,E,D,B,C 的顺序涂色. A 有 4 种涂色方法,E 有 3 种涂色方法,D 有 2 种涂色方法,B 有 2 种涂色方法,C 有 2 种涂色方法,则共有 4×3×2×2×2=96(种)涂色方法.故本题选 E.

二、条件充分性判断

16.【答案】 B

【解析】 根据弦切角定理,∠ADB=∠ACD,∠A 为公共角,故 △ABD∽△ADC.

(1) 不充分;

(2) $\dfrac{BD}{CD}$ 已知时, △ABD 与 △ADC 面积之比可求, 故 △ABD 与 △BDC 面积之比也可求.

故选 B.

17.【答案】 A

【解析】 题中绝对值函数的图像为 Z 字形, 如下图所示.

(1) 当 $0<a\leq\dfrac{1}{2}$ 时, x 的值唯一确定, 一一对应;

(2) 当 $\dfrac{1}{2}<a\leq 1$ 时, 若 $a=1$, x 有无数个解, 不能确定.

注意: x 是自变量, a 为参数, a 相对于 x 可视为常数.

故选 A.

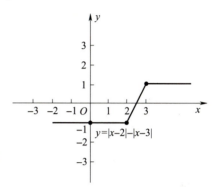

18.【答案】 C

【解析】 根据题意, 可设甲、乙两班的平均分分别为 a,b, 且 $a>b$, 总平均分为 c.

条件(1): 根据条件可知 a,b 的值, 无法确定人数多的班, 所以条件(1)不充分;

条件(2): 根据条件可知 c 的值, 无法确定人数多的班, 所以条件(2)不充分;

条件(1)+条件(2): 两个条件联立可知 a,b,c 的值, 利用十字交叉法(如下图)可得两个班的人数之比为 k. 当 $k>1$ 时甲班人数多, 当 $k<1$ 时乙班人数多, 能确定, 所以条件(1)和(2)联合充分. 故本题选 C.

甲: a　　$c-b$
　　　✕　　　　　　 $=k=\dfrac{\text{甲班的人数}}{\text{乙班的人数}}$
乙: b　　$a-c$

19.【答案】 B

【解析】 根据 BD,AB,BC 成等比数列, 可得 $AB^2=BD\cdot BC$, 即 $\dfrac{AB}{BC}=\dfrac{BD}{AB}$, 由于 $\angle B$ 为公共角, 所以 △BDA∽△BAC, 则 $\angle BAC=\angle BDA$.

条件(1): 根据条件可知 $BD=DC$, 无法得到结论, 所以条件(1)不充分;

条件(2): 根据条件 $AD\perp BC$ 可得 $\angle BDA=90°$, 如图所示, 则有 $\angle BAC=\angle BDA=90°$, 所以条件(2)充分. 故本题选 B.

20.【答案】 C

【解析】 根据题意可知所分的组共有 4 种情况: 全是男生、全是女生、1 男 2 女和 2 男 1 女. 设全是男生的组数为 a, 全是女生的组数为 b, 1 男 2 女的组数为 c, 2 男 1 女的组数为 d, 则 $a+b+c+d=25$.

条件(1): 根据条件已知 a,b, 不知 c,d, 无法确定女生人数, 所以条件(1)不充分;

条件(2): 根据条件已知 $c=d$, 不知 a,b, 无法确定女生人数, 所以条件(2)不充分;

条件(1)+条件(2): 两个条件联立, 已知 a,b, 且 $c=d$, 又 $a+b+c+d=25$, 则 $c=d=\dfrac{25-(a+b)}{2}$, 此时女生人数唯一确定, 所以条件(1)和(2)联合充分. 故本题选 C.

21.【答案】 D

【解析】 根据题意可设公比为 q,则 $b=aq,c=aq^2$.

条件(1):根据条件可知 a 为直角边长,则 c 为斜边长,公比 $q>1$,由勾股定理可得 $a^2+(aq)^2=(aq^2)^2$,化简得 $1+q^2=q^4$,解得 $q^2=\dfrac{1+\sqrt{5}}{2}$,$q$ 有唯一正数解,所以条件(1)充分;

条件(2):根据条件可知 c 为斜边长,则 a,b 为直角边长,公比 $q>1$,由勾股定理可得 $a^2+(aq)^2=(aq^2)^2$,化简得 $1+q^2=q^4$,解得 $q^2=\dfrac{1+\sqrt{5}}{2}$,$q$ 有唯一正数解,所以条件(2)充分.故本题选 D.

22.【答案】 B

【解析】 方法1:从公式和解方程的角度出发.

(1) 设 $\sqrt{x}+\dfrac{1}{\sqrt{x}}=m$,两边平方并整理得 $x+\dfrac{1}{x}=m^2-2$,而

$$\left(x-\dfrac{1}{x}\right)^2=\left(x+\dfrac{1}{x}\right)^2-4=(m^2-2)^2-4=m^4-4m^2,$$

所以 $x-\dfrac{1}{x}=\pm\sqrt{m^4-4m^2}$,不唯一.

(2) 设 $x^2-\dfrac{1}{x^2}=t$,则 $x^4-tx^2-1=0$,$(x^2)^2-tx^2-1=0$,$x^2=\dfrac{t\pm\sqrt{t^2+4}}{2}$,由 x^2 的非负性,可得 $x^2=\dfrac{t+\sqrt{t^2+4}}{2}$,即 x^2 唯一确定.因为 $x>0$,则 x 确定,所以 $x-\dfrac{1}{x}$ 的值唯一确定.所以选 B.

方法2:从单调性的角度出发.

函数 $x-\dfrac{1}{x}$ 是关于 x 的增函数,但函数 $\sqrt{x}+\dfrac{1}{\sqrt{x}}$ 不是单调函数,一个函数值对应两个自变量的值,所以条件(1)不充分;

函数 $x^2-\dfrac{1}{x^2}$ 是关于 x 的增函数,也就是单调函数,从而一个函数值对应一个自变量,若 $x^2-\dfrac{1}{x^2}$ 的值确定,则 x 是唯一确定的,从而 $x-\dfrac{1}{x}$ 的值唯一确定.

23.【答案】 E

【解析】 (1) $b^2=a(a+b)$,即 $a^2+ab-b^2=0$,$\left(\dfrac{a}{b}\right)^2+\dfrac{a}{b}-1=0$,

解得 $\dfrac{a}{b}=\dfrac{-1\pm\sqrt{5}}{2}$,不唯一,不能确定.

(2) $a(a+b)>0$,即 $a^2+ab>0$,$\left(\dfrac{a}{b}\right)^2+\dfrac{a}{b}>0$,$\dfrac{a}{b}\left(\dfrac{a}{b}+1\right)>0$,

解得 $\dfrac{a}{b}>0$ 或 $\dfrac{a}{b}<-1$,不充分.联合起来,$\dfrac{a}{b}=\dfrac{-1+\sqrt{5}}{2}$ 或 $\dfrac{a}{b}=\dfrac{-1-\sqrt{5}}{2}$,也不充分.

故选 E.

24. 【答案】 C

【解析】 方法1：条件(1) $a_{n+1}^2 - a_n^2 = 2n, n = 1, 2, \cdots$，即
$$a_2^2 - a_1^2 = 2 \times 1, a_3^2 - a_2^2 = 2 \times 2, \cdots, a_n^2 - a_{n-1}^2 = 2 \times (n-1),$$

累加：$(a_2^2 - a_1^2) + (a_3^2 - a_2^2) + \cdots + (a_n^2 - a_{n-1}^2) = 2 \times 1 + 2 \times 2 + \cdots + 2(n-1)$，

即 $a_n^2 - a_1^2 = 2 \times [1 + 2 + 3 + \cdots + (n-1)]$，则 $a_n^2 = a_1^2 + n^2 - n = \left(n - \frac{1}{2}\right)^2 + a_1^2 - \frac{1}{4}$.

因为等差数列可表示为 $a_n = kn + b$，所以 a_n^2 必须为完全平方数才可满足 $\{a_n\}$ 为等差数列，故 $a_1^2 - \frac{1}{4} = 0$，即 $a_1 = \frac{1}{2}$ 时，$\{a_n\}$ 才为等差数列；但若 $a_1 \neq \frac{1}{2}$，则 $\{a_n\}$ 不是等差数列，不充分.

条件(2) $a_1 + a_3 = 2a_2$，显然不充分. 与条件(1)联合起来，由(1)得 $a_n^2 = n^2 - n + a_1^2$，则 $a_2^2 = a_1^2 + 2, a_3^2 = a_1^2 + 6$，即 $a_2 = \sqrt{a_1^2 + 2}, a_3 = \sqrt{a_1^2 + 6}$，代入 $a_1 + a_3 = 2a_2$，即
$$a_1 + \sqrt{a_1^2 + 6} = 2\sqrt{a_1^2 + 2},$$

$2\sqrt{a_1^2 + 2} - a_1 = \sqrt{a_1^2 + 6}$，两边平方得 $4(a_1^2 + 2) + a_1^2 - 4a_1\sqrt{a_1^2 + 2} = a_1^2 + 6$，

整理得 $2a_1^2 + 1 = 2a_1\sqrt{a_1^2 + 2}$，两边平方得 $4a_1^4 + 4a_1^2 + 1 = 4a_1^2(a_1^2 + 2)$，

解得 $a_1 = \frac{1}{2}$. 故条件(1)和(2)联合起来充分.

方法2：条件(1)，由方法1可得 $a_n^2 - a_1^2 = n(n-1)$，a_1 未知，无法判断 a_n，所以条件(1)不充分.

条件(2)，根据条件 $a_1 + a_3 = 2a_2$ 只能确定前3项为等差数列，无法确定 $\{a_n\}$，所以条件(2)不充分.

条件(1)+条件(2)：两个条件联合可得 $\begin{cases} a_1 + a_3 = 2a_2, \\ a_2^2 - a_1^2 = 2, \\ a_3^2 - a_2^2 = 4 \end{cases} \Rightarrow \begin{cases} a_1 = \frac{1}{2}, \\ a_2 = \frac{3}{2}, \\ a_3 = \frac{5}{2}, \end{cases}$ 再由 $a_n^2 - a_1^2 = n(n-1) \Rightarrow$

$a_n^2 = n^2 - n + \frac{1}{4} = \left(n - \frac{1}{2}\right)^2 \Rightarrow a_n = n - \frac{1}{2}$，即数列 $\{a_n\}$ 为等差数列，所以条件(1)和(2)联立充分. 故本题选C.

25. 【答案】 A

【解析】 解答本题需要将绝对值不等式灵活变形.

(1) 根据绝对值不等式 $||x| - |y|| \leq |x \pm y| \leq |x| + |y|$，再由 $\begin{cases} |a - 2b| \leq 1, \\ |b| > 1 \end{cases}$ 可推得
$$|b| > 1 \geq |a - 2b| \geq |2b| - |a|,$$

即 $|a| > |b|$，充分.

(2) 取 $a = 0, b = \frac{1}{2}$，不充分.

故选A.

2021年管理类专业学位联考综合能力数学真题及解析

真 题

一、问题求解：第 1~15 小题，每小题 3 分，共 45 分。下列每题给出的五个选项中，只有一项是符合试题要求的。

1. 某便利店第一天售出 50 种商品，第二天售出 45 种商品，第三天售出 60 种商品．前两天售出的商品有 25 种相同，后两天售出的商品有 30 种相同．这三天售出的商品至少有（　　）种．

   A. 70　　　　　　　　　　　　　　B. 75
   C. 80　　　　　　　　　　　　　　D. 85
   E. 100

2. 三位年轻人的年龄成等差数列，且最大与最小的两人年龄之差的 10 倍是另一人的年龄，则三人中年龄最大的是（　　）岁．

   A. 19　　　　　　　　　　　　　　B. 20
   C. 21　　　　　　　　　　　　　　D. 22
   E. 23

3. $\dfrac{1}{1+\sqrt{2}}+\dfrac{1}{\sqrt{2}+\sqrt{3}}+\cdots+\dfrac{1}{\sqrt{99}+\sqrt{100}}=(\quad)$．

   A. 9　　　　　　　　　　　　　　B. 10
   C. 11　　　　　　　　　　　　　　D. $3\sqrt{11}-1$
   E. $3\sqrt{11}$

4. 设 p,q 是小于 10 的质数，则满足条件 $1<\dfrac{q}{p}<2$ 的 p,q 有（　　）组．

   A. 2　　　　　　　　　　　　　　B. 3
   C. 4　　　　　　　　　　　　　　D. 5
   E. 6

5. 设二次函数 $f(x)=ax^2+bx+c$，且 $f(2)=f(0)$，则 $\dfrac{f(3)-f(2)}{f(2)-f(1)}=(\quad)$．

   A. 2　　　　　　　　　　　　　　B. 3

C. 4
E. 6
D. 5

6. 如图,由 P 到 Q 的电路中有三个元件,分别标为 T_1, T_2, T_3.电流能通过 T_1, T_2, T_3 的概率分别为 $0.9, 0.9, 0.99$.假设电流能否通过三个元件是相互独立的,则电流能在 P, Q 之间通过的概率是(　　).

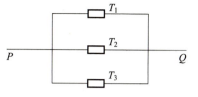

A. 0.801 9　　　　　　　　B. 0.998 9
C. 0.999　　　　　　　　D. 0.999 9
E. 0.999 99

7. 甲、乙两组同学中,甲组有 3 名男同学、3 名女同学,乙组有 4 名男同学、2 名女同学.从甲、乙两组中各选出 2 名同学,这 4 人中恰有 1 名女同学的选法有(　　)种.

A. 26　　　　　　　　B. 54
C. 70　　　　　　　　D. 78
E. 105

8. 若球体的内接正方体的体积为 8 立方米,则该球体的表面积为(　　)平方米.

A. 4π　　　　　　　　B. 6π
C. 8π　　　　　　　　D. 12π
E. 24π

9. 如图,正六边形的边长为 1,分别以正六边形的顶点 O, P, Q 为圆心、以 1 为半径作圆弧,则阴影部分的面积为(　　).

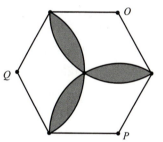

A. $\pi - \dfrac{3\sqrt{3}}{2}$　　　　　　　　B. $\pi - \dfrac{3\sqrt{3}}{4}$

C. $\dfrac{\pi}{2} - \dfrac{3\sqrt{3}}{4}$　　　　　　　　D. $\dfrac{\pi}{2} - \dfrac{3\sqrt{3}}{8}$

E. $2\pi - 3\sqrt{3}$

10. 已知 $ABCD$ 是圆 $x^2+y^2=25$ 的内接四边形,若 A, C 是直线 $x=3$ 与圆 $x^2+y^2=25$ 的交点,则四边形 $ABCD$ 面积的最大值为(　　).

A. 20　　　　　　　　B. 24
C. 40　　　　　　　　D. 48
E. 80

11. 某商场利用抽奖的方式促销,100 个奖券中设有 3 个一等奖、7 个二等奖,则一等奖先于二等奖抽完的概率为(　　).

A. 0.3　　　　　　　　B. 0.5
C. 0.6　　　　　　　　D. 0.7
E. 0.73

12. 函数 $f(x)=x^2-4x-2|x-2|$ 的最小值是(　　).

A. -4　　　　　　　　B. -5
C. -6　　　　　　　　D. -7

E. -8

13. 从装有 1 个红球、2 个白球、3 个黑球的袋中随机取出 3 个球,则这 3 个球的颜色至多有两种的概率为(　　).

　　A. 0.3　　　　　　　　　　　　　B. 0.4
　　C. 0.5　　　　　　　　　　　　　D. 0.6
　　E. 0.7

14. 现有甲、乙两种浓度的酒精. 已知用 10 升甲酒精和 12 升乙酒精可以配成浓度为 70% 的酒精,用 20 升甲酒精和 8 升乙酒精可以配成浓度为 80% 的酒精,则甲酒精的浓度为(　　).

　　A. 72%　　　　　　　　　　　　　B. 80%
　　C. 84%　　　　　　　　　　　　　D. 88%
　　E. 91%

15. 甲、乙两人相距 330 千米,他们驾车同时出发,经过 2 小时相遇,甲继续行驶 2 小时 24 分钟后到达乙的出发地,则乙的车速为(　　)千米/小时.

　　A. 70　　　　　　　　　　　　　　B. 75
　　C. 80　　　　　　　　　　　　　　D. 90
　　E. 96

二、条件充分性判断:第 16~25 小题,每小题 3 分,共 30 分。要求判断每题给出的条件(1)和条件(2)能否充分支持题干所陈述的结论. A、B、C、D、E 五个选项为判断结果,请选择一项符合试题要求的判断。

　　A. 条件(1)充分,但条件(2)不充分.
　　B. 条件(2)充分,但条件(1)不充分.
　　C. 条件(1)和条件(2)单独都不充分,但条件(1)和条件(2)联合起来充分.
　　D. 条件(1)充分,条件(2)也充分.
　　E. 条件(1)和条件(2)单独都不充分,条件(1)和条件(2)联合起来也不充分.

16. 某班增加两名同学. 则该班的平均身高增加了.
　　(1) 增加的两名同学的平均身高与原来男同学的平均身高相同.
　　(2) 原来男同学的平均身高大于女同学的平均身高.

17. 设 x,y 为实数. 则能确定 $x \leqslant y$.
　　(1) $x^2 \leqslant y-1$.
　　(2) $x^2+(y-2)^2 \leqslant 2$.

18. 清理一块场地. 则甲、乙、丙三人能在 2 天内完成.
　　(1) 甲、乙两人需要 3 天完成.
　　(2) 甲、丙两人需要 4 天完成.

19. 某单位进行投票表决,已知该单位的男、女员工人数之比为 3:2. 则能确定至少有 50% 的女员工参加了投票.
　　(1) 投赞成票的人数超过总人数的 40%.
　　(2) 参加投票的女员工比男员工多.

20. 设 a,b 为实数. 则能确定 $|a|+|b|$ 的值.
　　(1) 已知 $|a+b|$ 的值.

(2) 已知 $|a-b|$ 的值.

21. 设 a 为实数,圆 $C: x^2+y^2=ax+ay$. 则能确定圆 C 的方程.

(1) 直线 $x+y=1$ 与圆 C 相切.

(2) 直线 $x-y=1$ 与圆 C 相切.

22. 某人购买了果汁、牛奶、咖啡三种物品. 已知果汁每瓶 12 元,牛奶每盒 15 元,咖啡每盒 35 元. 则能确定所买各种物品的数量.

(1) 总花费为 104 元.

(2) 总花费为 215 元.

23. 某人开车去上班,有一段路因维修限速通行. 则可以算出此人上班的距离.

(1) 路上比平时多用了半小时.

(2) 已知维修路段的通行速度.

24. 已知数列 $\{a_n\}$. 则数列 $\{a_n\}$ 为等比数列.

(1) $a_n a_{n+1} > 0$.

(2) $a_{n+1}^2 - 2a_n^2 - a_{n+1}a_n = 0$.

25. 给定两个直角三角形. 则这两个直角三角形相似.

(1) 每个直角三角形的边长成等比数列.

(2) 每个直角三角形的边长成等差数列.

解 析

一、问题求解

1.【答案】 B

【解析】 设三天都售出的商品有 x 种,仅在第一天和第三天共同售出的商品有 y 种,则有下图,这三天售出的商品有 $(25-y)+(25-x)+(x-10)+60=100-y$(种). 易知 $25-y \geq 0$, 当 y 取最大值 25 时,三天售出的商品种数最少,为 $100-25=75$.

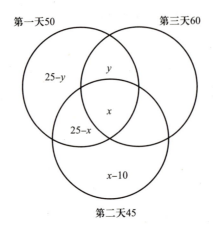

2.【答案】 C

【解析】 设三人年龄分别为 $a-d, a, a+d$, 则有 $a=20d$, 所以三人年龄分别为 $19d, 20d, 21d$. 考虑到三人均为年轻人,取 $d=1$, 则年龄最大的是 21 岁.

3.【答案】 A

【解析】 $\dfrac{1}{1+\sqrt{2}}+\dfrac{1}{\sqrt{2}+\sqrt{3}}+\cdots+\dfrac{1}{\sqrt{99}+\sqrt{100}}=(\sqrt{2}-1)+(\sqrt{3}-\sqrt{2})+\cdots+(\sqrt{100}-\sqrt{99})$
$=\sqrt{100}-1=9.$

4.【答案】 B

【解析】 小于 10 的质数有 $2,3,5,7$ 四个,满足条件的有 $\dfrac{3}{2}, \dfrac{5}{3}, \dfrac{7}{5}$, 共 3 组.

5.【答案】 B

【解析】 令 $f(x)=ax(x-2)+c$, 符合条件,$\dfrac{f(3)-f(2)}{f(2)-f(1)}=\dfrac{(3a+c)-c}{c-(-a+c)}=3.$

6.【答案】 D

【解析】 电流能在 P, Q 之间通过,需电流至少从 T_1, T_2, T_3 的一个元件通过,从对立面思考,所求概率为 $p=1-0.1 \times 0.1 \times 0.01=1-0.0001=0.9999.$

7.【答案】 D

【解析】 由甲组有 3 男 3 女,乙组有 4 男 2 女,符合要求的情况共有两类:第一类,甲选 1 男 1 女,乙选 2 男,有:$C_3^1 C_3^1 C_4^2 = 9 \times 6 = 54$(种);第二类,乙选 1 男 1 女,甲选 2 男,有 $C_4^1 C_2^1 C_3^2 = 8 \times 3 = 24$(种). 则共有 78 种选法.

8. 【答案】 D

【解析】 设内接正方体棱长为 a，则 $a^3 = 8$，得 $a = 2$. 正方体的体对角线即为球体的直径，$2R = \sqrt{3}a = 2\sqrt{3}$，所以 $S_{球表} = 4\pi R^2 = 12\pi$.

9. 【答案】 A

【解析】 $S_{阴} = 3S_{叶} = 6S_{半叶}$，其中 $S_{半叶} = \dfrac{\pi}{6} - \dfrac{\sqrt{3}}{4}$，所以阴影部分的面积为 $S_{阴} = 6\left(\dfrac{\pi}{6} - \dfrac{\sqrt{3}}{4}\right) = \pi - \dfrac{3\sqrt{3}}{2}$.

10. 【答案】 C

【解析】 如图，$AC = 2\sqrt{5^2 - 3^2} = 8$，要使四边形 $ABCD$ 面积最大，即 $\triangle ABC$ 与 $\triangle ADC$ 的面积最大，故 B，D 两点如图所示，BD 为直径，长度为 10，此时 $ABCD$ 的面积 $S = 8 \times 10 \times \dfrac{1}{2} = 40$.

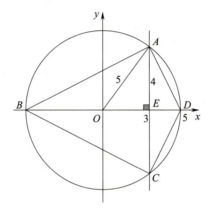

11. 【答案】 D

【解析】 根据抽签原则，最后一次抽到的奖是二等奖的概率为 $\dfrac{7}{10}$，即一等奖先于二等奖抽完的概率为 0.7.

12. 【答案】 B

【解析】 $f(x) = |x-2|^2 - 2|x-2| - 4$，令 $t = |x-2|$，则 $t \geq 0$，$f(x) = t^2 - 2t - 4$. 当 $t = 1$ 时，$f(x)_{\min} = -5$.

13. 【答案】 E

【解析】 正难则反，对立面为所取 3 个球的颜色均不相同，则 3 个球颜色至多有两种的概率为 $p = 1 - \dfrac{C_1^1 C_2^1 C_3^1}{C_6^3} = 0.7$.

14. 【答案】 E

【解析】 设甲、乙两种酒精的浓度分别为 a,b，则 $\dfrac{10a + 12b}{22} = 0.7$，$\dfrac{20a + 8b}{28} = 0.8$，解得 $a = 91\%$，$b = 52.5\%$.

15. 【答案】 D

【解析】 甲从出发到相遇位置用时 120 分钟，从相遇位置到乙出发地用时 144 分钟，时间比为 5∶6,故两段路程比是 5∶6,于是甲、乙速度之比也是 5∶6. 又甲、乙速度之和为 $\frac{330}{2}=165$(千米/小时),故乙的速度为 90 千米/小时.

二、条件充分性判断

16.【答案】 C

【解析】 对于条件(1)可以举反例:设班里原来只有 1 男 1 女,原男身高为 1,原女身高为 1.2,增加两名同学身高为 1,1,则有

$$\text{原来平均身高为} \frac{1+1.2}{2}=1.1, \text{现在平均身高为} \frac{1+1+1+1.2}{4}=1.05,$$

所以条件(1)不充分.

对于条件(2)可以举反例:设班里原来只有 1 男 1 女,原男身高为 1.2,原女身高为 1,增加两名同学身高为 1,1,则有

$$\text{原来平均身高为} \frac{1.2+1}{2}=1.1, \text{现在平均身高为} \frac{1.2+1+1+1}{4}=1.05,$$

所以条件(2)也不充分.

联合条件(1)和条件(2):设原来男生有 n 人,平均身高为 h_1;女生有 m 人,平均身高为 h_2. $h_1>h_2$,且增加两名同学的身高之和为 $2h_1$,则有

$$\text{原来平均身高为} \frac{nh_1+mh_2}{n+m}, \text{现在平均身高为} \frac{nh_1+mh_2+2h_1}{n+m+2}.$$

利用性质"若 $\frac{B}{A}<\frac{D}{C}$,且 $AC>0$,则 $\frac{B}{A}<\frac{B+D}{A+C}<\frac{D}{C}$",由于

$$\frac{nh_1+mh_2}{n+m}<h_1=\frac{2h_1}{2},$$

所以有

$$\frac{nh_1+mh_2}{n+m}<\frac{nh_1+mh_2+2h_1}{n+m+2},$$

即平均身高增加了,充分.

17.【答案】 D

【解析】 条件(1),如图(a),显然成立.

条件(2),如图(b),显然也成立. 故选 D.

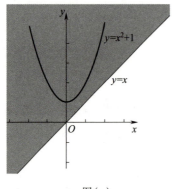

图(a)

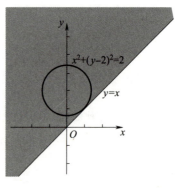

图(b)

18. 【答案】 E

【解析】 单独显然不充分,考虑联合.设甲、乙、丙3人的效率分别为 x,y,z,题干成立 $\Leftrightarrow$ $x+y+z \geqslant \dfrac{1}{2}$.

$\begin{cases} x+y=\dfrac{1}{3}, \\ x+z=\dfrac{1}{4}, \end{cases}$ 两式相加得 $2x+y+z=\dfrac{7}{12} \Rightarrow x+y+z=\dfrac{7}{12}-x$,只要 $\dfrac{7}{12}-x<\dfrac{1}{2}$,即 $x>\dfrac{1}{12}$,此时 $x+y+z<\dfrac{1}{2}$,题干不成立.故条件(1)和(2)联合起来也不充分.

19. 【答案】 C

【解析】 条件单独显然不充分,考虑联合.设男员工有 $3x$ 人,女员工有 $2x$ 人,总人数为 $3x+2x=5x$.由条件(1)得投票人数大于 $5x \times 40\% = 2x$.由条件(2)得在投票的 $2x$ 人中,女员工投票人数必然大于 x,故充分.

20. 【答案】 C

【解析】 对条件(1),可以举反例.比如,设 $|a+b|=1$,但 $|a|+|b|=\begin{cases} 1, & a=1,b=0, \\ 9, & a=5,b=-4, \end{cases}$ 故条件(1)不充分.

对条件(2)也可以举反例.比如,设 $|a-b|=1$,但 $|a|+|b|=\begin{cases} 1, & a=1,b=0, \\ 9, & a=5,b=4, \end{cases}$ 所以条件(2)不充分.

联合条件(1)(2),设 $\begin{cases} |a+b|=S, \\ |a-b|=T, \end{cases}$ 其中 S,T 为已知量.将两式分别平方,得

$$\begin{cases} a^2+b^2+2ab=S^2, \\ a^2+b^2-2ab=T^2 \end{cases} \Rightarrow \begin{cases} a^2+b^2=\dfrac{S^2+T^2}{2}, \\ ab=\dfrac{S^2-T^2}{4}, \end{cases}$$

从而 $|a|+|b|=\sqrt{(|a|+|b|)^2}=\sqrt{a^2+b^2+2|ab|}$ 可以由 S,T 唯一确定,充分.

【技巧】 利用公式 $\max\{|a+b|,|a-b|\}=|a|+|b|$ 可以直接选C.

21. 【答案】 A

【解析】 条件(1),将 $y=1-x$ 代入圆的方程,得 $2x^2-2x+1-a=0$,令 $\Delta=0$,得 $a=\dfrac{1}{2}$.

条件(2),将 $y=x-1$ 代入圆的方程,得 $2x^2-(2+2a)x+1+a=0$,令 $\Delta=0$,得 $a=\pm 1$.故选A.

22. 【答案】 A

【解析】 设共买了果汁 x 瓶,牛奶 y 袋,咖啡 z 盒,总共花费为 $12x+15y+35z$.

条件(1),$\begin{cases} 12x+15y+35z=104, \\ x,y,z \in \mathbf{N}^*, \end{cases}$ 因为 $15y+35z$ 的尾数只能为 0 或 5,所以 $12x=104-(15y+$

$35z$)的尾数为 4 或 9,而 $12x$ 的尾数不能为 9,只能为 4,故 $x=2$,则 $15y+35z=80$,即 $3y+7z=16$,易得 $y=3,z=1$,充分.

条件(2),$\begin{cases} 12x+15y+35z=215, \\ x,y,z\in\mathbf{N}^*, \end{cases}$ $12x=5(43-3y-7z)$,所以 $x=5$ 或 10.

当 $x=5$ 时,$3y+7z=31$,易得 $y=1,z=4$ 或 $y=8,z=1$;当 $x=10$ 时,$3y+7z=19$,易得 $y=4$,$z=1$. 故条件(2)不充分.

故选 A.

23. 【答案】 E

【解析】 条件(1),无速度,无法计算距离,不充分.

条件(2),只有速度,没有时间,不充分.

考虑联合,无具体的行驶时间和非维修路段的速度,也不充分,故选 E.

24. 【答案】 C

【解析】 条件(1),显然不充分.

条件(2),由十字相乘法可得 $(a_{n+1}-2a_n)(a_{n+1}+a_n)=0$,即 $a_{n+1}=2a_n$ 或 $a_{n+1}=-a_n$,若 $a_n=0$,则 $\{a_n\}$ 不为等比数列,不充分.

联合条件(1)(2),$a_n\neq 0$,且 a_{n+1} 与 a_n 同号,则 $a_{n+1}=2a_n$,故 $\{a_n\}$ 为等比数列,故选 C.

25. 【答案】 D

【解析】 设一个直角三角形的三边长分别为 a,b,c(不妨设 $a<b<c$).

条件(1),$\begin{cases} a^2+b^2=c^2, \\ ac=b^2, \end{cases}$ 所以 $a^2+ac=c^2$,得 $\left(\dfrac{a}{c}\right)^2+\dfrac{a}{c}-1=0$,解得 $\dfrac{a}{c}=\dfrac{\sqrt{5}-1}{2}$(负数舍去),同理,另一个直角三角形对应直角边与斜边之比也为 $\dfrac{\sqrt{5}-1}{2}$. 两个三角形相似,充分.

条件(2),$\begin{cases} a^2+b^2=c^2, \\ a+c=2b, \end{cases}$ 所以 $a^2+\left(\dfrac{a+c}{2}\right)^2=c^2$,得 $5a^2-3c^2+2ac=0$,得 $5\left(\dfrac{a}{c}\right)^2+2\cdot\dfrac{a}{c}-3=0$,解得 $\dfrac{a}{c}=\dfrac{3}{5}$(负数舍去),则两个三角形也相似,充分. 故选 D.

2020年管理类专业学位联考综合能力数学真题及解析

真　题

一、问题求解：第1~15小题，每小题3分，共45分。下列每题给出的A、B、C、D、E五个选项中，只有一项是符合试题要求的。

1. 某产品去年涨价10%，今年涨价20%，则该产品这两年涨价（　　）．
   A. 15% B. 16%
   C. 30% D. 32%
   E. 33%

2. 设集合 $A=\{x\mid |x-a|<1, x\in\mathbf{R}\}$，$B=\{x\mid |x-b|<2, x\in\mathbf{R}\}$，则 $A\subset B$ 的充分必要条件是（　　）．
   A. $|a-b|\leqslant 1$ B. $|a-b|\geqslant 1$
   C. $|a-b|<1$ D. $|a-b|>1$
   E. $|a-b|=1$

3. 一项考试的总成绩由甲、乙、丙三部分组成：总成绩=甲成绩×30%+乙成绩×20%+丙成绩×50%．考试通过的标准是：每部分成绩≥50分，且总成绩≥60分．已知某人甲成绩70分，乙成绩75分，且通过了这项考试，则此人丙成绩的分数至少是（　　）．
   A. 48 B. 50
   C. 55 D. 60
   E. 62

4. 从1至10这10个整数中任取3个数，恰有1个质数的概率是（　　）．
   A. $\dfrac{2}{3}$ B. $\dfrac{1}{2}$
   C. $\dfrac{5}{12}$ D. $\dfrac{2}{5}$
   E. $\dfrac{1}{120}$

5. 若等差数列 $\{a_n\}$ 满足 $a_1=8$，且 $a_2+a_4=a_1$，则 $\{a_n\}$ 前 n 项和的最大值为（　　）．
   A. 16 B. 17

C. 18
D. 19
E. 20

6. 已知实数 x 满足 $x^2 + \dfrac{1}{x^2} - 3x - \dfrac{3}{x} + 2 = 0$，则 $x^3 + \dfrac{1}{x^3} = ($ 　　$)$.

A. 12
B. 15
C. 18
D. 24
E. 27

7. 设实数 x, y 满足 $|x-2| + |y-2| \leq 2$，则 $x^2 + y^2$ 的取值范围是(　　).

A. $[2,18]$
B. $[2,20]$
C. $[2,36]$
D. $[4,18]$
E. $[4,20]$

8. 某网店对单价为 55 元、75 元、80 元的三种商品进行促销，促销策略是每单满 200 元减 m 元. 如果每单减 m 元后，实际售价均不低于原价的 8 折，那么 m 的最大值为(　　).

A. 40
B. 41
C. 43
D. 44
E. 48

9. 某人在同一观众群体中调查了对五部电影的看法，得到如下数据：

电影	第一部	第二部	第三部	第四部	第五部
好评率	0.25	0.5	0.3	0.8	0.4
差评率	0.75	0.5	0.7	0.2	0.6

据此数据，观众意见分歧最大的前两部电影依次是(　　).

A. 第一部，第三部
B. 第二部，第三部
C. 第二部，第五部
D. 第四部，第一部
E. 第四部，第二部

10. 如图，在 $\triangle ABC$ 中，$\angle ABC = 30°$，将线段 AB 绕点 B 旋转至 DB，使 $\angle DBC = 60°$，则 $\triangle DBC$ 与 $\triangle ABC$ 的面积之比为(　　).

A. 1
B. $\sqrt{2}$
C. 2
D. $\dfrac{\sqrt{3}}{2}$
E. $\sqrt{3}$

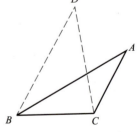

11. 已知数列 $\{a_n\}$ 满足 $a_1 = 1, a_2 = 2$，且 $a_{n+2} = a_{n+1} - a_n$ $(n = 1, 2, 3, \cdots)$，则 $a_{100} = ($ 　　$)$.

A. 1
B. -1
C. 2
D. -2
E. 0

12. 如图,圆 O 的内接 $\triangle ABC$ 是等腰三角形,底边 $BC=6$,顶角为 $\dfrac{\pi}{4}$,则圆 O 的面积为(　　).

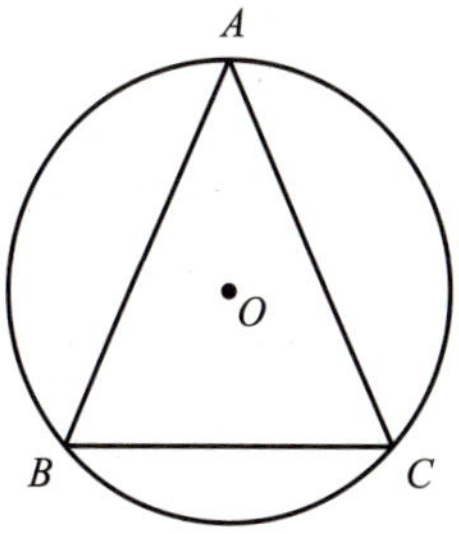

   A. 12π　　　　　　　　　　B. 16π
   C. 18π　　　　　　　　　　D. 32π
   E. 36π

13. 甲、乙两人从一条长为 1 800 米道路的两端同时出发,往返行走.已知甲每分钟行走 100 米,乙每分钟行走 80 米,则两人第三次相遇时,甲距其出发点(　　)米.

   A. 600　　　　　　　　　　　B. 900
   C. 1 000　　　　　　　　　　D. 1 400
   E. 1 600

14. 如图,节点 A,B,C,D 两两相连,从一个节点沿线段到另一个节点当作 1 步.若机器人从节点 A 出发,随机走了 3 步,则机器人未到达过节点 C 的概率为(　　).

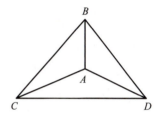

   A. $\dfrac{4}{9}$　　　　　　　　　　B. $\dfrac{11}{27}$
   C. $\dfrac{10}{27}$　　　　　　　　　D. $\dfrac{19}{27}$
   E. $\dfrac{8}{27}$

15. 某科室有 4 名男职员、2 名女职员.若将这 6 名职员分为 3 组,每组 2 人,且女职员不同组,则不同的分组方式有(　　)种.

   A. 4　　　　　　　　　　　　B. 6
   C. 9　　　　　　　　　　　　D. 12
   E. 15

二、条件充分性判断:第 16~25 小题,每小题 3 分,共 30 分。要求判断每题给出的条件(1)和条件(2)能否充分支持题干所陈述的结论。A、B、C、D、E 五个选项为判断结果,请选择一项符合试题要求的判断。

   A. 条件(1)充分,但条件(2)不充分.
   B. 条件(2)充分,但条件(1)不充分.
   C. 条件(1)和条件(2)单独都不充分,但条件(1)和条件(2)联合起来充分.
   D. 条件(1)充分,条件(2)也充分.
   E. 条件(1)和条件(2)单独都不充分,条件(1)和条件(2)联合起来也不充分.

16. 在 $\triangle ABC$ 中,$\angle B=60°$.则 $\dfrac{c}{a}>2$.

   (1) $\angle C<90°$.
   (2) $\angle C>90°$.

17. 圆 $x^2+y^2=2x+2y$ 上的点到直线 $ax+by+\sqrt{2}=0$ 的距离的最小值大于 1.

(1) $a^2+b^2=1$.

(2) $a>0, b>0$.

18. 设 a,b,c 是实数. 则能确定 a,b,c 的最大值.

(1) 已知 a,b,c 的平均值.

(2) 已知 a,b,c 的最小值.

19. 甲、乙两种品牌的手机共 20 部, 任取 2 部, 恰有 1 部甲品牌的概率为 p, 则 $p>\dfrac{1}{2}$.

(1) 甲品牌手机不少于 8 部.

(2) 乙品牌手机多于 7 部.

20. 某单位计划租 n 辆车出游. 则能确定出游人数.

(1) 若租用 20 座的车辆, 只有 1 辆车没坐满.

(2) 若租用 12 座的车, 还缺 10 个座位.

21. 在长方体中, 能确定长方体对角线的长度.

(1) 已知共顶点的三个面的面积.

(2) 已知共顶点的三个面的对角线长度.

22. 已知甲、乙、丙三人共捐款 3 500 元. 则能确定每人的捐款金额.

(1) 三人的捐款金额各不相同.

(2) 三人的捐款金额都是 500 的倍数.

23. 设函数 $f(x)=(ax-1)(x-4)$. 则在 $x=4$ 左侧附近有 $f(x)<0$.

(1) $a>\dfrac{1}{4}$.

(2) $a<4$.

24. 设 a,b 是正实数. 则 $\dfrac{1}{a}+\dfrac{1}{b}$ 存在最小值.

(1) 已知 ab 的值.

(2) 已知 a,b 是方程 $x^2-(a+b)x+2=0$ 的不同实根.

25. 设 a,b,c,d 是正实数. 则 $\sqrt{a}+\sqrt{d}\leqslant\sqrt{2(b+c)}$.

(1) $a+d=b+c$.

(2) $ad=bc$.

解　析

一、问题求解

1.【答案】 D

【解析】 今年是在去年的基础上涨价,去年是在前年的基础上涨价.

设该商品前年的价格为 1,则两年后涨为 $1\times(1+10\%)\times(1+20\%)=1.32$.

这两年涨价百分比为 $\dfrac{1.32-1}{1}\times 100\% = 32\%$.

2.【答案】 A

【解析】 $|x-a|<1 \Rightarrow -1<x-a<1 \Rightarrow a-1<x<a+1$,$|x-b|<2 \Rightarrow -2<x-b<2 \Rightarrow b-2<x<b+2$.

要使 $A\subset B$,则有 $\begin{cases} b-2\leqslant a-1 \Rightarrow a-b\geqslant -1 \\ a+1\leqslant b+2 \Rightarrow a-b\leqslant 1 \end{cases} \Rightarrow |a-b|\leqslant 1$.

此题要注意取等号时也满足包含关系,即 $b-2=a-1$ 及 $a+1=b+2$ 时也是满足的.

3.【答案】 B

【解析】 设此人丙成绩为 x 分,则有 $\begin{cases} 70\times 30\%+75\times 20\%+x\times 50\%\geqslant 60, \\ x\geqslant 50 \end{cases} \Rightarrow \begin{cases} x\geqslant 48, \\ x\geqslant 50 \end{cases} \Rightarrow x\geqslant 50$.

4.【答案】 B

【解析】 1 至 10 中质数有 4 个,分别为 2,3,5,7. 则任取 3 个数,恰有 1 个质数的概率为 $p=\dfrac{C_6^2\cdot C_4^1}{C_{10}^3}=\dfrac{1}{2}$.

5.【答案】 E

【解析】 方法 1:$a_2+a_4=2a_3=a_1=8 \Rightarrow a_3=4 \Rightarrow d=\dfrac{a_3-a_1}{3-1}=-2$

$$\Rightarrow S_n=na_1+\dfrac{n\cdot(n-1)}{2}d=-n^2+9n(n \text{ 为正整数})$$

$$=-\left(n-\dfrac{9}{2}\right)^2+\dfrac{81}{4},$$

当 $n=4$ 或 $n=5$ 时,S_n 取最大值 20.

方法 2:$a_2+a_4=2a_3=a_1=8 \Rightarrow a_3=4 \Rightarrow d=\dfrac{a_3-a_1}{3-1}=-2 \Rightarrow a_1=8,a_2=6,a_3=4,a_4=2,a_5=0$.

当 $n=4$ 或 $n=5$ 时,S_n 取得最大值 20.

6.【答案】 C

【解析】 已知 $x^2+\dfrac{1}{x^2}-3\left(x+\dfrac{1}{x}\right)+2=0 \Rightarrow \left(x+\dfrac{1}{x}\right)^2-3\left(x+\dfrac{1}{x}\right)=0 \Rightarrow x+\dfrac{1}{x}=3$ 或 $x+\dfrac{1}{x}=0$(舍),

则 $x^3+\dfrac{1}{x^3}=\left(x+\dfrac{1}{x}\right)\left(x^2+\dfrac{1}{x^2}-1\right)=\left(x+\dfrac{1}{x}\right)\left[\left(x+\dfrac{1}{x}\right)^2-3\right]=3\times(3^2-3)=18$.

7.【答案】 B

【解析】 $|x-2|+|y-2|\leq 2$ 去绝对值得到
$$\begin{cases} x+y\leq 6(x\geq 2,y\geq 2), \\ x-y\leq 2(x\geq 2,y\geq 2), \\ x-y\geq -2(x\leq 2,y\geq 2), \\ x+y\geq 2(x\leq 2,y\leq 2), \end{cases}$$ 画图,如右图所示.

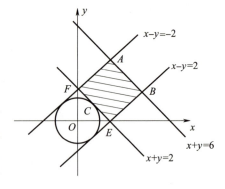

正方形区域 $ABEF$ 就是四条直线所围成的可行域.设 $x^2+y^2=R^2$,则 x^2+y^2 的取值范围即 R^2 的取值范围,其最小值在 OC 处取到, C 点坐标为 $C(1,1)$,最大值在 OA 处取到, A 点坐标为 $A(2,4)$,故 $1^2+1^2\leq x^2+y^2\leq 2^2+4^2$,即 $2\leq x^2+y^2\leq 20$.

注意:把代数问题转换成几何问题.

8. 【答案】 B

【解析】 设促销前每单金额为 x 元,则 $x-m\geq x\cdot 0.8\Rightarrow m\leq 0.2x$,满 200 元最小的组合是: $x=55+75+75=205$,则 $m\leq 41$. 故 m 的最大值为 41.

9. 【答案】 C

【解析】 观众意见分歧最大,即好评率与差评率之差的绝对值最小. 接近一边倒的意见分歧不大,比较集中. 第二部: $|0.5-0.5|=0$,第五部: $|0.6-0.4|=0.2$,这两部分歧最大.

10. 【答案】 E

【解析】 三角形底边相同,面积之比等于高之比.

如图, $\dfrac{S_{\triangle DBC}}{S_{\triangle ABC}}=\dfrac{DH'}{AH}=\dfrac{DB\cdot\sin 60°}{AB\cdot\sin 30°}=\dfrac{\sin 60°}{\sin 30°}=\sqrt{3}.$

11. 【答案】 B

【解析】 找规律,根据已知条件列出数列各项:
$1,2,1,-1,-2,-1,1,2,1,-1,-2,-1,\cdots,$
可发现此数列每六项一循环, $100=6\times 16+4$,所以
$$a_{100}=a_4=-1.$$

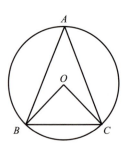

12. 【答案】 C

【解析】 方法 1: $\angle BOC=2\angle BAC=90°$(同弧所对的圆心角是圆周角的二倍,如图所示). 设 $OB=OC=r$,则 $r^2+r^2=BC^2=36\Rightarrow S_{圆}=18\pi.$

方法 2:三角形外接圆直径 $2r=\dfrac{a}{\sin\angle A}=\dfrac{b}{\sin\angle B}=\dfrac{c}{\sin\angle C}.$

本题中 $2r=\dfrac{BC}{\sin\angle A}=\dfrac{6}{\sin\angle 45°}=6\sqrt{2}\Rightarrow r=3\sqrt{2}\Rightarrow S_{圆}=18\pi.$

13. 【答案】 D

【解析】 第一次相遇时两人合走 1 个全程,继续走到终点返回再相遇时两人合走 3 个全程,第三次相遇时两人合走 5 个全程. 甲的速度为 100 米/分钟,乙的速度为 80 米/分钟,合走 1 个全程用时 $\dfrac{1\,800}{100+80}=10$(分钟),合走 5 个全程用时 50 分钟,此时甲走了 $100\times 50=5\,000$(米),

甲从出发点出发走到终点又返回出发点,然后又走了 1 400 米,所以甲距离出发点 1 400 米.

14.【答案】 E

【解析】 随机走 3 步,分步用乘法,每步的方法数都是 3,总的方法数为 $3^3 = 27$,不经过节点 C 的方法总数为 $2^3 = 8$,故所求概率为 $\dfrac{8}{27}$.

15.【答案】 D

【解析】 方法 1:假设两女分别为甲女和乙女.第一步,甲女与 4 男中的 1 男成组,方法数为 C_4^1;第二步,乙女与剩下 3 男中的 1 男成组,方法数为 C_3^1;剩下的 2 男自动变成一组.所以方法总数为 $C_4^1 \cdot C_3^1 = 12$.

方法 2:根据题意可以分析出,一定有一组是 2 男,选出来,有 C_4^2 种;剩下的 2 男 2 女,每组里 1 男 1 女,只有两种分组方法,可以列举.所以方法总数为 $C_4^2 \times 2 = 12$.

方法 3:完全用平均分组的想法,先求出 6 人平均分成 3 组的方法总数为 $\dfrac{C_6^2 \cdot C_4^2 \cdot C_2^2}{P_3^3} = 15$,其中,如果 2 女在一组,则剩下 4 男的分组方法为 $\dfrac{C_4^2 \cdot C_2^2}{P_2^2} = 3$.所以方法总数为 $15 - 3 = 12$.

注意:想法可以多,但要避免重复.

二、条件充分性判断

16.【答案】 B

【解析】 条件(1),举反例,$\angle C = 60°$,此时是等边三角形,显然推不出结论,不充分.

条件(2),当 $\angle C = 90°$,$\angle B = 60°$,$\angle A = 30°$ 时,$\dfrac{c}{a} = 2$,随着 $\angle C$ 的增大,c 变大,所以 $\dfrac{c}{a} > 2$ 成立,条件(2)充分.

17.【答案】 C

【解析】 整理 $x^2 + y^2 = 2x + 2y$ 得到 $(x-1)^2 + (y-1)^2 = 2$.

分析可知,圆上的点到直线的距离的最小值为圆心到直线的距离减去半径(如图所示),此时直线和圆肯定相离,相切和相交时距离的最小值都是 0,不会出现最小值大于 1 的情况.

所以我们的目标就是推导 $d - r = \dfrac{|a+b+\sqrt{2}|}{\sqrt{a^2+b^2}} - \sqrt{2}$ 是否大

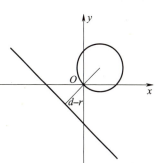

于 1,能推出 $d - r > 1$ 则条件充分,不能推出则条件不充分.

条件(1)举反例:$a = 1, b = 0, d - r = 1$,不大于 1,不充分.

条件(2)举反例:$a = 1, b = 1, d - r = 1$,不大于 1,也不充分.

联合条件(1)和(2):$d - r = \dfrac{|a+b+\sqrt{2}|}{\sqrt{a^2+b^2}} - \sqrt{2} = a + b$.

$a^2 + b^2 = 1 \Rightarrow (a+b)^2 = 1 + 2ab > 1$ ($a > 0, b > 0$) $\Rightarrow a + b = \sqrt{1 + 2ab} > 1$,充分.

18.【答案】 E

【解析】 条件(1),已知平均值不能确定最大值,举反例,4,4,4 和 2,4,6,这两组数平均值相同,但最大值不同.

条件(2),举反例,2,4,6 和 2,5,8,这两组数有相同的最小值,但无法确定最大值,不充分.

联合条件(1)和(2),举反例,2,4,6 和 2,3,7,这两组数的最小值和平均值都是一样的,但是最大值不同. 可见联合也不充分.

19. 【答案】 C

【解析】 条件(1),举反例,甲品牌 19 部,乙品牌 1 部,则 $p=\dfrac{C_{19}^1 \cdot C_1^1}{C_{20}^2}=\dfrac{1}{10}<\dfrac{1}{2}$,不充分.

条件(2),举反例,甲品牌 1 部,乙品牌 19 部,则 $p=\dfrac{C_1^1 \cdot C_{19}^1}{C_{20}^2}=\dfrac{1}{10}<\dfrac{1}{2}$,不充分.

联合条件(1)和(2),设甲品牌手机有 m 部,则乙品牌手机有 $20-m$ 部,根据已知 $\begin{cases} m \geqslant 8, \\ 20-m>7 \end{cases} \Rightarrow 8 \leqslant m<13.$

$p=\dfrac{C_m^1 \cdot C_{20-m}^1}{C_{20}^2}=\dfrac{m \cdot (20-m)}{190}$,把 m 可能的 5 组值 8,9,10,11,12 代入,均能得出 $p>\dfrac{1}{2}$,充分.

20. 【答案】 E

【解析】 条件(1)和(2)单独显然不充分,考虑两个条件联合. 设出游人数为 y,则 $\begin{cases} 20(n-1)<y<20n, \\ y=12n+10, \end{cases}$ 把 $y=12n+10$ 代入上面的式子,得 $20(n-1)<12n+10<20n$,解得 $1\dfrac{1}{4}<n<3\dfrac{3}{4}$,即 $n=2$ 或 $n=3$.

当 $n=2$ 时,$y=34$;当 $n=3$ 时,$y=46$. 因为不是唯一的,所以不能确定出游人数.

21. 【答案】 D

【解析】 设长方体的长、宽、高分别为 a,b,c,则长方体对角线的长度 $d=\sqrt{a^2+b^2+c^2}$.

条件(1),设 $\begin{cases} ab=X, \\ bc=Y, \\ ac=Z, \end{cases}$ ab,bc,ac 已知,则 abc 易求,所以 a,b,c 均可求,长方体对角线的长度 $d=\sqrt{a^2+b^2+c^2}$ 能确定,充分.

条件(2),设 $\begin{cases} \sqrt{a^2+b^2}=x, \\ \sqrt{b^2+c^2}=y, \\ \sqrt{a^2+c^2}=z \end{cases} \Rightarrow \begin{cases} a^2+b^2=x^2, \\ b^2+c^2=y^2, \\ a^2+c^2=z^2, \end{cases}$ x,y,z 已知,则 $a^2+b^2+c^2$ 可求,长方体对角线的长度 $d=\sqrt{a^2+b^2+c^2}$ 能确定,也充分.

22. 【答案】 E

【解析】 条件(1)显然不充分,随便举反例,甲、乙、丙分别捐款 1 000 元、1 100 元、1 400 元或 1 000 元、1 200 元、1 300 元.

条件(2)也不充分,比如三人捐款分别是 500 元、1 500 元、1 500 元或 1 000 元、1 000 元、1 500 元,显然无法确定每人的捐款金额.

两个条件都不充分,考虑联合,设甲、乙、丙的捐款金额分别为 $500a,500b,500c$(都是 500 的整数倍),则 $500a+500b+500c=3\,500\Rightarrow a+b+c=7$,从而 a,b,c 只能分别取 $1,2,4$,但是哪个是 1,哪个是 2,哪个是 4 无法确定,所以也不能确定每个人的捐款金额. 联合也不充分.

23. 【答案】 A

【解析】 $f(x)=(ax-1)(x-4)=a\left(x-\dfrac{1}{a}\right)(x-4).$

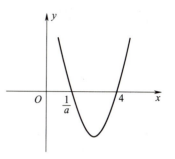

条件(1) $a>\dfrac{1}{4}$,函数 $f(x)$ 对应的抛物线开口向上,$0<\dfrac{1}{a}<4$,即 $f(x)$ 与 x 轴的交点有两个,一个在 0 和 4 之间,另一个就是 4,画出图形(如图所示),在 $x=4$ 左侧附近,应理解为离 $x=4$ 最近的左侧,不会小于 $\dfrac{1}{a}$,此时 $f(x)<0$,条件(1)充分.

条件(2),举反例,令 $a=\dfrac{1}{8}$,此时抛物线对应二次方程的两个零点为 $x=4,x=8$,开口向上,此时 $x=4$ 左侧附近 $f(x)>0$,不充分.

24. 【答案】 A

【解析】 条件(1),已知 ab 的值,由均值不等式 $\dfrac{1}{a}+\dfrac{1}{b}\geqslant 2\sqrt{\dfrac{1}{a}\cdot\dfrac{1}{b}}$,当且仅当 $a=b$ 时,有最小值,充分.

条件(2),$x^2-(a+b)x+2=0$ 有不同实根 a 和 b,则 $ab=2,a\neq b,\dfrac{1}{a}+\dfrac{1}{b}\geqslant 2\sqrt{\dfrac{1}{a}\cdot\dfrac{1}{b}}=\sqrt{2}$,此时取不到最小值,所以不充分.

25. 【答案】 A

【解析】 $\sqrt{a}+\sqrt{d}\leqslant\sqrt{2(b+c)}\Leftrightarrow a+d+2\sqrt{ad}\leqslant 2(b+c)$ ①.

条件(1) $a+d=b+c$ 代入①式化简后有 $a+d\geqslant 2\sqrt{ad}$,根据均值不等式,都是正实数,恒成立,所以条件(1)充分.

条件(2)不充分,举反例,$a=1,d=81,b=9,c=9$,满足条件,但 $\sqrt{1}+\sqrt{81}=10>\sqrt{2\times(9+9)}=6$,不充分.

2019 年管理类专业学位联考综合能力数学真题及解析

真 题

一、问题求解：第 1~15 小题，每小题 3 分，共 45 分。下列每题给出的五个选项中，只有一项是符合试题要求的。

1. 某车间计划 10 天完成一项任务，工作 3 天后因故停工 2 天. 若仍要按原计划完成任务，则工作效率需要提高（　　）.

   A. 20%　　　　　　　　　　B. 30%
   C. 40%　　　　　　　　　　D. 50%
   E. 60%

2. 设函数 $f(x) = 2x + \dfrac{a}{x^2}$ $(a>0)$ 在 $(0, +\infty)$ 内的最小值为 $f(x_0) = 12$，则 $x_0 =$（　　）.

   A. 5　　　　　　　　　　　B. 4
   C. 3　　　　　　　　　　　D. 2
   E. 1

3. 某影城统计了一季度的观众人数，如图，则一季度的男、女观众人数之比为（　　）.

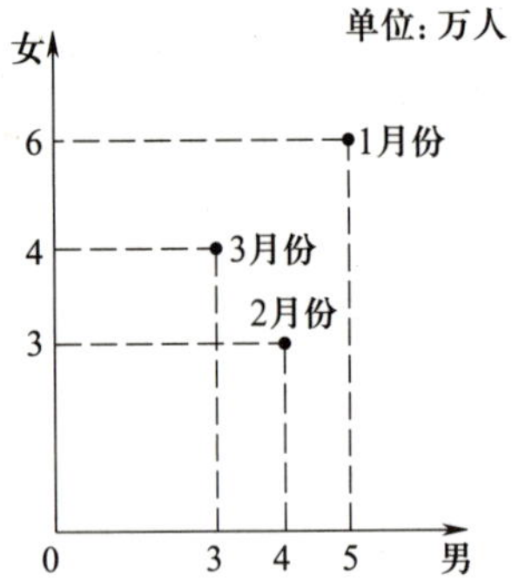

   A. 3∶4　　　　　　　　　　B. 5∶6
   C. 12∶13　　　　　　　　　D. 13∶12
   E. 4∶3

4. 设实数 a, b 满足 $ab = 6$，$|a+b| + |a-b| = 6$，则 $a^2 + b^2 =$（　　）.

   A. 10　　　　　　　　　　　B. 11
   C. 12　　　　　　　　　　　D. 13
   E. 14

5. 设圆 C 与圆 $(x-5)^2 + y^2 = 2$ 关于直线 $y = 2x$ 对称，则圆 C 的方程为（　　）.

   A. $(x-3)^2 + (y-4)^2 = 2$　　　　B. $(x+4)^2 + (y-3)^2 = 2$
   C. $(x-3)^2 + (y+4)^2 = 2$　　　　D. $(x+3)^2 + (y+4)^2 = 2$
   E. $(x+3)^2 + (y-4)^2 = 2$

6. 将一批树苗种在一个正方形花园的边上，四角都种. 如果每隔 3 米种一棵，那么剩下

10棵树苗;如果每隔 2 米种一棵,那么恰好种满正方形的 3 条边,则这批树苗有(　　)棵.

A. 54　　　　　　　　　　B. 60

C. 70　　　　　　　　　　D. 82

E. 94

7. 在分别标记了数字 1,2,3,4,5,6 的 6 张卡片中,甲随机抽取 1 张后,乙从余下的卡片中再随机抽取 2 张,乙的卡片数字之和大于甲的卡片数字的概率为(　　).

A. $\dfrac{11}{60}$　　　　　　　　　B. $\dfrac{13}{60}$

C. $\dfrac{43}{60}$　　　　　　　　　D. $\dfrac{47}{60}$

E. $\dfrac{49}{60}$

8. 10 名同学的语文和数学成绩如下表:

语文成绩	90	92	94	88	86	95	87	89	91	93
数学成绩	94	88	96	93	90	85	84	80	82	98

语文和数学成绩的均值分别记为 E_1 和 E_2,标准差分别记为 σ_1 和 σ_2,则(　　).

A. $E_1 > E_2, \sigma_1 > \sigma_2$　　　　　　B. $E_1 > E_2, \sigma_1 < \sigma_2$

C. $E_1 > E_2, \sigma_1 = \sigma_2$　　　　　　D. $E_1 < E_2, \sigma_1 > \sigma_2$

E. $E_1 < E_2, \sigma_1 < \sigma_2$

9. 如图,正方体位于半径为 3 的球内,且一面位于球的大圆上,则正方体表面积最大为(　　).

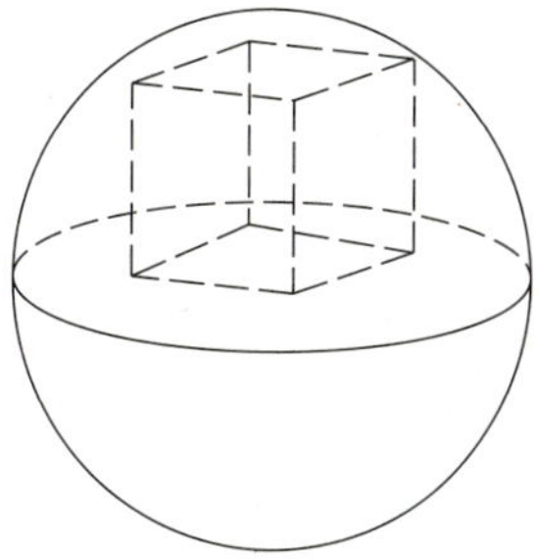

A. 12　　　　　　　　　　B. 18

C. 24　　　　　　　　　　D. 30

E. 36

10. 在 △ABC 中,AB = 4,AC = 6,BC = 8,D 为 BC 的中点,则 AD = ().

A. $\sqrt{11}$　　　　　　　　　B. $\sqrt{10}$

C. 3　　　　　　　　　　D. $2\sqrt{2}$

E. $\sqrt{7}$

11. 某单位要铺设草坪.若甲、乙两公司合作需 6 天完成,工时费共计 2.4 万元;若甲公司单独做 4 天后由乙公司接着做 9 天完成,工时费共计 2.35 万元.若由甲公司单独完成该项目,则工时费共计(　　)万元.

A. 2.25　　　　　　　　　　B. 2.35

C. 2.4　　　　　　　　　　D. 2.45

E. 2.5

12. 如图,六边形 $ABCDEF$ 是平面与棱长为 2 的正方体所截得到的. 若 A, B, D, E 分别为相应棱的中点,则六边形 $ABCDEF$ 的面积为（　　）.

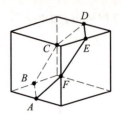

A. $\dfrac{\sqrt{3}}{2}$

B. $\sqrt{3}$

C. $2\sqrt{3}$

D. $3\sqrt{3}$

E. $4\sqrt{3}$

13. 货车行驶 72 千米用时 1 小时,其速度 v 与行驶时间 t 的关系如图所示,则 $v_0 = (\quad)$ 千米/小时.

A. 72

B. 80

C. 90

D. 95

E. 100

14. 某中学的 5 个学科各推荐 2 名教师作为支教候选人. 若从中选出来自不同学科的 2 人参加支教工作,则不同的选派方式有（　　）种.

A. 20

B. 24

C. 30

D. 40

E. 45

15. 设数列 $\{a_n\}$ 满足 $a_1 = 0, a_{n+1} - 2a_n = 1$,则 $a_{100} = (\quad)$.

A. $2^{99} - 1$

B. 2^{99}

C. $2^{99} + 1$

D. $2^{100} - 1$

E. $2^{100} + 1$

二、条件充分性判断：第 16~25 小题,每小题 3 分,共 30 分。要求判断每题给出的条件（1）和条件（2）能否充分支持题干所陈述的结论。A、B、C、D、E 五个选项为判断结果,请选择一项符合题目要求的判断。

A. 条件（1）充分,但条件（2）不充分.

B. 条件（2）充分,但条件（1）不充分.

C. 条件（1）和条件（2）单独都不充分,但条件（1）和条件（2）联合起来充分.

D. 条件（1）充分,条件（2）也充分.

E. 条件（1）和条件（2）单独都不充分,条件（1）和条件（2）联合起来也不充分.

16. 甲、乙、丙三人各自拥有不超过 10 本图书,甲再购入 2 本图书后,他们拥有图书的数量能构成等比数列. 则能确定甲拥有图书的数量.

（1）已知乙拥有图书的数量.

（2）已知丙拥有图书的数量.

17. 有甲、乙两袋奖券,获奖率分别为 p 和 q. 某人从两袋中各随机抽取 1 张奖券. 则此人获奖的概率不小于 $\dfrac{3}{4}$.

（1）已知 $p+q=1$．

（2）已知 $pq=\dfrac{1}{4}$．

18. 直线 $y=kx$ 与圆 $x^2+y^2-4x+3=0$ 有两个交点．

（1）$-\dfrac{\sqrt{3}}{3}<k<0$．

（2）$0<k<\dfrac{\sqrt{2}}{2}$．

19. 能确定小明的年龄．

（1）小明的年龄是完全平方数．

（2）20 年后小明的年龄是完全平方数．

20. 关于 x 的方程 $x^2+ax+b-1=0$ 有实根．

（1）$a+b=0$．

（2）$a-b=0$．

21. 如图，已知正方形 $ABCD$ 的面积，O 为 BC 上一点，P 为 AO 的中点，Q 为 DO 上一点．则能确定三角形 PQD 的面积．

（1）O 为 BC 的三等分点．

（2）Q 为 DO 的三等分点．

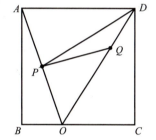

22. 设 n 为正整数．则能确定 n 除以 5 的余数．

（1）已知 n 除以 2 的余数．

（2）已知 n 除以 3 的余数．

23. 某校理学院五个系每年的录取人数如下表：

系别	数学系	物理系	化学系	生物系	地学系
录取人数	60	120	90	60	30

今年与去年相比，物理系的录取平均分没变．则理学院的录取平均分升高了．

（1）数学系的录取平均分升高了 3 分，生物系的录取平均分降低了 2 分．

（2）化学系的录取平均分升高了 1 分，地学系的录取平均分降低了 4 分．

24. 设数列 $\{a_n\}$ 的前 n 项和为 S_n．则 $\{a_n\}$ 是等差数列．

（1）$S_n=n^2+2n,\ n=1,2,3,\cdots$．

（2）$S_n=n^2+2n+1,\ n=1,2,3,\cdots$．

25. 设三角形区域 D 由直线 $x+8y-56=0,\ x-6y+42=0$ 与 $kx-y+8-6k=0\ (k<0)$ 围成．则对任意的 $(x,y)\in D$，$\lg(x^2+y^2)\leqslant 2$．

（1）$k\in(-\infty,-1]$．

（2）$k\in\left[-1,-\dfrac{1}{8}\right)$．

解 析

一、问题求解

1.【答案】 C

【解析】 假设总工作量为 10,则原来效率为 1,停工 2 天后的效率为 $\dfrac{10-3}{5}=\dfrac{7}{5}=1.4$,可知工作效率需要提高 $\dfrac{1.4-1}{1}=40\%$.

2.【答案】 B

【解析】 $f(x)=2x+\dfrac{a}{x^2}=x+x+\dfrac{a}{x^2}\geqslant 3\sqrt[3]{a}$,

故 $3\sqrt[3]{a}=12\Rightarrow\sqrt[3]{a}=4$.

当且仅当 $x=\dfrac{a}{x^2}$ 时,等号取到,此时 $x_0=\sqrt[3]{a}=4$.

3.【答案】 C

【解析】 $\dfrac{男}{女}=\dfrac{3+4+5}{3+4+6}=\dfrac{12}{13}$.

4.【答案】 D

【解析】 方法 1:特殊值法,令 $a=3,b=2$,满足条件,故 $a^2+b^2=13$.

方法 2:$ab=6$,则 a,b 同号.

设 $a>b>0$,有 $2a=6$,得 $a=3,b=2$,则 $a^2+b^2=13$;

设 $0>a>b$,有 $2b=-6$,得 $b=-3,a=-2$,则 $a^2+b^2=13$.

综上,$a^2+b^2=13$.

5.【答案】 E

【解析】 已知圆的圆心为 $(5,0)$,半径为 $\sqrt{2}$,此圆关于直线 $y=2x$ 的对称圆只是圆心发生了变化.

设点 $(5,0)$ 关于直线 $y=2x$ 的对称点为 (m,n),则 $\dfrac{n}{2}=2\cdot\dfrac{5+m}{2},\dfrac{n-0}{m-5}=-\dfrac{1}{2}$,联立解得对称点为 $(-3,4)$.

则圆 C 的解析式为 $(x+3)^2+(y-4)^2=2$.

注意:本题也可以套用对称点公式,即点 $P(x_0,y_0)$ 关于直线 $Ax+By+C=0$ 的对称点为 $\left(x_0-\dfrac{2A(Ax_0+By_0+C)}{A^2+B^2},y_0-\dfrac{2B(Ax_0+By_0+C)}{A^2+B^2}\right)$.

6.【答案】 D

【解析】 设正方形边长为 x 米.

由题意,有 $\dfrac{4}{3}x+10=\dfrac{3}{2}x+1$,解得 $x=54$.

则这批树苗有 $\frac{4}{3}x+10=82$（棵）．

注意：① 非封闭植树公式：$\begin{cases} 段数+1=棵数, \\ 段数=\dfrac{马路长度}{间隔}. \end{cases}$

② 封闭植树公式：$\begin{cases} 段数=棵数, \\ 段数=\dfrac{马路长度}{间隔}. \end{cases}$

7. 【答案】 D

【解析】 可采用穷举法，适当的时候也应利用"正难则反"的原则．

所有抽取总数为：$C_6^1 \cdot C_5^2 = 60$．

符合题目要求的抽取种数比较多，正难则反，反面为乙的卡片数字之和小与或等于甲的卡片数字，共有如下 13 种情况：

若甲为 3，则乙为：1+2；

若甲为 4，则乙为：1+2，1+3；

若甲为 5，则乙为：1+2，1+3，1+4，2+3；

若甲为 6，则乙为：1+2，1+3，1+4，1+5，2+3，2+4．

故所求概率为：$1 - \dfrac{13}{60} = \dfrac{47}{60}$．

8. 【答案】 B

【解析】 以 90 分作为参照量．

语文：0,2,4,-2,-4,5,-3,-1,1,3，平均值为 0.5；

数学：4,-2,6,3,0,-5,-6,-10,-8,8，平均值为 -1．

故语文成绩的均值大于数学成绩，即 $E_1 > E_2$．很明显数学的分数值比较分散，所以数学成绩的标准差较大，即 $\sigma_1 < \sigma_2$．

9. 【答案】 E

【解析】 在正方体下方补充一个一模一样的正方体，变成一个长方体，则当正方体表面积最大（设其棱长为 a）时，球是长方体的外接球．

所以，球的直径=长方体的对角线，即 $\sqrt{a^2+a^2+(2a)^2}=6 \Rightarrow a^2=6$，

则正方体的表面积最大值为 $6a^2=36$．

10. 【答案】 B

【解析】 作 BC 边上的高 AE，设 $DE=a$，

则 $AE^2 = AB^2 - BE^2 = AC^2 - CE^2$，

即有：$16-(4-a)^2 = 36-(4+a)^2 \Rightarrow a=\dfrac{5}{4}, AE=\dfrac{3\sqrt{15}}{4}$，

所以 $AD = \sqrt{AE^2+DE^2} = \sqrt{10}$．

11. 【答案】 E

【解析】 设工程量为 S，甲、乙两公司的效率分别为 $v_甲, v_乙$．根据效率特值法，$S=6(v_甲+$

$v_\text{乙}) = 4v_\text{甲} + 9v_\text{乙}$,则 $2v_\text{甲} = 3v_\text{乙}$.令 $v_\text{甲} = 3, v_\text{乙} = 2$,则 $S = 30$,所以 $t_\text{甲} = \dfrac{30}{3} = 10$(天),即甲单独完成该任务需要10天.

设甲每天的工时费为 x 万元,乙每天的工时费为 y 万元,则 $\begin{cases} 6x + 6y = 2.4 \\ 4x + 9y = 2.35 \end{cases}$,解得 $x = 0.25$,故甲单独完成工时费为2.5万元.

12. 【答案】 D

【解析】 依题意可得,六边形 $ABCDEF$ 为正六边形,该正六边形的边长为 $\sqrt{2}$,故面积为 $3\sqrt{3}$.

13. 【答案】 C

【解析】 由题意知,横、纵坐标分别为时间和速度,所以路程值72即为梯形的面积值,上底为0.6,下底为1,高为 v_0,所以 $\dfrac{0.6 + 1}{2} v_0 = 72$,解得 $v_0 = 90$ 千米/小时.

14. 【答案】 D

【解析】 第一步,从5个学科中选出两个学科,有 C_5^2 种选取方法;第二步,从每个学科中的两个候选人中再各选出1人,有 $C_2^1 C_2^1$ 种选取方法.所以不同的选派方式有 $C_5^2 C_2^1 C_2^1 = 40$(种).

注意:本题也可用对立面法求解,不同的选派方式共有 $C_{10}^2 - 5C_2^2 = 40$(种).

15. 【答案】 A

【解析】 形如 $a_n = qa_{n-1} + d$ 的数列递推公式,均可化为 $a_n + \dfrac{d}{q-1} = q\left(a_{n-1} + \dfrac{d}{q-1}\right)$ 的形式,从而可以构造新的等比数列.本题中 $a_{n+1} = 2a_n + 1$,可以化为 $a_{n+1} + 1 = 2(a_n + 1)$,$\dfrac{a_{n+1} + 1}{a_n + 1} = 2$,令 $a_n + 1 = b_n$,则 $a_{n+1} + 1 = b_{n+1}, b_1 = a_1 + 1 = 1, \{b_n\}$ 可以看作首项为1,公比为2的等比数列,所以 $b_n = 1 \times 2^{n-1} = a_n + 1$,所以 $a_n = 2^{n-1} - 1, a_{100} = 2^{99} - 1$.

【技巧】 找规律: $a_1 = 0 = 2^0 - 1, a_2 = 1 = 2^1 - 1, a_3 = 3 = 2^2 - 1, \cdots$,所以 $a_{100} = 2^{99} - 1$.

二、条件充分性判断

16. 【答案】 C

【解析】 设原来甲、乙、丙三人各自拥有的图书数量分别为 x, y, z,且 $y^2 = (x + 2)z$.

对于条件(1),已知 y 的值,无法确定 x 的值.可以举反例,如 $y = 6$,则 $36 = 4 \times 9 = 6 \times 6$,则 $x = 2$ 或 4 或 7,故条件(1)不充分.

对于条件(2),已知 z 的值,也无法确定 x 的值.举反例,如 $z = 1$,则 $y = 2$ 时 $x = 2$, $y = 3$ 时 $x = 7$,故条件(2)也不充分.

联合条件(1)(2),知道 y, z 的值,显然可以确定 x 的值,充分.

17. 【答案】 D

【解析】 本题可用反面求解法,此人获奖的概率为 $1 - (1-p)(1-q) = p + q - pq$.对于条件(1) $p + q = 1, p + q - pq = 1 - pq$,再利用平均值定理,$p + q = 1 \geq 2\sqrt{pq}, pq \leq \dfrac{1}{4}$,则 $1 - pq \geq 1 - \dfrac{1}{4} = \dfrac{3}{4}$,充分.

对于条件(2) $pq=\dfrac{1}{4}$, $p+q-pq=p+q-\dfrac{1}{4}$, 再利用平均值定理, $p+q\geqslant 2\sqrt{pq}=1$, 则 $p+q-\dfrac{1}{4}\geqslant 1-\dfrac{1}{4}=\dfrac{3}{4}$, 充分, 故选 D.

18.【答案】 A

【解析】 $x^2+y^2-4x+3=0$, 化为标准形为 $(x-2)^2+y^2=1$. 直线与圆有两个交点, 则圆心 $(2,0)$ 到直线 $kx-y=0$ 的距离 $d=\dfrac{|2k|}{\sqrt{k^2+1}}<1$, 解得 $-\dfrac{\sqrt{3}}{3}<k<\dfrac{\sqrt{3}}{3}$. 条件(1)的范围落入其中, 充分, 但条件(2)不充分, 故答案选 A.

19.【答案】 C

【解析】 设小明的年龄为 x. 条件(1), $x=k^2 (k\in \mathbf{N}^*)$, 信息量不全, 不充分; 条件(2), $20+x=m^2 (m\in \mathbf{N}^*)$, 信息量不全, 也不充分. 联合条件(1)(2), $\begin{cases}x=k^2,\\20+x=m^2\end{cases}\Rightarrow 20=(m+k)(m-k)$, 由于 $m+k$ 和 $m-k$ 的奇偶性相同, 所以只能有 $\begin{cases}m+k=10,\\m-k=2,\end{cases}$ 解得 $m=6, k=4$, 从而 $x=16$. 故选 C.

20.【答案】 D

【解析】 方程有实根, 则 $a^2-4(b-1)\geqslant 0$. 由条件(1)得 $b=-a$, 则 $a^2-4(b-1)=a^2+4a+4=(a+2)^2\geqslant 0$, 故条件(1)充分; 由条件(2)得 $b=a$, 则 $a^2-4(b-1)=a^2-4a+4=(a-2)^2\geqslant 0$, 故条件(2)也充分, 故选 D.

21.【答案】 B

【解析】 由题可知, 三角形 AOD 的面积是正方形面积的一半, P 是 AO 的中点, 三角形 POD 的面积是三角形 AOD 面积的一半. 条件(1)不确定 Q 的位置, 不充分; 条件(2)充分.

22.【答案】 E

【解析】 取 $n=6$ 和 $n=12$, 显然这两个数除以 2 的余数相同, 除以 3 的余数也相同, 但这两个数除以 5 的余数不同, 即条件(1)(2)单独不充分, 联合也不充分.

23.【答案】 C

【解析】 条件(1)不知道化学系和地学系的录取平均分变化情况, 不充分; 同理, 条件(2)也不充分.

联合条件(1)和(2), 只考虑录取总分的增量, 为: $60\times 3-60\times 2+90\times 1-30\times 4=30$, 可见录取总分增加, 而录取人数不变, 故理学院的录取平均分升高了, 充分.

24.【答案】 A

【解析】 由等差数列的前 n 项和公式是不含常数项的二次多项式, 可知条件(1)充分; 条件(2)从第 2 项开始才是等差数列, 不充分.

25.【答案】 A

【解析】 $\lg(x^2+y^2)\leqslant 2\Rightarrow 0<x^2+y^2\leqslant 100$, 直线 $x+8y-56=0$ 和 $x-6y+42=0$ 的交点为 $(0,7)$, 符合题意; 直线 $kx-y+8-6k=0$ 恒过点 $(6,8)$, 即为直线 $kx-y+8-6k=0$ 和 $x-6y+42=0$ 的交点, 符合题意; 当 $k=-1$ 时, 直线 $kx-y+8-6k=0$ 和 $x+8y-56=0$ 的交点为 $(8,6)$, 此时 $x^2+y^2=100$; 根据两条确定的直线 $x+8y-56=0$ 和 $x-6y+42=0$, 再由直线 $kx-y+8-6k=0$ 恒过

定点$(6,8)$,作简图(见下图)可知,当$k\leqslant-1$时$x^2+y^2\leqslant100$,而当$k>-1$时,存在区域D上的点使$x^2+y^2>100$.所以条件(1)充分,条件(2)不充分.

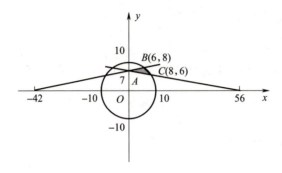

2018年管理类专业学位联考综合能力数学真题及解析

真 题

一、问题求解：第1~15小题，每小题3分，共45分。下列每题给出的A、B、C、D、E五个选项中，只有一项是符合试题要求的。

1. 学科竞赛设一等奖、二等奖和三等奖，比例是1：3：8，获奖率为30%．已知10人获得一等奖，则参加竞赛的人数为( )．

   A. 300 B. 400
   C. 500 D. 550
   E. 600

2. 为了解某公司员工的年龄结构，按男、女人数的比例进行了随机抽样，结果如下：

男员工年龄/岁	23	26	28	30	32	34	36	38	41
女员工年龄/岁	23	25	27	27	29	31			

根据表中数据估计，该公司男员工的平均年龄与全体员工的平均年龄(单位:岁)分别是( )．

   A. 32,30 B. 32,29.5
   C. 32,27 D. 30,27
   E. 29.5,27

3. 某单位采取分段收费的方式收取网络流量(单位:GB)费用:每月流量20(含)以内免费，流量20到30(含)的每GB收费1元，流量30到40(含)的每GB收费3元，流量40以上的每GB收费5元．小王这个月用了45 GB的流量，则他应该缴费(   )元．

   A. 45 B. 65
   C. 75 D. 85
   E. 135

4. 如图，圆 O 是三角形 ABC 的内切圆．若三角形 ABC 的面积与周长的大小之比为1：2，则圆 O 的面积为(   )．

   A. π B. 2π
   C. 3π D. 4π

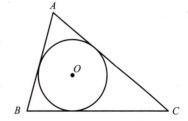

E. 5π

5. 设实数 a,b 满足 $|a-b|=2$，$|a^3-b^3|=26$，则 $a^2+b^2=(\quad)$.

   A. 30 B. 22
   C. 15 D. 13
   E. 10

6. 有 96 位顾客至少购买了甲、乙、丙三种商品中的一种. 经调查, 同时购买了甲、乙两种商品的有 8 位, 同时购买了甲、丙两种商品的有 12 位, 同时购买了乙、丙两种商品的有 6 位, 同时购买了三种商品的有 2 位. 则仅购买一种商品的顾客有（   ）位.

   A. 70 B. 72
   C. 74 D. 76
   E. 82

7. 如图，四边形 $A_1B_1C_1D_1$ 是平行四边形，A_2,B_2,C_2,D_2 分别是 $A_1B_1C_1D_1$ 四边的中点，A_3,B_3,C_3,D_3 分别是四边形 $A_2B_2C_2D_2$ 四边的中点. 依次下去，得到四边形序列 $A_nB_nC_nD_n$（$n=1,2,3,\cdots$）. 设 $A_nB_nC_nD_n$ 的面积为 S_n，且 $S_1=12$，则 $S_1+S_2+S_3+\cdots=(\quad)$.

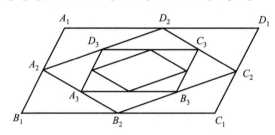

   A. 16 B. 20
   C. 24 D. 28
   E. 30

8. 将 6 张不同卡片 2 张一组分别装入甲、乙、丙 3 个袋中，若指定的两张卡片要在同一组，则不同的装法有（   ）种.

   A. 12 B. 18
   C. 24 D. 30
   E. 36

9. 甲、乙两人进行围棋比赛，约定先胜 2 盘者赢得比赛. 已知每盘棋甲获胜的概率是 0.6，乙获胜的概率是 0.4. 若乙在第一盘获胜，则甲赢得比赛的概率为（   ）.

   A. 0.144 B. 0.288
   C. 0.36   D. 0.4
   E. 0.6

10. 已知圆 $C:x^2+(y-a)^2=b$. 若圆 C 在点 $(1,2)$ 处的切线与 y 轴的交点为 $(0,3)$，则 $ab=(\quad)$.

    A. -2 B. -1
    C. 0 D. 1

E. 2

11. 羽毛球队有4名男运动员和3名女运动员,从中选出两对参加混双比赛,则不同的选派方式有(   )种.

   A. 9   B. 18
   C. 24   D. 36
   E. 72

12. 从标号为1到10的10张卡片中随机抽取2张,它们的标号之和能被5整除的概率为(   ).

   A. $\dfrac{1}{5}$ B. $\dfrac{1}{9}$
   C. $\dfrac{2}{9}$ D. $\dfrac{2}{15}$
   E. $\dfrac{7}{45}$

13. 某单位为检查3个部门的工作,由这3个部门的主任和外聘的3名人员组成检查组,分2人一组检查工作,每组有1名外聘成员. 规定本部门主任不能检查本部门,则不同的安排方式有(   ).

   A. 6种   B. 8种
   C. 12种   D. 18种
   E. 36种

14. 如图,圆柱体的底面半径为2,高为3,垂直于底面的平面截圆柱体所得截面为矩形 $ABCD$. 若弦 AB 所对的圆心角是 $\dfrac{\pi}{3}$,则截掉部分(较小部分)的体积为(   ).

   A. $\pi-3$ B. $2\pi-6$
   C. $\pi-\dfrac{3\sqrt{3}}{2}$ D. $2\pi-3\sqrt{3}$
   E. $\pi-\sqrt{3}$

15. 函数 $f(x)=\max\{x^2,-x^2+8\}$ 的最小值为(   ).

   A. 8   B. 7
   C. 6   D. 5
   E. 4

二、条件充分性判断:第16~25小题,每小题3分,共30分。要求判断每题给出的条件(1)与条件(2)能否充分支持题干所陈述的结论。A、B、C、D、E 五个选项为判断结果,请选择一项符合试题要求的判断。

   A. 条件(1)充分,但条件(2)不充分.
   B. 条件(2)充分,但条件(1)不充分.
   C. 条件(1)和条件(2)单独都不充分,但条件(1)和条件(2)联合起来充分.

D. 条件(1)充分,条件(2)也充分.

E. 条件(1)和条件(2)单独都不充分,条件(1)和条件(2)联合起来也不充分.

16. 设 x,y 为实数. 则 $|x+y| \leq 2$.

(1) $x^2+y^2 \leq 2$.

(2) $xy \leq 1$.

17. 设 $\{a_n\}$ 为等差数列. 则能确定 $a_1+a_2+\cdots+a_9$ 的值.

(1) 已知 a_1 的值.

(2) 已知 a_5 的值.

18. 设 m,n 是正整数. 则能确定 $m+n$ 的值.

(1) $\dfrac{1}{m}+\dfrac{3}{n}=1$.

(2) $\dfrac{1}{m}+\dfrac{2}{n}=1$.

19. 甲、乙、丙三人的年收入成等比数列. 则能确定乙的年收入的最大值.

(1) 已知甲、丙两人的年收入之和.

(2) 已知甲、丙两人的年收入之积.

20. 如图,在矩形 $ABCD$ 中,$AE=FC$. 则三角形 AED 与四边形 $BCFE$ 能拼接成一个直角三角形.

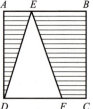

(1) $EB=2FC$.

(2) $ED=EF$.

21. 甲购买了若干件 A 玩具、乙购买了若干件 B 玩具送给幼儿园,甲比乙少花了 100 元. 则能确定甲购买的玩具件数.

(1) 甲与乙共购买了 50 件玩具.

(2) A 玩具的价格是 B 玩具的 2 倍.

22. 已知点 $P(m,0), A(1,3), B(2,1)$,点 (x,y) 在三角形 PAB 上. 则 $x-y$ 的最小值与最大值分别是 -2 和 1.

(1) $m \leq 1$.

(2) $m \geq -2$.

23. 如果甲公司的年终奖总额增加 25%,乙公司的年终奖总额减少 10%,两者相等. 则能确定两公司的员工人数之比.

(1) 甲公司的人均年终奖与乙公司的相同.

(2) 两公司的员工人数之比与两公司的年终奖总额之比相等.

24. 设 a,b 为实数. 则圆 $x^2+y^2=2y$ 与直线 $x+ay=b$ 不相交.

(1) $|a-b| > \sqrt{1+a^2}$.

(2) $|a+b| > \sqrt{1+a^2}$.

25. 设函数 $f(x)=x^2+ax$. 则 $f(x)$ 的最小值与 $f(f(x))$ 的最小值相等.

(1) $a \geq 2$.

(2) $a \leq 0$.

解 析

一、问题求解

1.【答案】 B

【解析】 一、二、三等奖的获奖人数分别是 10、30、80，则参加竞赛的人数为 $\dfrac{10+30+80}{30\%}=400$.

2.【答案】 A

【解析】 男员工平均年龄为 $\dfrac{23+26+28+30+32+34+36+38+41}{9}=\dfrac{288}{9}=32$，

全体员工平均年龄为 $\dfrac{288+23+25+27+27+29+31}{15}=\dfrac{450}{15}=30$.

3.【答案】 B

【解析】 $45=20+10+10+5$，即应缴费用为 $10\times1+10\times3+5\times5=65$（元）.

4.【答案】 A

【解析】 连接 OA,OB,OC，设三角形的边长分别为 a,b,c，内切圆半径为 r，则有

$\dfrac{\dfrac{1}{2}(a+b+c)\cdot r}{a+b+c}=\dfrac{1}{2}$，得 $r=1$，即圆 O 的面积为 $\pi r^2=\pi$.

5.【答案】 E

【解析】 方法 1：特殊值法，取 $a=3,b=1$，则 $a^2+b^2=10$.

方法 2：设 $a>b,a-b=2,a^3-b^3=26$，即 $(a-b)(a^2+ab+b^2)=26,a^2+ab+b^2=13$ ①.

又 $(a-b)^2=4\Rightarrow a^2-2ab+b^2=4$ ②.

①×2+②，得 $a^2+b^2=10$.

6.【答案】 C

【解析】 画文氏图（如图所示），仅购买一种商品的有：
$96-(6+10+2+4)=74$（位）.

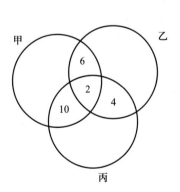

7.【答案】 C

【解析】 容易得出 $S_1=12,S_2=\dfrac{1}{2}S_1,S_3=\dfrac{1}{2}S_2,\cdots$，即 $\{S_n\}$ 为等比数列，首项为 12，公比为 $\dfrac{1}{2}$，根据无穷等比数列各项和的公式，得：$S_1+S_2+S_3+\cdots=\dfrac{S_1}{1-q}=\dfrac{12}{1-\dfrac{1}{2}}=24$.

8.【答案】 B

【解析】 先分堆，指定的两张卡片不用分堆了，其他 4 张卡片分堆有重复，再分给甲、乙、丙 3 个袋中，不同的装法有 $N=\dfrac{C_4^2 C_2^2}{P_2^2}\cdot P_3^3=18$（种）.

9. 【答案】 C

【解析】 乙在第一盘获胜为已知的前提,则甲必须连胜两局,即所求概率为 $0.6 \times 0.6 = 0.36$.

10. 【答案】 E

【解析】 设切线方程为 $y-2=k(x-1)$,代入 $(0,3)$,得 $k=-1$,即 $x+y-3=0$. 如下图所示,$k_{AC}=1$,即 $\dfrac{a-2}{0-1}=1$,得 $a=1$,即 $C(0,1)$. 圆心到切线的距离等于半径,即 $\dfrac{|1-3|}{\sqrt{1^2+1^2}}=\sqrt{b}$,解得 $b=2$,即 $ab=2$.

11. 【答案】 D

【解析】 从4名男运动员和3名女运动员中各选1名,然后从余下的3名男运动员和2名女运动员中各选1名,注意有重复,可得不同的选派方式有 $N=\dfrac{C_4^1 C_3^1 C_3^1 C_2^1}{P_2^2}=36$(种);或从4名男运动员和3名女运动员中各选2名,然后组成混双,不同的选派方式有 $N=C_4^2 C_3^2 P_2^2=36$(种).

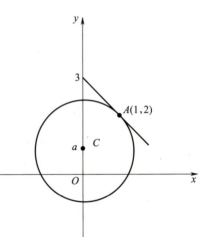

12. 【答案】 A

【解析】 标号之和能被5整除,有5,10,15 三种情况. $5=1+4=2+3$,$10=1+9=2+8=3+7=4+6$,$15=5+10=6+9=7+8$,所以所求概率为 $\dfrac{9}{C_{10}^2}=\dfrac{1}{5}$.

13. 【答案】 C

【解析】 3个主任分别到3个部门错位排列有2种,再随机分配3个外聘人员,可得不同的安排方式有 $N=2 \cdot P_3^3=12$(种).

14. 【答案】 D

【解析】 如图,$S_{阴影}=S_{扇形}-S_{\triangle AOB}=\dfrac{1}{6}\pi \times 2^2 - \dfrac{\sqrt{3}}{4} \times 2^2 = \dfrac{2}{3}\pi - \sqrt{3}$,截掉部分(较小部分)的体积 $V=S_{阴影} \cdot h = \left(\dfrac{2}{3}\pi - \sqrt{3}\right) \times 3 = 2\pi - 3\sqrt{3}$.

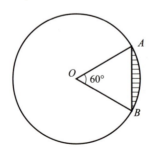

15. 【答案】 E

【解析】 画出图形(如下页图所示),$x^2=-x^2+8 \Rightarrow x=\pm 2$,当 $x=\pm 2$ 时,观察可得,最小值为4.

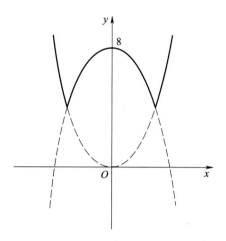

二、条件充分性判断

16.【答案】 A

【解析】 （1）$x^2+y^2 \leq 2$ 充分，画图易知，如图所示；或者 $x^2+y^2 \geq 2xy \Rightarrow 2(x^2+y^2) \geq x^2+2xy+y^2=(x+y)^2$，由于 $x^2+y^2 \leq 2$，即 $4 \geq 2(x^2+y^2) \geq (x+y)^2$，即 $|x+y| \leq 2$.

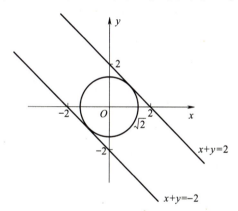

（2）$xy \leq 1$，取 $x=2,y=\dfrac{1}{2}$，不充分.

17.【答案】 B

【解析】 $S_9=\dfrac{9(a_1+a_9)}{2}=\dfrac{9 \times 2a_5}{2}=9a_5$. 条件（1），$a_1$ 已知，但公差不知，不充分；条件（2），a_5 已知，充分.

18.【答案】 D

【解析】 条件（1）$\dfrac{1}{m}+\dfrac{3}{n}=1$，得 $n+3m=mn$，即 $mn-3m-n=0$，$m(n-3)-(n-3)=3$，$(m-1) \cdot (n-3)=3 \times 1$，则有 $\begin{cases} m-1=3 \\ n-3=1 \end{cases} \Rightarrow m=n=4,m+n=8$；或 $\begin{cases} m-1=1 \\ n-3=3 \end{cases} \Rightarrow \begin{cases} m=2 \\ n=6 \end{cases}$，$m+n=8$，唯一确定，充分.

条件（2）$\dfrac{1}{m}+\dfrac{2}{n}=1$，得 $n+2m=mn$，即 $mn-2m-n=0$，$m(n-2)-(n-2)=2$，$(m-1)(n-$

2)=2×1,所以 $\begin{cases}m-1=2,\\n-2=1\end{cases}\Rightarrow\begin{cases}m=3,\\n=3,\end{cases}m+n=6$;或 $\begin{cases}m-1=1,\\n-2=2\end{cases}\Rightarrow\begin{cases}m=2,\\n=4,\end{cases}m+n=6$,唯一确定,也充分.

【技巧】 $\dfrac{\triangle}{m}+\dfrac{\square}{n}=1\Leftrightarrow(m-\triangle)(n-\square)=\triangle\square.$

对于条件(1)来说: $\dfrac{1}{m}+\dfrac{3}{n}=1\Leftrightarrow(m-1)(n-3)=3=1\times3$,则 $\begin{cases}m=2,\\n=6\end{cases}$或$\begin{cases}m=4,\\n=4,\end{cases}$从而 $m+n=8$,充分;条件(2)同理可得也充分,故选 D.

19.【答案】 D

【解析】 设甲、乙、丙的年收入分别为 x,y,z,则 $y^2=xz$.

(1) $x+z$ 已知,$y^2=xz$,$x+z\geq2\sqrt{xz}\Rightarrow xz\leq\left(\dfrac{x+z}{2}\right)^2$,充分.

(2) xz 已知,$y^2=xz$,是定值,也能确定乙的年收入的最大值. 常量函数的最大值和最小值就是它本身.

20.【答案】 D

【解析】 条件(1)与(2)本质上是等价的,如图所示,只需证明 $Rt\triangle ADE\cong Rt\triangle CGF$ 即可.

(1) $EB=2FC$,CF 是中位线,$CG=BC$,得 $CG=AD$,$Rt\triangle ADE\cong Rt\triangle CGF$,充分.

(2) $ED=EF$,$\angle EDF=\angle EFD$,得 $\angle AED=\angle CFG$,$Rt\triangle ADE\cong Rt\triangle CGF$,也充分.

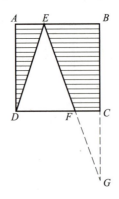

21.【答案】 E

【解析】 条件(1)与(2)均不充分,联合起来考虑.

设甲买 x 件,单价为 A;乙买 y 件,单价为 B. 甲比乙少花了 100 元,即 $Ax-By=-100$.

$\begin{cases}x+y=50,\\A=2B,\end{cases}$代入上式,得 $Ax-\dfrac{1}{2}A\cdot(50-x)=-100$,求不出 x,也不充分.

22.【答案】 C

【解析】 根据线性规划知识,最值一般在三角形 PAB 的顶点处取得. 代入三个点,$x-y$ 分别取 $m,-2,1$.

条件(1),$m\leq1$,可以知道最大值为 1,不充分;

条件(2),$m\geq-2$,可以知道最小值为 -2,不充分;

将两个条件联合起来可知最小值与最大值分别是 -2 和 1,充分.

23.【答案】 D

【解析】 设甲、乙两个公司的年终奖总额分别为 x,y，则 $x\left(1+\dfrac{1}{4}\right)=y\left(1-\dfrac{1}{10}\right)\Rightarrow\dfrac{x}{y}=\dfrac{18}{25}$；人数分别为 a,b.

(1) 人均年终奖均为 m，则 $\dfrac{am}{bm}=\dfrac{a}{b}=\dfrac{x}{y}$，充分.

(2) $\dfrac{a}{b}=\dfrac{x}{y}$，充分.

24. 【答案】 A

【解析】 不相交应该是相离或相切，圆心到直线的距离大于或等于半径，即 $d\geq r$. $x^2+y^2=2y\Rightarrow x^2+(y-1)^2=1$，圆心为 $(0,1)$，半径为 1，则有 $\dfrac{|a-b|}{\sqrt{1+a^2}}\geq 1$，即 $|a-b|\geq\sqrt{1+a^2}$.

条件(1)充分，条件(2)不充分.

25. 【答案】 D

【解析】 $f(x)=x^2+ax=\left(x+\dfrac{a}{2}\right)^2-\dfrac{a^2}{4}$，当 $x=-\dfrac{a}{2}$ 时，$f(x)$ 取最小值 $-\dfrac{a^2}{4}$. 令 $t=f(x)=x^2+ax$，则 $f(f(x))=f(t)=t^2+at$，则

$$f(t)=t^2+at=\left(t+\dfrac{a}{2}\right)^2-\dfrac{a^2}{4},\ t\geq -\dfrac{a^2}{4},$$

要使 $f(x)$ 的最小值与 $f(f(x))$ 的最小值相等，只需 $-\dfrac{a^2}{4}\leq -\dfrac{a}{2}\Rightarrow a\geq 2$ 或 $a\leq 0$ 即可.

(1) $a\geq 2$，充分.

(2) $a\leq 0$，充分.

2017年管理类专业学位联考综合能力数学真题及解析

真 题

一、问题求解：第1~15小题，每小题3分，共45分。下列每题给出的A、B、C、D、E五个选项中，只有一项是符合试题要求的。

1. 某品牌的电冰箱连续两次降价10%后的售价是降价前的（　　）．

   A. 80% 　　　　　　　　　　　B. 81%

   C. 82% 　　　　　　　　　　　D. 83%

   E. 85%

2. 甲、乙、丙三种货车的载重量成等差数列．2辆甲种车和1辆乙种车满载量为95吨，1辆甲种车和3辆丙种车满载量为150吨．则用甲、乙、丙各1辆车一次最多运送货物（　　）吨．

   A. 125 　　　　　　　　　　　B. 120

   C. 115 　　　　　　　　　　　D. 110

   E. 105

3. 张老师到一所中学进行招生咨询，上午接受了45名同学的咨询，其中的9名同学下午又咨询了张老师，占张老师下午咨询学生的10%．一天中向张老师咨询的学生人数为（　　）．

   A. 81 　　　　　　　　　　　　B. 90

   C. 115 　　　　　　　　　　　D. 126

   E. 135

4. 某种机器人可搜索到的区域是半径为1米的圆．若该机器人沿直线行走10米，则其搜索过的区域的面积为（　　）平方米．

   A. $10+\dfrac{\pi}{2}$ 　　　　　　　　　B. $10+\pi$

   C. $20+\dfrac{\pi}{2}$ 　　　　　　　　　D. $20+\pi$

   E. 10π

5. 不等式$|x-1|+x\leq 2$的解集为（　　）．

   A. $(-\infty,1]$ 　　　　　　　　B. $\left(-\infty,\dfrac{3}{2}\right]$

C. $\left[1, \dfrac{3}{2}\right]$ D. $[1, +\infty)$

E. $\left[\dfrac{3}{2}, +\infty\right)$

6. 在1与100之间,能被9整除的整数的平均值为( ).

   A. 27   B. 36
   C. 45   D. 54
   E. 63

7. 某试卷由15道选择题组成,每道题有4个选项,只有一项是符合试题要求的.甲有6道题能确定正确选项,有5道题能排除2个错误选项,有4道题能排除1个错误选项.若从每题排除后剩余的选项中选1个作为答案,则甲得满分的概率为( ).

   A. $\dfrac{1}{2^4} \times \dfrac{1}{3^5}$ B. $\dfrac{1}{2^5} \times \dfrac{1}{3^4}$

   C. $\dfrac{1}{2^5} + \dfrac{1}{3^4}$ D. $\dfrac{1}{2^4} \times \left(\dfrac{3}{4}\right)^5$

   E. $\dfrac{1}{2^4} + \left(\dfrac{3}{4}\right)^5$

8. 某公司用1万元购买了价格分别是1 750元和950元的甲、乙两种办公设备,则购买的甲、乙办公设备的件数分别为( ).

   A. 3,5   B. 5,3
   C. 4,4   D. 2,6
   E. 6,2

9. 如图,在扇形AOB中,$\angle AOB = \dfrac{\pi}{4}$,$OA = 1$,$AC \perp OB$,则阴影部分的面积为( ).

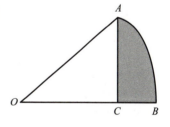

   A. $\dfrac{\pi}{8} - \dfrac{1}{4}$ B. $\dfrac{\pi}{8} - \dfrac{1}{8}$

   C. $\dfrac{\pi}{4} - \dfrac{1}{2}$ D. $\dfrac{\pi}{4} - \dfrac{1}{4}$

   E. $\dfrac{\pi}{4} - \dfrac{1}{8}$

10. 老师问班上50名同学周末复习的情况,结果有20人复习过数学、30人复习过语文、6人复习过英语,同时复习了数学和语文的有10人、语文和英语的有2人、英语和数学的有3人.若同时复习过这三门课的人数为0,则没有复习过这三门课程的学生人数是( ).

    A. 7   B. 8
    C. 9   D. 10
    E. 11

11. 甲从1,2,3中抽取一数,记为a;乙从1,2,3,4中抽取一数,记为b.规定当$a>b$或$a+1<b$时甲获胜,则甲获胜的概率为( ).

A. $\dfrac{1}{6}$　　　　　　　　　　　B. $\dfrac{1}{4}$

C. $\dfrac{1}{3}$　　　　　　　　　　　D. $\dfrac{5}{12}$

E. $\dfrac{1}{2}$

12. 已知 $\triangle ABC$ 和 $\triangle A'B'C'$ 满足 $AB:A'B'=AC:A'C'=2:3$，$\angle A+\angle A'=\pi$，则 $\triangle ABC$ 和 $\triangle A'B'C'$ 的面积之比为(　　).

A. $\sqrt{2}:\sqrt{3}$　　　　　　　　B. $\sqrt{3}:\sqrt{5}$

C. $2:3$　　　　　　　　　　D. $2:5$

E. $4:9$

13. 将 6 人分为 3 组，每组 2 人，则不同的分组方式共有(　　)种.

A. 12　　　　　　　　　　　B. 15

C. 30　　　　　　　　　　　D. 45

E. 90

14. 甲、乙、丙三人每轮各投篮 10 次，投了三轮. 投中数如下表：

	第一轮	第二轮	第三轮
甲	2	5	8
乙	5	2	5
丙	8	4	9

记 $\sigma_1,\sigma_2,\sigma_3$ 分别为甲、乙、丙投中数的方差，则(　　).

A. $\sigma_1>\sigma_2>\sigma_3$　　　　　　　B. $\sigma_1>\sigma_3>\sigma_2$

C. $\sigma_2>\sigma_1>\sigma_3$　　　　　　　D. $\sigma_2>\sigma_3>\sigma_1$

E. $\sigma_3>\sigma_2>\sigma_1$

15. 将长、宽、高分别是 12,9 和 6 的长方体切割成正方体，且切割后无剩余，则能切割成相同正方体的最少个数为(　　).

A. 3　　　　　　　　　　　　B. 6

C. 24　　　　　　　　　　　D. 96

E. 648

二、条件充分性判断：第 16~25 小题，每小题 3 分，共 30 分. 要求判断每题给出的条件(1)和条件(2)能否充分支持题干所陈述的结论。A、B、C、D、E 五个选项为判断结果，请选择一项符合试题要求的判断。

A. 条件(1)充分，但条件(2)不充分.

B. 条件(2)充分，但条件(1)不充分.

C. 条件(1)和条件(2)单独都不充分，但条件(1)和条件(2)联合起来充分.

D. 条件(1)充分，条件(2)也充分.

E. 条件(1)和条件(2)单独都不充分，条件(1)和条件(2)联合起来也不充分.

16. 某人需要处理若干份文件,第一小时处理了全部文件的 $\frac{1}{5}$,第二小时处理了剩余文件的 $\frac{1}{4}$. 则此人需要处理的文件共 25 份.

(1) 前两个小时处理了 10 份文件.

(2) 第二小时处理了 5 份文件.

17. 某人从 A 地出发,先乘时速为 220 千米/小时的动车,后转乘时速为 100 千米/小时的汽车到达 B 地. 则 A,B 两地的距离为 960 千米.

(1) 乘动车的时间与乘汽车的时间相等.

(2) 乘动车的时间与乘汽车的时间之和为 6 小时.

18. 直线 $y=ax+b$ 与抛物线 $y=x^2$ 有两个交点.

(1) $a^2>4b$.

(2) $b>0$.

19. 能确定某企业产值的月平均增长率.

(1) 已知一月份的产值.

(2) 已知全年的总产值.

20. 圆 $x^2+y^2-ax-by+c=0$ 与 x 轴相切. 则能确定 c 的值.

(1) 已知 a 的值.

(2) 已知 b 的值.

21. 如图,一个铁球沉入水池中. 则能确定铁球的体积.

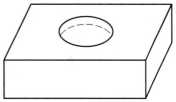

(1) 已知铁球露出水面的高度.

(2) 已知水深及铁球与水面交线的周长.

22. 某人参加资格考试,有 A 类和 B 类可选择,A 类的合格标准是抽 3 道题至少会做 2 道,B 类的合格标准是抽 2 道题需都会做. 则此人参加 A 类合格的机会大.

(1) 此人 A 类题中有 60% 会做.

(2) 此人 B 类题中有 80% 会做.

23. 设 a,b 是两个不相等的实数. 则函数 $f(x)=x^2+2ax+b$ 的最小值小于零.

(1) $1,a,b$ 成等差数列.

(2) $1,a,b$ 成等比数列.

24. 已知 a,b,c 为三个实数,则 $\min\{|a-b|,|b-c|,|a-c|\}\leq 5$.

(1) $|a|\leq 5,|b|\leq 5,|c|\leq 5$.

(2) $a+b+c=15$.

25. 某机构向 12 位教师征题,共征集到 5 种题型的试题 52 道. 则能确定供题教师的人数.

(1) 每位供题教师提供的试题数相同.

(2) 每位供题教师提供的题型不超过 2 种.

解 析

一、问题求解

1.【答案】 B

【解析】 设原始售价为单位"1",则两次连续降价后的售价为 $1\times(1-0.1)^2=0.81$.
故,连续降价两次后的价格是降价前的 81%.

2.【答案】 E

【解析】 设甲、乙、丙的载重量分别为 a,b,c(单位:吨).

则 $\begin{cases} 2b=a+c, \\ 2a+b=95, \\ a+3c=150, \end{cases}$ 解得 $\begin{cases} a=30, \\ b=35, \\ c=40, \end{cases}$

故 $a+b+c=105$.

【技巧】 由于 $2b=a+c$,则 $a+b+c=3b$ 一定是 3 的倍数,排除 A、C、D. 又由 $2a+b=95$ 得 b 为奇数,所以 $a+b+c$ 为奇数,只能选 E.

3.【答案】 D

【解析】 根据"$\dfrac{\text{部分量}}{\text{部分量的占比}}=\text{总量}$",得到下午的咨询学生有 $\dfrac{9}{10\%}=90$(名).

其中下午 90 名中有 9 名上午已经咨询过,所以下午新的咨询学生有 $90-9=81$(名).
故,一天中总的咨询学生有 $45+81=126$(名).

4.【答案】 D

【解析】 根据题干意思可知机器人搜索过的区域如图所示,故其搜索过的区域的面积为
$$S=10\times 2+\pi\times 1^2=20+\pi(\text{平方米}).$$

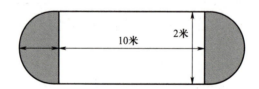

5.【答案】 B

【解析】 特值法.

根据选项特征,取 $x=0$,不等式左边 $=|0-1|+0=1\leqslant 2$ 成立,排除 C、D、E;

取 $x=\dfrac{3}{2}$,不等式左边 $=\left|\dfrac{3}{2}-1\right|+\dfrac{3}{2}=2\leqslant 2$ 成立,排除 A.

故,不等式的解集 $\left(-\infty,\dfrac{3}{2}\right]$.

6.【答案】 D

【解析】 1 到 100 之间能被 9 整除的整数有:$9,18,27,\cdots,99$,共 11 个数,其平均数 $\overline{X}=\dfrac{9+18+27+\cdots+99}{11}=54$.

7. 【答案】 B

【解析】 根据题干意思,能排除2个错误选项的题,每题做正确的概率为 $\frac{1}{2}$,5道题都正确的概率为 $\left(\frac{1}{2}\right)^5$.

能排除1个错误选项的题,每题做正确的概率为 $\frac{1}{3}$,4道题都正确的概率为 $\left(\frac{1}{3}\right)^4$.

故,甲得满分的概率为 $\left(\frac{1}{2}\right)^5 \times \left(\frac{1}{3}\right)^4 = \frac{1}{2^5} \times \frac{1}{3^4}$.

8. 【答案】 A

【解析】 设购买甲、乙办公设备的件数分别为 a,b,则
$$1\ 750a + 950b = 10\ 000,$$
化简得 $35a + 19b = 200$. 将选项代入验证,可得 $a=3, b=5$.

9. 【答案】 A

【解析】 由题干可知 $OC = AC = \frac{\sqrt{2}}{2}$,故
$$S_{阴影} = S_{扇形AOB} - S_{\triangle AOC} = \frac{1}{2} \times 1^2 \times \frac{\pi}{4} - \frac{1}{2} \times \left(\frac{\sqrt{2}}{2}\right)^2 = \frac{\pi}{8} - \frac{1}{4}.$$

10. 【答案】 C

【解析】 三个集合的关系表达如图,则三门课程都没有复习的学生人数为 $50 - (20 + 30 + 6 - 10 - 2 - 3) = 9$.

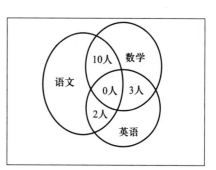

11. 【答案】 E

【解析】 分两类讨论.
第一类:$a > b$,有 $2,1;3,1;3,2$. 共3种.
第二类:$a + 1 < b$,有 $1,3;1,4;2,4$. 共3种.
总事件数:$3 \times 4 = 12$.

故甲获胜的概率为 $\frac{3+3}{12} = \frac{1}{2}$.

12. 【答案】 E

【解析】 已知 $\angle A + \angle A' = \pi \Rightarrow \sin \angle A = \sin \angle A'$.
$$S_{\triangle ABC} = \frac{1}{2} AB \cdot AC \cdot \sin \angle A,$$
$$S_{\triangle A'B'C'} = \frac{1}{2} A'B' \cdot A'C' \cdot \sin \angle A',$$

从而 $\frac{S_{\triangle ABC}}{S_{\triangle A'B'C'}} = \frac{AB \cdot AC}{A'B' \cdot A'C'} = \frac{2 \times 2}{3 \times 3} = \frac{4}{9}$.

13. 【答案】 B

【解析】 根据分组原理列式得 $\dfrac{C_6^2 C_4^2 C_2^2}{3!}=15$.

14. 【答案】 B

【解析】 方差 $S^2=\dfrac{1}{n}[(x_1-\bar{x})^2+(x_2-\bar{x})^2+\cdots+(x_n-\bar{x})^2]$，计算结果如下表：

	第一轮	第二轮	第三轮	平均数	方差
甲	2	5	8	5	6
乙	5	2	5	4	2
丙	8	4	9	7	$\dfrac{14}{3}$

故 $\sigma_1>\sigma_3>\sigma_2$.

15. 【答案】 C

【解析】 被切割成的正方体的棱长一定是长方体三边长的公约数，则正方体棱长最大为 $(12,9,6)=3$.

由 $12\times 9\times 6=3^3 n$（n 表示切割成的正方体的个数），解得 $n=24$.

二、条件充分性判断

16. 【答案】 D

【解析】 条件(1)，前两个小时共完成总量的比值为 $\dfrac{1}{5}+\left(1-\dfrac{1}{5}\right)\times\dfrac{1}{4}=\dfrac{2}{5}$，

则总的文件数为 $10\div\dfrac{2}{5}=25$. 充分.

条件(2)，第二个小时处理的文件量占总量的比值为 $\left(1-\dfrac{1}{5}\right)\times\dfrac{1}{4}=\dfrac{1}{5}$，

则总的文件数为 $5\div\dfrac{1}{5}=25$. 充分.

17. 【答案】 C

【解析】 设乘动车的时间为 t_1，乘汽车的时间为 t_2，则 A,B 两地的距离为 $220t_1+100t_2$.

对于条件(1)，$t_1=t_2$，无法确定具体数值，不充分.

对于条件(2)，$t_1+t_2=6$，仍然无法确定具体数值，不充分.

联合条件(1)(2)，$\begin{cases} t_1=t_2, \\ t_1+t_2=6. \end{cases}$ 可得 $t_1=t_2=3$，所以 A,B 两地的距离为 $220\times 3+100\times 3=960$（千米），充分.

18. 【答案】 B

【解析】 直线 $y=ax+b$ 与抛物线 $y=x^2$ 有两个交点 $\Rightarrow x^2-ax-b=0$ 有两个不相等的实数根，则 $a^2+4b>0$.

条件(1)，令 $a=1,b=-1$，满足 $a^2>4b$，但是不能推出 $a^2+4b>0$. 不充分.

条件(2) $b>0 \Rightarrow 4b>0 \Rightarrow 4b+a^2>0$. 充分.

19. 【答案】 E

【解析】 设 a_n 为第 n 个月的产值，x 为月平均增长率，根据月平均增长率的定义 $x=\sqrt[11]{\dfrac{a_{12}}{a_1}}-1$，可知条件（1）（2）均不充分．条件（1）（2）联合后也无法确定 a_{12} 与 a_1 的比值，不充分．

20. 【答案】 A

【解析】 将圆方程化为标准形式：$\left(x-\dfrac{a}{2}\right)^2+\left(y-\dfrac{b}{2}\right)^2=\dfrac{a^2+b^2-4c}{4}$，因该圆与 x 轴相切，则 $\left|\dfrac{b}{2}\right|=\sqrt{\dfrac{a^2+b^2-4c}{4}}\Rightarrow a^2=4c$．

也就是要确定 c 的值，只需要知道 a 的值即可．

故条件（1）充分，条件（2）不充分．

21. 【答案】 B

【解析】 题干图形的纵截面图形如图所示，要确定铁球的体积，只需知道铁球的半径即可．

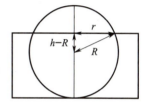

条件（1）仅仅已知铁球露出水面的高度，显然条件的有效性不够，不充分．

条件（2）已知铁球与水面交线的周长，可以知道铁球与水面所成圆的半径 r，又已知水深，可以知道球心到水面的距离 $h-R$，故，根据如图所画出的直角三角形，利用勾股定理可以求得铁球的半径 R，从而确定铁球的体积．充分．

22. 【答案】 C

【解析】 条件（1）（2）单独不充分，考虑联合．

条件（1），A 类题中，每题答对的概率为 $\dfrac{3}{5}$，每题答错的概率为 $\dfrac{2}{5}$；

条件（2），B 类题中，每题答对的概率为 $\dfrac{4}{5}$，每题答错的概率为 $\dfrac{1}{5}$．

则，A 类合格的概率为 $C_3^2\times\left(\dfrac{3}{5}\right)^2\times\left(\dfrac{2}{5}\right)+C_3^3\times\left(\dfrac{3}{5}\right)^3=0.648$，

B 类合格的概率为 $\left(\dfrac{4}{5}\right)^2=0.64$．

可得此人参加 A 类合格的概率大．

23. 【答案】 A

【解析】 函数 $f(x)$ 的最小值 $b-a^2<0\Rightarrow b<a^2$．

条件（1），$2a=b+1$，由 $a\neq b$ 知 $a\neq 1$，则 $b-a^2=2a-1-a^2=-(a-1)^2<0\Rightarrow b<a^2$，充分．

条件（2），$a^2=b$ 和题干矛盾，不充分．

24. 【答案】 A

【解析】 条件（1），可得 a,b,c 三个数都在 $[-5,5]$ 之间变动．以 $-5,0,5$ 三点把 $[-5,5]$ 划分成两段，则 a,b,c 三个数中，至少有两个数会分布在同一段 $[-5,0]$ 或者 $[0,5]$，所以对于 $|a-b|,|b-c|,|a-c|$ 三个数来说，最小值的范围会在 $[0,5]$ 之间，故满足 $\min\{|a-b|,$

$|b-c|,|a-c|\} \leqslant 5$,充分.

条件(2),取特值,当 $a=100, b=-100, c=15$ 时,$\min\{|a-b|,|b-c|,|a-c|\}=85$,与题干矛盾,不充分.

25. 【答案】 C

【解析】 条件(1),设供题老师有 n 人,每位老师提供的相同试题数为 a.

则 $na=52\ (n,a\in \mathbf{N}^*)=1\times 52=2\times 26=4\times 13$,无法确定具体人数,不充分.

条件(2),每位老师提供题型不超过 2 种,现共有 5 种题型,则至少有 3 位供题老师,无法确定具体人数,不充分.

联合条件(1)和(2),因 $3\leqslant n\leqslant 12$,故只能是 $na=52=4\times 13$,可确定有 4 位供题老师,充分.

2016年管理类专业学位联考综合能力数学真题及解析

真　题

一、问题求解：第1~15小题，每小题3分，共45分。下列每题给出的A、B、C、D、E五个选项中，只有一项是符合试题要求的。

1. 某家庭在一年的总支出中，子女教育支出与生活资料支出的比为3∶8，文化娱乐支出与子女教育支出的比为1∶2.已知文化娱乐支出占家庭总支出的10.5%,则生活资料支出占家庭总支出的(　　).

　　A. 40%　　　　　　　　B. 42%
　　C. 48%　　　　　　　　D. 56%
　　E. 64%

2. 有一批同规格的正方形瓷砖,用它们铺满某个正方形区域时剩余180块,将此正方形区域的边长增加一块瓷砖的长度时,还需增加21块瓷砖才能铺满.该批瓷砖共有(　　)块.

　　A. 9 981　　　　　　　B. 10 000
　　C. 10 180　　　　　　　D. 10 201
　　E. 10 222

3. 在分别标记了数字1,2,3,4,5,6的6张卡片中随机抽取3张,其上数字之和等于10的概率是(　　).

　　A. 0.05　　　　　　　　B. 0.1
　　C. 0.15　　　　　　　　D. 0.2
　　E. 0.25

4. 上午9时一辆货车从甲地出发前往乙地,同时一辆客车从乙地出发前往甲地,中午12时两车相遇,已知货车和客车的时速分别是90千米和100千米,则当客车到达甲地时,货车距乙地的距离为(　　).

　　A. 30千米　　　　　　　B. 43千米
　　C. 45千米　　　　　　　D. 50千米
　　E. 57千米

5. 某委员会由三个不同专业的人员构成,三个专业的人数分别为2,3,4.从中选派2位不同专业的委员外出调研,则不同的选派方式有(　　)种.

　　A. 36　　　　　　　　　B. 26

C. 12
D. 8
E. 6

6. 某商场将每台进价为 2 000 元的冰箱以 2 400 元销售时,每天售出 8 台.调研表明,这种冰箱的售价每降低 50 元,每天就能多售出 4 台.若要每天的销售利润最大,则该冰箱的定价应为(　　)元.

   A. 2 200
   B. 2 250
   C. 2 300
   D. 2 350
   E. 2 400

7. 从 1 到 100 的整数中任取一个数,则该数能被 5 或 7 整除的概率为(　　).

   A. 0.02
   B. 0.14
   C. 0.2
   D. 0.32
   E. 0.34

8. 如图,在四边形 $ABCD$ 中,$AB \parallel CD$,AB 与 CD 的长分别为 4 和 8.若 $\triangle ABE$ 的面积为 4,则四边形 $ABCD$ 的面积为(　　).

   A. 24
   B. 30
   C. 32
   D. 36
   E. 40

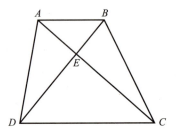

9. 现有长方形木板 340 张,正方形木板 160 张(如图(a)),这些木板恰好可以装配成若干个竖式和横式的无盖箱子(如图(b)).装配成的竖式和横式箱子的个数分别为(　　).

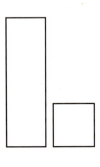

图(a)

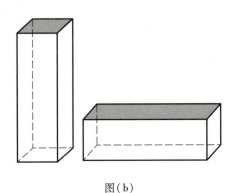

图(b)

   A. 25,80
   B. 60,50
   C. 20,70
   D. 64,40
   E. 40,60

10. 圆 $x^2+y^2-6x+4y=0$ 上到原点距离最远的点是(　　).

    A. $(-3,2)$
    B. $(3,-2)$
    C. $(6,4)$
    D. $(-6,4)$
    E. $(6,-4)$

11. 如图,点 A,B,O 的坐标分别为 $(4,0),(0,3),(0,0)$.若 (x,y) 是 $\triangle AOB$ 中的点,则 $2x+3y$ 的最大值为(　　).

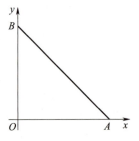

A. 12　　　　　　　　　　　　B. 9
C. 8　　　　　　　　　　　　　D. 7
E. 6

12. 设抛物线 $y=x^2+2ax+b$ 与 x 轴相交于 A,B 两点,点 C 坐标为 $(0,2)$. 若 $\triangle ABC$ 的面积等于 6,则(　　).

　　A. $a^2+b=9$　　　　　　　　B. $a^2-b=9$
　　C. $a^2-b=36$　　　　　　　D. $a^2-4b=9$
　　E. $a^2+b=36$

13. 某公司以分期付款方式购买一套定价 1 100 万元的设备,首期付款 100 万元,之后每月付款 50 万元,并支付上期余款的利息,月利率 1%. 该公司共为此设备支付了(　　)万元.

　　A. 1 300　　　　　　　　　　B. 1 215
　　C. 1 205　　　　　　　　　　D. 1 200
　　E. 1 195

14. 某学生要在 4 门不同课程中选修 2 门课程,这 4 门课程中的 2 门各开设 1 个班,另外 2 门各开设 2 个班,该学生不同的选课方式共有(　　)种.

　　A. 6　　　　　　　　　　　　B. 8
　　C. 10　　　　　　　　　　　D. 13
　　E. 15

15. 如图,在半径为 10 厘米的球体上开一个底面半径是 6 厘米的圆柱形洞,则洞的内壁面积为(　　)平方厘米.

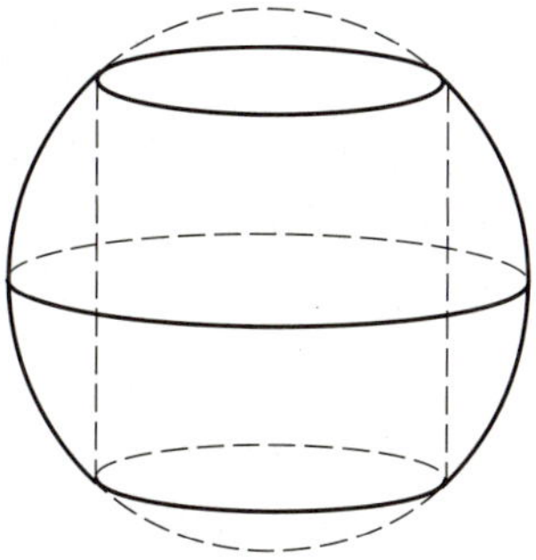

　　A. 48π　　　　　　　　　　　B. 96π
　　C. 288π　　　　　　　　　　D. 576π
　　E. 192π

二、条件充分性判断：第 16~25 小题,每小题 3 分,共 30 分。要求判断每题给出的条件(1)和条件(2)能否充分支持题干所陈述的结论。A、B、C、D、E 五个选项为判断结果,请选择一项符合试题要求的判断。

　　A. 条件(1)充分,但条件(2)不充分.
　　B. 条件(2)充分,但条件(1)不充分.
　　C. 条件(1)和条件(2)单独都不充分,但条件(1)和条件(2)联合起来充分.
　　D. 条件(1)充分,条件(2)也充分.
　　E. 条件(1)和条件(2)单独都不充分,条件(1)和条件(2)联合起来也不充分.

16. 已知某公司男员工的平均年龄和女员工的平均年龄. 则能确定该公司员工的平均年龄.
　　(1) 已知该公司的员工人数.
　　(2) 已知该公司男、女员工的人数之比.

17. 如图,正方形 $ABCD$ 由四个相同的长方形和一个小正方形拼成. 则能确定小正方形的面积.
　　(1) 已知正方形 $ABCD$ 的面积.
　　(2) 已知长方形的长与宽之比.

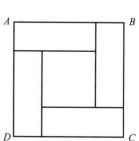

18. 将 2 升甲酒精和 1 升乙酒精混合得到丙酒精. 则能确定甲、乙两种酒精的浓度.

（1）1 升甲酒精和 5 升乙酒精混合后的浓度是丙酒精浓度的 $\frac{1}{2}$ 倍.

（2）1 升甲酒精和 2 升乙酒精混合后的浓度是丙酒精浓度的 $\frac{2}{3}$ 倍.

19. 设有两组数据 S_1：$3,4,5,6,7$ 和 S_2：$4,5,6,7,a$. 则能确定 a 的值.

（1）S_1 与 S_2 的均值相等.

（2）S_1 与 S_2 的方差相等.

20. 利用长度为 a 和 b 的两种管材能连接成长度为 37 的管道.（单位：米）

（1）$a=3, b=5$.

（2）$a=4, b=6$.

21. 设 x, y 是实数. 则 $x \leq 6, y \leq 4$.

（1）$x \leq y+2$.

（2）$2y \leq x+2$.

22. 已知数列 $a_1, a_2, a_3, \cdots, a_{10}$. 则 $a_1 - a_2 + a_3 - \cdots + a_9 - a_{10} \geq 0$.

（1）$a_n \geq a_{n+1}, n=1,2,\cdots,9$.

（2）$a_n^2 \geq a_{n+1}^2, n=1,2,\cdots,9$.

23. 已知 $f(x) = x^2 + ax + b$. 则 $0 \leq f(1) \leq 1$.

（1）$f(x)$ 在区间 $[0,1]$ 中有两个零点.

（2）$f(x)$ 在区间 $[1,2]$ 中有两个零点.

24. 已知 M 是一个平面有限点集. 则平面上存在到 M 中各点距离相等的点.

（1）M 中只有三个点.

（2）M 中的任意三点都不共线.

25. 设 x, y 是实数. 则可以确定 $x^3 + y^3$ 的最小值.

（1）$xy=1$.

（2）$x+y=2$.

解 析

一、问题求解

1.【答案】 D

【解析】 由题目可知,子女教育:生活资料=3:8,文化娱乐:子女教育=1:2,由此可以推出文化娱乐:子女教育:生活资料=3:6:16.

又因为 $\dfrac{\text{文化娱乐支出}}{\text{家庭总支出}}=10.5\%$,故生活资料支出占家庭总支出的 $\dfrac{16}{3}\times 10.5\%=56\%$.

2.【答案】 C

【解析】 设一开始时,正方形区域的每条边有 n 块瓷砖. 由题意可得方程:$n^2+180=(n+1)^2-21$,解得 $n=100$,则瓷砖共有 $n^2+180=100^2+180=10\,180$(块).

3.【答案】 C

【解析】 满足条件的情况共三种:"1,3,6""1,4,5""2,3,5",则概率为:$\dfrac{3}{C_6^3}=\dfrac{3}{20}=0.15$.

4.【答案】 E

【解析】 由题意可得下图,为货车和客车运动的图形,分别从甲、乙两地出发,两车 3 小时后在丙地相遇.

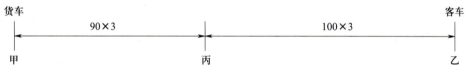

设相遇后,客车 t 小时后到达甲地,则 $100t=90\times 3$,解得 $t=2.7$(小时).

此段时间内货车走的路程为 $S=90t=243$(千米),则其距乙地的距离为 $S_{丙乙}-S=3\times 100-243=57$(千米).

5.【答案】 B

【解析】 从三个专业中选 2 人,且 2 人不是同一个专业的情况有以下几种:

专业一(共2人)	专业二(共3人)	专业三(共4人)	选派方法数
1	1	0	$C_2^1 C_3^1=6$
1	0	1	$C_2^1 C_4^1=8$
0	1	1	$C_3^1 C_4^1=12$

则共有 6+8+12=26(种)不同的选派方式.

6.【答案】 B

【解析】 设利润 P 最大时,售价降低了 x 个 50 元.

成本	售价	每台利润	台数	总利润
2 000	2 400	2 400−2 000	8	8×(2 400−2 000)
2 000	2 400−50x	2 400−2 000−50x	8+4x	(2 400−2 000−50x)(8+4x)

$P=(2\,400-2\,000-50x)(8+4x)=(400-50x)(8+4x)=-200x^2+1\,200x+3\,200$，

则当 $x=-\dfrac{1\,200}{-200\times2}=3$ 时，P 取得最大值，此时售价为 $2\,400-50x=2\,250$(元)．

7.【答案】 D

【解析】 从 1 到 100 中：

能被 5 整除的数：$5,10,\cdots,95,100$，共 20 个；能被 7 整除的数：$7,14,\cdots,91,98$，共 14 个．

共有 $20+14=34$(个)，又因为 35，70 这两个数均可被 5 和 7 整除，故减掉重复计算的情况 2 种．则 1 到 100 中能被 5 或 7 整除的数共有 $34-2=32$(个)．

所求概率为 $\dfrac{32}{100}=0.32$．

8.【答案】 D

【解析】 因为 $AB/\!/CD$，所以 $\triangle ABE \backsim \triangle CDE$，并且 $AB:CD=4:8=1:2$．则 $S_{\triangle ABE}:S_{\triangle CDE}=1:4 \Rightarrow S_{\triangle CDE}=4S_{\triangle ABE}=16$．

如图，h_1，h_2 分别为 $\triangle ABE$，$\triangle CDE$ 的高，则有 $\dfrac{h_1}{h_2}=\dfrac{1}{2} \Rightarrow \dfrac{h_1}{h_1+h_2}=\dfrac{1}{3}$．

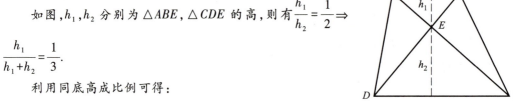

利用同底高成比例可得：

$\dfrac{S_{\triangle ABE}}{S_{\triangle ABC}}=\dfrac{S_{\triangle ABE}}{S_{\triangle ABD}}=\dfrac{1}{3} \Rightarrow S_{\triangle ABC}=S_{\triangle ABD}=3S_{\triangle ABE}=12$，

$S_{四边形ABCD}=S_{\triangle ABD}+S_{\triangle ABC}-S_{\triangle ABE}+S_{\triangle CDE}=12+12-4+16=36$．

9.【答案】 E

【解析】 设竖式箱子 x 个，横式箱子 y 个，则

$\begin{cases}4x+3y=340,\\x+2y=160\end{cases} \Rightarrow \begin{cases}x=40,\\y=60.\end{cases}$

10.【答案】 E

【解析】 圆 $x^2+y^2-6x+4y=0 \Rightarrow (x-3)^2+(y+2)^2=(\sqrt{13})^2$，此圆圆心为 $(3,-2)$，半径为 $\sqrt{13}$，且由方程可得出此圆过原点，故圆上离原点距离最远的点在原点与圆心的连线上，即如图所示的直线方程 $y_{OM}=-\dfrac{2}{3}x$ 上，由此求得 P 点坐标 $(6,-4)$．

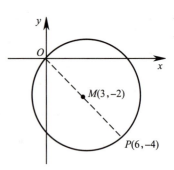

11.【答案】 B

【解析】 令 $2x+3y=z \Rightarrow y=-\dfrac{2}{3}x+\dfrac{z}{3}$，故当此直线在 y 轴上的截距最大时，z 取得最大值，即题目所求的最大值．

直线斜率为 $-\dfrac{2}{3}$，当直线过点 $B(0,3)$ 时纵截距最大，此时 $z=9$，即 $(2x+3y)_{max}=9$．

12.【答案】 B

【解析】 $S_{\triangle ABC} = \dfrac{1}{2}|AB| \cdot |OC| = 6 \Rightarrow |AB| = 6$. 设 A,B 两点的坐标为 $(x_1,0),(x_2,0)$, 由韦达定理可知 $x_1+x_2=-2a, x_1x_2=b, |AB|^2=|x_1-x_2|^2=|x_1+x_2|^2-4x_1x_2=(-2a)^2-4b=4a^2-4b$, 故 $4a^2-4b=6^2 \Rightarrow a^2-b=9$.

13.【答案】 C

【解析】 首付 100 万元后,还有 1 100-100=1 000(万元)需要还. 每月还 50 万元本金,共需还 1 000÷50=20(个月).

每月的利息如下(单位:万元):

第 1 个月:1 000×1%,

第 2 个月:(1 000-50)×1%,

第 3 个月:(1 000-2×50)×1%,

……

第 20 个月:(1 000-19×50)×1%.

可见,利息成等差数列,首项为 1 000×1%,公差为 50×1%,则其前 20 项的和为

$$S_{20} = \dfrac{[1\ 000 \times 1\% + (1\ 000 - 19 \times 50) \times 1\%] \times 20}{2} = \dfrac{(10+0.5) \times 20}{2} = 105(万元),$$

则共计还款为本金+利息=1 100+105=1 205(万元).

14.【答案】 D

【解析】 设有 A_1,A_2,B_1,B_2,C,D 共 6 个班次,4 门课程. 由题意可知:从 6 个班次中选择 2 个,有 $C_6^2=15$(种)不同的选法.

又因所选的 2 个班次不可为同一课程,即 A_1A_2,B_1B_2 两种选择不合题意,故不同的选课方式共有 15-2=13(种).

15.【答案】 E

【解析】 由题意可知:球的半径 $R=10$, 圆柱体底面半径 $r=6$, 可得圆柱体的高为 $h=2\sqrt{R^2-r^2}=2\sqrt{10^2-6^2}=2\times 8=16$, 则内壁面积为 $S=2\pi r \cdot h = 2\pi \cdot 6 \cdot 16 = 192\pi$(平方厘米).

二、条件充分性判断

16.【答案】 B

【解析】 设该公司男、女员工的人数之比为 $a:b$, 男、女员工的平均年龄分别是 M,N.

则全公司员工的平均年龄为 $\dfrac{Ma+Nb}{a+b}$, 可知条件(2)充分,条件(1)不充分.

17.【答案】 C

【解析】 条件(1),仅仅知道正方形 $ABCD$ 的面积无法确定中间小正方形边长和长方形长与宽的比例,故不充分.

条件(2),仅仅知道长方形的长与宽之比,不知道大正方形 $ABCD$ 的面积,则无法知道小正方形的面积,故不充分.

联合条件(1)(2),由条件(1),设正方形 $ABCD$ 的面积为 A^2;

由条件(2),设长方形的长与宽之比为 $x:y$.

由图可知长+宽=A,已知 A,可根据长与宽之比求得长方形的长和宽. 小正方形的边长为

长-宽,则可求得小正方形的面积,充分.

18. 【答案】 E

【解析】 设甲、乙、丙的浓度分别为 x,y,z. 由此可知有三个未知数,条件(1)(2)均只有一个方程,故无法确定 x,y,所以条件(1)(2)单独都不充分.

联合条件(1)(2),得 $\begin{cases} x+5y=6 \cdot \frac{1}{2}z, \\ x+2y=3 \cdot \frac{2}{3}z \end{cases} \Rightarrow \begin{cases} x=\frac{4}{3}z, \\ y=\frac{1}{3}z, \end{cases}$ 已知题干中,由 2 升甲、1 升乙混合后为 $2x+y=2 \cdot \frac{4}{3}z+\frac{1}{3}z=3z$,无法确定 x,y 的值,故不充分.

19. 【答案】 A

【解析】 条件(1), $\overline{x_1}=\frac{3+4+5+6+7}{5}=5, \overline{x_2}=\frac{4+5+6+7+a}{5}$,由 $\overline{x_1}=\overline{x_2}$,得 $a=3$,充分.

条件(2),两组数据方差相等,方差由平均值计算可得.第一组数据的方差为 2,第二组数据中,当 $a=3$ 和 $a=8$ 时方差均为 2,故不能确定 a 的值,不充分.

20. 【答案】 A

【解析】 设长度为 a 的管材有 x 根,长度为 b 的管材有 y 根.

条件(1),可得 $3x+5y=37 \Rightarrow x=\frac{37-5y}{3}, \begin{cases} x=9, \\ y=2 \end{cases}$ 或 $\begin{cases} x=4, \\ y=5, \end{cases}$ 故存在两种情况可以连接成长度为 37 的管道,充分.

条件(2),可得 $4x+6y=37$,两个偶数之和不可能是奇数,无满足条件的 x,y,故不充分.

21. 【答案】 C

【解析】 由题意可知,含有两个未知数 x,y,一个不等式无法确定两个变量 x,y 的取值范围,故条件(1)、条件(2)单独都不充分.

联合条件(1)(2),得到不等式组 $\begin{cases} x \leq y+2, \\ 2y \leq x+2 \end{cases} \Rightarrow 2y \leq y+2+2 \Rightarrow y \leq 4 \Rightarrow x \leq 6$,充分.

22. 【答案】 A

【解析】 条件(1)中已知 $a_n \geq a_{n+1}$,得 $a_1 \geq a_2, a_3 \geq a_4, \cdots, a_9 \geq a_{10} \Rightarrow a_1-a_2 \geq 0, \cdots, a_9-a_{10} \geq 0$,则 $a_1-a_2+a_3-a_4+\cdots+a_9-a_{10} \geq 0$,充分.

条件(2)中已知 $a_n^2 \geq a_{n+1}^2$,则 $(a_n-a_{n+1})(a_n+a_{n+1}) \geq 0$. 若 $a_n-a_{n+1} \geq 0, a_n+a_{n+1} \geq 0$ 时,充分;若 $a_n-a_{n+1} \leq 0, a_n+a_{n+1} \leq 0$ 时,不充分. 故条件(2)不充分.

23. 【答案】 D

【解析】 设函数 $f(x)=x^2+ax+b$ 与 x 轴有两个交点,分别为 $(x_1,0)$ 与 $(x_2,0)$,则 $f(x)=(x-x_1)(x-x_2)$,即 $f(1)=(1-x_1)(1-x_2)$.

条件(1),$f(x)$ 在区间 $[0,1]$ 中存在两个零点,则有 $0 \leq x_1 \leq 1, 0 \leq x_2 \leq 1$,所以 $0 \leq 1-x_1 \leq 1, 0 \leq 1-x_2 \leq 1$,所以 $0 \leq f(1) \leq 1$,充分.

条件(2),$f(x)$ 在区间 $[1,2]$ 中存在两个零点,则有 $1 \leq x_1 \leq 2, 1 \leq x_2 \leq 2$,而 $f(1)=(1-x_1) \cdot (1-x_2)=(x_1-1)(x_2-1)$,所以 $0 \leq x_1-1 \leq 1, 0 \leq x_2-1 \leq 1$,所以 $0 \leq f(1) \leq 1$,充分.

24. 【答案】 C

【解析】 条件(1),当 M 中的三点共线时,无法找到与 A,B,C 三点距离相等的点,不充分.

条件(2),M 中任意三点不共线,但 M 中的点的个数不确定,无法找到一个点到所有点的距离相等,不充分.比如,如果 M 中有 4 个点,四边形未必有外心.

联合条件(1)(2),M 中存在三点且三点不共线,则可找到三点连线构成的三角形的外接圆,其外接圆圆心到三点的距离相等,充分.

25. 【答案】 B

【解析】 条件(1),$xy=1 \Rightarrow y=\dfrac{1}{x}$,当 $x \to -\infty$ 时,x^3+y^3 的最小值无法确定,不充分.

条件(2),$x^3+y^3=(x+y)(x^2-xy+y^2)=(x+y)(x^2+2xy+y^2-3xy)=(x+y)[(x+y)^2-3xy]=2\cdot(2^2-3xy)=8-6xy=8-6x(2-x)=6x^2-12x+8=6(x-1)^2+2$,则当 $x=1$ 时,x^3+y^3 取得最小值 2,充分.

2015年管理类专业学位联考综合能力数学真题及解析

真　题

一、问题求解：第1~15小题,每小题3分,共45分。下列每题给出的A、B、C、D、E 五个选项中,只有一项是符合试题要求的。

1. 若实数 a,b,c 满足 $a:b:c=1:2:5$,且 $a+b+c=24$,则 $a^2+b^2+c^2=(\qquad)$.

   A. 30　　　　　　　　　　B. 90

   C. 120　　　　　　　　　 D. 240

   E. 270

2. 某公司共有甲、乙两个部门. 如果从甲部门调10人到乙部门,那么乙部门人数是甲部门人数的2倍;如果把乙部门员工的 $\dfrac{1}{5}$ 调到甲部门,那么两个部门的人数相等. 该公司的总人数为(　　).

   A. 150　　　　　　　　　B. 180

   C. 200　　　　　　　　　D. 240

   E. 250

3. 设 m,n 是小于20的质数,满足条件 $|m-n|=2$ 的 $\{m,n\}$ 共有(　　)组.

   A. 2　　　　　　　　　　B. 3

   C. 4　　　　　　　　　　D. 5

   E. 6

4. 如图所示,BC 是半圆的直径,且 $BC=4$,$\angle ABC=30°$,则图中阴影部分的面积为(　　).

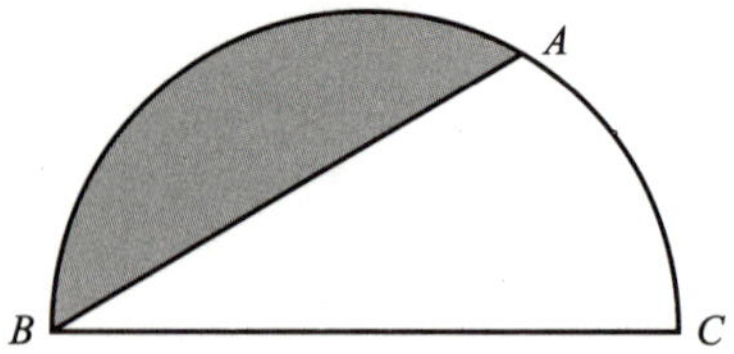

   A. $\dfrac{4}{3}\pi-\sqrt{3}$　　　　　　　B. $\dfrac{4}{3}\pi-2\sqrt{3}$

   C. $\dfrac{2}{3}\pi+\sqrt{3}$　　　　　　　D. $\dfrac{2}{3}\pi+2\sqrt{3}$

   E. $2\pi-2\sqrt{3}$

5. 某人驾车从 A 地赶往 B 地,前一半路程比计划多用时45分钟,平均速度只有计划的80%. 若后一半路程的平均速度为120千米/小时,此人还能按原定时间到达 B 地. A,B 两地的距离为()千米.

A. 450 　　　　　　　　　　　B. 480
C. 520 　　　　　　　　　　　D. 540
E. 600

6. 在某次考试中,甲、乙、丙三个班的平均成绩分别为 80,81 和 81.5,三个班的学生得分之和为 6 952.三个班共有学生(　　)名.

A. 85 　　　　　　　　　　　B. 86
C. 87 　　　　　　　　　　　D. 88
E. 90

7. 有一根圆柱形铁管,管壁厚度为 0.1 米,内径为 1.8 米,长度为 2 米,若将该铁管熔化后浇铸成长方体,则该长方体的体积为(　　).(单位:立方米,$\pi \approx 3.14$)

A. 0.38 　　　　　　　　　　B. 0.59
C. 1.19 　　　　　　　　　　D. 5.09
E. 6.28

8. 如图所示,梯形 ABCD 的上底与下底分别为 5,7,E 为 AC 与 BD 的交点,MN 过点 E 且平行于 AD,则 MN =(　　).

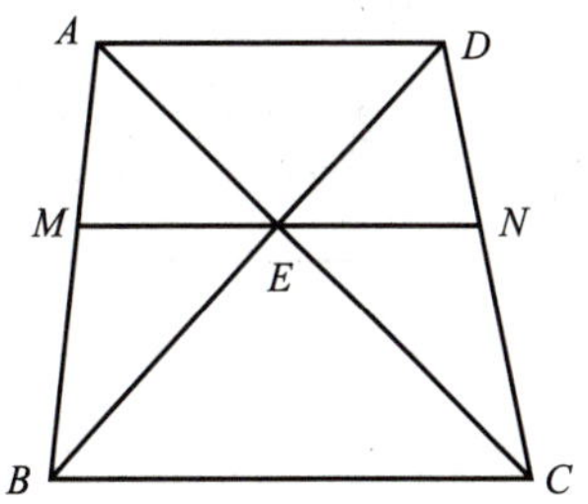

A. $\dfrac{26}{5}$ 　　　　　　　　　　B. $\dfrac{11}{2}$

C. $\dfrac{35}{6}$ 　　　　　　　　　　D. $\dfrac{36}{7}$

E. $\dfrac{40}{7}$

9. 若直线 $y = ax$ 与圆 $(x-a)^2 + y^2 = 1$ 相切,则 $a^2 =$(　　).

A. $\dfrac{1}{2} + \dfrac{\sqrt{3}}{2}$ 　　　　　　　　B. $1 + \dfrac{\sqrt{3}}{2}$

C. $\dfrac{\sqrt{5}}{2}$ 　　　　　　　　　　D. $1 + \dfrac{\sqrt{5}}{3}$

E. $\dfrac{1}{2} + \dfrac{\sqrt{5}}{2}$

10. 设点 $A(0,2)$ 和 $B(1,0)$,在线段 AB 上取一点 $M(x,y)(0 < x < 1)$,则以 x,y 为两边长的矩形面积的最大值为(　　).

A. $\dfrac{5}{8}$ 　　　　　　　　　　B. $\dfrac{1}{2}$

C. $\dfrac{3}{8}$ 　　　　　　　　　　D. $\dfrac{1}{4}$

E. $\dfrac{1}{8}$

11. 已知 x_1, x_2 是方程 $x^2 + ax - 1 = 0$ 的两个实根,则 $x_1^2 + x_2^2 =$(　　).

A. $a^2 + 2$ 　　　　　　　　　B. $a^2 + 1$
C. $a^2 - 1$ 　　　　　　　　　D. $a^2 - 2$

E. $a+2$

12. 一件工作,甲、乙两人合做需要 2 天,人工费 2 900 元;乙、丙两人合做需要 4 天,人工费 2 600 元;甲、丙两人合做 2 天完成了全部工作量的 $\frac{5}{6}$,人工费 2 400 元.甲单独做该工作需要的时间与人工费分别为( ).

    A. 3 天,3 000 元   B. 3 天,2 850 元

    C. 3 天,2 700 元   D. 4 天,3 000 元

    E. 4 天,2 900 元

13. 某新兴产业在 2005 年年末至 2009 年年末产值的年平均增长率为 q,在 2009 年年末至 2013 年年末产值的年平均增长率比前四年下降了 40%,2013 年的产值约为 2005 年产值的 14.46($\approx 1.95^4$) 倍,则 q 的值约为( ).

    A. 30%   B. 35%

    C. 40%   D. 45%

    E. 50%

14. 某次网球比赛的四强对阵为甲对乙、丙对丁,两场比赛的胜者将争夺冠军.选手之间相互获胜的概率如下:

	甲	乙	丙	丁
甲获胜概率	—	0.3	0.3	0.8
乙获胜概率	0.7	—	0.6	0.3
丙获胜概率	0.7	0.4	—	0.5
丁获胜概率	0.2	0.7	0.5	—

甲获得冠军的概率为( ).

    A. 0.165   B. 0.245

    C. 0.275   D. 0.315

    E. 0.330

15. 平面上有 5 条平行直线与另一组 n 条平行直线垂直.若两组平行直线共构成 280 个矩形,则 $n=$( ).

    A. 5   B. 6

    C. 7   D. 8

    E. 9

二、充分条件性判断:第 16~25 小题,每小题 3 分,共 30 分.要求判断每题给出的条件(1)和条件(2)能否充分支持题干所陈述的结论.A、B、C、D、E 五个选项为判断结果,请选择一项符合试题要求的判断。

    A. 条件(1)充分,但条件(2)不充分.

    B. 条件(2)充分,但条件(1)不充分.

    C. 条件(1)和条件(2)单独都不充分,但条件(1)和条件(2)联合起来充分.

    D. 条件(1)充分,条件(2)也充分.

E. 条件(1)和条件(2)单独都不充分,条件(1)和条件(2)联合起来也不充分.

16. 已知 p,q 为非零实数. 则能确定 $\dfrac{p}{q(p-1)}$ 的值.

(1) $p+q=1$.

(2) $\dfrac{1}{p}+\dfrac{1}{q}=1$.

17. 信封中装有 10 张奖券,只有 1 张有奖. 从信封中同时抽取 2 张奖券,中奖的概率记为 P;从信封中每次抽取 1 张奖券后放回,如此重复抽取 n 次,中奖的概率为 Q. 则 $P<Q$.

(1) $n=2$.

(2) $n=3$.

18. 圆盘 $x^2+y^2 \leq 2(x+y)$ 被直线 l 分成面积相等的两部分.

(1) $l: x+y=2$.

(2) $l: 2x-y=1$.

19. 已知 a,b 为实数. 则 $a\geq 2$ 或 $b\geq 2$.

(1) $a+b\geq 4$.

(2) $ab\geq 4$.

20. 已知 $M=(a_1+a_2+\cdots+a_{n-1})(a_2+a_3+\cdots+a_n)$, $N=(a_1+a_2+\cdots+a_n)(a_2+a_3+\cdots+a_{n-1})$. 则 $M>N$.

(1) $a_1>0$.

(2) $a_1 a_n>0$.

21. 已知 $\{a_n\}$ 是公差大于零的等差数列,S_n 是 $\{a_n\}$ 的前 n 项和. 则 $S_n\geq S_{10}$,$n=1,2,\cdots$.

(1) $a_{10}=0$.

(2) $a_{11} a_{10}<0$.

22. 设 $\{a_n\}$ 是等差数列. 则能确定数列 $\{a_n\}$.

(1) $a_1+a_6=0$.

(2) $a_1 a_6=-1$.

23. 底面半径为 r,高为 h 的圆柱体表面积记为 S_1,半径为 R 的球体表面积记为 S_2. 则 $S_1\leq S_2$.

(1) $R\geq \dfrac{r+h}{2}$.

(2) $R\leq \dfrac{2h+r}{3}$.

24. 已知 x_1,x_2,x_3 为实数,$\bar{x}$ 为 x_1,x_2,x_3 的平均值. 则 $|x_k-\bar{x}|\leq 1$,$k=1,2,3$.

(1) $|x_k|\leq 1$,$k=1,2,3$.

(2) $x_1=0$.

25. 几个朋友外出游玩,购买了一些瓶装水. 则能确定购买的瓶装水数量.

(1) 若每人分 3 瓶,则剩余 30 瓶.

(2) 若每人分 10 瓶,则只有 1 人不够.

解 析

一、问题求解

1.【答案】 E

【解析】 因为 $a:b:c=1:2:5$，故设 $a=k,b=2k,c=5k \Rightarrow k+2k+5k=24 \Rightarrow 8k=24 \Rightarrow k=3$，则 $a=3,b=6,c=15,a^2+b^2+c^2=270$.

2.【答案】 D

【解析】 设甲部门的人数为 x，乙部门的人数为 y，那么 $\begin{cases} 2(x-10)=y+10, \\ x+\dfrac{1}{5}y=\dfrac{4}{5}y \end{cases} \Rightarrow \begin{cases} x=90, \\ y=150, \end{cases}$ 故 $x+y=240$.

技巧："乙部门人数是甲部门人数的 2 倍"，总人数应为 3 的倍数，排除 C 和 E；"乙部门员工的 $\dfrac{1}{5}$ 调到甲部门" 推出 "乙部门员工还剩下 $\dfrac{4}{5}$"，A 选项中 150 的一半为 75，不能被 4 整除，排除；B 选项中 180 的一半为 90，不能被 4 整除，排除；D 选项中 240 的一半为 120，能被 4 整除.

3.【答案】 C

【解析】 穷举出 20 以内的所有质数：2, 3, 5, 7, 11, 13, 17, 19. 那么，符合题意的组合有 (3,5), (5,7), (11,13), (17,19) 四组.

4.【答案】 A

【解析】 如图所示，O 为 BC 中点，连接 OA，作 $AD \perp BC$，垂足为 D. 则在三角形 OAD 中，已知 $OA=2$，可求得 $h=\sqrt{3}$. 故阴影部分的面积为 $120°$ 的扇形面积减去 $\triangle AOB$ 的面积，那么 $S_{阴影}=S_{扇形}-S_{\triangle AOB}=\dfrac{120}{360}\pi \times 2^2-\dfrac{1}{2} \cdot OB \cdot h=\dfrac{4}{3}\pi-\dfrac{1}{2}\cdot 2 \cdot \sqrt{3}=\dfrac{4}{3}\pi-\sqrt{3}$.

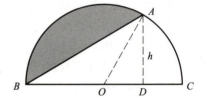

5.【答案】 D

【解析】 设半个行程为 S，原计划的速度为 v，则根据题意得方程：$\begin{cases} \dfrac{S}{v}=\dfrac{S}{0.8v}-\dfrac{45}{60}, \\ \dfrac{S}{v}=\dfrac{S}{120}+\dfrac{45}{60} \end{cases} \Rightarrow \begin{cases} S=270, \\ v=90, \end{cases}$ 故 A,B 两地的距离为 $2S=540$（千米）.

6.【答案】 B

【解析】 设甲、乙、丙三个班的人数分别为 x,y,z，则有
$$\begin{cases} 80x+81y+81.5z=6\,952, \\ x,y,z \in \mathbf{N}^* \end{cases}$$

考虑放缩不等式,有
$$80(x+y+z)<80x+81y+81.5z<81.5(x+y+z),$$
从而 $\dfrac{6\,952}{81.5}\approx 85.3<x+y+z<\dfrac{6\,952}{80}=86.9$,所以 $x+y+z=86$.

7.【答案】 C

【解析】 由题意知:$R=1,r=0.9,h=2$. 可得
$V=\pi R^2 h-\pi r^2 h=\pi h(R^2-r^2)=\pi\cdot 2(1-0.81)=0.38\pi\approx 1.19$.

8.【答案】 C

【解析】 $\triangle AED\sim\triangle CEB$,则 $\dfrac{AD}{CB}=\dfrac{AE}{CE}=\dfrac{5}{7}$;$\triangle AEM\sim\triangle ACB$,则 $\dfrac{AE}{AC}=\dfrac{EM}{CB}=\dfrac{5}{12}$,可得 $EM=\dfrac{5}{12}CB=\dfrac{35}{12}$. 同理,$\triangle AED\sim\triangle CEB$,则 $\dfrac{AD}{CB}=\dfrac{ED}{EB}=\dfrac{5}{7}$;$\triangle DEN\sim\triangle DBC$,则 $\dfrac{DE}{DB}=\dfrac{EN}{BC}=\dfrac{5}{12}$,可得 $EN=\dfrac{5}{12}BC=\dfrac{35}{12}$,则 $MN=ME+EN=\dfrac{35}{6}$.

【备注】 如图,若 $AD=a,BC=b$,则 $\dfrac{ME}{BC}=\dfrac{AE}{AC}=\dfrac{AE}{AE+EC}=\dfrac{a}{a+b}\Rightarrow ME=\dfrac{a}{a+b}\cdot b,\dfrac{EN}{BC}=\dfrac{DE}{BD}=\dfrac{DE}{DE+EB}=\dfrac{a}{a+b}\Rightarrow EN=\dfrac{a}{a+b}\cdot b$,可得 $MN=ME+EN=\dfrac{2ab}{a+b}$,且满足 $ME=NE$.

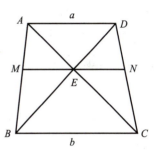

9.【答案】 E

【解析】 圆的方程为 $(x-a)^2+y^2=1$,此圆的圆心为 $(a,0)$,半径为 1. 直线 $y=ax$ 与圆相切,则圆心到直线的距离等于半径,$d=\dfrac{|a\cdot a-0|}{\sqrt{a^2+1}}=\dfrac{a^2}{\sqrt{a^2+1}}=1\Rightarrow a^2=\sqrt{a^2+1}\Rightarrow a^4-a^2-1=0$,解得 $a^2=\dfrac{1\pm\sqrt{1+4}}{2}\Rightarrow a^2=\dfrac{1+\sqrt{5}}{2}$ 或 $a^2=\dfrac{1-\sqrt{5}}{2}$(舍去).

10.【答案】 B

【解析】 已知 $A(0,2),B(1,0)$ 两点,可求得直线 AB 的方程为 $y=-2x+2$. $S=xy=x(-2x+2)=-2x^2+2x$,当 $x=-\dfrac{2}{-2\times 2}=\dfrac{1}{2}$ 时,S 取得最大值,此时 $S=\dfrac{1}{2}$. 由于 $0<\dfrac{1}{2}<1$,故所求矩形面积在 $x=\dfrac{1}{2}$ 处取得最大值,最大值为 $\dfrac{1}{2}$.

【技巧】 利用均值不等式,由于 $2x+y=2$,所以 $xy=\dfrac{1}{2}\cdot 2x\cdot y\leqslant\dfrac{1}{2}\cdot\left(\dfrac{2x+y}{2}\right)^2=\dfrac{1}{2}$.

11.【答案】 A

【解析】 方程 $x^2+ax-1=0$ 的两个实根为 x_1,x_2,则由韦达定理可得:
$\begin{cases}\Delta=a^2-4\times 1\times(-1)=a^2+4>0,\\ x_1+x_2=-a,\\ x_1x_2=-1,\end{cases}$ 则 $x_1^2+x_2^2=(x_1+x_2)^2-2x_1x_2=a^2+2$.

12.【答案】 A

【解析】 设甲、乙、丙每天的人工费分别为 a,b,c(单位:元),依题意得 $\begin{cases}2(a+b)=2\ 900,\\4(b+c)=2\ 600,\\2(a+c)=2\ 400\end{cases}\Rightarrow$
$\begin{cases}a=1\ 000,\\b=450,\\c=200.\end{cases}$ 设总工作量为60,甲、乙、丙的效率分别为 x,y,z,依题意得 $\begin{cases}2(x+y)=60,\\4(y+z)=60,\\2(x+z)=50\end{cases}\Rightarrow\begin{cases}x+y=30,\\y+z=15,\\x+z=25\end{cases}\Rightarrow$
$\begin{cases}x=20,\\y=10,\\z=5,\end{cases}$ 则甲单独完成需要 $60\div 20=3$(天),人工费为 $3\times 1\ 000=3\ 000$(元).

13.【答案】 E

【解析】　2005　　　 2009　　　　　　2013
　　　　　1　　 $1\cdot(1+q)^4$　 $1\cdot(1+q)^4(1+0.6q)^4$

由题意,$1\cdot(1+q)^4(1+0.6q)^4=14.46\approx 1.95^4$,则 $(1+q)(1+0.6q)\approx 1.95\Rightarrow 12q^2+32q-19\approx 0\Rightarrow(2q-1)(6q+19)\approx 0$,解得 $q\approx\dfrac{1}{2}$ 或者 $q\approx-\dfrac{19}{6}$(舍去).

14.【答案】 A

【解析】 "甲获得冠军"分为两类:

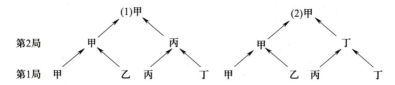

(1)"甲胜乙"且"丙胜丁"且"甲胜丙":$0.3\times 0.5\times 0.3$;(2)"甲胜乙"且"丁胜丙"且"甲胜丁":$0.3\times 0.5\times 0.8$.

分类相加,可得甲获得冠军的概率为 $0.3\times 0.5\times 0.3+0.3\times 0.5\times 0.8=0.165$.

15.【答案】 D

【解析】 先从5条平行直线中选2条,有 $C_5^2=10$(种)选取方法;再从 n 条垂直直线中任意选2条,有 $C_n^2=\dfrac{n(n-1)}{2\times 1}=\dfrac{n(n-1)}{2}$(种)选取方法.分步相乘,有 $C_5^2\cdot C_n^2=10\cdot\dfrac{n(n-1)}{2}=280$,解得 $n=8$.

二、条件充分性判断

16.【答案】 B

【解析】 条件(1),可以取特值.取 $p=-1,q=2$,则 $\dfrac{p}{q(p-1)}=\dfrac{-1}{2\times(-1-1)}=\dfrac{1}{4}$;再取 $p=2$,$q=-1$,则 $\dfrac{p}{q(p-1)}=\dfrac{2}{(-1)\times(2-1)}=-2$,不充分.

条件(2) $\dfrac{1}{p}+\dfrac{1}{q}=1\Rightarrow p+q=pq$,则 $\dfrac{p}{q(p-1)}=\dfrac{p}{pq-q}=\dfrac{p}{p+q-q}=1$,充分.

17.【答案】 B

【解析】 独立性与古典概型结合. $P=1-\dfrac{C_9^2}{C_{10}^2}=1-\dfrac{72}{90}=\dfrac{1}{5}$.

条件(1), $Q=1-\left(\dfrac{9}{10}\right)^2=\dfrac{19}{100}<P$, 不充分.

条件(2), $Q=1-\left(\dfrac{9}{10}\right)^3=\dfrac{271}{1\,000}=0.271>P$, 充分.

注意:有放回式抽奖,中奖的概率往往从对立面求解. n 次抽奖均未中奖的概率为 $\left(\dfrac{9}{10}\right)^n$, 因而 n 次抽奖中奖的概率为 $1-\left(\dfrac{9}{10}\right)^n$.

18.【答案】 D

【解析】 $x^2+y^2\leqslant 2(x+y)\Rightarrow x^2-2x+1+y^2-2y+1\leqslant 2$, 即 $(x-1)^2+(y-1)^2\leqslant(\sqrt{2})^2$, 圆心 $O_1(1,1)$, 半径 $r=\sqrt{2}$, 如图所示.

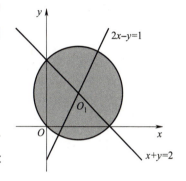

条件(1) $l:x+y=2$, 过圆心 $O_1(1,1)$, 充分.

条件(2) $l:2x-y=1$, 过圆心 $O_1(1,1)$, 充分.

19.【答案】 A

【解析】 条件(1)显然能得出 a,b 中至少有一个大于或等于2,可以采用逆否命题证明法,因为 $a<2,b<2\Rightarrow a+b<4$, 那么就可以得出 $a+b\geqslant 4\Rightarrow a\geqslant 2$ 或 $b\geqslant 2$, 充分.

条件(2)存在 a,b 均为负数的情况,不充分.

20.【答案】 B

【解析】 设 $a_2+a_3+a_4+\cdots+a_{n-1}=t$, 那么 $M=(a_1+t)(t+a_n)$, $N=(a_1+t+a_n)t$, 则 $M>N\Rightarrow(a_1+t)(t+a_n)>(a_1+t+a_n)t\Rightarrow a_1a_n>0$, 条件(2)充分, 条件(1)显然不充分.

21.【答案】 D

【解析】 此题只需要说明 S_{10} 为最小值即可.

条件(1) $a_{10}=0$, 那么从 a_{11} 开始必然是正数, 所以 $S_9=S_{10}$ 为最小值, 显然成立, 充分.

条件(2)可以确定 $a_{11}>0,a_{10}<0$, 那么 S_{10} 也就是最小值, 显然也充分.

22.【答案】 E

【解析】 条件(1) $a_1+a_6=0\Rightarrow a_1+a_1+5d=0\Rightarrow 2a_1+5d=0$, 无法确定 a_1,d 的值,不充分.

条件(2) $a_1a_6=-1\Rightarrow a_1(a_1+5d)=-1\Rightarrow a_1^2+5a_1d=-1$, 无法确定 a_1,d 的值,不充分.

联合条件(1)(2)可得 $\begin{cases}a_1+a_6=0\\a_1a_6=-1\end{cases}$, 解得 $\begin{cases}a_1=1\\a_6=-1\end{cases}$ 或 $\begin{cases}a_1=-1\\a_6=1\end{cases}$, 有两组不同的数列, 不能确定是哪一组, 不充分.

注意:考试的时候,只要遇到"确定数列$\{a_n\}$"就意味着确定 a_n 的通项公式.

23.【答案】 C

【解析】 由题意, 得 $S_1=2\pi rh+2\pi r^2$, $S_2=4\pi R^2$. 要使 $S_1\leqslant S_2$, 则有 $2\pi rh+2\pi r^2\leqslant 4\pi R^2\Rightarrow 4R^2\geqslant 2rh+2r^2$.

条件(1) $R\geqslant\dfrac{r+h}{2}$, 即 $2R\geqslant r+h\Rightarrow 4R^2\geqslant(r+h)^2$, 又因 $(r+h)^2-(2rh+2r^2)=h^2-r^2$, 无法判断,

不充分.

条件(2) $R \leq \dfrac{2h+r}{3}$, R 可趋近于 0, 显然不充分.

联合条件(1)(2), $\begin{cases} R \geq \dfrac{r+h}{2}, \\ R \leq \dfrac{2h+r}{3}, \end{cases}$ 即 $\begin{cases} 2R \geq r+h, \\ 2h+r \geq 3R, \end{cases}$ 即 $\begin{cases} 6R \geq 3r+3h, \\ 4h+2r \geq 6R, \end{cases}$ 联立得 $h \geq r$, 结合条件(1)

的分析知 $4R^2 \geq (r+h)^2 \geq 2rh + 2r^2$, 联合起来充分.

24. 【答案】 C

【解析】 条件(1), 只需取 $x_1 = 1, x_2 = x_3 = -1$, 那么 $\bar{x} = -\dfrac{1}{3}$, 则 $|x_1 - \bar{x}| = \left|1 + \dfrac{1}{3}\right| = \dfrac{4}{3}$, 不充分.

条件(2), 令 $x_2 = 70, x_3 = 20 \Rightarrow \bar{x} = \dfrac{0+70+20}{3} = 30$, 故 $|x_2 - \bar{x}| = 40 > 1$, 不充分.

联合条件(1)(2), 得 $|x_1 - \bar{x}| = \left|\dfrac{x_2 + x_3}{3}\right| \leq \dfrac{1}{3}|x_2| + \dfrac{1}{3}|x_3| \leq \dfrac{2}{3} \leq 1$, $|x_2 - \bar{x}| = \left|x_2 - \dfrac{x_2+x_3}{3}\right| = \left|\dfrac{2x_2 - x_3}{3}\right| \leq \dfrac{2}{3}|x_2| + \dfrac{1}{3}|x_3| \leq \dfrac{2}{3} + \dfrac{1}{3} = 1$, 同理可得 $|x_3 - \bar{x}| \leq 1$, 充分.

25. 【答案】 C

【解析】 设有 x 个朋友, y 瓶水.

条件(1), $y = 3x + 30$, 不充分.

条件(2), $10(x-1) \leq y < 10x$, 也不充分.

联合条件(1)和条件(2), 可知 $10(x-1) \leq 3x + 30 < 10x$, 且 x 是正整数, 则 $x = 5, y = 45$, 充分.

2014年1月管理类专业学位联考综合能力数学真题及解析

真　　题

一、问题求解：第1~15小题，每小题3分，共45分。下列每题给出的A、B、C、D、E五个选项中，只有一项是符合试题要求的。

1. 某部门在一次联欢活动中共设了26个奖，奖品均价为280元，其中一等奖单价为400元，其他奖品均价为270元. 一等奖的个数为(　　).

   A. 6　　　　　　　　　　B. 5
   C. 4　　　　　　　　　　D. 3
   E. 2

2. 某单位进行办公室装修. 若甲、乙两个装修公司合做，需10周完成，工时费为100万元；甲公司单独做6周后由乙公司接着做18周完成，工时费为96万元. 甲公司每周的工时费为(　　)万元.

   A. 7.5　　　　　　　　　B. 7
   C. 6.5　　　　　　　　　D. 6
   E. 5.5

3. 如图所示，已知 $AE=3AB, BF=2BC$. 若△ABC 的面积是2，则△AEF 的面积为(　　).

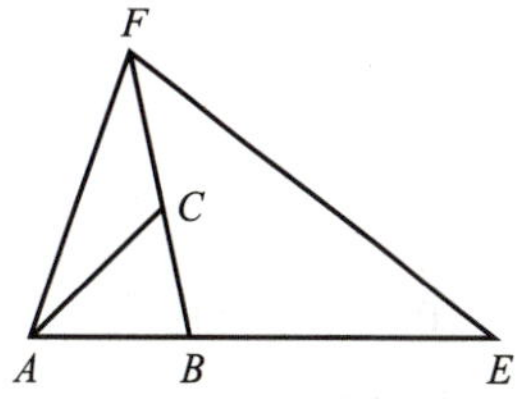

   A. 14　　　　　　　　　B. 12
   C. 10　　　　　　　　　D. 8
   E. 6

4. 某公司投资一个项目. 已知上半年完成了预算的 $\dfrac{1}{3}$，下半年完成了剩余部分的 $\dfrac{2}{3}$，此时还有8 000万元投资未完成，则该项目的预算为(　　)亿元.

   A. 3　　　　　　　　　　B. 3.6
   C. 3.9　　　　　　　　　D. 4.5
   E. 5.1

5. 如图所示，圆 A 与圆 B 的半径均为1，则阴影部分的面积为(　　).

   A. $\dfrac{2\pi}{3}$　　　　　　　　　　B. $\dfrac{\sqrt{3}}{2}$

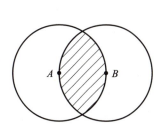

C. $\dfrac{\pi}{3}-\dfrac{\sqrt{3}}{4}$ D. $\dfrac{2\pi}{3}-\dfrac{\sqrt{3}}{4}$

E. $\dfrac{2\pi}{3}-\dfrac{\sqrt{3}}{2}$

6. 某容器中装满了浓度为 90% 的酒精,倒出 1 升后用水将容器注满,搅拌均匀后又倒出 1 升,再用水将容器注满. 已知此时的酒精浓度为 40%,则该容器的容积为( ).

 A. 2.5 升   B. 3 升

 C. 3.5 升   D. 4 升

 E. 4.5 升

7. 已知 $\{a_n\}$ 为等差数列,且 $a_2-a_5+a_8=9$,则 $a_1+a_2+\cdots+a_9=($).

 A. 27   B. 45

 C. 54   D. 81

 E. 162

8. 甲、乙两人上午 8:00 分别自 A,B 出发相向而行,9:00 第一次相遇,之后速度均提高了 1.5 千米/小时,甲到 B,乙到 A 后都立刻沿原路返回. 若两人在 10:30 第二次相遇,则 A,B 两地的距离为( ).

 A. 5.6 千米   B. 7 千米

 C. 8 千米   D. 9 千米

 E. 9.5 千米

9. 掷一枚均匀的硬币若干次,当正面向上次数大于反面向上次数时停止,则在 4 次之内停止的概率为( ).

 A. $\dfrac{1}{8}$ B. $\dfrac{3}{8}$

 C. $\dfrac{5}{8}$ D. $\dfrac{3}{16}$

 E. $\dfrac{5}{16}$

10. 若几个质数(素数)的乘积为 770,则它们的和为( ).

 A. 85   B. 84

 C. 28   D. 26

 E. 25

11. 已知直线 l 是圆 $x^2+y^2=5$ 在点 $(1,2)$ 处的切线,则 l 在 y 轴上的截距为( ).

 A. $\dfrac{2}{5}$ B. $\dfrac{2}{3}$

 C. $\dfrac{3}{2}$ D. $\dfrac{5}{2}$

 E. 5

12. 如图所示,正方体 $ABCD$-$A'B'C'D'$ 的棱长为 2,F 是棱 $C'D'$ 的中点,则 AF 的长为( ).

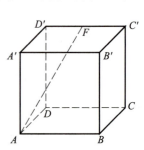

A. 3 　　　　　　　　　　　B. 5

C. $\sqrt{5}$ 　　　　　　　　　　D. $2\sqrt{2}$

E. $2\sqrt{3}$

13. 在某项活动中,将3男3女6名志愿者随机地分成甲、乙、丙三组,每组2人,则每组志愿者都是异性的概率为(　　).

A. $\dfrac{1}{90}$ 　　　　　　　　　B. $\dfrac{1}{15}$

C. $\dfrac{1}{10}$ 　　　　　　　　　D. $\dfrac{1}{5}$

E. $\dfrac{2}{5}$

14. 某工厂在半径为5厘米的球形工艺品上镀一层装饰金属,厚度为0.01厘米.已知装饰金属的原材料是棱长为20厘米的正方体锭子,则加工10 000个该工艺品需要的锭子数量最少为(　　)(不考虑加工损耗,$\pi \approx 3.14$).

A. 2 　　　　　　　　　　　B. 3

C. 4 　　　　　　　　　　　D. 5

E. 20

15. 某单位决定对4个部门的经理进行轮岗,要求每位经理必须轮换到4个部门中的其他部门任职,则不同的轮岗方案有(　　)种.

A. 3 　　　　　　　　　　　B. 6

C. 8 　　　　　　　　　　　D. 9

E. 10

二、条件充分性判断:第16~25小题,每小题3分,共30分。要求判断每题给出的条件(1)和条件(2)能否充分支持题干所陈述的结论。A、B、C、D、E五个选项为判断结果,请选择一项符合试题要求的判断。

　　A. 条件(1)充分,但条件(2)不充分.
　　B. 条件(2)充分,但条件(1)不充分.
　　C. 条件(1)和条件(2)单独都不充分,但条件(1)和条件(2)联合起来充分.
　　D. 条件(1)充分,条件(2)也充分.
　　E. 条件(1)和条件(2)单独都不充分,条件(1)和条件(2)联合起来也不充分.

16. 已知曲线 $l: y=a+bx-6x^2+x^3$. 则 $(a+b-5)(a-b-5)=0$.

(1) 曲线 l 过点 $(1,0)$.
(2) 曲线 l 过点 $(-1,0)$.

17. 不等式 $|x^2+2x+a| \leq 1$ 的解集为空集.

(1) $a<0$.
(2) $a>2$.

18. 甲、乙、丙三人的年龄相同.

(1) 甲、乙、丙的年龄成等差数列.

(2) 甲、乙、丙的年龄成等比数列.

19. 设 x 是非零实数. 则 $x^3+\dfrac{1}{x^3}=18$.

(1) $x+\dfrac{1}{x}=3$.

(2) $x^2+\dfrac{1}{x^2}=7$.

20. 如图所示, O 是半圆的圆心, C 是半圆上一点, $OD\perp AC$. 则能确定 OD 的长.

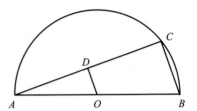

(1) 已知 BC 的长.

(2) 已知 AO 的长.

21. 方程 $x^2+2(a+b)x+c^2=0$ 有实根.

(1) a,b,c 是一个三角形的三边长.

(2) 实数 a,c,b 成等差数列.

22. 已知二次函数 $f(x)=ax^2+bx+c$. 则能确定 a,b,c 的值.

(1) 曲线 $y=f(x)$ 经过点 $(0,0)$ 和点 $(1,1)$.

(2) 曲线 $y=f(x)$ 与直线 $y=a+b$ 相切.

23. 已知袋中装有红、黑、白三种颜色的球若干个. 则红球最多.

(1) 随机取出的一球是白球的概率为 $\dfrac{2}{5}$.

(2) 随机取出的两球中至少有一个黑球的概率小于 $\dfrac{1}{5}$.

24. 已知 $M=\{a,b,c,d,e\}$ 是一个整数集合. 则能确定集合 M.

(1) a,b,c,d,e 的平均值为 10.

(2) a,b,c,d,e 的方差为 2.

25. 已知 x,y 为实数,则 $x^2+y^2\geq 1$.

(1) $4y-3x\geq 5$.

(2) $(x-1)^2+(y-1)^2\geq 5$.

解　析

一、问题求解

1.【答案】 E

【解析】 方法1：设一等奖为 x 个，其他奖为 $(26-x)$ 个，依题意有 $400x+270(26-x)=280\times 26 \Rightarrow x=2$.

方法2：交叉法．

一等奖：400　　　10
　　　　　　280
其他奖：270　　　120

所以 $\dfrac{\text{一等奖个数}}{\text{其他奖个数}}=\dfrac{10}{120}=\dfrac{1}{12}$.

所有奖项一共 26 个，故一等奖为 $26\times\dfrac{1}{12+1}=2$（个）．

2.【答案】 B

【解析】 设甲、乙每周工时费分别为 x 万元、y 万元．

$\begin{cases}10(x+y)=100,\\ 6x+18y=96\end{cases}\Rightarrow\begin{cases}x+y=10,\\ x+3y=16\end{cases}\Rightarrow\begin{cases}x=7,\\ y=3,\end{cases}$ 故甲公司每周的工时费为 7 万元．

3.【答案】 B

【解析】 已知 C 为 BF 的中点，且 $S_{\triangle ABC}=2$，则 $S_{\triangle ABC}$ 与 $S_{\triangle ACF}$ 等底同高，可得 $S_{\triangle ACF}=2$. 由 $AE=3AB$，可得 $2AB=BE$.

故 $S_{\triangle BFE}=2S_{\triangle ABF}=2(2+2)=8$，$S_{\triangle AEF}=S_{\triangle BFE}+S_{\triangle ABF}=8+4=12$.

4.【答案】 B

【解析】 设整个项目总预算为 x 亿元，则上半年完成了 $\dfrac{1}{3}x$，下半年完成了 $\dfrac{2}{3}x\cdot\dfrac{2}{3}=\dfrac{4}{9}x$. 得到方程：$x-\dfrac{1}{3}x-\dfrac{4}{9}x=0.8\Rightarrow x=3.6$（亿元）．

5.【答案】 E

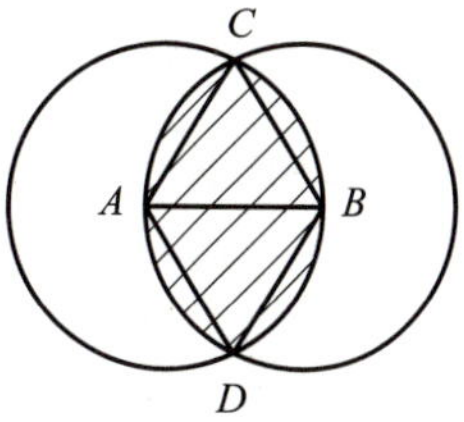

【解析】 设两圆相交于 C,D 两点，如图，连接 AC,AD,BC,BD，阴影面积＝两个等边三角形 ABC 和 ABD 的面积加上四个小弓形的面积，即阴影面积 $=2S_{\triangle ABC}+4(S_{扇形ABC}-S_{\triangle ABC})=4S_{扇形ABC}-2S_{\triangle ABC}=4\times\dfrac{\pi}{6}-2\times\dfrac{\sqrt{3}}{4}=\dfrac{2}{3}\pi-\dfrac{\sqrt{3}}{2}$.

6.【答案】 B

【解析】 设该容器的容积为 V 升，第一次交换后浓度为：$\dfrac{0.9V-0.9\times 1}{V}=0.9\times\dfrac{V-1}{V}$；

第二次交换后浓度为：$\dfrac{0.9(V-1)-0.9\times\dfrac{V-1}{V}\times 1}{V}=0.9\times\left(\dfrac{V-1}{V}\right)^2=0.4$，解得 $V=3$.

本题也可以套用置换公式：
$$b\% = a\% \cdot \frac{(V-V_1)(V-V_2)\cdots(V-V_n)}{V^n},$$
其中 $b\%$ 为最后浓度，$a\%$ 为初始浓度，V 为容积，n 为置换次数，V_i 为第 i 次置换的量.

7. 【答案】 D

【解析】 $a_2 - a_5 + a_8 = 9 \Rightarrow a_1 + 7d - 3d = a_1 + 4d = a_5 = 9$，则 $S_9 = \dfrac{9(a_1+a_9)}{2} = 9a_5 = 9 \times 9 = 81$.

8. 【答案】 D

【解析】 设甲的速度是 x 千米/小时，乙的速度是 y 千米/小时，A, B 两地的距离为 S 千米，由题意可知 $\begin{cases}(x+y)\times 1 = S,\\(x+1.5+y+1.5)\times 1.5 = 2S,\end{cases}$ 解得 $S = 9$. 故 A, B 两地的距离为 9 千米.

9. 【答案】 C

【解析】 停止的情况有以下两种：

(1) 扔 1 次硬币：正面向上，$P_1 = \dfrac{1}{2}$.

(2) 扔 3 次硬币：第一次反面向上，第二次正面向上，第三次正面向上. 则 $P_2 = \dfrac{1}{2} \times \dfrac{1}{2} \times \dfrac{1}{2} = \dfrac{1}{8}$.

故 4 次之内停止的概率 $P = \dfrac{1}{2} + \left(\dfrac{1}{2}\right)^3 = \dfrac{4}{8} + \dfrac{1}{8} = \dfrac{5}{8}$.

注意：本题考查互斥与相互独立的概念.

A, B 相互独立 $\Leftrightarrow P(AB) = P(A)P(B)$，

A, B 互斥 $\Leftrightarrow P(A+B) = P(A) + P(B)$.

10. 【答案】 E

【解析】 因为 $770 = 2 \times 5 \times 7 \times 11$，所以有 $2 + 5 + 7 + 11 = 25$.

11. 【答案】 D

【解析】 如图，设切线 l 的方程为 $y - 2 = k(x-1) \Rightarrow kx - y - k + 2 = 0$，由于 $d = r$，则 $\dfrac{|-k+2|}{\sqrt{k^2+1}} = \sqrt{5} \Rightarrow k = -\dfrac{1}{2}$，则切线 l 的方程为 $-\dfrac{1}{2}x - y + \dfrac{1}{2} + 2 = 0 \Rightarrow x + 2y - 5 = 0$，令 $x = 0$，得到 $y = \dfrac{5}{2}$.

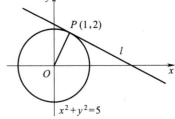

【技巧】 本题可借助公式求解：若 $P(x_0, y_0)$ 在圆 $(x-a)^2 + (y-b)^2 = r^2$ 上，则该圆在点 P 处的切线方程为：$(x_0-a)(x-a) + (y_0-b)(y-b) = r^2$.

12. 【答案】 A

【解析】 连接 $A'F$，得 $A'F = \sqrt{A'D'^2 + D'F^2} = \sqrt{2^2+1^2} = \sqrt{5}$，则在 $\triangle A'FA$ 中，$AF = \sqrt{AA'^2 + A'F^2} = \sqrt{2^2 + (\sqrt{5})^2} = 3$.

13. 【答案】 E

【解析】 总的情况数为：将6个人平均分配到甲、乙、丙三组中，则有 $n = C_6^2 C_4^2 C_2^2 = 90$（种）分法．满足题意的情况数为：将3男3女分别选一个分在各组中，有 $m = 3! \times 3! = 6 \times 6 = 36$（种）分法，则所求概率为 $P = \dfrac{m}{n} = \dfrac{36}{90} = \dfrac{2}{5}$．

注意：将6个人平均分成三组的方法数为 $\dfrac{C_6^2 C_4^2 C_2^2}{3!}$；将6个人平均分配到甲、乙、丙三组的方法数为 $C_6^2 C_4^2 C_2^2$．

14. 【答案】 C

【解析】 每个工艺品需要镀金的体积为 $\dfrac{4}{3}\pi[(5+0.01)^3 - 5^3]$ 立方厘米，总体积为 $\dfrac{4}{3}\pi[(5+0.01)^3 - 5^3] \times 10\,000$ 立方厘米，则需要的锭子数量最少为 $n = \dfrac{\dfrac{4}{3}\pi[(5+0.01)^3 - 5^3] \times 10\,000}{20 \times 20 \times 20} \approx 4$．

15. 【答案】 D

【解析】 设4个部门的经理为甲、乙、丙、丁四人，则甲有3种分配方法，不妨设甲到乙部门任职，则乙也有3种分配方法，而丙、丁只剩一种分配方法，从而不同的轮岗方案有 $3 \times 3 = 9$（种）．

此题考查的是全错位问题，可直接记结论：2个元素的全错位情况有1种，3个元素的全错位情况有2种，4个元素的全错位情况有9种，5个元素的全错位情况有44种．此题为4个元素的全错位排列，为9种．

二、条件充分性判断

16. 【答案】 A

【解析】 条件(1)，将点(1,0)代入曲线 l 的方程，得 $a + b = 5 \Rightarrow (a+b-5)(a-b-5) = 0$．因此条件(1)充分．

条件(2)，将点(1,0)代入曲线 l 的方程，得 $a - b = 7$，因此条件(2)不充分．

17. 【答案】 B

【解析】 题干 $-1 \leq x^2 + 2x + a \leq 1 \Rightarrow \begin{cases} x^2 + 2x + a - 1 \leq 0, \\ x^2 + 2x + a + 1 \geq 0 \end{cases} \Rightarrow \begin{cases} (x+1)^2 + a - 2 \leq 0, \\ (x+1)^2 + a \geq 0 \end{cases} \Rightarrow -a \leq (x+1)^2 \leq 2 - a$，因不等式的解集为空集，则有 $a > 2$．故条件(1)不充分，条件(2)充分．

18. 【答案】 C

【解析】 条件(1)，可以取数列为 1,2,3，不充分．

条件(2)，可以取数列为 1,2,4，不充分．

条件(1)(2)联合后，只能是常数列，则条件(1)和条件(2)联合充分．

19. 【答案】 A

【解析】 条件(1) $x + \dfrac{1}{x} = 3$，$x^3 + \dfrac{1}{x^3} = \left(x + \dfrac{1}{x}\right)\left[x^2 - x \cdot \dfrac{1}{x} + \left(\dfrac{1}{x}\right)^2\right] = \left(x + \dfrac{1}{x}\right)\left[\left(x + \dfrac{1}{x}\right)^2 - 3x \cdot \dfrac{1}{x}\right] = 3 \times (9 - 3) = 18$，充分．

条件(2) $x^2 + \left(\dfrac{1}{x}\right)^2 = 7 \Rightarrow \left(x + \dfrac{1}{x}\right)^2 - 2 = 7 \Rightarrow x + \dfrac{1}{x} = \pm 3$，不充分．

20. 【答案】 A

【解析】 条件(1),因 C 是半圆上的一点,故 $BC \perp AC$. 由题知 $OD \perp AC$,推出 $BC \parallel OD$. 因 O 是半圆的圆心,即 O 为 AB 的中点,所以 OD 为 Rt$\triangle ACB$ 中 BC 边所对应的中位线,则 $OD = \dfrac{1}{2}BC$,充分.

条件(2),连接 OC,此时 $OC = OB = AO$,仅能确定 $\triangle OBC$ 为等腰三角形,并不能确定 BC 的长,因此不能确定 OD 的长,不充分.

21. 【答案】 D

【解析】 条件(1),$a+b>c \Rightarrow \Delta = 4(a+b)^2 - 4c^2 = 4[(a+b)^2 - c^2] > 0$,充分.

条件(2),$2c = a+b \Rightarrow \Delta = 4(a+b)^2 - 4c^2 = 4(2c)^2 - 4c^2 = 12c^2 \geq 0$,充分.

22. 【答案】 C

【解析】 条件(1),代入点 $(0,0)$ 和点 $(1,1)$,得 $c=0, a+b=1$,故不充分.

条件(2),由题意可知,直线正好通过抛物线的顶点,因此有 $\dfrac{4ac-b^2}{4a} = a+b$,故条件(2)也不充分.

联合条件(1)和条件(2):$\begin{cases} \dfrac{4ac-b^2}{4a} = a+b, \\ a+b=1, c=0 \end{cases} \Rightarrow \begin{cases} c=0, \\ a+b=1, \\ (2a+b)^2=0 \end{cases} \Rightarrow \begin{cases} a=-1, \\ b=2, \\ c=0, \end{cases}$ 充分.

23. 【答案】 C

【解析】 设红球、黑球、白球的数量分别为 a,b,c.

对于条件(1),$\dfrac{c}{a+b+c} = \dfrac{2}{5}$,可以举反例:$a=1, b=2, c=2$,所以条件(1)不充分.

对于条件(2),$1 - \dfrac{C_{a+c}^2}{C_{a+b+c}^2} < \dfrac{1}{5}$,则 $\dfrac{C_{a+c}^2}{C_{a+b+c}^2} > \dfrac{4}{5}$. 由于 a,c 地位对称,所以 a 不一定是 a,b,c 中最大的,即条件(2)不充分.

考虑条件(1)(2)联合:

$$\begin{cases} \dfrac{c}{a+b+c} = \dfrac{2}{5}, & ① \\ \dfrac{C_{a+c}^2}{C_{a+b+c}^2} > \dfrac{4}{5}. & ② \end{cases}$$

将②作变形:

$$\dfrac{C_{a+c}^2}{C_{a+b+c}^2} > \dfrac{4}{5} \Leftrightarrow \dfrac{(a+c)(a+c-1)}{(a+b+c)(a+b+c-1)} > \dfrac{4}{5},$$

由于 $\dfrac{a+c-1}{a+b+c-1} \in (0,1)$,从而

$$\dfrac{a+c}{a+b+c} > \dfrac{4}{5}, \text{即} \dfrac{a}{a+b+c} + \dfrac{c}{a+b+c} > \dfrac{4}{5}.$$

根据 $\dfrac{c}{a+b+c} = \dfrac{2}{5}$,可得 $\dfrac{a}{a+b+c} > \dfrac{2}{5}$,则 $\dfrac{b}{a+b+c} < \dfrac{1}{5}$,从而可知 a,b,c 中 a 最大,充分.

24.【答案】 C

【解析】 要确定 M，就要确定 M 中的元素 a,b,c,d,e. 集合中的元素具有无序性，且不可重复.

对于条件(1)，$\dfrac{a+b+c+d+e}{5}=10$；则 $a+b+c+d+e=50$，无法确定 a,b,c,d,e，不充分.

对于条件(2)，方差具有平移不变性，a,b,c,d,e 的方差与 $a+1,b+1,c+1,d+1,e+1$ 的方差一样，所以方差为2无法确定 a,b,c,d,e 的值，不充分.

考虑条件(1)(2)的联合：

$\begin{cases} a,b,c,d,e\in \mathbf{Z}, \\ \dfrac{(a-10)^2+(b-10)^2+(c-10)^2+(d-10)^2+(e-10)^2}{5}=2 \end{cases}\Rightarrow (a-10)^2+(b-10)^2+(c-10)^2+(d-10)^2+(e-10)^2=10$，10 以内的完全平方数有 $0,1,4,9$，如果 $(a-10)^2=9,(b-10)^2=1$，则 $c=d=e$，矛盾. 所以只能是 (a,b,c,d,e 可互换)

$$(a-10)^2=4,(b-10)^2=4,(c-10)^2=1,(d-10)^2=1,(e-10)^2=0,$$

从而可确定 $M=\{8,9,10,11,12\}$，充分.

25.【答案】 A

【解析】 条件(1)，$4y-3x\geq 5$，即 (x,y) 在直线 $3x-4y+5=0$ 的上方. $x^2+y^2=[\sqrt{(x-0)^2+(y-0)^2}]^2$，将其视为点 (x,y) 到点 $(0,0)$ 距离的平方. 显然，过点 $(0,0)$ 作垂线垂直于直线 $3x-4y+5=0$ 时，有最小值，此时 $d=\dfrac{|3\times 0-4\times 0+5|}{\sqrt{3^2+(-4)^2}}=1$，则 $d^2=1$，即 $x^2+y^2\geq 1$，充分.

条件(2)，$(x-1)^2+(y-1)^2\geq 5$，即 (x,y) 在以 $O(1,1)$ 为圆心，$r_1=\sqrt{5}$ 为半径的圆外，将 $x^2+y^2=r^2$ 看成圆心为 $O_1(0,0)$，半径为 r 的圆. 当两圆相切时，有最值. 由于点 $O_1(0,0)$ 在圆 $(x-1)^2+(y-1)^2=5$ 内部，因此只能两圆内切. 此时 $OO_1=\sqrt{(1-0)^2+(1-0)^2}=\sqrt{2}=\sqrt{5}-r$，则 $r=\sqrt{5}-\sqrt{2}<1$，不充分.

注意：当 $(x-1)^2+(y-1)^2=5$ 与 $x^2+y^2=1$ 内切或内含时，条件(2)一定充分.

2014年10月在职攻读硕士学位全国联考综合能力数学真题及解析

真　题

一、问题求解：第1~15小题，每小题3分，共45分。下列每题给出的A、B、C、D、E五个选项中，只有一项是符合试题要求的。

1. 两个相邻的正整数都是合数，则这两个数的乘积的最小值是（　　）.
   A. 420　　　　　　　　　　B. 240
   C. 210　　　　　　　　　　D. 90
   E. 72

2. 李明的讲义夹里放了大小相同的试卷共12页，其中语文5页、数学4页、英语3页. 他随机地从讲义夹中抽出1页，抽出的是数学试卷的概率等于（　　）.
   A. $\dfrac{1}{12}$　　　　　　　　　　B. $\dfrac{1}{6}$
   C. $\dfrac{1}{5}$　　　　　　　　　　D. $\dfrac{1}{4}$
   E. $\dfrac{1}{3}$

3. 若 $\dfrac{x}{2}+\dfrac{x}{3}+\dfrac{x}{6}=-1$，则 $x=$（　　）.
   A. -2　　　　　　　　　　B. -1
   C. 0　　　　　　　　　　　D. 1
   E. 2

4. 高速公路假期免费政策带动了京郊游的增长. 据悉，2014年春节7天假期，北京市乡村民俗旅游接待游客约 697 000 人次，比上一年同期增长14%，则上一年大约接待游客人次为（　　）.
   A. $6.97\times10^5\times0.14$　　　　　　B. $6.97\times10^5-6.97\times10^5\times0.14$
   C. $\dfrac{6.97\times10^5}{0.14}$　　　　　　　D. $\dfrac{6.97\times10^7}{0.14}$
   E. $\dfrac{6.97\times10^7}{114}$

5. 在一次足球预选赛中有 5 个球队进行双循环赛(每两个球队之间赛两场). 规定胜一场得 3 分, 平一场得 1 分, 负一场得 0 分. 赛完后一个球队的积分不同情况的种数为( ).

   A. 25
   B. 24
   C. 23
   D. 22
   E. 21

6. 如图所示, 在平行四边形 ABCD 中, ∠ABC 的平分线交 AD 于 E, ∠BED = 150°, 则 ∠A 的大小为( ).

   A. 100°
   B. 110°
   C. 120°
   D. 130°
   E. 150°

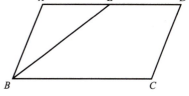

7. 等差数列 $\{a_n\}$ 的前 n 项和为 S_n. 已知 $S_3 = 3$, $S_6 = 24$, 则此等差数列的公差 d 等于( ).

   A. 3
   B. 2
   C. 1
   D. $\frac{1}{2}$
   E. $\frac{1}{3}$

8. 直线 $x - 2y = 0$, $x + y - 3 = 0$, $2x - y = 0$ 两两相交构成 $\triangle ABC$, 以下各点中, 位于 $\triangle ABC$ 内的点是( ).

   A. (1,1)
   B. (1,3)
   C. (2,2)
   D. (3,2)
   E. (4,0)

9. 圆 $x^2 + y^2 + 2x - 3 = 0$ 与圆 $x^2 + y^2 - 6y + 6 = 0$ ( ).

   A. 外离
   B. 外切
   C. 相交
   D. 内切
   E. 内含

10. 已知数列 $\{a_n\}$ 满足 $a_{n+1} = \frac{a_n + 2}{a_n + 1}$, $n = 1, 2, 3, \cdots$, 且 $a_2 > a_1$, 那么 a_1 的取值范围是( ).

    A. $a_1 < \sqrt{2}$
    B. $-1 < a_1 < \sqrt{2}$
    C. $a_1 > \sqrt{2}$
    D. $-\sqrt{2} < a_1 < \sqrt{2}$ 且 $a_1 \neq 1$
    E. $-1 < a_1 < \sqrt{2}$ 或 $a_1 < -\sqrt{2}$

11. 右图是一个棱长为 1 的正方体表面展开图. 在该正方体中, AB 与 CD 确定的截面面积为( ).

    A. $\frac{\sqrt{3}}{2}$
    B. $\frac{\sqrt{5}}{2}$
    C. 1
    D. $\sqrt{2}$

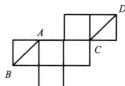

E. $\sqrt{3}$

12. 用 0,1,2,3,4,5 组成没有重复数字的四位数,其中千位数字大于百位数字且百位数字大于十位数字的四位数的个数是( ).

   A. 36   B. 40
   C. 48   D. 60
   E. 72

13. 如右图所示,大、小两个半圆的直径在同一直线上,弦 AB 与小半圆相切,且与直径平行,弦 AB 长为 12. 则图中阴影部分面积为( ).

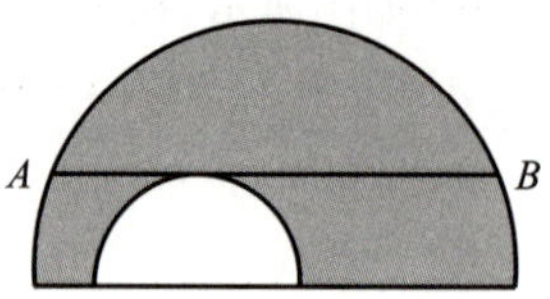

   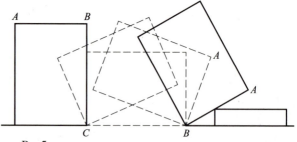

   A. 24π B. 21π
   C. 18π D. 15π
   E. 12π

14. a,b,c,d,e 五个数满足 $a\leqslant b\leqslant c\leqslant d\leqslant e$,其平均数 $m=100, c=120$,则 $e-a$ 的最小值是( ).

   A. 45   B. 50
   C. 55   D. 60
   E. 65

15. 一个长为 8 厘米,宽为 6 厘米的长方形木板在桌面上做无滑动的滚动(顺时针方向),如右图所示,第二次滚动中被一个小木块垫住而停止,使木板边沿 AB 与桌面成 30° 角,则木板在滚动中,点 A 经过的路径长为( )厘米.

   A. 4π B. 5π
   C. 6π D. 7π
   E. 8π

二、条件充分性判断:第 16~25 小题,每小题 3 分,共 30 分。要求判断每题给出的条件(1)和条件(2)能否充分支持题干所陈述的结论。A、B、C、D、E 五个选项为判断结果,请选择一项符合试题要求的判断。

   A. 条件(1)充分,但条件(2)不充分.
   B. 条件(2)充分,但条件(1)不充分.
   C. 条件(1)和条件(2)单独都不充分,但条件(1)和条件(2)联合起来充分.
   D. 条件(1)充分,条件(2)也充分.
   E. 条件(1)和条件(2)单独都不充分,条件(1)和条件(2)联合起来也不充分.

16. $x \geqslant 2\ 014$.
   (1) $x > 2\ 014$.   (2) $x = 2\ 014$.

17. 直线 $y = k(x+2)$ 与圆 $x^2 + y^2 = 1$ 相切.

（1）$k=\dfrac{1}{2}$. （2）$k=\dfrac{\sqrt{3}}{3}$.

18. 代数式 $2a(a-1)-(a-2)^2$ 的值为 -1.
（1）$a=-1$. （2）$a=-3$.

19. 设 x 是实数. 则 x 的取值范围是 $(0,1)$.
（1）$x<\dfrac{1}{x}$. （2）$2x>x^2$.

20. 三条长度分别为 a,b,c 的线段能构成一个三角形.
（1）$a+b>c$. （2）$b-c<a$.

21. 等比数列 $\{a_n\}$ 满足 $a_2+a_4=20$. 则 $a_3+a_5=40$.
（1）公比 $q=2$. （2）$a_1+a_3=10$.

22. m^2-n^2 是 4 的倍数.
（1）m,n 都是偶数. （2）m,n 都是奇数.

23. A,B 两种型号的客车载客量分别为 36 人和 60 人，租金分别为 1 600 元/辆和 2 400 元/辆. 某旅行社租用 A,B 两种车辆安排 900 名旅客出行. 则至少要花租金 37 600 元.
（1）B 型车租用数量不多于 A 型车租用数量.
（2）租用车总数不多于 20 辆.

24. 关于 x 的方程 $mx^2+2x-1=0$ 有两个不相等的实根.
（1）$m>-1$. （2）$m\neq 0$.

25. 在矩形 $ABCD$ 的边 CD 上随机取一点 P，使得 AB 是 $\triangle APB$ 的最大边的概率大于 $\dfrac{1}{2}$.

（1）$\dfrac{AD}{AB}<\dfrac{\sqrt{7}}{4}$. （2）$\dfrac{AD}{AB}>\dfrac{1}{2}$.

解 析

一、问题求解

1.【答案】 E

【解析】 观察选项,从最小的选项开始尝试,发现最小的 $72 = 8 \times 9$,符合题意.

2.【答案】 E

【解析】 古典型概率, $P = \dfrac{C_4^1}{C_{12}^1} = \dfrac{4}{12} = \dfrac{1}{3}$.

3.【答案】 B

【解析】 $\dfrac{x}{2} + \dfrac{x}{3} + \dfrac{x}{6} = -1 \Rightarrow 3x + 2x + x = -6 \Rightarrow x = -1.$

4.【答案】 E

【解析】 上一年大约接待游客人次为: $\dfrac{697\,000}{1+14\%} = \dfrac{6.97 \times 10^5}{1.14} = \dfrac{6.97 \times 10^7}{114}.$

5.【答案】 B

【解析】 5个球队进行双循环赛,每个球队都要跟其他4个球队分别比赛两场,所以每个球队要比赛8场,最坏的情况是8场全负得0分,最好的情况是8场全胜得24分,所以其得分应该在0和24之间,共25种情况. 运用枚举法,发现23分无法得到,其余的分数都可以得到,所以选B.

注:本题枚举可以采用如下思路.

设某个球队在8场比赛中胜、平、负的场数分别为 x, y, z,则有 $x + y + z = 8$,得分为 $3x + y + z \cdot 0 = 3x + y$,所以枚举时其限制条件为 $x + y \leq 8$,目标函数为 $3x + y$,具体情况如下表:

x	0	1	2	3	4	5	6	7	8
y	0~8	0~7	0~6	0~5	0~4	0~3	0~2	0~1	0
$3x+y$	0~8	3~10	6~12	9~14	12~16	15~18	18~20	21~22	24

所以 $3x + y$ 的值域中没有23.

6.【答案】 C

【解析】 $\angle BED = 150° \Rightarrow \angle AEB = \angle EBC = 180° - 150° = 30°$,又因为 BE 平分 $\angle ABC$,所以 $\angle ABE = 30°$,所以 $\angle A = 180° - \angle ABE - \angle AEB = 120°$.

7.【答案】 B

【解析】 方法1: $S_n = na_1 + \dfrac{n(n-1)}{2}d \Rightarrow \begin{cases} 3a_1 + \dfrac{3(3-1)}{2}d = 3 \\ 6a_1 + \dfrac{6(6-1)}{2}d = 24 \end{cases} \Rightarrow \begin{cases} a_1 = -1, \\ d = 2. \end{cases}$

方法2: $d = \dfrac{(S_6 - S_3) - S_3}{3^2} = \dfrac{21 - 3}{9} = 2.$

8. 【答案】 A

【解析】 本题直接画出三条直线,判断所给选项中的点是否在这三条直线形成的三角形内部.如下图所示,可以看出点$(1,1)$在三角形内.

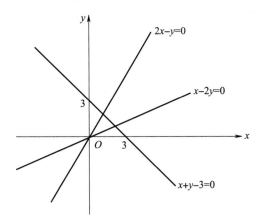

9. 【答案】 C

【解析】 两圆的标准方程分别为:$(x+1)^2+y^2=4$ 和 $x^2+(y-3)^2=3$,所以两圆的圆心距 $d=\sqrt{(-1-0)^2+(0-3)^2}=\sqrt{10}$,而 $2-\sqrt{3}<\sqrt{10}<2+\sqrt{3}$,即两圆的圆心距大于两圆的半径之差且小于两圆的半径之和,所以两圆相交.

10. 【答案】 E

【解析】 $a_2>a_1\Rightarrow\dfrac{a_1+2}{a_1+1}>a_1\Rightarrow\dfrac{a_1+2}{a_1+1}-a_1>0\Rightarrow\dfrac{2-a_1^2}{a_1+1}>0\Rightarrow\dfrac{a_1^2-2}{a_1+1}<0$,由数轴穿根法(见下图)得 $-1<a_1<\sqrt{2}$ 或 $a_1<-\sqrt{2}$.

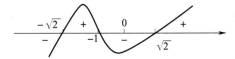

11. 【答案】 A

【解析】 以A点为起点还原正方体(如下图),截面是边长为$\sqrt{2}$的等边三角形,所以其截面面积 $S=\dfrac{\sqrt{3}}{4}\times(\sqrt{2})^2=\dfrac{\sqrt{3}}{2}$.

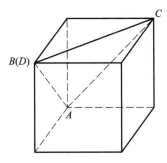

12. 【答案】 D

【解析】 方法1:先从6个数字中选3个作为千、百、十位上的数字,因为千位数字大于百位数字且百位数字大于十位数字,所以选出来的三个数字只能有唯一的排列方式(如果0被选入也不会放到首位),再从剩下的3个数字中选1个作为个位数字,所以共有$C_6^3 C_3^1 = 60$(个).

方法2:先从6个数字中取4个数字排列,共有P_6^4种方法,又因为千、百、十位上的数字顺序已定,所以需要消除其顺序,所以共有$\dfrac{P_6^4}{P_3^3} = \dfrac{6 \times 5 \times 4 \times 3}{3 \times 2 \times 1} = 60$(个).

13.【答案】 C

【解析】 如下图所示.

$S_{阴影} = S_{大半圆} - S_{小半圆} = \dfrac{1}{2}\pi(R^2 - r^2) = \dfrac{1}{2}\pi\left(\dfrac{1}{2}AB\right)^2 = \dfrac{1}{2}\pi \times 36 = 18\pi$.

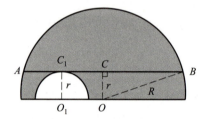

14.【答案】 B

【解析】 要使$e-a$取最小值,即要e取最小值,a取最大值.由$\begin{cases} c \leq d \leq e \\ c = 120 \end{cases} \Rightarrow e_{\min} = 120$,又由$\begin{cases} a \leq b \\ m = 100 \end{cases} \Rightarrow a_{\max} = b = \dfrac{100 \times 5 - 120 \times 3}{2} = 70$,所以$(e-a)_{\min} = 120 - 70 = 50$.

15.【答案】 D

【解析】 此次滚动分为两部分:第一部分是以C为旋转中心,中心角为$90°$,半径为10厘米的圆弧l_1;第二部分是以B为旋转中心,中心角为$60°$,半径为6厘米的圆弧l_2.所以总共路径长为$l_1 + l_2 = \dfrac{90}{360} \times 2\pi \times 10 + \dfrac{60}{360} \times 2\pi \times 6 = 5\pi + 2\pi = 7\pi$(厘米).

二、条件充分性判断

16.【答案】 D

【解析】 条件(1)和条件(2)都是题干的子集,所以都充分.

注:本题考查的是充分性条件的基本概念,子集是全集的充分条件,也可以认为是题干要求x不小于2014,显然条件(1)和条件(2)都满足题干.

17.【答案】 B

【解析】 直线与圆相切,圆心$(0,0)$到直线$y - kx - 2k = 0$的距离等于半径1,即$\dfrac{|2k|}{\sqrt{1+k^2}} = 1 \Rightarrow k = \pm\dfrac{\sqrt{3}}{3}$,所以条件(2)充分.

注:本题也可以用数形结合法求解.直线恒过点$(-2, 0)$,与单位圆相切(如下页图).很容易得出两条切线的斜率为$\pm\dfrac{\sqrt{3}}{3}$.

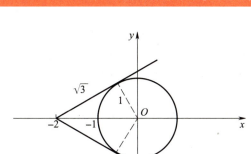

18.【答案】 B

【解析】 条件(1),将 $a=-1$ 代入 $2a(a-1)-(a-2)^2=-5$,不充分;

条件(2),将 $a=-3$ 代入 $2a(a-1)-(a-2)^2=-1$,充分.

19.【答案】 C

【解析】 条件(1) $x<\dfrac{1}{x} \Rightarrow x-\dfrac{1}{x}<0 \Rightarrow \dfrac{x^2-1}{x}<0 \Rightarrow x(x^2-1)<0$,由数轴穿根法(同第10题类似),得 $0<x<1$ 或 $x<-1$,不充分.

条件(2) $2x>x^2 \Rightarrow 0<x<2$,不充分.

联合条件(1)(2)得 $0<x<1$,充分.

20.【答案】 E

【解析】 三角形两边之和大于第三边必须同时满足,即 $\begin{cases} a+b>c, \\ a+c>b, \\ b+c>a, \end{cases}$ 所以条件(1)(2)单独都不充分,联合条件(1)(2),仍然缺少一个条件 $b+c>a$,也不充分.

21.【答案】 D

【解析】 条件(1),$a_3+a_5=q(a_2+a_4)=2\times 20=40$,充分.

条件(2),$q=\dfrac{(a_1+a_3)q}{a_1+a_3}=\dfrac{a_2+a_4}{a_1+a_3}=\dfrac{20}{10}=2$,与条件(1)等价,所以也充分.

22.【答案】 D

【解析】 $m^2-n^2=(m+n)(m-n)$.

条件(1),可得 $m+n$ 与 $m-n$ 都是偶数,所以 $m^2-n^2=(m+n)(m-n)$ 是4的倍数.

条件(2),可得 $m+n$ 与 $m-n$ 也都是偶数,所以 $m^2-n^2=(m+n)(m-n)$ 也是4的倍数.

23.【答案】 A

【解析】 设租用A型车 x 辆,B型车 y 辆,则租金总额为 $z=1\,600x+2\,400y$. 根据题干要求,须满足 $36x+60y\geq 900 \Rightarrow 3x+5y\geq 75$.

对于条件(1),要求 $y\leq x$,则有 $75\leq 3x+5y\leq 3x+5x=8x \Rightarrow x\geq \dfrac{75}{8}$. 根据A,B两种型号的载客量和租金可知,应尽量多地租用B型车才会使租金总额更低,因此,取 $x=10$,此时取 $y=9$ 即可满足要求,租金总额为 $z=1\,600\times 10+2\,400\times 9=37\,600$(元). 所以,条件(1)充分.

对于条件(2),由于尽量多地租用B型车会使租金总额更低,不妨取 $y=15, x=0$,满足要求,此时租金总额为 $z=1\,600\times 0+2\,400\times 15=36\,000$(元). 所以条件(2)不充分.

24. 【答案】 C

【解析】 由题干得：$\begin{cases} m \neq 0, \\ \Delta = b^2 - 4ac = 4 + 4m > 0 \end{cases} \Rightarrow \begin{cases} m \neq 0, \\ m > -1, \end{cases}$ 显然条件(1)(2)联合充分.

25. 【答案】 A

【解析】 如下图所示：P_1, P_2 为恰好使 $P_1B = AB$，$P_2A = AB$ 的临界点，要满足 AB 是 $\triangle APB$ 的最大边的概率大于 $\dfrac{1}{2}$，由对称性知，即为要求线段 $P_1P_2 > \dfrac{1}{2}CD$，也就是要求线段 $P_1D < \dfrac{1}{4}CD$. 我们考虑极限情况，当 $P_1D = \dfrac{1}{4}CD$ 时，$AB = P_1B$. 设 $CD = x$，则 $AE = P_1D = \dfrac{1}{4}x$，得 $EB = \dfrac{3}{4}x$，所以 $P_1E = \sqrt{x^2 - \left(\dfrac{3}{4}x\right)^2} = \dfrac{\sqrt{7}}{4}x = AD$，即 $\dfrac{AD}{AB} = \dfrac{\sqrt{7}}{4}$，所以当 $\dfrac{AD}{AB} < \dfrac{\sqrt{7}}{4}$ 时成立.

注意：本题要使 AB 是 $\triangle APB$ 的最大边的概率大于 $\dfrac{1}{2}$，显然 AB 越长且 AD 越短，越可以满足要求，即 $\dfrac{AD}{AB}$ 的值越小越满足题意. 所以应对 $\dfrac{AD}{AB}$ 的上限提出限制. 此时显然条件(2)不充分，条件(1)很可能充分.

本题考查的是几何概型. 设 Ω 是某一有界区域(可以是一维空间，也可以是二维、三维空间)，向 Ω 中随机投掷一点 M，如果点 M 落在 Ω 中任意一点是等可能的，则称这个概型为几何概型.

定义事件 $A =$ "点 M 落在区域 $A \subset \Omega$ 中"，则 $P(A) = \dfrac{A \text{ 的测度}}{\Omega \text{ 的测度}}$，这里的测度指长度、面积、体积等.

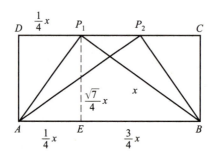

2013年1月管理类专业学位联考综合能力数学真题及解析

真　　题

一、问题求解：第1~15小题，每小题3分，共45分。下列每题给出的A、B、C、D、E五个选项中，只有一项是符合试题要求的。

1. 某工厂生产一批零件，计划10天完成任务，实际提前2天完成，则每天的产量比计划平均提高了（　　）．

   A. 15%　　　　　　　　　　　　B. 20%
   C. 25%　　　　　　　　　　　　D. 30%
   E. 35%

2. 甲、乙两人同时从 A 点出发，沿400米跑道同向匀速行走，25分钟后乙比甲少走了一圈．若乙行走一圈需要8分钟，则甲的速度是（　　）米/分钟．

   A. 62　　　　　　　　　　　　　B. 65
   C. 66　　　　　　　　　　　　　D. 67
   E. 69

3. 甲班共有30名学生．在一次满分为100分的考试中，全班平均成绩为90分，则成绩低于60分的学生最多有（　　）名．

   A. 8　　　　　　　　　　　　　 B. 7
   C. 6　　　　　　　　　　　　　 D. 5
   E. 4

4. 某工程由甲公司承包需要60天完成，由甲、乙两公司共同承包需要28天完成，由乙、丙两公司共同承包需要35天完成，则由丙公司承包完成该工程需要的天数为（　　）．

   A. 85　　　　　　　　　　　　　B. 90
   C. 95　　　　　　　　　　　　　D. 100
   E. 105

5. 已知 $f(x) = \dfrac{1}{(x+1)(x+2)} + \dfrac{1}{(x+2)(x+3)} + \cdots + \dfrac{1}{(x+9)(x+10)}$，则 $f(8) = $（　　）．

   A. $\dfrac{1}{9}$　　　　　　　　　　　　B. $\dfrac{1}{10}$

C. $\frac{1}{16}$ D. $\frac{1}{17}$

E. $\frac{1}{18}$

6. 甲、乙两商店同时购进了一批某品牌的电视机,当甲店售出 15 台时乙店售出了 10 台,此时两店的库存之比为 8∶7,库存之差为 5. 甲、乙两商店的总进货量为(　　).

A. 75   B. 80

C. 85   D. 100

E. 125

7. 如图,在直角三角形 ABC 中,$AC=4$,$BC=3$,$DE\//BC$. 已知梯形 $BCED$ 的面积为 3,则 DE 的长为(　　).

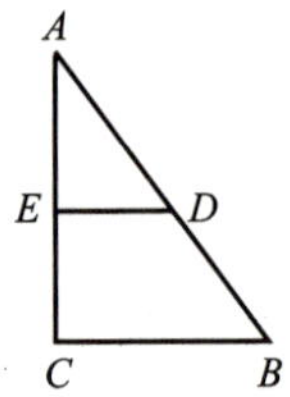

A. $\sqrt{3}$ B. $\sqrt{3}+1$

C. $4\sqrt{3}-4$ D. $\frac{3\sqrt{2}}{2}$

E. $\sqrt{2}+1$

8. 点 $(0,4)$ 关于直线 $2x+y+1=0$ 的对称点为(　　).

A. $(2,0)$ B. $(-3,0)$

C. $(-6,1)$ D. $(4,2)$

E. $(-4,2)$

9. 在 $(x^2+3x+1)^5$ 的展开式中,x^2 的系数为(　　).

A. 5   B. 10

C. 45   D. 90

E. 95

10. 将体积为 4π 立方厘米和 32π 立方厘米的两个实心金属球熔化后铸成一个实心大球,则大球的表面积为(　　)平方厘米.

A. 32π B. 36π

C. 38π D. 40π

E. 42π

11. 有一批水果要装箱,一名熟练工单独装箱需要 10 天,每天报酬为 200 元;一名普通工单独装箱需要 15 天,每天报酬为 120 元. 由于场地限制,最多可同时安排 12 人装箱. 若要求在一天内完成装箱任务,则支付的最少报酬为(　　)元.

A. 1 800   B. 1 840

C. 1 920   D. 1 960

E. 2 000

12. 已知抛物线 $y=x^2+bx+c$ 的对称轴为 $x=1$,且过点 $(-1,1)$,则(　　).

A. $b=-2,c=-2$ B. $b=2,c=2$

C. $b=-2,c=2$ D. $b=-1,c=-1$

E. $b=1,c=1$

13. 已知 $\{a_n\}$ 为等差数列,若 a_2 和 a_{10} 是方程 $x^2-10x-9=0$ 的两个根,则 $a_5+a_7=$

( ).

A. -10 B. -9
C. 9 D. 10
E. 12

14. 已知 10 件产品中有 4 件一等品,从中任取 2 件,则至少有 1 件一等品的概率为( ).

A. $\dfrac{1}{3}$ B. $\dfrac{2}{3}$
C. $\dfrac{2}{15}$ D. $\dfrac{8}{15}$
E. $\dfrac{13}{15}$

15. 确定两人从 A 地出发经过 B,C,沿逆时针方向行走一圈回到 A 地的方案(如图). 若从 A 地出发时,每人均可选大路或山道,经过 B, C 时,至多有 1 人可以更改道路,则不同的方案有( )种.

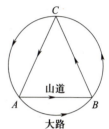

A. 16 B. 24
C. 36 D. 48
E. 64

二、条件充分性判断:第 16~25 小题,每小题 3 分,共 30 分。要求判断每题给出的条件(1)和条件(2)能否充分支持题干所陈述的结论。A、B、C、D、E 五个选项为判断结果,请选择一项符合试题要求的判断。

A. 条件(1)充分,但条件(2)不充分.
B. 条件(2)充分,但条件(1)不充分.
C. 条件(1)和条件(2)单独都不充分,但条件(1)和条件(2)联合起来充分.
D. 条件(1)充分,条件(2)也充分.
E. 条件(1)和条件(2)单独都不充分,条件(1)和条件(2)联合起来也不充分.

16. 已知平面区域 $D_1 = \{(x,y)\,|\,x^2+y^2 \leq 9\}$,$D_2 = \{(x,y)\,|\,(x-x_0)^2+(y-y_0)^2 \leq 9\}$. 则 D_1,D_2 覆盖区域的边界长度为 8π.

(1) $x_0^2+y_0^2=9$. (2) $x_0+y_0=3$.

17. $p=mq+1$ 为质数.

(1) m 为正整数,q 为质数. (2) m,q 均为质数.

18. $\triangle ABC$ 的边长分别为 a,b,c. 则 $\triangle ABC$ 为直角三角形.

(1) $(c^2-a^2-b^2)(a^2-b^2)=0$. (2) $\triangle ABC$ 的面积为 $\dfrac{1}{2}ab$.

19. 已知二次函数 $f(x)=ax^2+bx+c$. 则方程 $f(x)=0$ 有两个不同实根.

(1) $a+c=0$. (2) $a+b+c=0$.

20. 档案馆在一个库房中安装了 n 个烟火感应报警器,每个报警器遇到烟火成功报警的概率为 p. 该库房遇烟火发出报警的概率达到 0.999.

(1) $n=3,p=0.9$. (2) $n=2,p=0.97$.

21. 已知 a,b 是实数. 则 $|a| \leq 1, |b| \leq 1$.

　　(1) $|a+b| \leq 1$. 　　　　　　(2) $|a-b| \leq 1$.

22. 设 x,y,z 为非零实数. 则 $\dfrac{2x+3y-4z}{-x+y-2z} = 1$.

　　(1) $3x-2y = 0$. 　　　　　　(2) $2y-z = 0$.

23. 某单位年终共发了 100 万元奖金,奖金金额分别是一等奖 1.5 万元、二等奖 1 万元、三等奖 0.5 万元. 则该单位至少有 100 人.

　　(1) 得二等奖的人数最多. 　　(2) 得三等奖的人数最多.

24. 三个科室的人数分别为 6,3 和 2,因工作需要,每晚需要排 3 人值班. 则在两个月中,可使每晚的值班人员不完全相同.

　　(1) 值班人员不能来自同一科室. 　　(2) 值班人员来自三个不同科室.

25. 设 $a_1 = 1, a_2 = k, a_{n+1} = |a_n - a_{n-1}|$ $(n \geq 2)$. 则 $a_{100} + a_{101} + a_{102} = 2$.

　　(1) $k = 2$. 　　　　　　(2) k 是小于 20 的正整数.

解　析

一、问题求解

1.【答案】 C

【解析】 设原计划每天的产量为 a，实际比计划平均提高了 x，则 $10a = 8a(1+x)$，即 $10 = 8(1+x)$，解得 $x = 25\%$，故选 C.

2.【答案】 C

【解析】 设甲、乙两人的速度分别为 $v_甲, v_乙$（单位：米/分钟），则有 $8v_乙 = 400$，得 $v_乙 = 50$（米/分钟）．

$25v_甲 - 25v_乙 = 400$，得到 $v_甲 = v_乙 + \dfrac{400}{25} = 50 + 16 = 66$（米/分钟）．

3.【答案】 B

【解析】 设低于 60 分的最多有 x 人，30 人的总成绩为 $30 \times 90 = 2\,700$，则 $40x < 30 \times 100 - 2\,700 = 300$，解得 $x < 7.5$，故最多有 7 个人低于 60 分．

4.【答案】 E

【解析】 设甲公司每天完成 x，乙公司每天完成 y，丙公司每天完成 z，则

$$\begin{cases} \dfrac{1}{x} = 60, \\ \dfrac{1}{x+y} = 28, \\ \dfrac{1}{y+z} = 35, \end{cases} \text{即} \begin{cases} x = \dfrac{1}{60}, \\ x+y = \dfrac{1}{28}, \\ y+z = \dfrac{1}{35}, \end{cases} \text{所以 } z = \dfrac{1}{35} - \dfrac{1}{28} + \dfrac{1}{60} = \dfrac{1}{105}, \text{得到 } \dfrac{1}{z} = 105, \text{即丙单独做需要 } 105 \text{ 天}, $$

故选 E．

5.【答案】 E

【解析】 $f(x) = \dfrac{1}{(x+1)(x+2)} + \dfrac{1}{(x+2)(x+3)} + \cdots + \dfrac{1}{(x+9)(x+10)}$

$= \dfrac{1}{x+1} - \dfrac{1}{x+2} + \dfrac{1}{x+2} - \dfrac{1}{x+3} + \cdots + \dfrac{1}{x+9} - \dfrac{1}{x+10}$

$= \dfrac{1}{x+1} - \dfrac{1}{x+10}$,

故 $f(8) = \dfrac{1}{9} - \dfrac{1}{18} = \dfrac{1}{18}$，选 E．

6.【答案】 D

【解析】 设甲、乙两店分别购进了 x 台，y 台，则 $\begin{cases}(x-15):(y-10) = 8:7, \\ (x-15) - (y-10) = 5,\end{cases}$ 解得 $\begin{cases} x = 55, \\ y = 45, \end{cases}$

所以总进货量为 $x + y = 100$（台），选 D．

7.【答案】 D

【解析】 $S_{\triangle ABC} = \frac{1}{2} AC \cdot BC = \frac{1}{2} \times 3 \times 4 = 6$,

$S_{\triangle ADE} = S_{\triangle ABC} - S_{梯形BCED} = 6 - 3 = 3$,

则 $\frac{DE^2}{BC^2} = \frac{S_{\triangle ADE}}{S_{\triangle ABC}} = \frac{1}{2}$, 得到 $DE = \frac{\sqrt{2}}{2} BC = \frac{3\sqrt{2}}{2}$。

8.【答案】 E

【解析】 设对称点为 (x_0, y_0), 则

$\frac{x_0}{2} \times 2 + \frac{y_0 + 4}{2} + 1 = 0$, ①

$\frac{y_0 - 4}{x_0} \times (-2) = -1$. ②

由①②解得 $\begin{cases} x_0 = -4, \\ y_0 = 2, \end{cases}$ 所以对称点为 $(-4, 2)$, 选 E.

注意:本题也可套用对称点公式直接得出结果. 点 $P(x_0, y_0)$ 关于直线 $Ax + By + C = 0$ 的对称点为 $\left(x_0 - \frac{2A(Ax_0 + By_0 + C)}{A^2 + B^2}, y_0 - \frac{2B(Ax_0 + By_0 + C)}{A^2 + B^2} \right)$.

9.【答案】 E

【解析】 $(x^2 + 3x + 1)^5 = (x^2 + 3x + 1)(x^2 + 3x + 1)(x^2 + 3x + 1)(x^2 + 3x + 1)(x^2 + 3x + 1)$. 构成 x^2 项有两种方式:

① $C_5^1 x^2 \cdot 1 \times 1 \times 1 \times 1 = 5x^2$;

② $C_5^2 (3x) \cdot (3x) \cdot 1 \times 1 \times 1 = 90x^2$.

则 x^2 的系数为 $90 + 5 = 95$, 选 E.

10.【答案】 B

【解析】 大球的体积为 $4\pi + 32\pi = 36\pi$(立方厘米), 设大球的半径为 R, 则 $\frac{4}{3}\pi R^3 = 36\pi$, 解得 $R = 3$.

所以大球的表面积为 $4\pi R^2 = 4 \times 9\pi = 36\pi$(平方厘米), 所以选 B.

11.【答案】 C

【解析】 设需要熟练工和普通工人数分别为 x, y, 则

$\begin{cases} \frac{x}{10} + \frac{y}{15} \geq 1, \\ x + y \leq 12, \\ x \geq 0, \\ y \geq 0, \end{cases}$

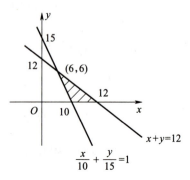

报酬 $z = 200x + 120y = 40(5x+3y)$.

利用线性规划知识求解,可行域如上页图中阴影部分所示,当 $x=6, y=6$ 时,支付的报酬最少,为 1 920 元.

12.【答案】 A

【解析】 因为抛物线的对称轴为 $x=1$,

所以 $-\dfrac{b}{2a} = 1$（$a=1$）,

解得 $b=-2$,

即抛物线方程为 $y = x^2 - 2x + c$.

又因为抛物线过点 $(-1, 1)$,

即 $1 = 1 + 2 + c$, 解得 $c = -2$.

13.【答案】 D

【解析】 因为 a_2, a_{10} 是 $x^2 - 10x - 9 = 0$ 的两个根,所以由韦达定理可得 $a_2 + a_{10} = 10$. 又 $\{a_n\}$ 是等差数列,所以 $a_5 + a_7 = a_2 + a_{10} = 10$.

14.【答案】 B

【解析】 任取 2 件中没有一等品的概率为 $\dfrac{C_6^2}{C_{10}^2} = \dfrac{1}{3}$,所以至少有 1 件一等品的概率为 $1 - \dfrac{1}{3} = \dfrac{2}{3}$.

15.【答案】 C

【解析】 本题采用乘法原理,分三步讨论.

第一步:从 A 到 B,甲、乙两人各有两种方案,因此完成从 A 到 B 有 4 种方案;

第二步:从 B 到 C,完成这一步的方法共有

1(不变路线) + 2(二人中有一人变路线) = 3(种)方案;

第三步:从 C 到 A,同第二步,有 3 种方案. 共有 $4 \times 3 \times 3 = 36$(种)方案.

二、条件充分性判断

16.【答案】 A

【解析】 （1）如下页图(a),区域 D_2 的圆心始终在 D_1 的边界圆上,且半径为 3,因此 D_1, D_2 覆盖的区域的边界长度不变,为 $2 \times \dfrac{2}{3} \times 2\pi r = 2 \times \dfrac{2}{3} \times 2\pi \times 3 = 8\pi$, 条件(1)充分.

（2）D_2 的圆心在 $x+y=3$ 这条直线上, 如下页图(b)所示,由于 D_1 与 D_2 覆盖的区域边界是变化的,所以条件(2)不充分.

17.【答案】 E

【解析】 条件(1),当 $m=2, q=7$ 时, $p = 2 \times 7 + 1 = 15$ 不是质数, 条件(1)不充分.

条件(2)同上.

显然,条件(1)和条件(2)联合也不充分.

18.【答案】 B

【解析】 （1） $(c^2 - a^2 - b^2)(a^2 - b^2) = 0 \Rightarrow c^2 = a^2 + b^2$ 或 $a^2 = b^2$,

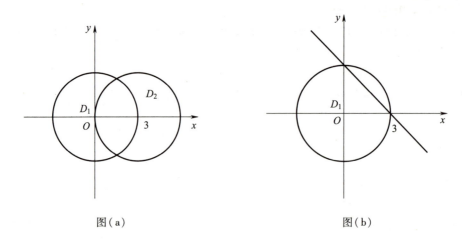

图(a)　　　　　　　　　　　　图(b)

所以条件(1)不充分.

(2) $S_{\triangle ABC}=\dfrac{1}{2}ab$,由正弦定理公式可知 $\angle C$ 为直角,

故 $\triangle ABC$ 为直角三角形.

19.【答案】　A

【解析】　由题意知 $a\neq 0$.

(1) $a+c=0\Rightarrow c=-a\Rightarrow f(x)=ax^2+bx-a$,

方程 $ax^2+bx-a=0$ 的判别式 $\Delta=b^2+4a^2>0$,条件(1)充分.

(2) $a+b+c=0\Rightarrow b=-(a+c)$,

方程 $ax^2+bx+c=0$ 的判别式

$$\begin{aligned}\Delta&=b^2-4ac=[-(a+c)]^2-4ac\\&=(a+c)^2-4ac=a^2+c^2-2ac\\&=(a-c)^2\geqslant 0,\end{aligned}$$

条件(2)不充分.

(反例:$a=c=1,b=-2,f(x)=x^2-2x+1=0$.)

20.【答案】　D

【解析】　该库房遇烟火发出报警的概率为 $1-C_n^0p^0(1-p)^{n-0}$.

(1) $n=3,p=0.9$,则 $1-C_3^0\cdot 0.9^0\cdot(1-0.9)^{3-0}=0.999$,条件(1)充分.

(2) $n=2,p=0.97$,则 $1-C_2^0\cdot 0.97^0\cdot(1-0.97)^2=1-0.0009=0.9991$,条件(2)也充分.

21.【答案】　C

【解析】　(1) $|a+b|\leqslant 1$,① 由 $||a|-|b||\leqslant|a+b|\leqslant|a|+|b|$ 推不出 $|a|\leqslant 1,|b|\leqslant 1$;② 反例:取 $a=-4,b=3$,有 $|a+b|=1\leqslant 1$,但 $|a|=4,|b|=3$. 条件(1)不充分.

(2) $|a-b|\leqslant 1$,① $|a-b|\leqslant 1$ 推不出 $|a|\leqslant 1,|b|\leqslant 1$;② 反例:取 $a=4,b=3$,$|a-b|=1\leqslant 1$,但 $|a|=4,|b|=3$. 条件(2)不充分.

联合条件(1)(2),$|a+b|\leqslant 1$ 且 $|a-b|\leqslant 1\Rightarrow(a+b)^2\leqslant 1$ 且 $(a-b)^2\leqslant 1\Rightarrow a^2+2ab+b^2\leqslant 1$ 且 $a^2-2ab+b^2\leqslant 1\Rightarrow 2(a^2+b^2)\leqslant 2\Rightarrow|a|\leqslant 1$ 且 $|b|\leqslant 1$,充分.

【技巧】 数形结合,如图所示.

题干中 $|a|\leq 1$, $|b|\leq 1$ 代表正方形,为有界区域;而 $|a-b|\leq 1$ 与 $|a+b|\leq 1$ 代表无界的带状区域,所以条件(1)(2)所表示的区域不是 $|a|\leq 1$, $|b|\leq 1$ 的子区域,单独均不充分.

联合条件(1)(2)后,$|a-b|\leq 1$ 且 $|a+b|\leq 1$ 代表的是图中所示的阴影部分,在 $|a|\leq 1$ 且 $|b|\leq 1$ 所构成的正方形的内部,充分.

结论:若 $|x-y|\leq A$, $|x+y|\leq A$,则 $|x|\leq A$, $|y|\leq A$.

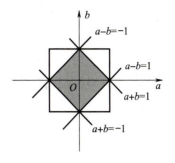

22. 【答案】 C

【解析】 (1) $3x-2y=0$,则 $3x=2y$.

反例:取 $x=2, y=3$,代入 $\dfrac{2x+3y-4z}{-x+y-2z}=\dfrac{4+9-4z}{-2+3-2z}=\dfrac{13-4z}{1-2z}$,其值与 z 有关,条件(1)不充分.

(2) $2y-z=0$,则 $2y=z$.

反例:取 $y=1, z=2$,代入 $\dfrac{2x+3y-4z}{-x+y-2z}=\dfrac{2x+3-8}{-x+1-4}=\dfrac{2x-5}{-x-3}$,其值与 x 有关,条件(2)不充分.

联合条件(1)(2),$\begin{cases}3x=2y,\\2y=z,\end{cases}$ 得到 $\begin{cases}x=\dfrac{2}{3}y,\\z=2y,\end{cases}$ 代入 $\dfrac{2x+3y-4z}{-x+y-2z}=\dfrac{2\cdot\dfrac{2}{3}y+3y-4\cdot 2y}{-\dfrac{2}{3}y+y-2\cdot 2y}=1$,充分.

23. 【答案】 B

【解析】 设一等奖 x 人,二等奖 y 人,三等奖 z 人.

$1.5x+y+0.5z=100$,即

$$x+0.5x+y+z-0.5z=100,$$

所以 $x+y+z=100-0.5x+0.5z=100-0.5(x-z)$.

(1) 显然,若 $x>z$,则 $x+y+z<100$,条件(1)不充分.

(2) 三等奖人数最多 $\Rightarrow z\geq x$ 且 $z\geq y\Rightarrow x-z\leq 0$,所以 $x+y+z=100-0.5(x-z)\geq 100$,条件(2)充分.

24. 【答案】 A

【解析】 (1) $C_{11}^3-C_6^3-C_3^3=144>62$,故条件(1)充分.

(2) $C_6^1C_3^1C_2^1=36<62$,则条件(2)不充分.

注意:两个月最多是62天,比如7月和8月.

25. 【答案】 D

【解析】 (1) $a_1=1, a_2=2, a_3=|a_2-a_1|=1, a_4=|a_3-a_2|=1, a_5=|a_4-a_3|=0, a_6=|a_5-a_4|=1,\cdots, a_{100}=a_4=1, a_{101}=a_5=0, a_{102}=a_6=1$,故 $a_{100}+a_{101}+a_{102}=2$,条件(1)充分.

(2) 当 $k=19$ 时,$a_1=1, a_2=19, a_3=18, a_4=1, a_5=17, a_6=16, a_7=1, a_8=15, a_9=14,\cdots$. 由此序列可知,从第28项起,数列开始每3项一个循环,而 $a_{28}=1, a_{29}=1, a_{30}=0$,故此后连续3项之和为2,则 $a_{100}+a_{101}+a_{102}=2$,当 $k<19$ 时亦满足,故条件(2)充分.

2013年10月在职攻读硕士学位全国联考综合能力数学真题及解析

真 题

一、问题求解:第1~15小题,每小题3分,共45分。下列每题给出的A、B、C、D、E五个选项中,只有一项是符合试题要求的。

1. 某公司今年第一季度和第二季度的产值分别比去年同期增长了11%和9%,且这两个季度产值的同比绝对增加量相等. 该公司今年上半年的产值同比增长了(　　).

   A. 9.5%　　　　　　　　　　　B. 9.9%

   C. 10%　　　　　　　　　　　D. 10.5%

   E. 10.9%

2. 某学校高一年级男生人数占该年级学生人数的40%. 在一次考试中,男、女生的平均分数分别为75和80,则这次考试高一年级学生的平均分数为(　　).

   A. 76　　　　　　　　　　　　B. 77

   C. 77.5　　　　　　　　　　　D. 78

   E. 79

3. 如果 a,b,c 的算术平均值等于13,且 $a:b:c=\dfrac{1}{2}:\dfrac{1}{3}:\dfrac{1}{4}$,那么 $c=(\quad)$.

   A. 7　　　　　　　　　　　　B. 8

   C. 9　　　　　　　　　　　　D. 12

   E. 18

4. 某物流公司将一批货物的60%送到甲商场,100件送到乙商场,其余的都送到丙商场. 若送到甲、丙两商场的货物数量之比为7:3,则该批货物共有(　　)件.

   A. 700　　　　　　　　　　　B. 800

   C. 900　　　　　　　　　　　D. 1 000

   E. 1 100

5. 不等式 $\dfrac{x^2-2x+3}{x^2-5x+6}\geq 0$ 的解是(　　).

A. (2,3) B. (-∞,2]
C. [3,+∞) D. (-∞,2]∪[3,+∞)
E. (-∞,2)∪(3,+∞)

6. 老王上午 8:00 骑自行车离家去办公楼开会. 若每分钟骑行 150 米, 则他会迟到 5 分钟; 若每分钟骑行 210 米, 则他会提前 5 分钟. 会议开始的时间是(   ).

   A. 8:20 B. 8:30
   C. 8:45 D. 9:00
   E. 9:10

7. 如图, $AB = AC = 5$, $BC = 6$, E 是 BC 的中点, $EF \perp AC$. 则 $EF = ($ $)$.

   A. 1.2 B. 2
   C. 2.2 D. 2.4
   E. 2.5

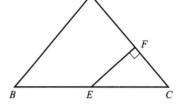

8. 设数列 $\{a_n\}$ 满足: $a_1 = 1$, $a_{n+1} = a_n + \dfrac{n}{3}$ ($n \geq 1$), 则 $a_{100} = ($ $)$.

   A. 1 650 B. 1 651
   C. $\dfrac{5\,050}{3}$ D. 3 300
   E. 3 301

9. 下图是某市 3 月 1 日至 14 日的空气质量指数趋势图, 空气质量指数小于 100 表示空气质量优良, 空气质量指数大于 200 表示空气重度污染. 某人随机选择 3 月 1 日至 3 月 13 日中的某一天到达该市, 并停留 2 天. 此人停留期间空气质量都是优良的概率为(   ).

   A. $\dfrac{2}{7}$ B. $\dfrac{4}{13}$
   C. $\dfrac{5}{13}$ D. $\dfrac{6}{13}$
   E. $\dfrac{1}{2}$

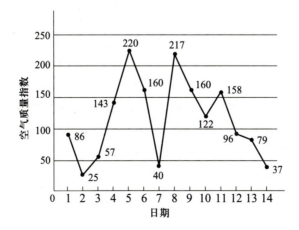

10. 如图，在正方形 ABCD 中，弧 AOC 是 $\frac{1}{4}$ 圆周，EF//AD. 若 DF=a, CF=b，则阴影部分的面积为(   ).

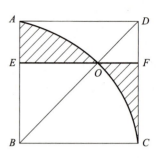

A. $\frac{1}{2}ab$ 　　　　　　　　　B. ab

C. $2ab$ 　　　　　　　　　D. b^2-a^2

E. $(b-a)^2$

11. 甲、乙、丙三个容器中装有盐水. 现将甲容器中盐水的 $\frac{1}{3}$ 倒入乙容器，摇匀后将乙容器中盐水的 $\frac{1}{4}$ 倒入丙容器，摇匀后再将丙容器中盐水的 $\frac{1}{10}$ 倒回甲容器，此时甲、乙、丙三个容器中盐水的含盐量都是 9 千克. 则甲容器中原来的盐水含盐量是(   )千克.

A. 13 　　　　　　　　　　B. 12.5

C. 12 　　　　　　　　　　D. 10

E. 9.5

12. 在某次比赛中有 6 名选手进入决赛. 若决赛设有 1 个一等奖, 2 个二等奖, 3 个三等奖, 则可能的结果共有(   )种.

A. 16 　　　　　　　　　　B. 30

C. 45 　　　　　　　　　　D. 60

E. 120

13. 将一个白木质的正方体的六个表面都涂上红漆，再将它锯成 64 个小正方体. 从中任取 3 个，其中至少有 1 个三面是红漆的小正方体的概率是(   ).

A. 0.665 　　　　　　　　　B. 0.578

C. 0.563 　　　　　　　　　D. 0.482

E. 0.335

14. 福彩中心发行彩票的目的是为了筹措资金资助福利事业. 现在福彩中心准备发行一种面值为 5 元的福利彩票刮刮卡，方案设计如下：(1) 该福利彩票的中奖率为 50%；(2) 每张中奖彩票的中奖奖金有 5 元和 50 元两种. 假设购买一张彩票获得 50 元奖金的概率为 p, 且福彩中心筹得资金不少于发行彩票面值总和的 32%, 则(   ).

A. $p \leq 0.005$ 　　　　　　　B. $p \leq 0.01$

C. $p \leq 0.015$ 　　　　　　　D. $p \leq 0.02$

E. $p \leq 0.025$

15. 某单位在甲、乙两个仓库中分别存着 30 吨和 50 吨的货物，现要将这批货物转运到 A, B 两地存放，A, B 两地的存放量都是 40 吨. 甲、乙两个仓库到 A, B 两地的距离（单位：千米）如表 1 所示，甲、乙两个仓库运送到 A, B 两地的货物重量如表 2 所示. 若每吨货物每千米的运费是 1 元，则下列调运方案中总运费最少的是(   ).

表1		单位:千米
	甲	乙
A	10	15
B	15	10

表2		单位:吨
	甲	乙
A	x	y
B	u	v

A. $x=30, y=10, u=0, v=40$
B. $x=0, y=40, u=30, v=10$
C. $x=10, y=30, u=20, v=20$
D. $x=20, y=20, u=10, v=30$
E. $x=15, y=25, u=15, v=25$

二、条件充分性判断:第16~25小题,每小题3分,共30分。要求判断每题给出的条件(1)与条件(2)能否充分支持题干所陈述的结论。A、B、C、D、E 五个选项为判断结果,请选择一项符合试题要求的判断。

A. 条件(1)充分,但条件(2)不充分.
B. 条件(2)充分,但条件(1)不充分.
C. 条件(1)和条件(2)单独都不充分,但条件(1)和条件(2)联合起来充分.
D. 条件(1)充分,条件(2)也充分.
E. 条件(1)和条件(2)单独都不充分,条件(1)和条件(2)联合起来也不充分.

16. m^2n^2-1 能被 2 整除.
(1) m 是奇数.
(2) n 是奇数.

17. 已知圆 $A: x^2+y^2+4x+2y+1=0$. 则圆 B 和圆 A 相切.
(1) 圆 $B: x^2+y^2-2x-6y+1=0$.
(2) 圆 $B: x^2+y^2-6x=0$.

18. 产品出厂前,需要在外包装上打印某些标志. 甲、乙两人一起每小时可完成600件. 则可以确定甲每小时完成多少件.
(1) 乙的打件速度是甲的打件速度的 $\frac{1}{3}$.
(2) 乙工作 5 小时可以完成 1 000 件.

19. 已知 $f(x,y)=x^2-y^2-x+y+1$. 则 $f(x,y)=1$.
(1) $x=y$.
(2) $x+y=1$.

20. 设 a 是整数. 则 $a=2$.
(1) 二次方程 $ax^2+8x+6=0$ 有实根.
(2) 二次方程 $x^2+5ax+9=0$ 有实根.

21. 设 $\{a_n\}$ 是等比数列. 则 $a_2=2$.
(1) $a_1+a_3=5$.
(2) $a_1a_3=4$.

22. 甲、乙两人以不同的速度在环形跑道上跑步,甲比乙快. 则乙跑一圈需要 6 分钟.
(1) 甲、乙相向而行,每隔 2 分钟相遇一次.

（2）甲、乙同向而行，每隔6分钟相遇一次.

23. 设 a,b 为常数. 则关于 x 的二次方程 $(a^2+1)x^2+2(a+b)x+b^2+1=0$ 具有重实根.

（1）$a,1,b$ 成等差数列.

（2）$a,1,b$ 成等比数列.

24. 设直线 $y=x+b$ 分别在第一和第三象限与曲线 $y=\dfrac{4}{x}$ 相交于点 A，点 B. 则能确定 b 的值.

（1）已知以 AB 为对角线的正方形的面积.

（2）点 A 的横坐标小于纵坐标.

25. 方程 $|x+1|+|x+3|+|x-5|=9$ 存在唯一解.

（1）$|x-2|\leq 3$.

（2）$|x-2|\geq 2$.

解　析

一、问题求解

1. 【答案】 B

【解析】 设去年第一、二季度的产值分别为 a,b，由题意可得 $a\cdot 11\% = b\cdot 9\%$，即 $11a = 9b \Rightarrow b = \frac{11}{9}a$. 则今年上半年的产值同比增长了 $\frac{11\%a + 9\%b}{a+b} \times 100\% = \frac{2a\cdot 11\%}{a+\frac{11}{9}a} = \frac{99}{1\,000} = 9.9\%$.

2. 【答案】 D

【解析】 设高一年级学生人数为 x，则平均分为 $\frac{75\times 0.4x + 80\times 0.6x}{x} = 78$.

3. 【答案】 C

【解析】 $\frac{a+b+c}{3} = 13 \Rightarrow a+b+c = 39$，$a:b:c = \frac{1}{2}:\frac{1}{3}:\frac{1}{4} = \frac{6}{12}:\frac{4}{12}:\frac{3}{12} = 6:4:3$，则 $c = 39 \times \frac{3}{6+4+3} = 9$.

4. 【答案】 A

【解析】 设该批货物一共有 x 件，则由题意得 $\frac{60\% x}{40\% x - 100} = \frac{7}{3} \Rightarrow x = 700$.

5. 【答案】 E

【解析】 $x^2 - 2x + 3 = (x-1)^2 + 2 > 0$，所以原式可化为 $x^2 - 5x + 6 > 0$，即 $(x-2)(x-3) > 0 \Rightarrow x \in (-\infty, 2) \cup (3, +\infty)$.

也可采用排除法：$x=2$ 或 $x=3$ 显然不对，排除 B、C、D；$x=0$ 满足，排除 A. 选 E.

6. 【答案】 B

【解析】 设准时到需要 t 分钟，则根据路程不变得：$150(t+5) = 210(t-5) \Rightarrow t = 30$，所以会议开始时间为 8:30.

7. 【答案】 D

【解析】 连接 AE，得 $AE \perp BC$. 在 Rt$\triangle AEC$ 中，$AE^2 + EC^2 = AC^2$，得 $AE = 4$，$\sin C = \frac{EF}{EC} = \frac{AE}{AC} \Rightarrow EF = 2.4$；也可由 $\triangle AEC \backsim \triangle EFC$，得 $\frac{EF}{EC} = \frac{AE}{AC} \Rightarrow EF = 2.4$.

8. 【答案】 B

【解析】 利用累加法：$\begin{cases} a_2 - a_1 = \frac{1}{3}, \\ a_3 - a_2 = \frac{2}{3}, \\ \cdots\cdots \\ a_n - a_{n-1} = \frac{n-1}{3}, \end{cases}$ 相加得：$a_n - a_1 = \frac{1}{3} + \frac{2}{3} + \cdots + \frac{n-1}{3} = \frac{(n-1)\left(\frac{1}{3} + \frac{n-1}{3}\right)}{2}$

$$\Rightarrow a_n - 1 = \frac{n(n-1)}{6}, 所以 a_{100} = 1 + \frac{100 \times 99}{6} = 1\ 651.$$

9.【答案】 B

【解析】 选择3月1日至13日中的某一天到达该市,并停留2天,则 $n=13$;连续2天空气质量都是优良,即连续2天空气质量指数小于100,有1、2日,2、3日,12、13日,13、14日,故 $m=4$. 所以 $P = \frac{m}{n} = \frac{4}{13}$.

10.【答案】 B

【解析】 割补法,过点 O 作 $OG \perp BC$,垂足为 G. 由图形的对称性可知:阴影部分面积 $S = S_{矩形 OFCG} = ab$.

11.【答案】 C

【解析】 设甲、乙、丙中原来的含盐量为 x, y, z(单位:千克),根据题意列方程得

$$\begin{cases} x \cdot \frac{2}{3} + \frac{1}{10}\left[z + \frac{1}{4}\left(y + \frac{1}{3}x\right)\right] = 9, & ① \\ \left(y + \frac{1}{3}x\right) \cdot \frac{3}{4} = 9, & ② \\ \left[z + \frac{1}{4}\left(y + \frac{1}{3}x\right)\right] \cdot \frac{9}{10} = 9, & ③ \end{cases}$$

从而由③式得 $z + \frac{1}{4}\left(y + \frac{1}{3}x\right) = 10$,代入①式得 $x = 12$. 选 C.

12.【答案】 D

【解析】 乘法原理,可能结果共有 $C_6^1 C_5^2 C_3^3 = 60$(种).

13.【答案】 E

【解析】 3面都有红漆的小正方体对应原先大正方体的8个顶点,所以共有8个. 事件 A = "任取3个中至少有1个三面是红漆"的反面是 $\overline{A}$ = "任取3个中1个都没有三面是红漆的小正方体",所以

$$P(A) = 1 - P(\overline{A}) = 1 - \frac{C_{56}^3}{C_{64}^3} = 1 - \frac{165}{248} \approx 0.335.$$

14.【答案】 D

【解析】 设彩票发行量为 x 张,则福彩中心筹得资金满足

$$5x - p \cdot x \cdot 50 - (50\% - p)x \cdot 5 \geq 5x \cdot 32\% \Rightarrow p \leq 0.02.$$

15.【答案】 A

【解析】 由题意得 $\begin{cases} x + y = 40, \\ u + v = 40, \\ x + u = 30, \\ y + v = 50, \end{cases}$ 总运费 $M = 10x + 15y + 15u + 10v = 10x + 15(40-x) + 15(30-x) + 10(x+10) = -10x + 1\ 150$ $(0 \leq x \leq 30)$,要使 M 最小,即 x 取最大值,选项 A 中 $x = 30$ 最大.

二、条件充分性判断

16.【答案】 C

【解析】 条件(1)与条件(2)单独显然不充分,考虑联合起来:$m^2n^2-1=(mn)^2-1$,当 m 和 n 均为奇数时,mn 为奇数,故 m^2n^2-1 为偶数,充分.

17. 【答案】 A

【解析】 圆 $A:(x+2)^2+(y+1)^2=2^2$,圆心为 $A(-2,-1)$,半径 $r_A=2$.

条件(1),圆 $B:(x-1)^2+(y-3)^2=3^2$,圆心为 $B(1,3)$,半径 $r_B=3$,$|AB|=\sqrt{(1+2)^2+(3+1)^2}=5=r_A+r_B$,所以圆 A 和圆 B 外切,充分.

条件(2),圆 $B:(x-3)^2+y^2=3^2$,圆心为 $B(3,0)$,半径 $r_B=3$,$|AB|=\sqrt{(3+2)^2+1^2}=\sqrt{26}$,而 $r_A+r_B=5$,$|AB|>r_A+r_B$,圆 A 和圆 B 不相切,不充分.

18. 【答案】 D

【解析】 (1) 设甲每小时完成 x 件,则 $x+\frac{1}{3}x=600 \Rightarrow x=450$,充分.

(2) 由题意得乙每小时可以完成 200 件,则甲每小时可以完成 $600-200=400$(件),充分.

19. 【答案】 D

【解析】 (1) 当 $x=y$ 时,代入得 $f(x,y)=1$,充分.
(2) 若 $x+y=1$,则 $f(x,y)=x^2-y^2-x+y+1=(x+y)(x-y)-(x-y)+1=1$,充分.

20. 【答案】 E

【解析】 (1) $\Delta=64-24a \geq 0 \Rightarrow a \in \left(-\infty, \frac{8}{3}\right]$ 且 $a \neq 0$,不充分.

(2) $\Delta=25a^2-36 \geq 0 \Rightarrow a \in \left(-\infty, -\frac{6}{5}\right] \cup \left[\frac{6}{5}, +\infty\right)$,不充分.

联合起来:$a \in \left(-\infty, -\frac{6}{5}\right] \cup \left[\frac{6}{5}, \frac{8}{3}\right]$,也不能得出 $a=2$,不充分.

21. 【答案】 E

【解析】 举例 $\begin{cases} a_1=1, \\ a_3=4, \end{cases}$ 符合条件(1)和条件(2),此时 $a_2=\pm 2$,不能得出 $a_2=2$.

故条件(1)和(2)单独都不充分,联合起来也不充分.

22. 【答案】 C

【解析】 条件(1)和(2)单独明显不充分,考虑联合起来. 设甲、乙的速度分别为 $v_甲, v_乙$,

跑道长 S,由题意得 $\begin{cases} 2(v_甲+v_乙)=S, \\ 6(v_甲-v_乙)=S \end{cases} \Rightarrow \begin{cases} v_甲=\frac{1}{3}S, \\ v_乙=\frac{1}{6}S, \end{cases}$ 可得乙跑一圈需 $t_乙=\frac{S}{V_乙}=6$(分钟),充分.

23. 【答案】 B

【解析】 条件(1)即 $a+b=2$,举反例 $\begin{cases} a=0, \\ b=2, \end{cases}$ $x^2+4x+5=0$ 无重实根,不充分.

(2) 由题干,二次方程 $(a^2+1)x^2+2(a+b)x+b^2+1=0$ 具有重实根,$\Delta=4(a+b)^2-4(a^2+1)\cdot(b^2+1)=0 \Rightarrow a^2b^2-2ab+1=0$,即 $(ab-1)^2=0$,条件(2)即 $ab=1$,代入满足,故条件(2)充分.

24. 【答案】 C

【解析】 条件(1),由直线 $y=x+b$ 和曲线 $y=\dfrac{4}{x}$ 相交可得:$\dfrac{4}{x}=x+b \Rightarrow x^2+bx-4=0$.设方程的两个根为 x_1,x_2,由韦达定理得 $\begin{cases}x_1+x_2=-b\\x_1x_2=-4\end{cases}$,设 $A(x_1,x_1+b),B(x_2,x_2+b)$,则 $|AB|=\sqrt{(x_1-x_2)^2+(x_1+b-x_2-b)^2}=\sqrt{2}\cdot\sqrt{(x_1-x_2)^2}=\sqrt{2}\cdot\sqrt{(x_1+x_2)^2-4x_1x_2}=\sqrt{2}\cdot\sqrt{b^2+16}$,由条件(1)可得 $|AB|$ 已知,但 b 有正负,不能确定 b 的值,不充分.

条件(2),因为 $y_A=x_A+b, y_A-x_A=b>0$,显然不充分.

联合条件(1)与(2),取 $b>0$ 的那个根,充分.

25.【答案】 A

【解析】 条件(1)即 $-3 \le x-2 \le 3 \Rightarrow -1 \le x \le 5$,原方程可化为 $x+1+x+3+5-x=9 \Rightarrow x=0$,存在唯一解,故条件(1)充分.

条件(2)即 $x-2 \ge 2$ 或 $x-2 \le -2 \Rightarrow x \ge 4$ 或 $x \le 0$.

① $x \ge 4$ 时,$x+1+x+3+|x-5|=9 \Rightarrow |x-5|=5-2x \ge 0$,无解.

② 当 $x \le 0$ 时,$|x+1|+|x+3|-x+5=9$,即 $|x+1|+|x+3|=x+4$.

方法1:画图(见右图)很快观察出来,$|x+1|+|x+3|=x+4$,当 $x \le 0$ 时有两个交点:$x=0$ 或 $x=-2$.

方法2:两边平方,整理得 $2|(x+1)(x+3)|=6-x^2$,化简得 $2(x+1)(x+3)=6-x^2$ 或 $2(x+1)(x+3)=-(6-x^2)$,解得 $x_1=0,x_2=-\dfrac{8}{3}$(舍去);$x_3=-2,x_4=-6$(舍去).

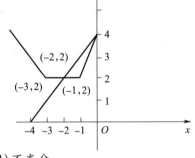

综合①与②,所以有两个解,$x=0$ 或 $x=-2$,故条件(2)不充分.

本题也可分类讨论,令 $f(x)=|x+1|+|x+3|+|x-5|=\begin{cases}3x-1, & x \ge 5,\\ x+9, & -1 \le x<5,\\ -x+7, & -3 \le x<-1,\\ -3x+1, & x<-3,\end{cases}$ 观察 $f(x)$ 的图像(见下图)与直线 $y=9$ 的交点,条件(1)当 $-1 \le x \le 5$ 时,存在唯一解,充分;

条件(2)当 $x \ge 4$ 或 $x \le 0$ 时,有两个解,不充分.

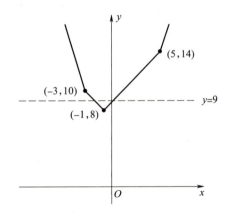

2012年1月管理类专业学位联考综合能力数学真题及解析

真　题

一、问题求解：第1~15小题，每小题3分，共45分。下列每题给出的A、B、C、D、E五个选项中，只有一项是符合试题要求的。

1. 某商品的定价为200元,受金融危机影响,连续两次降价20%后的售价为(　　)元.
   A. 114　　　　　　　　　　B. 120
   C. 128　　　　　　　　　　D. 144
   E. 160

2. 如图,三个边长为1的正方形所覆盖区域(实线所围)的面积为(　　).

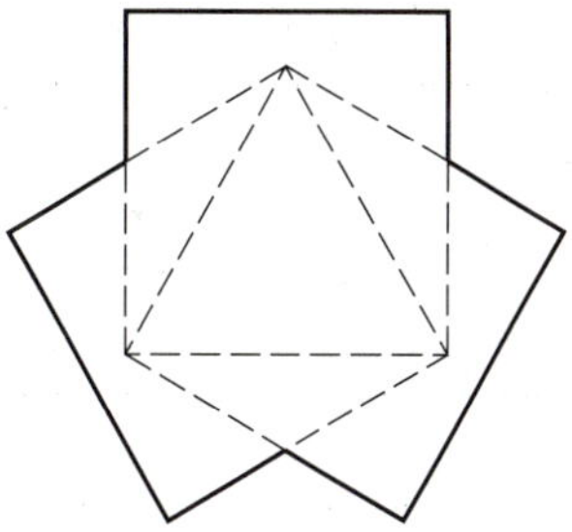

   A. $3-\sqrt{2}$　　　　　　　　B. $3-\dfrac{3\sqrt{2}}{4}$

   C. $3-\sqrt{3}$　　　　　　　　D. $3-\dfrac{\sqrt{3}}{2}$

   E. $3-\dfrac{3\sqrt{3}}{4}$

3. 在一次捐赠活动中,某市将捐赠的物品打包成件,其中帐篷和食品共320件,帐篷比食品多80件,则帐篷的件数是(　　).
   A. 180　　　　　　　　　　B. 200
   C. 220　　　　　　　　　　D. 240
   E. 260

4. 如图,三角形ABC是直角三角形,S_1,S_2,S_3为正方形.已知a,b,c分别为S_1,S_2,S_3的边长,则(　　). 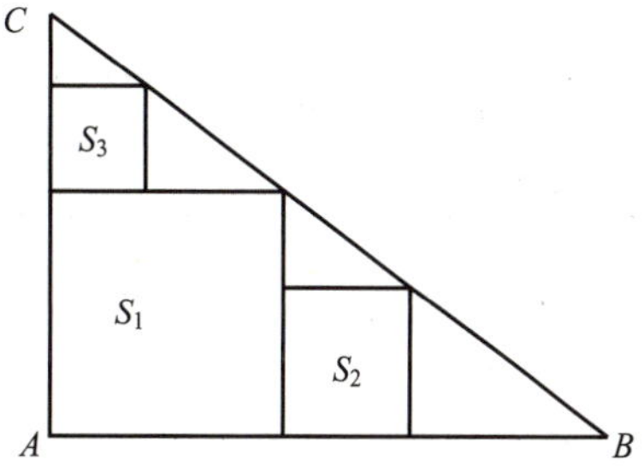
   A. $a=b+c$　　　　　　　　B. $a^2=b^2+c^2$
   C. $a^2=2b^2+2c^2$　　　　　D. $a^3=b^3+c^3$
   E. $a^3=2b^3+2c^3$

5. 如下页图,一个储物罐的下半部分是底面直径与高均是20米的圆柱形、上半部分(顶部)是半球形.已知底面与顶部的造价是400元/平方米,侧面的造价是300元/平方米,

该储物罐的造价是(　　)万元.($\pi \approx 3.14$)

A. 56.52　　　　　　　　　　B. 62.8

C. 75.36　　　　　　　　　　D. 87.92

E. 100.48

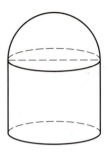

6. 在一次商品促销活动中,主持人出示一个9位数,让顾客猜测商品的价格,商品的价格是该9位数中从左到右相邻的3个数字组成的3位数.若主持人出示的是 513 535 319,则顾客一次猜中价格的概率是(　　).

A. $\dfrac{1}{7}$　　　　　　　　　　B. $\dfrac{1}{6}$

C. $\dfrac{1}{5}$　　　　　　　　　　D. $\dfrac{2}{7}$

E. $\dfrac{1}{3}$

7. 某商店经营15种商品,每次在橱窗内陈列5种.若每两次陈列的商品不完全相同,则最多可陈列(　　)次.

A. 3 000　　　　　　　　　　B. 3 003

C. 4 000　　　　　　　　　　D. 4 003

E. 4 300

8. 甲、乙、丙三个地区的公务员参加一次测评,其人数和考分情况如下表:

	6分	7分	8分	9分
甲	10人	10人	10人	10人
乙	15人	15人	10人	20人
丙	10人	10人	15人	15人

三个地区按平均分从高到低的排名顺序为(　　).

A. 乙、丙、甲　　　　　　　　B. 乙、甲、丙

C. 甲、丙、乙　　　　　　　　D. 丙、甲、乙

E. 丙、乙、甲

9. 经统计,某机场的一个安检口每天中午办理安检手续的乘客人数及相应的概率如下表:

乘客人数	0~5	6~10	11~15	16~20	21~25	25以上
概率	0.1	0.2	0.2	0.25	0.2	0.05

该安检口2天中至少有1天中午办理安检手续的乘客人数大于15的概率是(　　).

A. 0.2　　　　　　　　　　　　B. 0.25

C. 0.4　　　　　　　　　　　　D. 0.5

E. 0.75

10. 某人在保险柜中存放了M元现金,第一天取出它的$\dfrac{2}{3}$,以后每天取出前一天所取的

$\frac{1}{3}$,共取了 7 天.保险柜中剩余的现金为(　　)元.

A. $\dfrac{M}{3^7}$　　　　　　　　B. $\dfrac{M}{3^6}$

C. $\dfrac{2M}{3^6}$　　　　　　　　D. $\left[1-\left(\dfrac{2}{3}\right)^7\right]M$

E. $\left[1-7\times\left(\dfrac{2}{3}\right)^7\right]M$

11. 在直角坐标系中,若平面区域 D 中所有点的坐标(x,y)均满足:$0\leq x\leq 6,0\leq y\leq 6$, $|y-x|\leq 3, x^2+y^2\geq 9$,则 D 的面积是(　　).

A. $\dfrac{9}{4}(1+4\pi)$　　　　　　B. $9\left(4-\dfrac{\pi}{4}\right)$

C. $9\left(3-\dfrac{\pi}{4}\right)$　　　　　　D. $\dfrac{9}{4}(2+\pi)$

E. $\dfrac{9}{4}(1+\pi)$

12. 某单位春季植树 100 棵,前 2 天安排乙组植树,其余任务由甲、乙两组用 3 天完成.已知甲组每天比乙组多植树 4 棵,则甲组每天植树(　　)棵.

A. 11　　　　　　　　　　B. 12
C. 13　　　　　　　　　　D. 15
E. 17

13. 在两队进行的羽毛球对抗赛中,每队派出 3 男 2 女共 5 名运动员参加 5 局单打比赛.如果女子比赛安排在第二和第四局进行,那么每队队员的不同出场顺序有(　　)种.

A. 12　　　　　　　　　　B. 10
C. 8　　　　　　　　　　　D. 6
E. 4

14. 若 x^3+x^2+ax+b 能被 x^2-3x+2 整除,则(　　).

A. $a=4,b=4$　　　　　　B. $a=-4,b=-4$
C. $a=10,b=-8$　　　　　D. $a=-10,b=8$
E. $a=-2,b=0$

15. 某公司计划运送 180 台电视机和 110 台洗衣机下乡.现有两种货车,甲种货车每辆最多可载 40 台电视机和 10 台洗衣机,乙种货车每辆最多可载 20 台电视机和 20 台洗衣机.已知甲、乙两种货车的租金分别是每辆 400 元和 360 元,则最少的运费是(　　)元.

A. 2 560　　　　　　　　B. 2 600
C. 2 640　　　　　　　　D. 2 680
E. 2 720

二、条件充分性判断:第 16~25 小题,每小题 3 分,共 30 分。要求判断每题给出的条件(1)和条件(2)能否充分支持题干所陈述的结论。A、B、C、D、E 五个选项为判断结果,请选择一项符合试题要求的判断。

A. 条件(1)充分,但条件(2)不充分.
B. 条件(2)充分,但条件(1)不充分.
C. 条件(1)和条件(2)单独都不充分,但条件(1)和条件(2)联合起来充分.
D. 条件(1)充分,条件(2)也充分.
E. 条件(1)和条件(2)单独都不充分,条件(1)和条件(2)联合起来也不充分.

16. 一元二次方程 $x^2+bx+1=0$ 有两个不同实根.

    (1) $b<-2$.

    (2) $b>2$.

17. 已知 $\{a_n\}$, $\{b_n\}$ 分别为等比数列和等差数列, $a_1=b_1=1$. 则 $b_2 \geq a_2$.

    (1) $a_2>0$.

    (2) $a_{10}=b_{10}$.

18. 直线 $y=ax+b$ 过第二象限.

    (1) $a=-1, b=1$.

    (2) $a=1, b=-1$.

19. 某产品由两道独立工序加工完成. 则该产品是合格品的概率大于 0.8.

    (1) 每道工序的合格率均为 0.81.

    (2) 每道工序的合格率均为 0.9.

20. 已知 m,n 为正整数. 则 m 为偶数.

    (1) $3m+2n$ 为偶数.

    (2) $3m^2+2n^2$ 为偶数.

21. 已知 a,b 是实数. 则 $a>b$.

    (1) $a^2>b^2$.

    (2) $a^2>b$.

22. 在某次考试中,3 道题中答对 2 道即为及格. 假设某人答对各题的概率相同,则此人及格的概率为 $\dfrac{20}{27}$.

    (1) 答对各题的概率均为 $\dfrac{2}{3}$.

    (2) 3 道题全部答错的概率为 $\dfrac{1}{27}$.

23. 已知三种水果的平均价格为 10 元/千克. 则每种水果的价格均不超过 18 元/千克.

    (1) 三种水果中价格最低的为 6 元/千克.

    (2) 买三种水果各 1 千克、1 千克、2 千克,共花费 46 元.

24. 某户要建一个长方形的羊栏. 则羊栏的面积大于 500 平方米.

    (1) 羊栏的周长为 120 米.

    (2) 羊栏对角线的长不超过 50 米.

25. 直线 $y=x+b$ 是抛物线 $y=x^2+a$ 的切线.

    (1) $y=x+b$ 与 $y=x^2+a$ 有且仅有一个交点.

    (2) $x^2-x \geq b-a, x \in \mathbf{R}$.

解　析

一、问题求解

1.【答案】 C

【解析】 $200\times(1-0.2)^2=128$.

2.【答案】 E

【解析】 如图所示：△ABC 是边长为 1 的等边三角形，$\angle DBC=\dfrac{\pi}{2}$，$\angle ABC=\dfrac{\pi}{3}\Rightarrow$

$\angle ABD=\dfrac{\pi}{6}$，即△ADB 是底角为 30°的等腰三角形，同理可知
△BFC 和△ACE 是同样的三角形，故

$S_{实线}=3S_{正}-2S_{\triangle ABC}-3S_{\triangle ABD}$

$=3-2\left(\dfrac{1}{2}\times 1\times\dfrac{\sqrt{3}}{2}\right)-3\left(\dfrac{1}{2}\times 1\times\dfrac{\sqrt{3}}{6}\right)=3-\dfrac{3\sqrt{3}}{4}$.

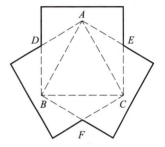

3.【答案】 B

【解析】 设帐篷的件数是 x，则食品有 $x-80$ 件．则有 $x+(x-80)=320\Rightarrow x=200$.

4.【答案】 A

【解析】 如图可知，$\triangle DME\backsim\triangle ENF\Rightarrow \dfrac{DM}{EN}=\dfrac{ME}{NF}\Rightarrow \dfrac{c}{a-b}=\dfrac{a-c}{b}\Rightarrow a=b+c$.

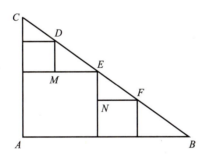

5.【答案】 C

【解析】 此题考查圆柱体和半球的组合体，造价 $=400\times(S_{底}+S_{半球})+300\times S_{侧面}=$

$400\times\left(\pi\times 10^2+\dfrac{1}{2}\times 4\pi\times 10^2\right)+300\times(20\pi\times 20)\approx 75.36\times 10^4(元)=75.36(万元)$.

6.【答案】 B

【解析】 本题考查古典概型，在 513 535 319 中得相邻 3 位数共有 7 个，但其中出现了
两个 353，所以相异的 3 位数共有 6 个，所以顾客一次猜中价格的概率为 $P=\dfrac{1}{6}$.

7.【答案】 B

【解析】 要求每两次陈列的商品不完全相同，所以是组合问题，最多可陈列 $C_{15}^{5}=$
$\dfrac{15\times 14\times 13\times 12\times 11}{5\times 4\times 3\times 2\times 1}=3\ 003$.

8. 【答案】 E

【解析】 本题考查平均值,可定量分析:

甲地区的平均分:$\dfrac{6\times10+7\times10+8\times10+9\times10}{10+10+10+10}=\dfrac{300}{40}=7.5$,

乙地区的平均分:$\dfrac{6\times15+7\times15+8\times10+9\times20}{15+15+10+20}=\dfrac{455}{60}\approx7.58$,

丙地区的平均分:$\dfrac{10\times6+10\times7+8\times15+9\times15}{10+10+15+15}=\dfrac{385}{50}=7.7$.

因此平均分从高到低的顺序是:丙、乙、甲.

9. 【答案】 E

【解析】 本题考查伯努利概型.每天中午办理安检手续的乘客人数大于15人的概率 $P(A)=0.25+0.2+0.05=0.5$.

2天中至少有1天大于15人的概率:

直接:$P=C_2^1 P(A)P(\overline{A})+[P(A)]^2=2\times0.5\times0.5+0.5\times0.5=0.75$.

间接:$P=1-[P(\overline{A})]^2=1-0.5\times0.5=0.75$.

10. 【答案】 A

【解析】 本题考查等比数列的求和公式.剩余的现金为

$$M-\left[\dfrac{2}{3}M+\dfrac{1}{3}\left(\dfrac{2}{3}M\right)+\cdots+\left(\dfrac{1}{3}\right)^6\left(\dfrac{2}{3}M\right)\right]=M-\dfrac{\dfrac{2}{3}M\left[1-\left(\dfrac{1}{3}\right)^7\right]}{1-\dfrac{1}{3}}=\dfrac{M}{3^7}.$$

11. 【答案】 C

【解析】 区域 D 的图形如图中阴影部分所示,其面积为:

$S_{大正方形}-\dfrac{1}{4}S_{圆}-2S_{三角形}=6\times6-\dfrac{1}{4}\pi\cdot3^2-3\times3$

$=9\left(3-\dfrac{\pi}{4}\right)$.

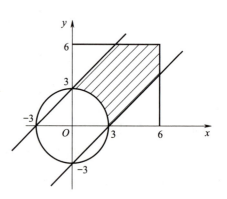

12. 【答案】 D

【解析】 设甲组每天植树 x 棵,则乙组每天植树 $x-4$ 棵,可知:$3x+5(x-4)=100\Rightarrow x=15$.

13. 【答案】 A

【解析】 先考虑特殊位置.

第一步:先安排第二、四局,2个女生共有 P_2^2 种出场顺序;

第二步:3个男生3个位置,有 P_3^3 种出场顺序.

所以共有 $P_2^2\times P_3^3=12$(种)出场顺序.

14. 【答案】 D

【解析】 本题考查余式定理.令 $x^2-3x+2=(x-1)(x-2)=0\Rightarrow x_1=1,x_2=2$.

由 x^3+x^2+ax+b 能被 x^2-3x+2 整除,可知

$$\begin{cases} f(1)=0 \Rightarrow 1^3+1^2+a\times1+b=0, \\ f(2)=0 \Rightarrow 2^3+2^2+a\times2+b=0 \end{cases} \Rightarrow \begin{cases} a=-10, \\ b=8. \end{cases}$$

15.【答案】 B

【解析】 利用线性不定方程求解最值问题.

设甲种货车有 x 辆,乙种货车有 y 辆,则要求 x,y 的值,使得运费 $z=400x+360y$ 最小,而限制条件为 $\begin{cases} 40x+20y \geq 180, \\ 10x+20y \geq 110, \end{cases} x,y \in \mathbf{N}.$

根据线性不定方程的求解最值原则,先考虑目标函数中变量的权重,显然 $z=400x+360y$ 中,变量 x 的权重要比 y 的大,因此,需要先求变量 x 的范围,也即先用变量 x 来表示变量 y.

其次,将两个限制条件中的某个不等式变为等式,比如第一个,变为 $40x+20y=180$,用 x 表示 y,也即 $y=9-2x$,代入目标函数 z,有 $z=400x+360(9-2x)=360\times9-320x$,也即目标函数 z 为变量 x 的递减的一次函数,表明要使运费 z 最小,就要求 x 的最大值.

再次,求变量 x 的范围:将 $y=9-2x$ 代入另一个限制条件 $10x+20y \geq 110$ 得到 $x \leq \dfrac{7}{3}$. 而 x,y 均为自然数,因此,x 最大取 $x=2$. 代入 $y=9-2x$ 可求得 $y=5$.

因此,最小的运费为 $z=400\times2+360\times5=2\,600$(元).

【技巧】 $\begin{cases} 40x+20y \geq 180, \\ 10x+20y \geq 110 \end{cases} \Rightarrow \begin{cases} 2x+y \geq 9, & ① \\ x+2y \geq 11. & ② \end{cases}$

结合 $x \geq 0, y \geq 0$,画出可行域,如图所示.

可行域边界的交点有三个,$A(0,9), B\left(\dfrac{7}{3},\dfrac{13}{3}\right), C(11,0)$.

由于 $x_B=\dfrac{7}{3}$,而 x 为整数,考虑 $x=2$,代入②式中得 $y \geq 4.5$,取 $y=5$,而 $(2,5)$ 正好满足①式;考虑 $x=3$,代入②式中得 $y \geq 4$,取 $y=4$,而 $(3,4)$ 也满足①式.

将 $(0,9),(11,0),(2,5),(3,4)$ 依次代入目标函数 $z=400x+360y$,可得 $z_{\min}=400\times2+360\times5=2\,600$(元).

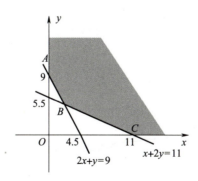

二、条件充分性判断

16.【答案】 D

【解析】 本题考查一元二次方程根的个数问题,$\Delta=b^2-4>0 \Rightarrow b>2$ 或 $b<-2$,条件(1)

(2)都可以推出结论,所以答案为 D.

17.【答案】 C

【解析】 显然条件(1)和条件(2)单独不充分.事实上,条件(1)的信息中缺少数到 $\{b_n\}$ 的公差 d 的信息;条件(2)可以举反例:$q=-10$.

条件(1)(2)联合,可采用以下两种方法进行分析.

方法 1:代数法. $\begin{cases} a_2>0 \Rightarrow q>0, \\ a_{10}=b_{10} \Rightarrow q^9=1+9d, \end{cases}$ 题干即需证:$1+d \geq q \Rightarrow q-1 \leq d$.

$q^9=1+9d \Rightarrow q^9-1=9d \Rightarrow (q-1)(1+q+q^2+\cdots+q^8)=9d \Rightarrow q-1=\dfrac{9}{1+q+q^2+\cdots+q^8}d.$

因为 $q>0$,讨论 q 的取值范围:

当 $q>1$ 时,$\dfrac{9}{1+q+q^2+\cdots+q^8}<1 \Rightarrow 0<q-1<d$,充分;

当 $1>q>0$ 时,$\dfrac{9}{1+q+q^2+\cdots+q^8}>1 \Rightarrow q-1<d<0$,充分;

当 $q=1$ 时,$\dfrac{9}{1+q+q^2+\cdots+q^8}=1 \Rightarrow q-1=d=0$,充分.

即条件(1)(2)联合充分.

方法 2:几何法.由数列的通项公式可知:
$$a_n=q^{n-1} \ (q>0)(指数函数),b_n=1+(n-1)d(一次函数).$$

由 $a_{10}=b_{10}$ 可知,两个函数的图像有交点.

当 $q>1$ 时,如图可知 $b_2>a_2$.

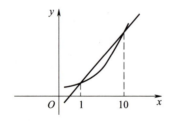

当 $1>q>0$ 时,如图可知 $b_2>a_2$.

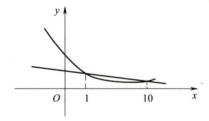

当 $q=1$ 时,$b_2=a_2$.

即条件(1)(2)联合充分.

方法 3:要证明 $b_2 \geq a_2$,即需证 $1+d \geq q$.

由条件(1)知 $q>0$;由条件(2)知 $q^9=1+9d$,即 $d=\dfrac{q^9-1}{9}$.从而有

$$1+d=\dfrac{q^9+8}{9}=\dfrac{q^9+1+1+\cdots+1}{9}\geqslant\sqrt[9]{q^9\cdot 1\cdot 1\cdots 1}=\sqrt[9]{q^9}=q,$$

可知条件(1)(2)联合充分.

18.【答案】 A

【解析】 将条件(1)代入,得到 $y=-x+1$,直线过定点 $(1,0),(0,1)$,画出直线(见下图),过第二象限.

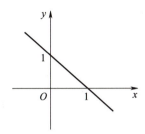

将条件(2)代入,得到 $y=x-1$,直线过定点 $(1,0),(0,-1)$,画出直线(见下图),不过第二象限.

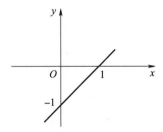

19.【答案】 B

【解析】 本题考查概率的运算(乘法).

条件(1),每道工序的合格率相同,均为 0.81,要使产品合格,每道工序均合格即可,$0.81\times 0.81=0.6561<0.8$,条件(1)不成立.

条件(2),$0.9\times 0.9=0.81>0.8$,条件(2)成立.

20.【答案】 D

【解析】 本题考查数的奇偶分析.

因为 $3m+2n$ 是偶数,且 $2n$ 是偶数,所以 $(3m+2n)-2n$ 是偶数,即 $3m$ 是偶数,故 m 是偶数.条件(1)充分.

因为 $3m^2+2n^2$ 是偶数,且 $2n^2$ 是偶数,所以 $(3m^2+2n^2)-2n^2$ 是偶数,即 $3m^2$ 是偶数,则 m^2 是偶数,故 m 是偶数.条件(2)充分.

21.【答案】 E

【解析】 本题考查数的大小比较.

(1) $a^2>b^2 \Rightarrow (a-b)(a+b)>0 \not\Rightarrow a>b$,条件(1)不充分.

条件(2),举反例,$a=-3,b=2$,即不充分.

联合条件(1)(2),举反例,$a=-3,b=2$,不充分.

22. 【答案】 D

【解析】 本题考查伯努利概型.记此人答对各题的概率为 $P(A)$.

条件(1) $P(A)=\dfrac{2}{3}$;条件(2) $C_3^3\times[P(\overline{A})]^3=\dfrac{1}{27}\Rightarrow P(\overline{A})=\dfrac{1}{3}$,$P(A)=\dfrac{2}{3}$.

两个条件为等价的,只考虑一个即可.

答对 2 道题:$P_1=C_3^2\left(\dfrac{2}{3}\right)^2\left(\dfrac{1}{3}\right)=\dfrac{4}{9}$;

答对 3 道题:$P_2=C_3^3\left(\dfrac{2}{3}\right)^3\left(\dfrac{1}{3}\right)^0=\dfrac{8}{27}$.

故此人及格的概率为 $P_1+P_2=\dfrac{20}{27}$.

23. 【答案】 D

【解析】 设三种水果的单价依次为 x,y,z.

条件(1):可知 $x+y+z=30$(不妨设 $x\geqslant y\geqslant z=6$)$\Rightarrow x+y=24$ $(x\geqslant y\geqslant 6)\Rightarrow x_{\max}=18$,充分.

条件(2):可知 $\begin{cases}x+y+z=30,\\ x+y+2z=46\end{cases}\Rightarrow \begin{cases}x+y=14,\\ z=16\end{cases}\Rightarrow x,y,z$ 均小于 18,充分.

24. 【答案】 C

【解析】 设长方形羊栏的长和宽分别为 a,b(单位:米).

条件(1):举反例,$a=5,b=55$,则周长为 $(5+55)\times 2=120$(米),但面积为 $5\times 55=275$(平方米),不充分.

条件(2):"不超过 50 米"的条件可以使长和宽取得很小的数,显然不充分.

联合条件(1)(2):$\begin{cases}2(a+b)=120,\\ a^2+b^2\leqslant 50^2\end{cases}\Rightarrow \begin{cases}a+b=60,\\ a^2+b^2\leqslant 50^2\end{cases}\Rightarrow 2ab=(a+b)^2-(a^2+b^2)\geqslant 60^2-50^2\Rightarrow ab\geqslant 550$,充分.

25. 【答案】 A

【解析】 条件(1):直线与抛物线有且仅有一个交点,即相切,充分.

条件(2):$x^2-x\geqslant b-a,x\in \mathbf{R}\Rightarrow x^2-x-(b-a)\geqslant 0,x\in \mathbf{R}\Rightarrow \begin{cases}x\in \mathbf{R},\\ \Delta=1^2+4(b-a)\leqslant 0\end{cases}\Rightarrow b-a\leqslant -\dfrac{1}{4}$.

由题干可知 $\begin{cases}y=x+b,\\ y=x^2+a\end{cases}\Rightarrow x^2-x-(b-a)=0\Rightarrow \Delta=1^2+4(b-a)=0\Rightarrow b-a=-\dfrac{1}{4}$,不充分.

2012年10月在职攻读硕士学位全国联考综合能力数学真题及解析

真 题

一、问题求解：第1~15小题，每小题3分，共45分。下列每题给出的A、B、C、D、E五个选项中，只有一项是符合试题要求的。

1. 将3 700元奖金按 $\frac{1}{2} : \frac{1}{3} : \frac{2}{5}$ 的比例分给甲、乙、丙三人，则乙应得奖金(　　)元.

   A. 1 000　　　　　　　　B. 1 050

   C. 1 200　　　　　　　　D. 1 500

   E. 1 700

2. 设实数 x, y 满足 $x+2y=3$，则 x^2+y^2+2y 的最小值为(　　).

   A. 4　　　　　　　　　　B. 5

   C. 6　　　　　　　　　　D. $\sqrt{5}-1$

   E. $\sqrt{5}+1$

3. 若菱形两条对角线的长度分别为6和8，则这个菱形的周长与面积分别为(　　).

   A. 14, 24　　　　　　　　B. 14, 48

   C. 20, 12　　　　　　　　D. 20, 24

   E. 20, 48

4. 第一季度甲公司的产值比乙公司的产值低20%，第二季度甲公司的产值比第一季度增长了20%，乙公司的产值比第一季度增长了10%. 第二季度甲、乙两公司的产值之比是(　　).

   A. 96 : 115　　　　　　　B. 92 : 115

   C. 48 : 55　　　　　　　　D. 24 : 25

   E. 10 : 11

5. 在等差数列 $\{a_n\}$ 中，$a_2=4, a_4=8$. 若 $\sum_{k=1}^{n}\frac{1}{a_k a_{k+1}}=\frac{5}{21}$，则 $n=$ (　　).

   A. 16　　　　　　　　　　B. 17

   C. 19　　　　　　　　　　D. 20

   E. 21

6. 如图所示是一个简单的电路图，S_1, S_2, S_3 表示开关. 随机闭合 S_1, S_2, S_3 中的两个，灯泡发光的概率是（　　）.

   A. $\dfrac{1}{6}$　　　　　　　　　　B. $\dfrac{1}{4}$

   C. $\dfrac{1}{3}$　　　　　　　　　　D. $\dfrac{1}{2}$

   E. $\dfrac{2}{3}$

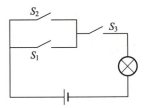

7. 设 $\{a_n\}$ 是非负等比数列，若 $a_3 = 1$，$a_5 = \dfrac{1}{4}$，则 $\sum\limits_{n=1}^{8} \dfrac{1}{a_n} = $（　　）.

   A. 255　　　　　　　　　　B. $\dfrac{255}{4}$

   C. $\dfrac{255}{8}$　　　　　　　　　　D. $\dfrac{255}{16}$

   E. $\dfrac{255}{32}$

8. 某次乒乓球单打比赛中，先将 8 名选手等分为 2 组进行小组单循环赛. 若一名选手只打了 1 场比赛后就因故退赛，则小组的实际比赛场数是（　　）.

   A. 24　　　　　　　　　　　B. 19

   C. 12　　　　　　　　　　　D. 11

   E. 10

9. 甲、乙、丙三人同时在起点出发进行 1 000 米自行车比赛. 假设他们各自的速度保持不变，甲到终点时，乙距终点还有 40 米，丙距终点还有 64 米，那么乙到达终点时，丙距终点（　　）米.

   A. 21　　　　　　　　　　　B. 25

   C. 30　　　　　　　　　　　D. 35

   E. 39

10. 如右图所示，AB 是半圆 O 的直径，AC 是弦. 若 $|AB| = 6$，$\angle ACO = \dfrac{\pi}{6}$，则弧 BC 的长度为（　　）.

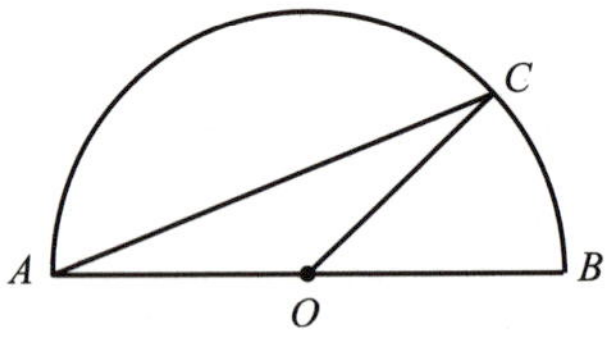

    A. $\dfrac{\pi}{3}$　　　　　　　　　　B. π

    C. 2π　　　　　　　　　　　D. 1

    E. 2

11. 在一次数学考试中，某班前 6 名同学的成绩恰好成等差数列. 若前 6 名同学的平均成绩为 95 分，前 4 名同学的成绩之和为 388 分，则第 6 名同学的成绩为（　　）分.

    A. 92　　　　　　　　　　　B. 91

    C. 90　　　　　　　　　　　D. 89

    E. 88

12. 一满桶纯酒精倒出 10 升后，加满水搅匀，再倒出 4 升后，再加满水，此时桶中的纯酒精与水的体积之比是2∶3,则该桶的容积是( )升.

A. 15 B. 18
C. 20 D. 22
E. 25

13. 设A,B分别是圆周$(x-3)^2+(y-\sqrt{3})^2=3$上使得$\dfrac{y}{x}$取到最大值和最小值的点,O是坐标原点,则$\angle AOB$的大小为( ).

A. $\dfrac{\pi}{2}$ B. $\dfrac{\pi}{3}$
C. $\dfrac{\pi}{4}$ D. $\dfrac{\pi}{6}$
E. $\dfrac{5\pi}{12}$

14. 若不等式$\dfrac{(x-a)^2+(x+a)^2}{x}>4$对$x\in(0,+\infty)$恒成立,则常数$a$的取值范围为( ).

A. $(-\infty,-1)$ B. $(1,+\infty)$
C. $(-1,1)$ D. $(-1,+\infty)$
E. $(-\infty,-1)\cup(1,+\infty)$

15. 某商场在一次活动中规定:一次购物不超过100元时没有优惠;超过100元而没有超过200元时,按该次购物全额9折优惠;超过200元时,其中200元9折优惠,超过200元的部分按8.5折优惠.若甲、乙两人在该商场购买的物品分别付费94.5元和197元,则两人购买的物品在举办活动前需要的付费总额是( )元.

A. 291.5 B. 314.5
C. 325 D. 291.5或314.5
E. 314.5或325

二、条件充分性判断:第16~25小题,每小题3分,共30分。要求判断每题给出的条件(1)和条件(2)能否充分支持题干所陈述的结论。A、B、C、D、E五个选项为判断结果,请选择一项符合试题要求的判断。

A. 条件(1)充分,但条件(2)不充分.
B. 条件(2)充分,但条件(1)不充分.
C. 条件(1)和条件(2)单独都不充分,但条件(1)和条件(2)联合起来充分.
D. 条件(1)充分,条件(2)也充分.
E. 条件(1)和条件(2)单独都不充分,条件(1)和条件(2)联合起来也不充分.

16. 某人用10万元购买了甲、乙两种股票.若甲种股票上涨$a\%$,乙种股票下降$b\%$时,此人购买的甲、乙两种股票总值不变.则此人购买甲种股票用了6万元.

(1) $a=2,b=3$. (2) $3a-2b=0$ ($a\neq0$).

17. 一项工作,甲、乙、丙三人各自独立完成需要的天数分别为3,4,6.则丁独立完成该项工作需要4天时间.

(1) 甲、乙、丙、丁四人共同完成该项工作需要1天.

（2）甲、乙、丙三人各做1天,剩余部分由丁独立完成.

18. 设 a,b 为实数. 则 $a^2+b^2=16$.

（1）a 和 b 是方程 $2x^2-8x-1=0$ 的两个根.

（2）$|a-b+3|$ 与 $|2a+b-6|$ 互为相反数.

19. 直线 L 与直线 $2x+3y=1$ 关于 x 轴对称.

（1）$L：2x-3y=1$.　　　　　　（2）$L：3x+2y=1$.

20. 直线 $y=kx+b$ 经过第三象限的概率是 $\dfrac{5}{9}$.

（1）$k\in\{-1,0,1\},b\in\{-1,1,2\}$.　　（2）$k\in\{-2,-1,2\},b\in\{-1,0,2\}$.

21. 设 a,b 为实数. 则 $a=1,b=4$.

（1）曲线 $y=ax^2+bx+1$ 与 x 轴的两个交点的距离为 $2\sqrt{3}$.

（2）曲线 $y=ax^2+bx+1$ 关于直线 $x+2=0$ 对称.

22. 在一个不透明的布袋中装有 2 个白球、m 个黄球和若干个黑球,它们只有颜色不同. 则 $m=3$.

（1）从布袋中随机摸出一个球,摸到白球的概率是 0.2.

（2）从布袋中随机摸出一个球,摸到黄球的概率是 0.3.

23. 某商店经过八月份与九月份连续两次降价,售价由 m 元降到了 n 元. 则该商品的售价平均每次下降了 20%.

（1）$m-n=900$.

（2）$m+n=4\,100$.

24. 如右图所示,长方形 $ABCD$ 的长与宽分别为 $2a$ 和 a,将其以顶点 A 为中心顺时针旋转 $60°$. 则四边形 $AECD$ 的面积为 $24-2\sqrt{3}$.

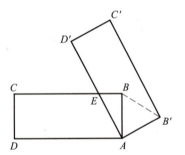

（1）$a=2\sqrt{3}$.

（2）$\triangle AB'B$ 的面积为 $3\sqrt{3}$.

25. $x^2-x-5>|2x-1|$.

（1）$x>4$.　　　　（2）$x<-1$.

解　析

一、问题求解

1.【答案】A

【解析】方法1：由已知，设甲、乙、丙分别可得奖金 $\frac{1}{2}t, \frac{1}{3}t, \frac{2}{5}t$，则 $\frac{1}{2}t+\frac{1}{3}t+\frac{2}{5}t = 3\,700 \Rightarrow t = 3\,000$，从而乙应得奖金 $\frac{1}{3}t = 1\,000(元)$.

方法2：化为整数比，甲：乙：丙 $= 15：10：12$，所以乙应得奖金为 $3\,700 \times \frac{10}{15+10+12} = 1\,000(元)$.

2.【答案】A

【解析】$x = 3-2y$，代入 x^2+y^2+2y 得
$$(3-2y)^2+y^2+2y = 5y^2-10y+9 = 5(y-1)^2+4,$$
因此最小值为 4.

3.【答案】D

【解析】菱形的四边都相等且对角线相互垂直平分，从而其边长为 $\sqrt{3^2+4^2} = 5$，即周长 $l = 20$，面积 $S = \frac{1}{2} \times 6 \times 8 = 24$（菱形面积等于对角线乘积的一半）.

4.【答案】C

【解析】设第一季度乙公司的产值为 a，甲公司的产值为 $0.8a$，则第二季度甲公司的产值为 $0.8a \times 1.2$，乙公司的产值为 $1.1a$. 因此第二季度甲、乙两公司的产值之比为 $\frac{0.8a \times 1.2}{1.1a} = \frac{0.96}{1.1} = \frac{96}{110} = \frac{48}{55}$.

5.【答案】D

【解析】设首项为 a_1，公差为 d，由已知 $\begin{cases} a_1+d=4, \\ a_1+3d=8, \end{cases}$ 得 $a_1=2, d=2, a_n=a_1+(n-1)d=2n$，从而

$$\sum_{k=1}^{n} \frac{1}{a_k a_{k+1}} = \frac{1}{a_1 a_2} + \frac{1}{a_2 a_3} + \cdots + \frac{1}{a_n a_{n+1}} = \frac{1}{2\times 4} + \frac{1}{4\times 6} + \cdots + \frac{1}{2n \times 2(n+1)}$$

$$= \frac{1}{2}\left[\frac{1}{2}-\frac{1}{4}+\frac{1}{4}-\frac{1}{6}+\cdots+\frac{1}{2n}-\frac{1}{2(n+1)}\right] = \frac{1}{2}\left[\frac{1}{2}-\frac{1}{2(n+1)}\right].$$

故 $\frac{1}{2}\left[\frac{1}{2}-\frac{1}{2(n+1)}\right] = \frac{5}{21} \Rightarrow n = 20$.

6.【答案】E

【解析】随机闭合 S_1, S_2, S_3 中的两个，总方法有 $\{S_1,S_2\}, \{S_1,S_3\}, \{S_2,S_3\}$ 三种. 能使灯泡发光的有 $\{S_1,S_3\}, \{S_2,S_3\}$ 两种，从而所求概率 $P = \frac{2}{3}$.

7. 【答案】 B

【解析】 设首项为 a_1，公比为 q，由已知 $\begin{cases} a_1 q^2 = 1, \\ a_1 q^4 = \dfrac{1}{4} \end{cases} \Rightarrow \begin{cases} a_1 = 4, \\ q = \dfrac{1}{2}, \end{cases}$ 则

$$a_n = a_1 q^{n-1} = 4 \times \left(\frac{1}{2}\right)^{n-1} = \left(\frac{1}{2}\right)^{n-3},$$

所以 $\dfrac{1}{a_n} = 2^{n-3}$，即 $\left\{\dfrac{1}{a_n}\right\}$ 是首项为 $\dfrac{1}{4}$，公比为 2 的等比数列，所以 $\sum\limits_{n=1}^{8} \dfrac{1}{a_n} = \dfrac{\dfrac{1}{4}(1-2^8)}{1-2} = \dfrac{255}{4}$.

8. 【答案】 E

【解析】 不妨设甲、乙、丙、丁四人被分到一个小组，甲与乙只打了一场后，甲因故退赛，则这一小组共打了 $1 + C_3^2 = 4$（场），而另一小组共打了 $C_4^2 = 6$（场），所以共比赛了 10 场.

注意：n 个队打单循环赛共有 C_n^2 场比赛（单循环是指每两个队都要赛 1 场且只赛 1 场）.

9. 【答案】 B

【解析】 设甲、乙、丙三人的速度分别为 V_1, V_2, V_3，由已知 $\dfrac{1\,000}{V_1} = \dfrac{960}{V_2} = \dfrac{936}{V_3}$，若乙到达终点时，丙已行进了 x 米，则 $\dfrac{1\,000}{V_2} = \dfrac{x}{V_3} \Rightarrow x = 1\,000 \times \dfrac{V_3}{V_2} = 1\,000 \times \dfrac{936}{960} = 975$，因此当乙到达终点时，丙距离终点还有 $1\,000 - 975 = 25$（米）.

10. 【答案】 B

【解析】 设圆的半径为 r，则 $r = |AO| = |OC| = 3$，因此 $\triangle AOC$ 为等腰三角形，$\angle CAO = \angle ACO = \dfrac{\pi}{6}$，则 $\angle AOC = 120°$，$\angle COB = 60°$，从而弧 BC 的长度为 $2\pi r \times \dfrac{1}{6} = 2\pi \times 3 \times \dfrac{1}{6} = \pi$.

11. 【答案】 C

【解析】 方法1：设最高分为首项，首项为 a_1，公差为 d，由已知 $\begin{cases} S_6 = 6a_1 + \dfrac{6 \times 5}{2} d = 95 \times 6, \\ S_4 = 4a_1 + \dfrac{4 \times 3}{2} d = 388 \end{cases} \Rightarrow \begin{cases} a_1 = 100, \\ d = -2. \end{cases}$

因此 $a_6 = a_1 + 5d = 90$（分）.

方法2：由等差数列性质，$\left\{\dfrac{S_n}{n}\right\}$ 也为等差数列，所以 $\dfrac{S_6}{6} = 95, \dfrac{S_5}{5}, \dfrac{S_4}{4} = 97$ 成等差数列，即 $S_5 = 5 \times 96$，所以 $a_6 = S_6 - S_5 = 95 \times 6 - 96 \times 5 = 90$（分）.

12. 【答案】 C

【解析】 方法1：设桶的容积为 V 升，第一次倒出 10 升后，纯酒精为 $V-10$，浓度为 $\dfrac{V-10}{V}$，第二次倒出的 4 升中，纯酒精为 $4 \cdot \dfrac{V-10}{V}$，由已知 $\dfrac{V-10-4 \cdot \dfrac{V-10}{V}}{V} = \dfrac{2}{5}$，整理得 $3V^2 - 70V + 200 = 0 \Rightarrow V = 20.$

方法2：本题可看作是浓度的递减率问题，原来浓度为100%（纯酒精），经过两次递减后变为了 $\dfrac{2}{5}$，两次的递减率分别为 $\dfrac{10}{V}, \dfrac{4}{V}$，所以有 $100\%\left(1-\dfrac{10}{V}\right)\left(1-\dfrac{4}{V}\right)=\dfrac{2}{5}$，解得 $V=20$.

注：一个体积为 V 升，装满了浓度为 $a\%$ 酒精溶液的桶，第一次倒出 x_1 升后，加满水搅匀，再倒出 x_2 升后，加满水搅匀，再倒出 x_3 升后，加满水搅匀，…，最后倒出 x_n 升后，加满水搅匀，桶中酒精浓度变为 $b\%$，则有如下等式：

$$a\%\cdot\left(1-\dfrac{x_1}{V}\right)\left(1-\dfrac{x_2}{V}\right)\left(1-\dfrac{x_3}{V}\right)\cdots\left(1-\dfrac{x_n}{V}\right)=b\%.$$

13. 【答案】 B

【解析】 所给圆的圆心为 $(3,\sqrt{3})$，半径为 $\sqrt{3}$. 令 $\dfrac{y}{x}=k$，则直线 $y=kx$ 与圆有公共点，从而圆心 $(3,\sqrt{3})$ 到直线 $y-kx=0$ 的距离 d 满足

$$d=\dfrac{|3k-\sqrt{3}|}{\sqrt{k^2+1}}\leqslant\sqrt{3}\Rightarrow 0\leqslant k\leqslant\sqrt{3},$$

即 $\dfrac{y}{x}$ 的最大值为 $\sqrt{3}$，最小值为 0，$\angle AOB$ 是直线 $y=\sqrt{3}x$ 与 $y=0$（x 轴）的夹角，从而是 $y=\sqrt{3}x$ 的倾斜角，因此 $\angle AOB=\dfrac{\pi}{3}$.

14. 【答案】 E

【解析】 方法1：原不等式可化为：$x^2-2x+a^2>0$，此不等式对于 $x\in(0,+\infty)$ 恒成立，而函数 $f(x)=x^2-2x+a^2$ 在 $x=1$ 处取到最小值，所以只需 $f(1)>0$ 即可，解得 $a<-1$ 或 $a>1$.

方法2：$\dfrac{(x-a)^2+(x+a)^2}{x}>4\Leftrightarrow x+\dfrac{a^2}{x}>2$，此不等式对于 $x\in(0,+\infty)$ 恒成立只需 $x+\dfrac{a^2}{x}$ 的最小值大于2即可，由均值不等式 $x+\dfrac{a^2}{x}\geqslant 2\sqrt{x\cdot\dfrac{a^2}{x}}=2|a|$，所以只需 $2|a|>2\Rightarrow a<-1$ 或 $a>1$.

15. 【答案】 E

【解析】 甲有两种情况，如果购买商品未超过100元，则原购物金额为94.5元；如果购物金额超过了100元，则原购物金额为 $\dfrac{94.5}{0.9}=105$（元）.

乙购买商品已超过200元，设原购物金额为 y 元，则 $200\times 0.9+(y-200)\times 0.85=197$，解得 $y=220$（元），因此在举办活动前需付费总额为314.5或325元.

二、条件充分性判断

16. 【答案】 D

【解析】 要使两种股票总值不变，必有甲股票上涨的值等于乙股票下降的值，即 $6\times a\%=(10-6)\times b\%\Rightarrow\dfrac{a}{b}=\dfrac{2}{3}$，所以条件（1）和条件（2）都充分.

17. 【答案】 A

【解析】 设工程量为1,甲、乙、丙每天完成的工程量分别为 $\frac{1}{3}$,$\frac{1}{4}$,$\frac{1}{6}$,设丁每天完成的工程量为 $\frac{1}{x}$,题干要求推出 $x=4$.

条件(1),$\frac{1}{3}+\frac{1}{4}+\frac{1}{6}+\frac{1}{x}=1 \Rightarrow x=4$,充分.

条件(2)显然不充分,因为不确定丁需要多少天完成剩余部分.

18.【答案】 E

【解析】 条件(1)$\begin{cases} a+b=4, \\ ab=-\frac{1}{2}, \end{cases}$所以 $a^2+b^2=(a+b)^2-2ab=16+1=17 \neq 16$,不充分.

条件(2)$\begin{cases} a-b+3=0, \\ 2a+b-6=0 \end{cases} \Rightarrow \begin{cases} a=1, \\ b=4, \end{cases}$从而 $a^2+b^2=1^2+4^2=17 \neq 16$,不充分. 显然联合也不充分.

19.【答案】 A

【解析】 因为两直线关于 x 轴对称,即两直线方程在 x 的值相等时,y 的值互为相反数,即只需要把 $2x+3y=1$ 中的 y 用 $-y$ 代替即可.

20.【答案】 D

【解析】 枚举法. 条件(1)共有 9 条直线,满足过第三象限的有 $\begin{cases} k=-1, \\ b=-1, \end{cases}\begin{cases} k=0, \\ b=-1, \end{cases}\begin{cases} k=1, \\ b=-1, \end{cases}\begin{cases} k=1, \\ b=1, \end{cases}\begin{cases} k=1, \\ b=2, \end{cases}$共 5 条,从而所求概率 $P=\frac{5}{9}$,条件(1)充分.

条件(2)共有 9 条直线,满足过第三象限的有 $\begin{cases} k=-2, \\ b=-1, \end{cases}\begin{cases} k=-1, \\ b=-1, \end{cases}\begin{cases} k=2, \\ b=-1, \end{cases}\begin{cases} k=2, \\ b=0, \end{cases}\begin{cases} k=2, \\ b=2, \end{cases}$共 5 条,从而所求概率 $P=\frac{5}{9}$,条件(2)充分.

21.【答案】 C

【解析】 由条件(1),$y=ax^2+bx+1$ 与 x 轴有两个交点,即方程 $ax^2+bx+1=0$ 有两个不等实根 x_1,x_2. 有 $|x_1-x_2|=\frac{\sqrt{\Delta}}{|a|}=\frac{\sqrt{b^2-4a}}{|a|}=2\sqrt{3}$,可以推得 $b^2-4a=12a^2$,不充分.

由条件(2),$y=ax^2+bx+1$ 的对称轴为 $x=-2$,即 $-\frac{b}{2a}=-2 \Rightarrow b=4a$,条件(2)也不充分.

联合条件(1)和(2),$\begin{cases} b^2-4a=12a^2, \\ b=4a \end{cases} \Rightarrow \begin{cases} a=1, \\ b=4, \end{cases}$充分.

22.【答案】 C

【解析】 不妨设袋中有 n 个黑球.

条件(1),$\frac{2}{2+m+n}=0.2$,显然不充分.

条件(2),$\frac{m}{2+m+n}=0.3$,显然也不充分.

联合条件(1)(2),解得 $m=3,n=5$,所以联合充分.

23. 【答案】 C

【解析】 题干要求推出 $m(1-0.2)^2 = n$，即 $0.64m = n$.

条件(1)和条件(2)单独都不充分，联合两个条件，则

$\begin{cases} m-n = 900, \\ m+n = 4\,100, \end{cases} \Rightarrow \begin{cases} m = 2\,500, \\ n = 1\,600, \end{cases}$ 满足 $0.64 \times 2\,500 = 1\,600$，所以联合充分.

24. 【答案】 D

【解析】 由图可知：$\triangle ABB'$ 为等边三角形，$\angle BAE = 30°$，$AB = a$，则 $BE = \dfrac{a}{\sqrt{3}}$. 题干要求推出

$$2a^2 - \dfrac{1}{2} \times a \times \dfrac{a}{\sqrt{3}} = \left(2 - \dfrac{\sqrt{3}}{6}\right)a^2 = 24 - 2\sqrt{3} \Leftrightarrow a^2 = 12 \Leftrightarrow a = 2\sqrt{3} \ (a > 0).$$

显然条件(1)充分，条件(2) $\dfrac{1}{2} \times \dfrac{\sqrt{3}}{2}a \times a = 3\sqrt{3} \Leftrightarrow a = 2\sqrt{3}$，也充分.

注：条件(1)(2)等价时很可能选 D 选项.

25. 【答案】 A

【解析】 $x \geqslant \dfrac{1}{2}$ 时，题干为 $x^2 - 3x - 4 > 0$，解得 $x < -1$ 或 $x > 4$，此时解集为 $x > 4$；$x < \dfrac{1}{2}$ 时，题干为 $x^2 + x - 6 > 0$，解得 $x < -3$ 或 $x > 2$，此时解集为 $x < -3$，所以题干的解集为 $x < -3$ 或 $x > 4$.

因为条件(1) $x > 4$ 是题干解集的子集，而条件(2) $x < -1$ 不是题干解集的子集，所以条件(1)充分，条件(2)不充分.

也可这样考虑：题干不等式等价于

$$|2x-1| < x^2 - x - 5 \Leftrightarrow -(x^2 - x - 5) < 2x - 1 < x^2 - x - 5 \Leftrightarrow \begin{cases} x^2 - 3x - 4 > 0, \\ x^2 + x - 6 > 0 \end{cases} \Leftrightarrow x < -3 \text{ 或 } x > 4.$$

余下解法同上.

2011年1月管理类专业学位联考综合能力数学真题及解析

真 题

一、问题求解：第1~15小题，每小题3分，共45分。下列每题给出的A、B、C、D、E五个选项中，只有一项是符合试题要求的。

1. 已知船在静水中的速度为28千米/小时，水流的速度为2千米/小时．则此船在相距78千米的两地间往返一次所需时间是（　　）小时．

　A. 5.9　　　　　　　　　　　　B. 5.6
　C. 5.4　　　　　　　　　　　　D. 4.4
　E. 4

2. 若实数 a,b,c 满足 $|a-3|+\sqrt{3b+5}+(5c-4)^2=0$，则 $abc=$（　　）．

　A. -4　　　　　　　　　　　　B. $-\dfrac{5}{3}$
　C. $-\dfrac{4}{3}$　　　　　　　　　　D. $\dfrac{4}{5}$
　E. 3

3. 某年级60名学生中，有30人参加合唱团，45人参加运动队，其中参加合唱团而未参加运动队的有8人，则参加运动队而未参加合唱团的有（　　）．

　A. 15人　　　　　　　　　　　　B. 22人
　C. 23人　　　　　　　　　　　　D. 30人
　E. 37人

4. 现有一个半径为 R 的球体，拟用刨床将其加工成正方体，则能加工成的最大正方体的体积是（　　）．

　A. $\dfrac{8}{3}R^3$　　　　　　　　　　B. $\dfrac{8\sqrt{3}}{9}R^3$
　C. $\dfrac{4}{3}R^3$　　　　　　　　　　D. $\dfrac{1}{3}R^3$
　E. $\dfrac{\sqrt{3}}{9}R^3$

5. 2007年，某市的全年研究与试验发展（R&D）经费支出300亿元，比2006年增长

20%,该市的 GDP 为 10 000 亿元,比 2006 年增长 10%. 2006 年,该市的 R&D 经费支出占当年 GDP 的( ).

A. 1.75% B. 2%
C. 2.5% D. 2.75%
E. 3%

6. 现从 5 名管理专业、4 名经济专业和 1 名财会专业的学生中随机派出一个 3 人小组,则该小组中 3 个专业各有 1 名学生的概率为( ).

A. $\dfrac{1}{2}$ B. $\dfrac{1}{3}$
C. $\dfrac{1}{4}$ D. $\dfrac{1}{5}$
E. $\dfrac{1}{6}$

7. 一所四年制大学每年的毕业生 7 月份离校,新生 9 月份入学. 该校 2001 年招生 2 000 名,之后每年比上一年多招 200 名,则该校 2007 年 9 月底的在校学生有( ).

A. 14 000 名 B. 11 600 名
C. 9 000 名 D. 6 200 名
E. 3 200 名

8. 将 2 个红球与 1 个白球随机地放入甲、乙、丙三个盒子中,则乙盒中至少有 1 个红球的概率为( ).

A. $\dfrac{1}{9}$ B. $\dfrac{8}{27}$
C. $\dfrac{4}{9}$ D. $\dfrac{5}{9}$
E. $\dfrac{17}{27}$

9. 如图所示,四边形 ABCD 是边长为 1 的正方形,弧 AOB, BOC, COD, DOA 均为半圆,则阴影部分的面积为( ).

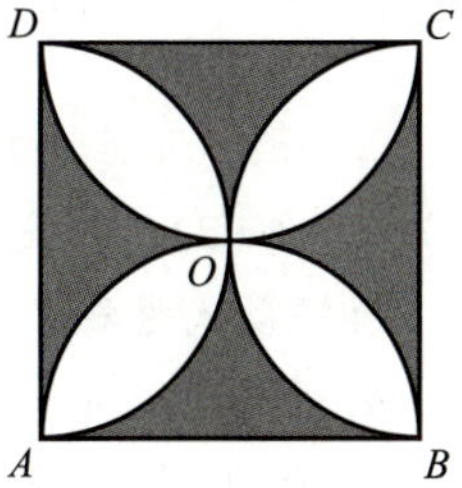

A. $\dfrac{1}{2}$ B. $\dfrac{\pi}{2}$
C. $1-\dfrac{\pi}{4}$ D. $\dfrac{\pi}{2}-1$
E. $2-\dfrac{\pi}{2}$

10. 3 个三口之家一起观看演出,他们购买了同一排的 9 张连坐票,则每一家的人都坐在一起的不同坐法有( ).

A. $(3!)^2$ 种 B. $(3!)^3$ 种
C. $3(3!)^3$ 种 D. $(3!)^4$ 种
E. $9!$ 种

11. 设 P 为圆 $x^2+y^2=2$ 上的一点,该圆在点 P 的切线平行于直线 $x+y+2=0$,则点 P 的坐标为( ).

    A. (−1,1)   B. (1,−1)

    C. $(0,\sqrt{2})$ D. $(\sqrt{2},0)$

    E. (1,1)

12. 设 a,b,c 是小于 12 的三个不同的质数(素数),且 $|a-b|+|b-c|+|c-a|=8$,则 $a+b+c=$ (   ).

    A. 10   B. 12

    C. 14   D. 15

    E. 19

13. 在年底的献爱心活动中,某单位共有 100 人参加捐款.经统计,捐款总额是 19 000 元,个人捐款数额有 100 元、500 元、2 000 元三种.该单位捐款 500 元的人数为(   ).

    A. 13   B. 18

    C. 25   D. 30

    E. 38

14. 某施工队承担了开凿一条长为 2 400 米隧道的工程,在掘进了 400 米后,由于改进了施工工艺,每天比原计划多掘进 2 米,最后提前 50 天完成了施工任务,则原计划施工工期是(   ).

    A. 200 天   B. 240 天

    C. 250 天   D. 300 天

    E. 350 天

15. 已知 $x^2+y^2=9, xy=4$,则 $\dfrac{x+y}{x^3+y^3+x+y}=$ (   ).

    A. $\dfrac{1}{2}$ B. $\dfrac{1}{5}$

    C. $\dfrac{1}{6}$ D. $\dfrac{1}{13}$

    E. $\dfrac{1}{14}$

二、条件充分性判断:第 16~25 小题,每小题 3 分,共 30 分。要求判断每题给出的条件(1)和条件(2)能否充分支持题干所陈述的结论。A、B、C、D、E 五个选项为判断结果,请选择一项符合试题要求的判断。

    A. 条件(1)充分,但条件(2)不充分.

    B. 条件(2)充分,但条件(1)不充分.

    C. 条件(1)和条件(2)单独都不充分,但条件(1)和条件(2)联合起来充分.

    D. 条件(1)充分,条件(2)也充分.

    E. 条件(1)和条件(2)单独都不充分,条件(1)和条件(2)联合起来也不充分.

16. 实数 a,b,c 成等差数列.

    (1) e^a, e^b, e^c 成等比数列.   (2) $\ln a, \ln b, \ln c$ 成等差数列.

17. 在一次英语考试中,某班的及格率为 80%.

(1) 男生及格率为 70%, 女生及格率为 90%.

(2) 男生的平均分与女生的平均分相等.

18. 如图所示, 等腰梯形的上底与腰均为 x, 下底为 $x+10$. 则 $x=13$.

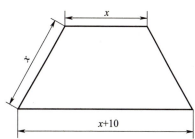

(1) 该梯形的上底与下底之比为 13∶23.

(2) 该梯形的面积为 216.

19. 现有 3 名男生和 2 名女生参加面试. 则面试的排序方法有 24 种.

(1) 第一位面试的是女生.　　　　(2) 第二位面试的是指定的某位男生.

20. 已知三角形 ABC 的三条边分别是 a,b,c. 则三角形 ABC 是等腰直角三角形.

(1) $(a-b)(c^2-a^2-b^2)=0$.　　　(2) $c=\sqrt{2}b$.

21. 直线 $ax+by+3=0$ 被圆 $(x-2)^2+(y-1)^2=4$ 截得的线段长度为 $2\sqrt{3}$.

(1) $a=0, b=-1$.　　　　(2) $a=-1, b=0$.

22. 已知实数 a,b,c,d 满足 $a^2+b^2=1, c^2+d^2=1$. 则 $|ac+bd|<1$.

(1) 直线 $ax+by=1$ 与 $cx+dy=1$ 仅有一个交点.

(2) $a\neq c, b\neq d$.

23. 某年级共有 8 个班. 在一次年级考试中, 共有 21 名学生不及格, 每班不及格的学生最多有 3 名, 则 (一) 班至少有 1 名学生不及格.

(1) (二) 班的不及格人数多于 (三) 班.　　(2) (四) 班不及格的学生有 2 名.

24. 现有一批文字材料需要打印, 两台新型打印机单独完成此任务分别需要 4 小时与 5 小时, 两台旧型打印机单独完成此任务分别需要 9 小时与 11 小时. 则能在 2.5 小时内完成此任务.

(1) 安排两台新型打印机同时打印.

(2) 安排一台新型打印机与两台旧型打印机同时打印.

25. 已知 $\{a_n\}$ 为等差数列. 则该数列的公差为零.

(1) 对任何正整数 n, 都有 $a_1+a_2+\cdots+a_n\leq n$.

(2) $a_2\geq a_1$.

解　析

一、问题求解

1. 【答案】 B

【解析】 顺水:$v_\text{顺}=v_\text{静}+v_\text{水}=30$(千米/小时),$t_1=\dfrac{S}{v_\text{顺}}=\dfrac{78}{30}=2.6$(小时). 逆水:$v_\text{逆}=v_\text{静}-v_\text{水}=26$(千米/小时),$t_2=\dfrac{S}{v_\text{逆}}=\dfrac{78}{26}=3$(小时). 故往返一次所需时间为 $t=t_1+t_2=5.6$(小时).

2. 【答案】 A

【解析】 $\begin{cases}a-3=0,\\3b+5=0,\\5c-4=0\end{cases} \Rightarrow \begin{cases}a=3,\\b=-\dfrac{5}{3},\\c=\dfrac{4}{5}\end{cases} \Rightarrow abc=3\times\left(-\dfrac{5}{3}\right)\times\dfrac{4}{5}=-4.$

3. 【答案】 C

【解析】 如图,由题意可知:参加合唱团的共有30人,参加合唱团而未参加运动队的有8人,故参加合唱团且参加运动队的有 $30-8=22$(人). 因为参加运动队的有45人,则参加运动队而未参加合唱团的有 $45-22=23$(人).

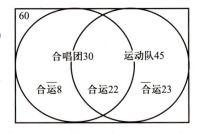

4. 【答案】 B

【解析】 设正方体的边长为 a,由下图可知,$OC=BC=AB=\dfrac{a}{2}$,则 $OA=\sqrt{\left(\dfrac{a}{2}\right)^2+\left(\dfrac{a}{2}\right)^2+\left(\dfrac{a}{2}\right)^2}=\sqrt{\dfrac{3}{4}}a$,球的半径为 R,即 $\sqrt{\dfrac{3}{4}}a=R$,则 $a=\sqrt{\dfrac{4}{3}}R$,$V=\left(\sqrt{\dfrac{4}{3}}R\right)^3=\dfrac{8\sqrt{3}}{9}R^3.$

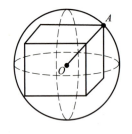 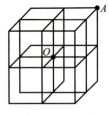

5. 【答案】 D

【解析】 由题意可得:2006年R&D经费支出为 $\dfrac{300}{1+20\%}$ 亿元,2006年GDP为 $\dfrac{10\,000}{1+10\%}$ 亿元,则2006年该市的R&D经费支出占当年GDP的比为 $\dfrac{\dfrac{300}{1+20\%}}{\dfrac{10\,000}{1+10\%}}=2.75\%.$

6. 【答案】 E

【解析】 所求概率为 $P=\dfrac{C_5^1 \cdot C_4^1 \cdot C_1^1}{C_{10}^3}=\dfrac{1}{6}$.

7. 【答案】 B

【解析】 列举每年入学情况如下：

年份	2001年9月	2002年9月	2003年9月	2004年9月	2005年9月	2006年9月	2007年9月
人数/名	2 000	2 200	2 400	2 600	2 800	3 000	3 200

2007年9月底在校生有：2004年9月入学、2005年9月入学、2006年9月入学、2007年9月入学的学生，共有 2 600+2 800+3 000+3 200=11 600(名).

8. 【答案】 D

【解析】 乙盒中至少有一个红球的情况有：

(1) 1红0白：$C_2^1 \cdot C_1^0 \cdot (C_2^1+C_1^1)=8$；　　(2) 1红1白：$C_2^1 \cdot C_1^1 \cdot C_2^1=4$；

(3) 2红0白：$C_2^2 \cdot C_1^0 \cdot C_2^1=2$；　　　　　　(4) 2红1白：$C_2^2 \cdot C_1^1=1$.

故所求概率为 $P=\dfrac{8+4+2+1}{3^3}=\dfrac{15}{27}=\dfrac{5}{9}$.

【技巧】 本题可采取对立面法求解.

$P("乙盒中至少有1个红球")=1-P("乙盒中没有红球")$

$=1-\dfrac{2^2 \cdot C_3^1}{3^3}$

$=\dfrac{5}{9}$.

9. 【答案】 E

【解析】 作辅助线如图所示，则有：$S_T=S_{扇形OCF}-S_{Rt\triangle OCF}=$
$\dfrac{1}{4}\pi\left(\dfrac{1}{2}\right)^2-\dfrac{1}{2}\times\dfrac{1}{2}\times\dfrac{1}{2}=\dfrac{\pi}{16}-\dfrac{1}{8}$，所以

$S_{阴影}=S_{ABCD}-8S_T=1-8\left(\dfrac{\pi}{16}-\dfrac{1}{8}\right)=2-\dfrac{\pi}{2}$.

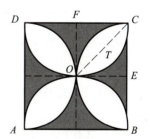

10. 【答案】 D

【解析】 相邻问题用"捆绑法".

故符合条件的不同坐法有 $P_3^3 \cdot P_3^3 \cdot P_3^3 \cdot P_3^3=(3!)^4$(种).

11. 【答案】 E

【解析】 如图,设过点 P 的切线方程为 $x+y+k=0$,点 P 的坐标可设为 (a,b),则 $\dfrac{|0+0+k|}{\sqrt{1^2+1^2}}=\sqrt{2}$,得 $k=\pm 2$. 若 $k=2$,则与 $x+y+2=0$ 重合,故排除. 因此 $k=-2$,则过点 P 的切线方程为 $x+y-2=0$,而该切线与 OP 垂直,得 $\begin{cases}\dfrac{b-0}{a-0}=1,\\ a+b-2=0\end{cases}\Rightarrow\begin{cases}a=1,\\ b=1,\end{cases}$ 则 P 的坐标为 $(1,1)$.

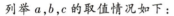

12.【答案】 D

【解析】 不妨设 $a>b>c$,则 $|a-b|+|b-c|+|c-a|=a-b+b-c+a-c=2(a-c)=8$,即 $a-c=4$. 小于 12 的质数分别为 2,3,5,7,11. 列举 a,b,c 的取值情况如下:

c	2	3	5	7	11
$a=c+4$	6(排除)	7	9(排除)	11	15(排除)
b	—	5	—	—	—

只有一组数字满足条件,即 $a=7,b=5,c=3$. 故 $a+b+c=7+5+3=15$.

13.【答案】 A

【解析】 设捐款数额为 100 元、500 元和 2 000 元的人数分别为 x,y,z.

则 $\begin{cases}x+y+z=100,\\ 100x+500y+2\,000z=19\,000\end{cases}\Rightarrow 4y+19z=90\Rightarrow y=\dfrac{90-19z}{4}.$ z 为整数,列举如下:

z	1	2	3	4
y	不是整数	13	不是整数	不是整数

故捐款 500 元的人数为 13.

14.【答案】 D

【解析】 设原计划施工工期是 x 天,则每天可掘进 $\dfrac{2\,400}{x}$ 米.

依题意有:$\dfrac{400}{\dfrac{2\,400}{x}}+\dfrac{2\,400-400}{\dfrac{2\,400}{x}+2}=x-50$,解得 $x=300$.

【技巧】 利用变速公式:$V_1\cdot V_2=\dfrac{S\cdot\Delta V}{\Delta T}.$

```
        400          2 000
    ├─────────┼──────────────────┤
     V→V+2      ΔT=50      ΔV=2
```

由上图所示，$V(V+2)=\dfrac{2\,000\times 2}{50}=80$，解得 $V=8$，故 $T_{计}=\dfrac{2\,400}{8}=300$（天）.

15.【答案】 C

【解析】 $\dfrac{x+y}{x^3+y^3+x+y}=\dfrac{x+y}{(x+y)(x^2+y^2-xy)+(x+y)}=\dfrac{x+y}{(x+y)(x^2+y^2-xy+1)}=\dfrac{1}{x^2+y^2-xy+1}=\dfrac{1}{9-4+1}=\dfrac{1}{6}.$

二、条件充分性判断

16.【答案】 A

【解析】 条件(1)，e^a,e^b,e^c 成等比数列，则 $(e^b)^2=e^a\cdot e^c$，可得 $2b=a+c$，那么实数 a,b,c 成等差数列，充分.

条件(2)，$\ln a,\ln b,\ln c$ 成等差数列，则 $2\ln b=\ln a+\ln c\Rightarrow\begin{cases}b^2=ac,\\a>0,\\b>0,\\c>0,\end{cases}$ 那么实数 a,b,c 成等比数列，不充分.

17.【答案】 E

【解析】 条件(1)，

	男生	女生	全班
人数	x	y	$x+y$
及格率	70%	90%	$\dfrac{70\%x+90\%y}{x+y}$

由于不知道 x,y，无法推出 $\dfrac{70\%x+90\%y}{x+y}$ 的值为 80%，故不充分.

条件(2)，

	男生	女生	全班
人数	x	y	$x+y$
平均分	a	a	$\dfrac{xa+ya}{x+y}$

仅有平均分，得不到与及格率相关的条件，故不充分.
联合条件(1)和条件(2)，也不成立.

18.【答案】 D

【解析】 条件(1)有 $\dfrac{x}{x+10}=\dfrac{13}{23}$，则 $x=13$，充分.

条件(2)，如图所示，梯形面积 $S=\dfrac{(x+x+10)\sqrt{x^2-5^2}}{2}=(x+5)\sqrt{x^2-5^2}=216\Rightarrow\sqrt{x^2-5^2}=$

$\dfrac{216}{x+5} \Rightarrow (x+5)(x-5) = \left(\dfrac{6^3}{x+5}\right)^2 \Rightarrow x-5 = \dfrac{6^6}{(x+5)^3} = \left(\dfrac{36}{x+5}\right)^3$. 由于方程较复杂,只能在整数中试解.

$x+5$	6	9	12	18	36
$x-5$	-4	-1	2	8	26
$\left(\dfrac{36}{x+5}\right)^3$	排除	排除	27	8	1

只有 $x+5=18$ 时,这组解有意义,解得 $x=13$,充分.

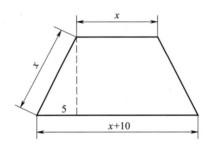

注:本题如果解答严谨的话,还需说明 $x>0$ 时解唯一,有兴趣的考生可以作图,观察直线 $y=x-5$ 和曲线 $y=\left(\dfrac{36}{x+5}\right)^3$ 的交点情况即可理解.

【技巧】 方程 $(x+5)\sqrt{x^2-25}=216$ 中取 $x=13$ 是成立的,只要证明此方程有唯一解即可. 因为函数 $y=(x+5)\sqrt{x^2-25}$ 在 $x\in(5,+\infty)$ 内单调递增,所以方程 $(x+5)\sqrt{x^2-25}=216$ 有唯一解.

19. 【答案】 B

【解析】 条件(1), $C_2^1 \cdot P_4^4 = 48$,不充分.

条件(2), $C_1^1 \cdot P_4^4 = 24$,充分.

20. 【答案】 C

【解析】 条件(1) $(a-b)(c^2-a^2-b^2)=0$,推出 $a=b$ 或 $c^2=a^2+b^2$,即三角形 ABC 是等腰三角形或直角三角形,不充分.

条件(2) $c=\sqrt{2}b$ 显然不充分.

联合条件(1)和条件(2),有 $\begin{cases}a=b,\\ c=\sqrt{2}b\end{cases}$ 或 $\begin{cases}c^2=a^2+b^2,\\ c=\sqrt{2}b\end{cases}$ $\Rightarrow \begin{cases}a=b,\\ c^2=a^2+b^2,\end{cases}$ 为等腰直角三角形,充分.

21. 【答案】 B

【解析】 圆心坐标为 $(2,1)$,半径 $r=2$,则直线被圆截得的线段长度为

$$2\sqrt{r^2-\left(\dfrac{|2a+b+3|}{\sqrt{a^2+b^2}}\right)^2} = 2\sqrt{3},$$

化简得 $\dfrac{|2a+b+3|}{\sqrt{a^2+b^2}} = 1$.

条件(1)代入,得 $\frac{|2a+b+3|}{\sqrt{a^2+b^2}}=2$,不充分.

条件(2)代入,得 $\frac{|2a+b+3|}{\sqrt{a^2+b^2}}=1$,充分.

22.【答案】 A

【解析】 $|ac+bd|\leq|ac|+|bd|\leq\frac{a^2+c^2}{2}+\frac{b^2+d^2}{2}=1$,只需要考虑 $|ac+bd|=1$ 不成立,就充分. 其中 $|ac+bd|=|ac|+|bd|$ 的条件为 ac 与 bd 同号即可.

$|ac|+|bd|=\frac{a^2+c^2}{2}+\frac{b^2+d^2}{2}$ 的条件为 $|a|=|c|$ 且 $|b|=|d|$.

条件(1),可得 $\frac{a}{c}\neq\frac{b}{d}$,则若 ac 与 bd 同号,就不能满足 $|a|=|c|$ 且 $|b|=|d|$,充分.

条件(2),$a\neq c, b\neq d$, $|a|=|c|$ 且 $|b|=|d|$ 可以成立 $\left(a=\frac{\sqrt{2}}{2}, c=-\frac{\sqrt{2}}{2}, b=\frac{\sqrt{2}}{2}, d=-\frac{\sqrt{2}}{2}\right)$,此时 $|ac+bd|=1$,不充分.

【技巧】 根据柯西不等式可知

$$|ac+bd|<\sqrt{a^2+b^2}\cdot\sqrt{c^2+d^2}\Leftrightarrow\frac{a}{c}\neq\frac{b}{d},$$

$$|ac+bd|=\sqrt{a^2+b^2}\cdot\sqrt{c^2+d^2}\Leftrightarrow\frac{a}{c}=\frac{b}{d}.$$

题干欲证 $|ac+bd|<1=\sqrt{a^2+b^2}\cdot\sqrt{c^2+d^2}\Leftrightarrow\frac{a}{c}\neq\frac{b}{d}$,所以条件(1)充分,条件(2)不充分,选 A.

23.【答案】 D

【解析】 "至少有1名学生不及格"的对立面是"没有学生不及格",那么21名不及格的学生分配到其他7个班级当中,每班3人. 因此结论成立的条件为"其他7个班级当中有班级的不及格人数少于3人".

条件(1):(二)班的不及格人数最多为3人,则(三)班的不及格人数少于3人,充分;

条件(2):(四)班不及格的学生有2名,少于3人,充分.

24.【答案】 D

【解析】 新型:$t_{n_1}=4, t_{n_2}=5, v_{n_1}=\frac{1}{4}, v_{n_2}=\frac{1}{5}$.

旧型:$t_{o_1}=9, t_{o_2}=11, v_{o_1}=\frac{1}{9}, v_{o_2}=\frac{1}{11}$.

条件(1),$t=\frac{1}{\frac{1}{4}+\frac{1}{5}}=\frac{20}{9}<\frac{5}{2}$,充分;

条件(2), $t = \dfrac{1}{\dfrac{1}{4}+\dfrac{1}{9}+\dfrac{1}{11}} = \dfrac{396}{179} < \dfrac{5}{2}$, 或 $t = \dfrac{1}{\dfrac{1}{5}+\dfrac{1}{9}+\dfrac{1}{11}} = \dfrac{495}{199} < \dfrac{5}{2}$, 充分.

25. 【答案】 C

【解析】 条件(1), $S_n \leq n$, 即 $\left(\dfrac{d}{2}\right)n^2 + \left(a_1 - \dfrac{d}{2}\right)n \leq n$, 整理得 $\left(\dfrac{d}{2}\right)n^2 + \left(a_1 - \dfrac{d}{2} - 1\right)n \leq 0$, 令 $f(n) = \left(\dfrac{d}{2}\right)n^2 + \left(a_1 - \dfrac{d}{2} - 1\right)n$.

当 $\dfrac{d}{2} = 0$ 时, 此时 $d = 0$, $f(n) = (a_1 - 1)n \leq 0$ 对于任何正整数 n 都成立, 由于 $n > 0$, 则 $a_1 \leq 1$;

当 $\dfrac{d}{2} < 0$ 时, 此时 $d < 0$, $f(n) = \left(\dfrac{d}{2}\right)n^2 + \left(a_1 - \dfrac{d}{2} - 1\right)n \leq 0$ 对于任何正整数 n 都成立, 则

$\begin{cases} \dfrac{d}{2} < 0, \\ \Delta = \left(a_1 - \dfrac{d}{2} - 1\right)^2 - 4 \times \dfrac{d}{2} \times 0 \leq 0, \end{cases}$ 解得 $\begin{cases} d < 0, \\ a_1 = \dfrac{d}{2} + 1. \end{cases}$

综上可知 $\begin{cases} d = 0, \\ a_1 \leq 1 \end{cases}$ 或 $\begin{cases} d < 0, \\ a_1 = \dfrac{d}{2} + 1, \end{cases}$ 不充分.

条件(2), $a_2 \geq a_1 \Rightarrow a_1 + d \geq a_1 \Rightarrow d \geq 0$, 不充分.

两个条件联合起来有 $\begin{cases} d = 0, \\ a_1 \leq 1, \\ d \geq 0 \end{cases}$ 或 $\begin{cases} d < 0, \\ a_1 = \dfrac{d}{2} + 1, \\ d \geq 0, \end{cases}$ 有 $\begin{cases} d = 0, \\ a_1 \leq 1, \end{cases}$ 充分.

2011年10月在职攻读硕士学位全国联考综合能力数学真题及解析

真　题

一、问题求解：第1~15小题，每小题3分，共45分。下列每题给出的A、B、C、D、E五个选项中，只有一项是符合试题要求的。

1. 已知某种商品的价格从一月份到三月份的月平均增长速度为10%,那么该商品三月份的价格是其一月份价格的(　　).

   A. 21%　　　　　　　　　　B. 110%
   C. 120%　　　　　　　　　 D. 121%
   E. 133.1%

2. 含盐12.5%的盐水40千克蒸发掉部分水分后变成了含盐20%的盐水,蒸发掉的水分质量为(　　)千克.

   A. 19　　　　　　　　　　　B. 18
   C. 17　　　　　　　　　　　D. 16
   E. 15

3. 为了调节个人收入,减少中低收入者的赋税负担,国家调整了个人工资薪金所得税的征收方案.已知原方案的起征点为2 000元/月,税费分九级征收,前四级税率见下表：

级数	全月应纳税所得额 q(元)	税率(%)
1	$0 < q \leq 500$	5
2	$500 < q \leq 2\,000$	10
3	$2\,000 < q \leq 5\,000$	15
4	$5\,000 < q \leq 20\,000$	20

新方案的起征点为3 500元/月,税费分七级征收,前三级税率见下表：

级数	全月应纳税所得额 q(元)	税率(%)
1	$0 < q \leq 1\,500$	3
2	$1\,500 < q \leq 4\,500$	10
3	$4\,500 < q \leq 9\,000$	20

若某人在新方案下每月缴纳的个人工资薪金所得税是345元,则此人每月缴纳的个人工资薪金所得税比原方案减少了( )元.

A. 825　　　　　　　　　　B. 480

C. 345　　　　　　　　　　D. 280

E. 135

4. 一列火车匀速行驶时,通过一座长为250米的桥梁需要10秒钟,通过一座长为450米的桥梁需要15秒钟,该火车通过长为1050米的桥梁需要( )秒.

A. 22　　　　　　　　　　B. 25

C. 28　　　　　　　　　　D. 30

E. 35

5. 录入一份资料,若每分钟打30个字,需要若干个小时打完.当打到此材料的$\frac{2}{5}$时,打字效率提高了40%,结果提前半小时打完.这份材料的字数是( )个.

A. 4650　　　　　　　　　B. 4800

C. 4950　　　　　　　　　D. 5100

E. 5250

6. 若等比数列$\{a_n\}$满足$a_2a_4+2a_3a_5+a_2a_8=25$,且$a_1>0$,则$a_3+a_5=$( ).

A. 8　　　　　　　　　　　B. 5

C. 2　　　　　　　　　　　D. −2

E. −5

7. 某地区平均每天产生生活垃圾700吨,由甲、乙两个处理厂处理.甲厂每小时可处理垃圾55吨,所需费用为550元;乙厂每小时可处理垃圾45吨,所需费用为495元.如果该地区每天的垃圾处理费不能超过7370元,那么甲厂每天处理垃圾的时间至少需要( )小时.

A. 6　　　　　　　　　　　B. 7

C. 8　　　　　　　　　　　D. 9

E. 10

8. 若三次方程$ax^3+bx^2+cx+d=0$的三个不同实根x_1,x_2,x_3满足:$x_1+x_2+x_3=0,x_1x_2x_3=0$,则下列关系式中恒成立的是( ).

A. $ac=0$　　　　　　　　B. $ac<0$

C. $ac>0$　　　　　　　　D. $a+c<0$

E. $a+c>0$

9. 若等差数列$\{a_n\}$满足$5a_7-a_3-12=0$,则$\sum_{k=1}^{15}a_k=$( ).

A. 15　　　　　　　　　　B. 24

C. 30　　　　　　　　　　D. 45

E. 60

10. 10名网球选手中有2名种子选手.现将他们分成两组,每组5人,则2名种子选手不在同一组的概率为( ).

A. $\frac{5}{18}$　　　　　　　　　　B. $\frac{4}{9}$

C. $\dfrac{5}{9}$ D. $\dfrac{1}{2}$

E. $\dfrac{2}{3}$

11. 某种新鲜水果的含水量为98%，一天后的含水量降为97.5%.某商店以每斤1元的价格购进了1 000斤新鲜水果，预计当天能售出60%，两天内售完.要使利润维持在20%，则每斤水果的平均售价应定为(　　)元.

A. 1.20 B. 1.25
C. 1.30 D. 1.35
E. 1.40

12. 在8名志愿者中，只能做英语翻译的有4人，只能做法语翻译的有3人，既能做英语翻译又能做法语翻译的有1人.现从这些志愿者中选取3人做翻译工作，确保英语和法语都有翻译的不同选法共有(　　)种.

A. 12 B. 18
C. 21 D. 30
E. 51

13. 如图，若相邻点的水平距离与竖直距离都是1，则多边形 $ABCDE$ 的面积为(　　).

A. 7 B. 8
C. 9 D. 10
E. 11

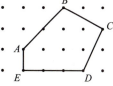

14. 如图，一块面积为400平方米的正方形土地被分割成甲、乙、丙、丁四个小长方形区域作为不同的功能区域，它们的面积分别为128,192,48和32平方米.乙的左小角划出一块正方形区域(阴影)作为公共区域，这块小正方形的面积为(　　)平方米.

A. 16 B. 17
C. 18 D. 19
E. 20

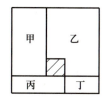

15. 已知直线 $y=kx$ 与圆 $x^2+y^2=2y$ 有两个交点 A,B. 若 AB 的长度大于 $\sqrt{2}$，则 k 的取值范围是(　　).

A. $(-\infty,-1)$ B. $(-1,0)$
C. $(0,1)$ D. $(1,+\infty)$
E. $(-\infty,-1)\cup(1,+\infty)$

二、条件充分性判断：第16~25小题，每小题3分，共30分。要求判断每题给出的条件(1)与条件(2)能否充分支持题干所陈述的结论。A、B、C、D、E五个选项为判断结果，请选择一项符合试题要求的判断。

A. 条件(1)充分，但条件(2)不充分.
B. 条件(2)充分，但条件(1)不充分.
C. 条件(1)和条件(2)单独都不充分，但条件(1)和条件(2)联合起来充分.

D. 条件(1)充分,条件(2)也充分.

E. 条件(1)和条件(2)单独都不充分,条件(1)和条件(2)联合起来也不充分.

16. 某种流感在流行.从人群中任意找出3人,其中至少有1人患该种流感的概率为0.271.

(1) 该流感的发病率为0.3.

(2) 该流感的发病率为0.1.

17. 抛物线 $y = x^2 + (a+2)x + 2a$ 与 x 轴相切.

(1) $a > 0$.

(2) $a^2 + a - 6 = 0$.

18. 甲、乙两人赛跑.则甲的速度是6米/秒.

(1) 乙比甲先跑12米,甲起跑后6秒钟追上乙.

(2) 乙比甲先跑2.5秒,甲起跑后5秒钟追上乙.

19. 甲、乙两组射手打靶.则两组射手的平均成绩是150环.

(1) 甲组人数比乙组人数多20%.

(2) 乙组的平均成绩是171.6环,比甲组的平均成绩高30%.

20. 直线 l 是圆 $x^2 - 2x + y^2 + 4y = 0$ 的一条切线.

(1) $l: x - 2y = 0$.

(2) $l: 2x - y = 0$.

21. 不等式 $ax^2 + (a-6)x + 2 > 0$ 对所有实数 x 都成立.

(1) $0 < a < 3$.

(2) $1 < a < 5$.

22. 已知 $x(1-kx)^3 = a_1 x + a_2 x^2 + a_3 x^3 + a_4 x^4$ 对所有实数 x 都成立.则 $a_1 + a_2 + a_3 + a_4 = -8$.

(1) $a_2 = -9$.

(2) $a_3 = 27$.

23. 已知数列 $\{a_n\}$ 满足 $a_{n+1} = \dfrac{a_n + 2}{a_n + 1}$ ($n = 1, 2, \cdots$). 则 $a_2 = a_3 = a_4$.

(1) $a_1 = \sqrt{2}$.

(2) $a_1 = -\sqrt{2}$.

24. 已知 $g(x) = \begin{cases} 1, & x > 0, \\ -1, & x < 0, \end{cases}$ $f(x) = |x-1| - g(x)|x+1| + |x-2| + |x+2|$. 则 $f(x)$ 是与 x 无关的常数.

(1) $-1 < x < 0$.

(2) $1 < x < 2$.

25. 如右图,在直角坐标系 xOy 中,矩形 $OABC$ 的顶点 B 的坐标是 $(6,4)$. 则直线 l 将矩形 $OABC$ 分成了面积相等的两部分.

(1) $l: x - y - 1 = 0$.

(2) $l: x - 3y + 3 = 0$.

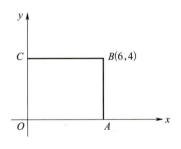

解　析

一、问题求解

1.【答案】 D

【解析】 设一月份价格为 a，则三月份价格为 $a(1+10\%)^2$，故三月份价格是一月份价格的：$\dfrac{a(1+10\%)^2}{a}\times 100\%=121\%$.

2.【答案】 E

【解析】 方法1：设蒸发掉的水分质量为 x 千克，根据溶质不变，列方程得：
$$40\times 12.5\%=(40-x)\times 20\%,\text{解得 }x=15.$$

方法2：比例法. 盐：水 $=1:7$ 变为盐：水 $=1:4$，所以水少了 3 份，故蒸发掉的水分为 $\dfrac{40}{8}\times 3=15$（千克）.

3.【答案】 B

【解析】 按照新方案分段交，先算出每段要交的税：$1\,500\times 3\%=45$（元），$3\,000\times 10\%=300$（元）.

所以此人的工资薪金为 $8\,000=3\,500$（不交）$+1\,500$（交 3%）$+3\,000$（交 10%），即 $345=45+300$.

按原来方案分段交：
$8\,000=2\,000$（不交）$+500$（交 5%）$+1\,500$（交 10%）$+3\,000$（交 15%）$+1\,000$（交 20%），即
$$500\times 5\%+1\,500\times 10\%+3\,000\times 15\%+1\,000\times 20\%=825(\text{元}).$$

所以减少 $825-345=480$（元）.

4.【答案】 D

【解析】 设火车车身长 l 米，由速度相等得 $\dfrac{250+l}{10}=\dfrac{450+l}{15}$，解得 $l=150$，所以火车速度为
$$v=\dfrac{250+150}{10}=40(\text{米}/\text{秒}),$$

因而该火车通过长为 $1\,050$ 米的桥梁需要 $t=\dfrac{1\,050+150}{40}=30$（秒）.

5.【答案】 E

【解析】 设这份材料有 x 个字. 根据题意，完成 $\dfrac{3}{5}$ 的工作量，效率提高后所用时间少 30 分钟，得 $\dfrac{\frac{3}{5}x}{30}-\dfrac{\frac{3}{5}x}{30(1+40\%)}=30\Rightarrow x=5\,250$.

6.【答案】 B

【解析】 方法1：题干中等式变形为 $a_3^2+2a_3a_5+a_5^2=25$，即 $(a_3+a_5)^2=25$. 又 $a_1>0$，所以 $a_3>0,a_5>0$，则 $a_3+a_5=5$.

方法2:特殊数列法. 令 $a_n = C > 0$,则 $a_2a_4 + 2a_3a_5 + a_2a_8 = 4C^2 = 25$,所以 $C = \dfrac{5}{2}$,从而 $a_3 + a_5 = 5$.

7. 【答案】 A

【解析】 设甲厂每天处理垃圾的时间需要 x 小时,乙厂每天处理垃圾的时间需要 y 小时,则

$$\begin{cases} 55x + 45y = 700, \\ 550x + 495y \leqslant 7\,370, \end{cases} \text{化简得} \begin{cases} 11x + 9y = 140, \\ 10x + 9y \leqslant 134, \end{cases} \text{将} 9y = 140 - 11x \text{代入} 10x + 9y \leqslant 134,$$

即 $10x + 140 - 11x \leqslant 134$,得 $x \geqslant 6$.

注意:实际问题的隐含范围:$9y = 140 - 11x \geqslant 0$,即 $6 \leqslant x \leqslant \dfrac{140}{11}$.

8. 【答案】 B

【解析】 显然有一个实根为 0,另两个根互为相反数. 将 $x = 0$ 代入方程,得 $d = 0$.

方法1:特殊值法. 设三次方程为 $x(x+1)(x-1) = 0$,即 $x^3 - x = 0$,此时 $a = 1, c = -1$,则 $ac < 0$.

方法2:根据一元三次方程 $ax^3 + bx^2 + cx + d = 0$ 的韦达定理,得

$$\begin{cases} x_1 + x_2 + x_3 = -\dfrac{b}{a} = 0 \Rightarrow b = 0, \\ x_1 x_2 x_3 = -\dfrac{d}{a} = 0 \Rightarrow d = 0, \\ x_1 x_2 + x_2 x_3 + x_1 x_3 = \dfrac{c}{a}, \end{cases}$$

即 $ax^3 + cx = 0$,$x(ax^2 + c) = 0$,所以 $x = 0, x^2 = -\dfrac{c}{a}$. 由于方程有三个不同实根 x_1, x_2, x_3,所以 $ac < 0$.

9. 【答案】 D

【解析】 方法1:$\displaystyle\sum_{k=1}^{15} a_k = S_{15} = \dfrac{15(a_1 + a_{15})}{2} = \dfrac{15 \times 2a_8}{2} = 15a_8$.

又 $5a_7 - a_3 - 12 = 0$,即 $5(a_8 - d) - (a_8 - 5d) - 12 = 0$,得 $a_8 = 3$,故原式 $= S_{15} = 15 \times 3 = 45$.

方法2:特殊数列法. 令 $a_n = C$(常数列),$5a_7 - a_3 - 12 = 4C - 12 = 0$,得到 $C = 3$,所以

$$\sum_{k=1}^{15} a_k = \sum_{k=1}^{15} C = \sum_{k=1}^{15} 3 = 3 \times 15 = 45.$$

10. 【答案】 C

【解析】 10 名网球选手,先将他们分成两组,每组 5 人,共有 $C_{10}^5 C_5^5 / P_2^2$ 种分法.

方法1:(正面求解)2 名种子选手不在同一组,即将 8 名非种子选手分成 2 组,每组 4 人与种子选手搭配,两个种子选手可交换,共有 $\dfrac{C_8^4 C_4^4}{P_2^2} \times P_2^2 = C_8^4$(种)分法,则所求概率为 $P(A) = \dfrac{C_8^4}{C_{10}^5 C_5^5 / P_2^2} = \dfrac{5}{9}$.

方法2:(反面求解)先算出 2 名种子选手在同一组的概率,从 8 个人中选出 3 人与种子选手搭配,从而所求概率为 $P(A) = 1 - P(\bar{A}) = 1 - \dfrac{C_8^3}{C_{10}^5 C_5^5 / P_2^2} = \dfrac{5}{9}$.

11. 【答案】 C

【解析】 设平均售价为 x 元/斤.

首先求出总重量降低的百分数:设原来水果的总重量为100,含水为98,果为2,最后果占 2.5%=2/80,说明最后水果重量为80,故总重量为原来的80%(本题一定要以不变的果作为等量关系来分析).所以得到 $600x+400×80%×x=1\,200$,解得 $x≈1.30$.

注意:以下解法为错解:

设平均售价为 x 元/斤,则成本为 $1\,000$ 元,

$$600x+400×(1-98\%+97.5\%)·x=1\,200,$$

解得 $x≈1.20$.

12. 【答案】 E

【解析】 方法1:(正面求解)设 $A=\{$仅会英语4人$\}$,$B=\{$英、法均会1人$\}$,$C=\{$仅会法语3人$\}$,以 A 中选人情况分类:

(1) A 类4个人中选2人,B,C 类加在一起共4人中选1人,共有 $C_4^2 C_4^1=24$(种)不同选法;

(2) A 类4个人中选1人,B,C 类加在一起共4人中选2人,共有 $C_4^1 C_4^2=24$(种)不同选法;

(3) A 类4个人中选0人,B 类1人必选,C 类3人中选2人,共有 $C_1^1 C_3^2=3$(种)不同选法.

故确保英语和法语都有翻译的不同选法共有 $N=24+24+3=51$(种).

方法2:(反面求解)反面情况为全是英语或全是法语,则确保英语和法语都有翻译的不同选法共有 $C_8^3-C_4^3-C_3^3=56-4-1=51$(种).

13. 【答案】 B

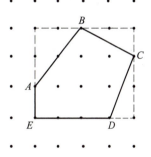

【解析】 割补法:如右图所示,一个长方形面积减去3个小直角三角形面积即为多边形 $ABCDE$ 的面积,所以

$$S_{ABCDE}=4×3-\frac{1}{2}×2×2-\frac{1}{2}×2×1-\frac{1}{2}×1×2=8.$$

14. 【答案】 A

【解析】 方法1:面积为400平方米的正方形,其边长为20米.

$S_丙+S_丁=80$ 平方米,可得丙、丁宽为4米,所以乙长为16米,而 $S_乙=192$ 平方米,所以乙宽为12米.而 $S_丁=32$ 平方米,得丁长为8米,所以小正方形的边长为4米,故其面积为16平方米.

方法2:蒙猜法.小正方形的面积为完全平方数,只有16为完全平方数,满足条件.

15. 【答案】 E

【解析】 方法1:圆的标准方程为 $x^2+(y-1)^2=1$. 设圆的半径为 r,圆心到直线的距离为 d,AB 的长为 l,则由弦长公式得 $l=2\sqrt{r^2-d^2}>\sqrt{2}$,将 $r=1$ 代入得到 $d^2<\frac{1}{2}$,即圆心$(0,1)$到直线 $l:kx-y=0$ 的距离的平方 $d^2=\left(\frac{|-1|}{\sqrt{k^2+1}}\right)^2<\frac{1}{2}$,解得 $k>1$ 或 $k<-1$.

方法2:数形结合法,由图像和斜率的变化范围马上得到 $k>1$ 或 $k<-1$.

二、条件充分性判断

16. 【答案】 B

【解析】 设流感发病率为 p，则至少有1人患该种流感的概率为 $P(A) = 1 - P(\bar{A}) = 0.271$，即 $1-(1-p)^3 = 0.271$，解得 $p = 0.1$. 条件(1)不充分，条件(2)充分.

17. 【答案】 C

【解析】 抛物线 $y = x^2 + (a+2)x + 2a$ 与 x 轴相切，即方程 $x^2 + (a+2)x + 2a = 0$ 有重实根，故 $\Delta = 0$，即 $(a+2)^2 - 4 \cdot 2a = 0 \Rightarrow a = 2$.

条件(1)不充分. 条件(2) $a = 2$ 或 $a = -3$，不充分.

条件(1)(2)联合起来，$\begin{cases} a > 0, \\ a = 2 \text{ 或 } a = -3 \end{cases} \Rightarrow a = 2$，充分.

18. 【答案】 C

【解析】 设甲、乙速度分别为 x 米/秒、y 米/秒，由路程相等得到：

(1) $6x = 12 + 6y$；　　(2) $5x = (5 + 2.5)y$.

条件(1)和条件(2)单独显然不充分.

将条件(1)(2)联合起来，得 $\begin{cases} 6x = 12 + 6y, \\ 5x = (5 + 2.5)y, \end{cases}$ 解得 $x = 6, y = 4$，充分.

19. 【答案】 C

【解析】 条件(1)和条件(2)单独显然不充分.

将条件(1)(2)联合起来考虑.

方法1：设乙组的人数为 a，则甲组的人数为 $1.2a$.

设甲组平均成绩为 x 环，乙组的平均成绩是 171.6 环，比甲组的平均成绩高 30%，所以 $171.6 = (1 + 30\%) \cdot x$，得到 $x = 132$. 所以两组平均成绩为 $\dfrac{132 \times 1.2a + 171.6 \times a}{1.2a + a} = 150$（环），充分.

方法2：十字交叉法. 设平均成绩为 x 环，易得甲组平均成绩为 $\dfrac{171.6}{1 + 30\%} = 132$ 环.

甲：132　　　　$171.6 - x$　　　1.2

　　　　　$\diagdown$　　$\diagup$

　　　　　　　x

　　　　　$\diagup$　　$\diagdown$

乙：171.6　　　$x - 132$　　　　1

$\dfrac{171.6 - x}{x - 132} = \dfrac{1.2}{1}$，解得 $x = 150$，充分.

20. 【答案】 A

【解析】 将题干中圆的方程转化为标准方程，$C:(x-1)^2 + (y+2)^2 = 5$，圆心 $C(1, -2)$，$r = \sqrt{5}$，验证 $d = r$ 即可.

(1) $x - 2y = 0, d = \dfrac{|1 - 2 \times (-2)|}{\sqrt{1 + (-2)^2}} = \sqrt{5}$，充分.

(2) $2x - y = 0, d = \dfrac{|2 \times 1 - (-2)|}{\sqrt{2^2 + (-1)^2}} = \dfrac{4}{\sqrt{5}}$，不充分.

21. 【答案】 E

【解析】 ① 当 $a=0$ 时，$-6x+2>0$，不成立．

② 当 $a\neq 0$ 时，$\begin{cases}a>0,\\ \Delta<0\end{cases}\Rightarrow (a-6)^2-4a\times 2<0\Rightarrow 2<a<18$，

所以当 $2<a<18$ 时不等式对所有实数 x 都成立．

条件(1)不充分；　　条件(2)不充分．

条件(1)(2)联合得 $\begin{cases}0<a<3,\\ 1<a<5\end{cases}\Rightarrow 1<a<3$，也不充分．

22．【答案】　A

【解析】　利用公式 $(a-b)^3=a^3-b^3-3a^2b+3ab^2$，得

$f(x)=x(1-kx)^3=x[1-(kx)^3-3\cdot kx+3(kx)^2]=x-3kx^2+3k^2x^3-k^3x^4=a_1x+a_2x^2+a_3x^3+a_4x^4$，

所以 $a_1+a_2+a_3+a_4=f(1)=(1-k)^3$．

(1) $a_2=-9$，即 $-3k=-9$，得 $k=3$，则 $a_1+a_2+a_3+a_4=f(1)=(1-3)^3=-8$，充分．

(2) $a_3=27$，即 $3k^2=27$，得 $k=\pm 3$．当 $k=3$ 时，成立；当 $k=-3$ 时，$a_1+a_2+a_3+a_4=f(1)=(1+3)^3=4^3=64$，不充分．

23．【答案】　D

【解析】　(1) $a_1=\sqrt{2}$，代入得 $a_2=\dfrac{a_1+2}{a_1+1}=\dfrac{2+\sqrt{2}}{\sqrt{2}+1}=\sqrt{2}$，同理 $a_3=a_4=\sqrt{2}$，条件(1)充分．

(2) $a_1=-\sqrt{2}$，代入得 $a_2=\dfrac{-\sqrt{2}+2}{-\sqrt{2}+1}=-\dfrac{2-\sqrt{2}}{\sqrt{2}-1}=-\sqrt{2}$，同理 $a_3=a_4=-\sqrt{2}$，条件(2)也充分．

24．【答案】　D

【解析】　(1) 当 $-1<x<0$ 时，

$f(x)=|x-1|+|x+1|+|x-2|+|x+2|=-(x-1)+x+1-(x-2)+x+2=6$，

与 x 无关，充分．

(2) 当 $1<x<2$ 时，

$f(x)=|x-1|-|x+1|+|x-2|+|x+2|=x-1-(x+1)-(x-2)+x+2=2$，

与 x 无关，也充分．

25．【答案】　D

【解析】　方法1：利用结论：平行四边形为中心对称图形，通过其中心的直线分成的两个图形全等(面积相等)．矩形 $OABC$ 对角线的交点为 $(3,2)$，直线 l 只需通过点 $(3,2)$ 即可．条件(1)和(2)均满足．

方法2：作图如右所示．

(1) 直线 l 与 x 轴交于点 $M(1,0)$，与 BC 交于点 $D(5,4)$，$S_{梯形OMDC}=\dfrac{1}{2}(1+5)\times 4=12$，充分．

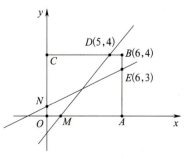

(2) 直线 l 与 y 轴交于点 $N(0,1)$，与 AB 交于点 $E(6,3)$，$S_{梯形ONEA}=\dfrac{1}{2}(1+3)\times 6=12$，也充分．

2010年1月管理类专业学位联考综合能力数学真题及解析

真 题

一、问题求解：第1~15小题，每小题3分，共45分。下列每题给出的A、B、C、D、E五个选项中，只有一项是符合试题要求的。

1. 电影开演时观众中女士与男士人数之比为5∶4，开演后无观众入场，放映一小时后，女士的20%、男士的15%离场，则此时在场的女士与男士人数之比为（　　）.

   A. 4∶5   B. 1∶1
   C. 5∶4   D. 20∶17
   E. 85∶64

2. 某商品的成本为240元，若按该商品标价的8折出售，利润率是15%，则该商品的标价为（　　）.

   A. 276元   B. 331元
   C. 345元   D. 360元
   E. 400元

3. 三名小孩中有一名学龄前儿童（年龄不足6岁），他们的年龄都是质数（素数），且依次相差6岁，他们的年龄之和为（　　）.

   A. 21   B. 27
   C. 33   D. 39
   E. 51

4. 在下表中，每行为等差数列，每列为等比数列，则 $x+y+z=$（　　）.

2	$\frac{5}{2}$	3
x	$\frac{5}{4}$	$\frac{3}{2}$
a	y	$\frac{3}{4}$
b	c	z

A. 2 B. $\dfrac{5}{2}$

C. 3 D. $\dfrac{7}{2}$

E. 4

5. 如图，在直角三角形 ABC 区域内部有座山，现计划从 BC 边上的某点 D 开凿一条隧道到点 A，要求隧道长度最短，已知 AB 长为 5 千米，AC 长为 12 千米，则所开凿的隧道 AD 的长度约为（　　）千米.

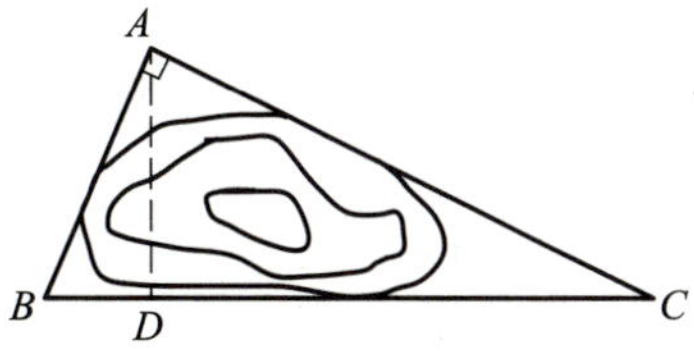

A. 4.12 B. 4.22

C. 4.42 D. 4.62

E. 4.92

6. 某商店举行店庆活动，顾客消费达到一定数量后，可以在 4 种赠品中随机选取 2 件不同的赠品．在任意两位顾客所选的赠品中，恰有 1 件品种相同的概率是（　　）．

A. $\dfrac{1}{6}$ B. $\dfrac{1}{4}$

C. $\dfrac{1}{3}$ D. $\dfrac{1}{2}$

E. $\dfrac{2}{3}$

7. 多项式 x^3+ax^2+bx-6 的两个因式是 $x-1$ 和 $x-2$，则其第三个一次因式为（　　）．

A. $x-6$ B. $x-3$

C. $x+1$ D. $x+2$

E. $x+3$

8. 某公司的员工中，拥有本科毕业证、计算机等级证、汽车驾驶证的人数分别为 130，110，90．又知只有一种证的人数为 140，三证齐全的人数为 30，则恰有双证的人数为（　　）．

A. 45 B. 50

C. 52 D. 65

E. 100

9. 甲商店销售某种商品，该商品的进价为每件 90 元．若每件定价为 100 元，则一天能售出 500 件；在此基础上，定价每增加 1 元，一天便少售出 10 件．甲商店欲获得最大利润，则该商品的定价应为（　　）．

A. 115 元 B. 120 元

C. 125 元 D. 130 元

E. 135 元

10. 已知直线 $ax-by+3=0$（$a>0,b>0$）过圆 $x^2+4x+y^2-2y+1=0$ 的圆心，则 ab 的最大值为（　　）．

A. $\dfrac{9}{16}$ B. $\dfrac{11}{16}$

C. $\dfrac{3}{4}$ D. $\dfrac{9}{8}$

E. $\dfrac{9}{4}$

11. 某大学派出5名志愿者到西部4所中学支教,若每所中学至少有一名志愿者,则不同的分配方案共有(　　).

    A. 240 种　　　　　　　　　　　B. 144 种
    C. 120 种　　　　　　　　　　　D. 60 种
    E. 24 种

12. 某装置的启动密码由0到9中的3个不同数字组成,连续3次输入错误密码,就会导致该装置永久关闭.一个仅记得密码是由3个不同数字组成的人能够启动此装置的概率为(　　).

    A. $\dfrac{1}{120}$　　　　　　　　　　B. $\dfrac{1}{168}$
    C. $\dfrac{1}{240}$　　　　　　　　　　D. $\dfrac{1}{720}$
    E. $\dfrac{3}{1\,000}$

13. 某居民小区决定投资15万元修建停车位.据测算,修建一个室内车位的费用为5 000元,修建一个室外车位的费用为1 000元.考虑到实际因素,计划室外车位的数量不少于室内车位的2倍,也不多于室内车位的3倍,这笔投资最多可建车位的数量为(　　)个.

    A. 78　　　　　　　　　　　　B. 74
    C. 72　　　　　　　　　　　　D. 70
    E. 66

14. 如图,长方形 ABCD 的两条边长分别为8米和6米,四边形 OEFG 的面积是4平方米,则阴影部分的面积为(　　)平方米.

    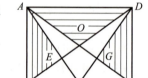

    A. 32　　　　　　　　　　　　B. 28
    C. 24　　　　　　　　　　　　D. 20
    E. 16

15. 在一次竞猜活动中,设有5关,如果连续通过2关就算闯关成功.小王通过每关的概率都是$\dfrac{1}{2}$,他闯关成功的概率为(　　).

    A. $\dfrac{1}{8}$　　　　　　　　　　　B. $\dfrac{1}{4}$
    C. $\dfrac{3}{8}$　　　　　　　　　　　D. $\dfrac{1}{2}$
    E. $\dfrac{19}{32}$

二、条件充分性判断:第16~25小题,每小题3分,共30分。要求判断每题给出的条件(1)和条件(2)能否充分支持题干所陈述的结论。A、B、C、D、E五个选项为判断结果,请选择一项符合试题要求的判断。

    A. 条件(1)充分,但条件(2)不充分.
    B. 条件(2)充分,但条件(1)不充分.

C. 条件(1)和条件(2)单独都不充分,但条件(1)和条件(2)联合起来充分.

D. 条件(1)充分,条件(2)也充分.

E. 条件(1)和条件(2)单独都不充分,条件(1)和条件(2)联合起来也不充分.

16. $a|a-b| \geq |a|(a-b)$.

(1) 实数 $a>0$.

(2) 实数 a,b 满足 $a>b$.

17. 有偶数位来宾.

(1) 聚会时所有来宾都被安排坐在一张圆桌周围,且每位来宾与其邻座性别不同.

(2) 聚会时男宾人数是女宾人数的两倍.

18. 售出一件甲商品比售出一件乙商品利润要高.

(1) 售出 5 件甲商品、4 件乙商品共获利 50 元.

(2) 售出 4 件甲商品、5 件乙商品共获利 47 元.

19. 已知数列 $\{a_n\}$ 为等差数列,公差为 $d, a_1+a_2+a_3+a_4=12$. 则 $a_4=0$.

(1) $d=-2$.

(2) $a_2+a_4=4$.

20. 甲企业今年人均成本是去年的 60%.

(1) 甲企业今年总成本比去年减少 25%,员工人数增加 25%.

(2) 甲企业今年总成本比去年减少 28%,员工人数增加 20%.

21. 该股票涨了.

(1) 某股票连续三天涨 10% 后,又连续三天跌 10%.

(2) 某股票连续三天跌 10% 后,又连续三天涨 10%.

22. 某班有 50 名学生,其中女生 26 名. 在某次选拔测试中,有 27 名学生未通过. 则有 9 名男生通过.

(1) 在通过的学生中,女生比男生多 5 人.

(2) 在男生中,未通过的人数比通过的人数多 6 人.

23. 甲企业一年的总产值为 $\dfrac{a}{p}[(1+p)^{12}-1]$.

(1) 甲企业一月份的产值为 a,以后每月产值的增长率为 p.

(2) 甲企业一月份的产值为 $\dfrac{a}{2}$,以后每月产值的增长率为 $2p$.

24. 设 a,b 为非负实数,则 $a+b \leq \dfrac{5}{4}$.

(1) $ab \leq \dfrac{1}{16}$.

(2) $a^2+b^2 \leq 1$.

25. 如图,在三角形 ABC 中,已知 $EF /\!/ BC$,则三角形 AEF 的面积等于梯形 $EBCF$ 的面积.

(1) $|AG|=2|GD|$.

(2) $|BC|=\sqrt{2}|EF|$.

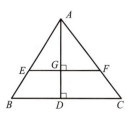

解　析

一、问题求解

1.【答案】 D

【解析】 原女：原男 = 5 : 4，现女：现男 = [5×(1-0.2)] : [4×(1-0.15)] = 4 : 3.4 = 20 : 17. 因此，本题答案为 D 选项.

2.【答案】 C

【解析】 设该商品标价是 x 元，故 $0.8x - 240 = 240 \times 0.15 \Rightarrow x = 345$. 因此，本题答案为 C 选项.

3.【答案】 C

【解析】 不足 6 岁的儿童年龄可能为 2 或 3 或 5. 当年龄为 2 时，另外两人的年龄是 8 和 14(合数，不满足题意)；同理，当年龄为 3 时也不满足. 只有当年龄为 5 时，另外两人的年龄为 11 和 17(都是质数)，满足题意，那么他们的年龄之和为 33. 因此，本题答案为 C 选项.

4.【答案】 A

【解析】 由第三列成等比数列，可得 $z = \dfrac{3}{8}$；由第二列成等比数列，可得 $y = \dfrac{5}{8}$；由第二行成等差数列，可得 $x = 1$. 故

$$x + y + z = 1 + \dfrac{5}{8} + \dfrac{3}{8} = 2.$$

因此，本题答案为 A 选项.

5.【答案】 D

【解析】 隧道长度最短时 $AD \perp BC$，根据直角三角形性质，可得 $AD = \dfrac{AB \times AC}{BC} = \dfrac{5 \times 12}{13} \approx 4.62$. 因此，本题答案为 D 选项.

6.【答案】 E

【解析】 总样本点个数 $N_\Omega = C_4^2 C_4^2 \leftrightarrow$ 两人各选 2 件，

有效样本点个数 $N_A = C_4^1 C_3^1 C_2^1 \leftrightarrow$ 选 1 件相同的，再各选 1 件不相同的.

则 $P(A) = \dfrac{C_4^1 C_3^1 C_2^1}{C_4^2 C_4^2} = \dfrac{2}{3}$.

所以，本题答案为 E 选项.

7.【答案】 B

【解析】 设 $x^3 + ax^2 + bx - 6 = (x-1)(x-2)(x+p)$，根据常数项 $-6 = (-1) \times (-2) \times p$，可得 $p = -3$，所求的一次因式为 $x - 3$. 因此，本题答案为 B 选项.

8.【答案】 B

【解析】 恰有双证的人数是 $\dfrac{130 + 110 + 90 - 140 - 30 \times 3}{2} = 50$.

因此，本题答案为 B 选项.

9.【答案】 B

【解析】 该商品的进价是每件 90 元,若每件定价为 100 元时,利润为 10 元.设每件定价提高 x 元,则甲商店销售该商品一天的利润 R 为
$$R=(10+x)(500-10x)=10(500+40x-x^2).$$
由此函数得出:当 $x=20$ 时利润最大,即定价为 $100+20=120$(元).

因此,本题答案为 B 选项.

10.【答案】 D

【解析】 $x^2+4x+y^2-2y+1=0 \Leftrightarrow (x+2)^2+(y-1)^2=4$,由题意可知直线 $ax-by+3=0$ 过圆心 $(-2,1)$,代入得 $2a+b=3$. 再由均值不等式得:$2a+b=3 \geqslant 2\sqrt{2a \cdot b} \Rightarrow ab \leqslant \dfrac{9}{8}$,即当 $a=\dfrac{3}{4}$,$b=\dfrac{3}{2}$ 时,$(ab)_{\max}=\dfrac{9}{8}$.

因此,本题答案为 D 选项.

11.【答案】 A

【解析】 先选出两名志愿者打包,再进行分配,则有 $C_5^2 P_4^4 = 240$(种)不同的分配方案. 因此,本题答案为 A 选项.

12.【答案】 C

【解析】 有三次试开的机会,第一次试开的概率是 $\dfrac{1}{P_{10}^3}$,第二次试开的概率是 $\dfrac{P_{10}^3-1}{P_{10}^3} \cdot \dfrac{1}{P_{10}^3-1} = \dfrac{1}{P_{10}^3}$,第三次试开的概率是 $\dfrac{P_{10}^3-1}{P_{10}^3} \cdot \dfrac{P_{10}^3-2}{P_{10}^3-1} \cdot \dfrac{1}{P_{10}^3-2} = \dfrac{1}{P_{10}^3}$,即能启动此装置的概率是 $P = \dfrac{3}{P_{10}^3} = \dfrac{1}{240}$. 因此,本题答案为 C 选项.

13.【答案】 B

【解析】 设室内修 x 个车位,室外修 y 个车位,求 $x+y$ 的最大值.
$$\begin{cases} 5\,000x+1\,000y \leqslant 150\,000, \\ 3x \geqslant y \geqslant 2x \end{cases} \Rightarrow \begin{cases} 5x+y \leqslant 150, \\ 3x \geqslant y \geqslant 2x. \end{cases}$$

画出可行域,如下图所示.

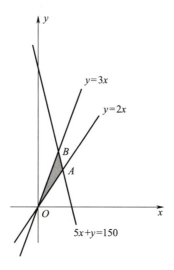

根据常理,在总资金有限的情况下,要使可建车位更多,则便宜的车位越多越好,即 y 尽可能靠近 $3x$,所以 $L=x+y$ 的最大值在 B 处达到.

由 $\begin{cases} y=3x, \\ 5x+y=150 \end{cases}$ 解得 $x_B=\dfrac{75}{4}$,而 x 为正整数,故只能考虑 $x=18$ 与 $x=19$. 再由 $\begin{cases} 5x+y\leq 150, \\ y\leq 3x \end{cases}$,可求得 $\begin{cases} x=18, \\ y=54 \end{cases}$ 和 $\begin{cases} x=19, \\ y=55 \end{cases}$ 是适合可行域的两个解,则 $L_{\max}=19+55=74$,故选 B.

14.【答案】 B

【解析】 如下图, $S_1+S_2+S_4+S_6=24\Rightarrow S_1+S_2+S_4=12$, $S_3+S_4+S_5=12\Rightarrow S_3+S_5=8$,即 $S_1+S_2+S_4+S_3+S_5=20$, $S_阴=48-20=28$(平方米).

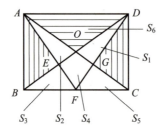

因此,本题答案为 B 选项.

15.【答案】 E

【解析】 本题需要分类讨论:

闯 2 关成功:成成,其概率为 $\dfrac{1}{2}\times\dfrac{1}{2}=\dfrac{1}{4}$;

闯 3 关成功:失成成,其概率为 $\dfrac{1}{2}\times\dfrac{1}{2}\times\dfrac{1}{2}=\dfrac{1}{8}$;

闯 4 关成功:成(失)失成成,其概率为 $\dfrac{1}{2}\times\dfrac{1}{2}\times\dfrac{1}{2}\times 2=\dfrac{1}{8}$;

闯 5 关成功:失成失成成,成失失成成,失失失成成,其概率为 $\dfrac{1}{2}\times\dfrac{1}{2}\times\dfrac{1}{2}\times\dfrac{1}{2}\times 3=\dfrac{3}{32}$.

可知他闯关成功的概率是 $P=\dfrac{1}{4}+\dfrac{1}{8}+\dfrac{1}{8}+\dfrac{3}{32}=\dfrac{19}{32}$.

因此,本题答案为 E 选项.

二、条件充分性判断

16.【答案】 A

【解析】 条件(1): $a>0$ 时, $a|a-b|\geq|a|(a-b)\Leftrightarrow|a-b|\geq a-b$,条件(1)充分.

条件(2): $a>b$ 时, $a|a-b|\geq|a|(a-b)\Rightarrow a\geq|a|$,条件(2)不充分.

因此,本题答案为 A 选项.

17.【答案】 A

【解析】 条件(1):设 M 为总人数,满足条件(1)的总人数至少为 2,即 1 男 1 女,而往里面加人的时候只能成对地往里加, $M=2+2k(k$ 对), 则 M 一定为偶数. 故条件(1)充分.

条件(2):取反例,6 男 3 女,总人数是 9 人,条件(2)不充分.

因此,本题答案为 A 选项.

18. 【答案】 C

【解析】 条件(1)和条件(2)单独均不充分,考虑联合.

联合条件(1)和条件(2),设售出一件甲商品的利润是 x,售出一件乙商品的利润是 y,则
$$\begin{cases} 5x+4y=50, \\ 4x+5y=47, \end{cases}$$
两式相减得 $x-y=3$,即售出一件甲商品的利润大于售出一件乙商品的利润.

因此,本题答案为 C 选项.

19. 【答案】 D

【解析】 条件(1):$d=-2$,$a_1+a_2+a_3+a_4=4a_1+6d=12 \Rightarrow a_1=6 \Rightarrow a_4=0$,即条件(1)充分.

条件(2):$a_2+a_4=4=2a_3$,$a_1+a_2+a_3+a_4=a_1+3a_3=12 \Rightarrow a_1=6 \Rightarrow a_4=0$,即条件(2)充分.

因此,本题答案为 D 选项.

20. 【答案】 D

【解析】 设去年总成本是 a,总人数是 b,即去年人均成本为 $\dfrac{a}{b}$.

条件(1):今年人均成本为 $\dfrac{a(1-25\%)}{b(1+25\%)}=\dfrac{a}{b}\times 60\%$,为去年的 60%,条件(1)充分.

条件(2):今年人均成本为 $\dfrac{a(1-28\%)}{b(1+20\%)}=\dfrac{a}{b}\times 60\%$,为去年的 60%,条件(2)也充分.

因此,本题答案为 D 选项.

21. 【答案】 E

【解析】 设该股票原价为 a.

条件(1):$a(1+10\%)(1+10\%)(1+10\%)(1-10\%)(1-10\%)(1-10\%)$.

条件(2):$a(1-10\%)(1-10\%)(1-10\%)(1+10\%)(1+10\%)(1+10\%)$.

由条件(1)和条件(2)可以知道,两个结果相同,又 $(1+10\%)(1-10\%)<1$,即上述两个结果都小于 a,故该股票跌了.

因此,本题答案为 E 选项.

22. 【答案】 D

【解析】 由题干知男生有 24 人,女生有 26 人,通过 23 人,未通过 27 人.

条件(1):设男生通过 x 人,由题意可列方程 $x+5+x=23$,解得 $x=9$,故条件(1)充分.

条件(2):设男生中通过的有 x 人,即 $(24-x)-x=6$,解得 $x=9$,故条件(2)也充分.

因此,本题答案为 D 选项.

23. 【答案】 A

【解析】 条件(1):利用等比数列的知识,一月份产值为 a,n 月份产值为 $a(1+p)^{n-1}$,从而一年的总产值是

$$a+a(1+p)+\cdots+a(1+p)^{11}=\dfrac{a\left[(1+p)^{12}-1\right]}{1+p-1}=\dfrac{a}{p}\left[(1+p)^{12}-1\right],$$

故条件(1)充分.

条件(2):1月份产值为 $\dfrac{a}{2}$,n 月份产值为 $\dfrac{a}{2}(1+2p)^{n-1}$,从而一年的总产值为

$$\frac{a}{2}+\frac{a}{2}(1+2p)+\cdots+\frac{a}{2}(1+2p)^{11}=\frac{\frac{a}{2}\left[(1+2p)^{12}-1\right]}{1+2p-1}=\frac{a}{4p}\left[(1+2p)^{12}-1\right],$$

故条件(2)不充分.

因此,本题答案为 A 选项.

24.【答案】 C

【解析】 条件(1):举反例. 取 $a=2, b=\frac{1}{32}$ 时,虽然满足条件(1),但不满足结论,故条件(1)不充分.

条件(2):当 $a=b=\frac{\sqrt{2}}{2}$ 时,虽然满足条件(2),但是不满足题干结论,所以条件(2)也不充分.

若条件(1)(2)联合起来,即有: $a^2+2ab+b^2 \leqslant 1+2\times\frac{1}{16}=\frac{9}{8}$,推得 $a+b \leqslant \frac{3\sqrt{2}}{4} < \frac{5}{4}$,故条件(1)和条件(2)联合起来充分.

因此,本题答案为 C 选项.

25.【答案】 B

【解析】 条件(1): $|AG|=2|GD| \Rightarrow S_{\triangle AEF}:S_{\triangle ABC}=4:9 \Rightarrow S_{\triangle AEF}:S_{梯形 EBCF}=4:5$,显然条件(1)不充分.

条件(2): $|BC|=\sqrt{2}|EF| \Rightarrow S_{\triangle AEF}:S_{\triangle ABC}=1:2 \Rightarrow S_{\triangle AEF}:S_{梯形 EBCF}=1:1$,显然条件(2)充分.

因此,本题答案为 B 选项.

2010年10月在职攻读硕士学位全国联考综合能力数学真题及解析

真 题

一、问题求解：第1~15小题，每小题3分，共45分。下列每题给出的A、B、C、D、E五个选项中，只有一项是符合试题要求的。

1. 若 $x + \dfrac{1}{x} = 3$，则 $\dfrac{x^2}{x^4 + x^2 + 1} = (\quad)$.

   A. $-\dfrac{1}{8}$ B. $\dfrac{1}{6}$

   C. $\dfrac{1}{4}$ D. $-\dfrac{1}{4}$

   E. $\dfrac{1}{8}$

2. 若实数 a, b, c 满足 $a^2 + b^2 + c^2 = 9$，则代数式 $(a-b)^2 + (b-c)^2 + (c-a)^2$ 的最大值是( ).

   A. 21   B. 27
   C. 29   D. 32
   E. 39

3. 某地震灾区现居民住房的总面积为 a 平方米，当地政府计划每年以10%的住房增长率建设新房，并决定每年拆除固定数量的危旧房。如果10年后该地区的住房总面积正好比现有住房面积增加1倍，那么，每年应该拆除危旧房的面积是( )平方米.
   （注：$1.1^9 \approx 2.4, 1.1^{10} \approx 2.6, 1.1^{11} \approx 2.9$，精确到小数点后1位）

   A. $\dfrac{1}{80}a$ B. $\dfrac{1}{40}a$

   C. $\dfrac{3}{80}a$ D. $\dfrac{1}{20}a$

   E. 以上结论都不正确

4. 某学生在军训时进行打靶测试，共射击10次. 他的第6、7、8、9次射击分别射中9.0环、8.4环、8.1环、9.3环，他的前9次射击的平均环数高于前5次的平均环数. 若要使10次射击的平均环数超过8.8环，则他第10次射击至少应该射中( )环. （报靶成绩精确到0.1环）

A. 9.0　　　　　　　　　　　　B. 9.2
C. 9.4　　　　　　　　　　　　D. 9.5
E. 9.9

5. 某种同样的商品装成一箱,每个商品的质量都超过 1 千克,并且是 1 千克的整数倍,去掉箱子的质量后净重 210 千克.拿出若干个商品后,净重 183 千克,则每个商品的质量为(　　)千克.

A. 1　　　　　　　　　　　　B. 2
C. 3　　　　　　　　　　　　D. 4
E. 5

6. 在一条与铁路平行的公路上有一行人与一骑车人同向行进,行人速度为 3.6 千米/小时,骑车人速度为 10.8 千米/小时.如果一列火车从他们的后面同向匀速驶来,它通过行人的时间是 22 秒,通过骑车人的时间是 26 秒,则这列火车的车身长为(　　)米.

A. 186　　　　　　　　　　　B. 268
C. 168　　　　　　　　　　　D. 286
E. 188

7. 一项工程要在规定时间内完成.若甲单独做要比规定时间推迟 4 天,若乙单独做要比规定时间提前 2 天.若甲、乙合作 3 天,剩下的部分由甲单独做,恰好在规定时间内完成,则规定时间为(　　)天.

A. 19　　　　　　　　　　　　B. 20
C. 21　　　　　　　　　　　　D. 22
E. 24

8. 一次考试有 20 道题,做对一题得 8 分,做错一题扣 5 分.某同学共得 13 分,则该同学没做的题数是(　　).

A. 4　　　　　　　　　　　　B. 6
C. 7　　　　　　　　　　　　D. 8
E. 9

9. 如图所示,小正方形的 $\frac{3}{4}$ 被阴影所覆盖,大正方形的 $\frac{6}{7}$ 被阴影所覆盖,则小、大正方形阴影部分面积之比为(　　).

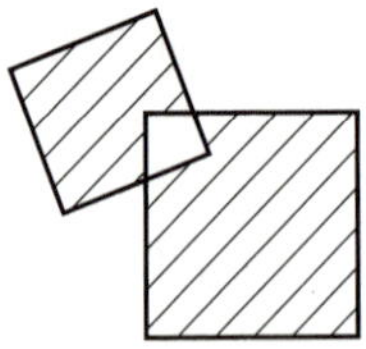

A. $\frac{7}{8}$　　　　　　　　　　　B. $\frac{6}{7}$

C. $\frac{3}{4}$　　　　　　　　　　　D. $\frac{4}{7}$

E. $\frac{1}{2}$

10. 直线 L 与圆 $x^2+y^2=4$ 相交于 A,B 两点,且 A,B 两点中点的坐标为 (1,1),则直线 L 的方程为(　　).

A. $y-x=1$　　　　　　　　　B. $y-x=2$
C. $y+x=1$　　　　　　　　　D. $y+x=2$

E. $2y-3x=1$

11. 右图中,阴影甲的面积比阴影乙的面积多 28 平方厘米,$AB=40$ 厘米,$CB\perp AB$.则 BC 的长为( )厘米.(π 取到小数点后两位)

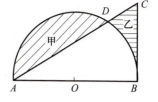

  A. 30　　　　　　　　　　　B. 32
  C. 34　　　　　　　　　　　D. 36
  E. 40

12. 若圆的方程是 $x^2+y^2=1$,则它的右半圆(在第一象限和第四象限内的部分)的方程是( ).

  A. $y-\sqrt{1-x^2}=0$ 　　　　　B. $x-\sqrt{1-y^2}=0$
  C. $y+\sqrt{1-x^2}=0$ 　　　　　D. $x+\sqrt{1-y^2}=0$
  E. $x^2+y^2=\dfrac{1}{2}$

13. 等比数列 $\{a_n\}$ 中,a_3,a_8 是方程 $3x^2+2x-18=0$ 的两个根,则 $a_4a_7=($).
  A. -9　　　　　　　　　　B. -8
  C. -6　　　　　　　　　　D. 6
  E. 8

14. 某公司有 9 名工程师,张三是其中之一.从中任意抽调 4 人组成攻关小组,包括张三的概率是( ).

  A. $\dfrac{2}{9}$ 　　　　　　　　　　B. $\dfrac{2}{5}$
  C. $\dfrac{1}{3}$ 　　　　　　　　　　D. $\dfrac{4}{9}$
  E. $\dfrac{5}{9}$

15. 在 10 道备选试题中,甲能答对 8 题,乙能答对 6 题.若某次考试从这 10 道备选题中随机抽出 3 道作为考题,至少答对 2 题才算合格,则甲、乙两人考试都合格的概率是( ).

  A. $\dfrac{28}{45}$ 　　　　　　　　　B. $\dfrac{2}{3}$
  C. $\dfrac{14}{15}$ 　　　　　　　　　D. $\dfrac{26}{45}$
  E. $\dfrac{8}{15}$

二、条件充分性判断:第 16~25 小题,每小题 3 分,共 30 分。要求判断每题给出的条件(1)和条件(2)能否充分支持题干所陈述的结论。A、B、C、D、E 五个选项为判断结果,请选择一项符合试题要求的判断。

  A. 条件(1)充分,但条件(2)不充分.
  B. 条件(2)充分,但条件(1)不充分.
  C. 条件(1)和条件(2)单独都不充分,但条件(1)和条件(2)联合起来充分.

D. 条件(1)充分,条件(2)也充分.

E. 条件(1)和条件(2)单独都不充分,条件(1)和条件(2)联合起来也不充分.

16. 12支篮球队进行单循环比赛,完成全部比赛共需11天.
(1) 每天每队比赛1场. (2) 每天每队比赛2场.

17. $x_n = 1 - \dfrac{1}{2^n}$ ($n = 1, 2, \cdots$).

(1) $x_1 = \dfrac{1}{2}, x_{n+1} = \dfrac{1}{2}(1 - x_n)$ ($n = 1, 2, \cdots$).

(2) $x_1 = \dfrac{1}{2}, x_{n+1} = \dfrac{1}{2}(1 + x_n)$ ($n = 1, 2, \cdots$).

18. 直线 $y = ax + b$ 经过第一、二、四象限.
(1) $a < 0$. (2) $b > 0$.

19. 不等式 $3ax - \dfrac{5}{2} \leq 2a$ 的解集是 $x \leq \dfrac{3}{2}$.

(1) 直线 $\dfrac{x}{a} + \dfrac{y}{b} = 1$ 与 x 轴的交点是 $(1, 0)$.

(2) 方程 $\dfrac{3x - 1}{2} - a = \dfrac{1 - a}{3}$ 的根是 $x = 1$.

20. $ax^3 - bx^2 + 23x - 6$ 能被 $(x-2)(x-3)$ 整除.
(1) $a = 3, b = -16$. (2) $a = 3, b = 16$.

21. 一元二次方程 $ax^2 + bx + c = 0$ 无实根.
(1) a, b, c 成等比数列,且 $b \neq 0$. (2) a, b, c 成等差数列.

22. 圆 C_1 是圆 $C_2 : x^2 + y^2 + 2x - 6y - 14 = 0$ 关于直线 $y = x$ 的对称圆.
(1) 圆 $C_1 : x^2 + y^2 - 2x - 6y - 14 = 0$.
(2) 圆 $C_1 : x^2 + y^2 + 2y - 6x - 14 = 0$.

23. 直线 $y = k(x + 2)$ 是圆 $x^2 + y^2 = 1$ 的一条切线.
(1) $k = -\dfrac{\sqrt{3}}{3}$. (2) $k = \dfrac{\sqrt{3}}{3}$.

24. $C_{31}^{4n-1} = C_{31}^{n+7}$.
(1) $n^2 - 7n + 12 = 0$. (2) $n^2 - 10n + 24 = 0$.

25. $(\alpha + \beta)^{2009} = 1$.

(1) $\begin{cases} x + 3y = 7 \\ \beta x + \alpha y = 1 \end{cases}$ 与 $\begin{cases} 3x - y = 1 \\ \alpha x + \beta y = 2 \end{cases}$ 有相同的解.

(2) α 与 β 是方程 $x^2 + x - 2 = 0$ 的两个根.

解　析

一、问题求解

1.【答案】 E

【解析】 $\dfrac{x^2}{x^4+x^2+1}=\dfrac{1}{x^2+1+\dfrac{1}{x^2}}=\dfrac{1}{\left(x+\dfrac{1}{x}\right)^2-1}=\dfrac{1}{3^2-1}=\dfrac{1}{8}$.

2.【答案】 B

【解析】 $(a-b)^2+(b-c)^2+(c-a)^2=3(a^2+b^2+c^2)-(a+b+c)^2=27-(a+b+c)^2\leqslant 27$.

因此最大值为 27.

3.【答案】 C

【解析】 设每年应该拆除危旧房的面积是 b 平方米. 由题意,一年后住房总面积应为 $a(1+0.1)-b$,两年后住房总面积应为 $[a(1+0.1)-b]\cdot 1.1-b=a\cdot 1.1^2-b\cdot 1.1-b$,依此类推,10 年后住房总面积为 $a\cdot 1.1^{10}-b\cdot 1.1^9-b\cdot 1.1^8-\cdots-b\cdot 1.1-b\approx 2.6a-b\dfrac{1-1.1^{10}}{1-1.1}\approx$ $2.6a-16b$,从而 $2.6a-16b=2a\Rightarrow b=\dfrac{3}{80}a$.

4.【答案】 E

【解析】 设 10 次射击的结果依次为 $x_1,x_2,\cdots,x_9,x_{10}$,由已知得

$$x_6=9,x_7=8.4,x_8=8.1,x_9=9.3,\dfrac{x_1+x_2+\cdots+x_9}{9}>\dfrac{x_1+x_2+x_3+x_4+x_5}{5},$$

因此

$$x_1+x_2+x_3+x_4+x_5<\dfrac{5}{4}(9+8.4+8.1+9.3)=43.5. \qquad ①$$

若

$$\dfrac{x_1+x_2+\cdots+x_{10}}{10}>8.8, \qquad ②$$

则

$$x_1+x_2+x_3+x_4+x_5+x_{10}>88-34.8=53.2, \qquad ③$$

从而

$$x_{10}>53.2-43.5=9.7, \qquad ④$$

从而选 E.

注:本题选项中没有 9.8,所以上述推导完全可用. 实际上本题是可以严格推出 $x_{10}\geqslant 9.9$ 的. 因为报靶成绩精确到 0.1 环,所以上述解法中的①②③④可进一步精确为:

$$x_1+x_2+x_3+x_4+x_5\leqslant 43.4, \qquad ①$$

$$x_1+x_2+\cdots+x_{10}\geqslant 88.1, \qquad ②$$

$$x_1+x_2+x_3+x_4+x_5+x_{10}\geqslant 88.1-34.8=53.3, \qquad ③$$

$$x_{10}\geqslant 53.3-43.4=9.9. \qquad ④$$

5.【答案】 C

【解析】 设箱中共有 y 个商品,每个商品质量为 x 千克,拿出 a 个商品. 由已知得 $\begin{cases} xy = 210, \\ xy - xa = 183 \end{cases} \Rightarrow xa = 27, x, a$ 为正整数且 $x > 1$,因此 x 的可能取值为 3 或 9. 由 $xy = 210$ 可知 $x \neq 9$,故 $x = 3$.

6.【答案】 D

【解析】 设火车的车身长为 x 米,火车速度为 v 米/秒. 由已知,行人的速度为 $v_1 = 1$ 米/秒,骑车人的速度为 $v_2 = 3$ 米/秒,因此 $\begin{cases} \dfrac{x}{v-v_1} = 22, \\ \dfrac{x}{v-v_2} = 26 \end{cases} \Rightarrow x = 286$.

7.【答案】 B

【解析】 设规定时间为 a 天,工程量为 1,甲单独做需 x 天,乙单独做需 y 天,则有

$$x = a+4, y = a-2, 1 - \left(\dfrac{1}{a+4} + \dfrac{1}{a-2}\right) \times 3 = \dfrac{1}{a+4}(a-3) \Rightarrow a = 20.$$

【技巧】 效率特值法.

设工程量为 S,甲、乙的效率分别为 $v_甲, v_乙$,规定时间为 a,则有

$$S = (a+4)v_甲 = (a-2)v_乙,$$

且

$$S = 3(v_甲 + v_乙) + (a-3)v_甲 = av_甲 + 3v_乙,$$

从而有 $\begin{cases} 4v_甲 = 3v_乙, \\ (a+4)v_甲 = (a-2)v_乙 \end{cases}$ 取 $v_甲 = 3$,则 $v_乙 = 4$,

$3(a+4) = 4(a-2)$,解得 $a = 20$(天).

8.【答案】 C

【解析】 设该同学做对 x 道题,做错 y 道题,没做的题数为 z,由已知得 $\begin{cases} x+y+z = 20, \\ 8x - 5y = 13 \end{cases}$ (x, y, z 均为非负整数),

因为 $8x = 5y + 13$(y 为奇数且 $5y+13$ 是 8 的倍数),由穷举法得:$x = 6, y = 7, z = 7$.

9.【答案】 E

【解析】 设小正方形的面积为 a,大正方形的面积为 b,由已知得 $\dfrac{1}{4}a = \dfrac{1}{7}b \Rightarrow a = \dfrac{4}{7}b$,因此小、大正方形阴影部分面积之比为 $\dfrac{\dfrac{3}{4}a}{\dfrac{6}{7}b} = \dfrac{\dfrac{3}{4} \times \dfrac{4}{7}b}{\dfrac{6}{7}b} = \dfrac{3}{7} \times \dfrac{7}{6} = \dfrac{1}{2}$.

10.【答案】 D

【解析】 方法 1:过点 $(1,1)$ 和圆心 $(0,0)$ 的直线的斜率为 $k = \dfrac{1-0}{1-0} = 1$,所以与其垂直的直线的斜率为 -1,所求即为过点 $(1,1)$,斜率为 -1 的直线:$y = -(x-1) + 1 \Leftrightarrow x + y = 2$.

方法 2:由题意知,点 $(1,1)$ 满足直线 L,代入选项,只有 D 选项满足过点 $(1,1)$.

11.【答案】 A

【解析】 设图中白色(即非阴影部分)面积为 $S_白$,则有:

$$\begin{cases} S_甲 + S_白 = \dfrac{1}{2}\pi \times 20^2, \\ S_乙 + S_白 = \dfrac{1}{2} \times 40 \times BC, \Rightarrow 28 = \dfrac{1}{2} \times (\pi \times 400 - 40 \times BC) \Rightarrow BC \approx 30(厘米). \\ S_甲 = S_乙 + 28 \end{cases}$$

12.【答案】 B

【解析】 右半圆 $x>0$,所以有 $x^2+y^2=1 \Rightarrow x^2=1-y^2 \Rightarrow x=\sqrt{1-y^2} \Rightarrow x-\sqrt{1-y^2}=0.$

13.【答案】 C

【解析】 由已知得 $a_3 a_8 = \dfrac{-18}{3} = -6$,而等比数列 $\{a_n\}$ 中 $a_4 a_7 = a_3 a_8$,故 $a_4 a_7 = -6$.

14.【答案】 D

【解析】 所求概率为:$P = \dfrac{C_8^3}{C_9^4} = \dfrac{4}{9}.$

15.【答案】 A

【解析】 $P(甲合格且乙也合格) = P(甲合格) \cdot P(乙合格)$,

所以甲、乙都合格的概率为:$P = \dfrac{C_8^3 + C_8^2 C_2^1}{C_{10}^3} \times \dfrac{C_6^3 + C_6^2 C_4^1}{C_{10}^3} = \dfrac{14}{15} \times \dfrac{2}{3} = \dfrac{28}{45}.$

二、条件充分性判断

16.【答案】 A

【解析】 12 支篮球队进行单循环赛,总共要进行 $C_{12}^2 = 66(场)$ 比赛.

由条件(1),每天赛 6 场,完成比赛共需 $\dfrac{66}{6} = 11(天)$,所以条件(1)是充分的,从而条件(2)是不充分的.

17.【答案】 B

【解析】 题干要求 $x_1 = 1 - \dfrac{1}{2}, x_2 = 1 - \dfrac{1}{2^2}, x_3 = 1 - \dfrac{1}{2^3}, \cdots$.

由条件(1),$x_2 = \dfrac{1}{2}(1-x_1) = \dfrac{1}{2}\left(1-\dfrac{1}{2}\right) = \dfrac{1}{4} \neq 1 - \dfrac{1}{2^2}$,不充分.

由条件(2),

$x_1 = \dfrac{1}{2}, x_2 = \dfrac{1}{2}(1+x_1) = \dfrac{1}{2} + \left(\dfrac{1}{2}\right)^2, \cdots, x_n = \dfrac{1}{2} + \left(\dfrac{1}{2}\right)^2 + \cdots + \dfrac{1}{2^n} = \dfrac{\dfrac{1}{2}\left[1-\left(\dfrac{1}{2}\right)^n\right]}{1-\dfrac{1}{2}} = 1 - \dfrac{1}{2^n},$

所以条件(2)充分.

18.【答案】 C

【解析】 条件(1)(2)单独显然不充分。联合条件(1)(2)可知直线 $y=ax+b$ 过一、二、四象限(也可以取特殊值,画出具体的直线).

19.【答案】 D

【解析】 由条件(1)，$\frac{1}{a}+\frac{0}{b}=1 \Rightarrow a=1$，因此题干中不等式为 $3 \times 1 \times x - \frac{5}{2} \leq 2 \times 1 \Rightarrow x \leq \frac{3}{2}$，充分．

由条件(2)，$\frac{3-1}{2}-a=\frac{1-a}{3} \Rightarrow a=1$，同条件(1)一样，充分．

20.【答案】 B

【解析】 题干要求 $ax^3-bx^2+23x-6=q(x)(x-2)(x-3)$，

即 $\begin{cases} a \times 2^3 - b \times 2^2 + 23 \times 2 - 6 = 0 \\ a \times 3^3 - b \times 3^2 + 23 \times 3 - 6 = 0 \end{cases} \Rightarrow \begin{cases} a=3 \\ b=16 \end{cases}$，因此条件(1)不充分，条件(2)充分．

21.【答案】 A

【解析】 题干要求 $\Delta=b^2-4ac<0$．

由条件(1)，$b^2=ac$，$b^2>0 \Rightarrow b^2-4ac=-3b^2<0$，充分．

由条件(2)，举反例：$a=-1,b=0,c=1$，满足条件(2)，但 $-x^2+1=0$ 有实根 $x=\pm 1$．

22.【答案】 B

【解析】 圆 C_2 的标准方程为：$(x+1)^2+(y-3)^2=24$，圆心为 $(-1,3)$，其关于直线 $y=x$ 的对称圆应该与其大小相等，圆心关于直线 $y=x$ 对称即可．所以其对称圆应为：$(x-3)^2+(y+1)^2=24$，即 $x^2+y^2+2y-6x-14=0$，条件(2)充分．

23.【答案】 D

【解析】 直线 $kx+2k-y=0$ 是圆 $x^2+y^2=1$ 的一条切线的充分必要条件为圆心 $(0,0)$ 到直线的距离 $d=\frac{|2k|}{\sqrt{k^2+1}}=1 \Rightarrow k=\pm\frac{\sqrt{3}}{3}$，所以条件(1)(2)都充分．

24.【答案】 E

【解析】 题干等价于 $4n-1=n+7$ 或 $4n-1+n+7=31$，又因为 n 为整数，所以 $n=5$．而条件(1)解得 $n=3$ 或 4，条件(2)解得 $n=4$ 或 6，都不充分，所以选 E．

25.【答案】 A

【解析】 条件(1)得：

$\begin{cases} x+3y=7 \\ 3x-y=1 \end{cases} \Rightarrow \begin{cases} x=1 \\ y=2 \end{cases} \Rightarrow \begin{cases} \beta+2\alpha=1 \\ \alpha+2\beta=2 \end{cases} \Rightarrow \alpha+\beta=1 \Rightarrow (\alpha+\beta)^{2009}=1$，充分．

条件(2)可得：$\alpha+\beta=-1 \Rightarrow (\alpha+\beta)^{2009}=-1$，不充分．

2009年1月管理类专业学位联考综合能力数学真题及解析

真 题

一、问题求解:第1~15小题,每小题3分,共45分。下列每题给出的A、B、C、D、E五个选项中,只有一项是符合试题要求的。

1. 一家商店为回收资金,把甲、乙两件商品均以480元一件卖出.已知甲商品赚了20%,乙商品亏了20%,则商店盈亏结果为( ).
   A. 不亏不赚　　　　　　　　　B. 亏了50元
   C. 赚了50元　　　　　　　　　D. 赚了40元
   E. 亏了40元

2. 某国参加北京奥运会的男、女运动员比例为19∶12,由于先增加若干名女运动员,使男、女运动员比例变为20∶13,后又增加了若干名男运动员,于是男、女运动员比例最终变为30∶19.如果后增加的男运动员比先增加的女运动员多3人,则最后运动员的总人数为( ).
   A. 686　　　　　　　　　　　　B. 637
   C. 700　　　　　　　　　　　　D. 661
   E. 600

3. 某工厂定期购买一种原料,已知该厂每天需用原料6吨,每吨价格1 800元,原料的保管费用平均每吨3元,每次购买原料需支付运费900元.若该厂要使平均每天支付的总费用最省,则应该每( )天购买一次原料.
   A. 11　　　　　　　　　　　　B. 10
   C. 9　　　　　　　　　　　　　D. 8
   E. 7

4. 在某实验中,三个试管各盛水若干千克.现将浓度为12%的盐水10克倒入A管中,混合后取10克倒入B管中,混合后再取10克倒入C管中,结果A,B,C三个试管中的盐水浓度分别为6%,2%,0.5%,那么三个试管中原来盛水最多的试管及其盛水量各是( ).
   A. A试管,10克　　　　　　　　B. B试管,20克
   C. C试管,30克　　　　　　　　D. B试管,40克
   E. C试管,50克

5. 一艘轮船往返航行于甲、乙两码头之间,若船在静水中的速度不变,则当这条河的水

流速度增加 50%时,往返一次所需的时间比原来将(　　).

    A. 增加   B. 减少半小时

    C. 不变   D. 减少 1 小时

    E. 无法判断

6. 方程 $|x-|2x+1||=4$ 的根是(　　).

    A. $x=5$ 或 $x=1$ B. $x=5$ 或 $x=-1$

    C. $x=3$ 或 $x=-\dfrac{5}{3}$ D. $x=-3$ 或 $x=\dfrac{5}{3}$

    E. 不存在

7. $3x^2+bx+c=0(c\neq 0)$ 的两个根为 α,β. 如果又以 $\alpha+\beta,\alpha\beta$ 为根的一元二次方程是 $3x^2-bx+c=0$,则 b 和 c 分别为(　　).

    A. $2,6$ B. $3,4$

    C. $-2,-6$ D. $-3,-6$

    E. 以上结果都不正确

8. 若 $(1+x)+(1+x)^2+\cdots+(1+x)^n=a_1(x-1)+2a_2(x-1)^2+\cdots+na_n(x-1)^n$,则 $a_1+2a_2+3a_3+\cdots+na_n=(\ \ )$.

    A. $\dfrac{3^n-1}{2}$ B. $\dfrac{3^{n+1}-1}{2}$

    C. $\dfrac{3^{n+1}-3}{2}$ D. $\dfrac{3^n-3}{2}$

    E. $\dfrac{3^n-3}{4}$

9. 在 36 人中,血型情况如下:A 型 12 人,B 型 10 人,AB 型 8 人,O 型 6 人.若从中随机选出两人,则两人血型相同的概率是(　　).

    A. $\dfrac{77}{315}$ B. $\dfrac{44}{315}$

    C. $\dfrac{33}{315}$ D. $\dfrac{9}{122}$

    E. 以上结论都不正确

10. 湖中有 4 个小岛,它们的位置恰好近似构成正方形的 4 个顶点. 若要修建 3 座桥将这 4 个小岛连接起来,则不同的建桥方案有(　　)种.

    A. 12   B. 16

    C. 18   D. 20

    E. 24

11. 若数列 $\{a_n\}$ 中,$a_n\neq 0(n\geq 1)$,$a_1=\dfrac{1}{2}$,前 n 项和 S_n 满足 $a_n=\dfrac{2S_n^2}{2S_n-1}(n\geq 2)$,则 $\left\{\dfrac{1}{S_n}\right\}$ 是(　　).

    A. 首项为 2,公比为 $\dfrac{1}{2}$ 的等比数列   B. 首项为 2,公比为 2 的等比数列

C. 既非等差数列也非等比数列　　D. 首项为2,公差为$\frac{1}{2}$的等差数列

E. 首项为2,公差为2的等差数列

12. 如右图,直角三角形 ABC 的斜边 $AB=13$ 厘米,直角边 $AC=5$ 厘米. 把 AC 对折到 AB 上去与斜边相重合,点 C 与点 E 重合,折痕为 AD,则图中阴影部分的面积为(　　)平方厘米.

A. 20　　　　　　　　　　　　B. $\frac{40}{3}$

C. $\frac{38}{3}$　　　　　　　　　　　　D. 14

E. 12

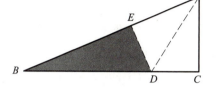

13. 设直线 $nx+(n+1)y=1$（n 为正整数）与两个坐标轴围成的三角形的面积为 S_n（$n=1,2,\cdots,2\,009$）,则 $S_1+S_2+\cdots+S_{2\,009}=(\quad)$.

A. $\frac{1}{2}\times\frac{2\,009}{2\,008}$　　　　　　　　B. $\frac{1}{2}\times\frac{2\,008}{2\,009}$

C. $\frac{1}{2}\times\frac{2\,009}{2\,010}$　　　　　　　　D. $\frac{1}{2}\times\frac{2\,010}{2\,009}$

E. 以上结论都不正确

14. 若圆 $C:(x+1)^2+(y-1)^2=1$ 与 x 轴交于 A 点、与 y 轴交于 B 点,则与此圆相切于劣弧 $\overset{\frown}{AB}$ 中点 M（注:小于半圆的弧为劣弧）的切线方程是(　　).

A. $y=x+2-\sqrt{2}$　　　　　　　B. $y=x+1-\frac{1}{\sqrt{2}}$

C. $y=x-1+\frac{1}{\sqrt{2}}$　　　　　　　D. $y=x-2+\sqrt{2}$

E. $y=x+1-\sqrt{2}$

15. 已知实数 a,b,x,y 满足 $y+|\sqrt{x}-\sqrt{2}|=1-a^2$ 和 $|x-2|=y-1-b^2$,则 $3^{x+y}+3^{a+b}=$(　　).

A. 25　　　　　　　　　　　　B. 26

C. 27　　　　　　　　　　　　D. 28

E. 29

二、条件充分性判断: 第 16~25 小题,每小题 3 分,共 30 分。要求判断每题给出的条件(1)和条件(2)能否充分支持题干所陈述的结论。A、B、C、D、E 五个选项为判断结果,请选择一项符合试题要求的判断。

A. 条件(1)充分,但条件(2)不充分.

B. 条件(2)充分,但条件(1)不充分.

C. 条件(1)和条件(2)单独都不充分,但条件(1)和条件(2)联合起来充分.

D. 条件(1)充分,条件(2)也充分.

E. 条件(1)和条件(2)单独都不充分,条件(1)和条件(2)联合起来也不充分.

16. $a_1^2 + a_2^2 + a_3^2 + \cdots + a_n^2 = \frac{1}{3}(4^n - 1)$.

(1) 数列 $\{a_n\}$ 的通项公式为 $a_n = 2^n$.

(2) 在数列 $\{a_n\}$ 中, 对任意正整数 n, 有 $a_1 + a_2 + a_3 + \cdots + a_n = 2^n - 1$.

17. A 企业的职工人数今年比前年增加了 30%.

(1) A 企业的职工人数去年比前年减少了 20%.

(2) A 企业的职工人数今年比去年增加了 50%.

18. $|\log_a x| > 1$.

(1) $x \in [2, 4], \frac{1}{2} < a < 1$. (2) $x \in [4, 6], 1 < a < 2$.

19. 对于使 $\frac{ax+7}{bx+11}$ 有意义的一切 x 的值, 这个分式为一个定值.

(1) $7a - 11b = 0$. (2) $11a - 7b = 0$.

20. $\frac{a^2 - b^2}{19a^2 + 96b^2} = \frac{1}{134}$.

(1) a, b 均为实数, 且 $|a^2 - 2| + (a^2 - b^2 - 1)^2 = 0$.

(2) a, b 均为实数, 且 $\frac{a^2 b^2}{a^4 - 2b^4} = 1$.

21. $2a^2 - 5a - 2 + \frac{3}{a^2 + 1} = -1$.

(1) a 是方程 $x^2 - 3x + 1 = 0$ 的根. (2) $|a| = 1$.

22. 点 (s, t) 落入圆 $(x-a)^2 + (y-a)^2 = a^2$ 内的概率是 $\frac{1}{4}$.

(1) s, t 是连续掷一枚骰子两次所得到的点数, $a = 3$.

(2) s, t 是连续掷一枚骰子两次所得到的点数, $a = 2$.

23. $(x^2 - 2x - 8)(2 - x)(2x - 2x^2 - 6) > 0$.

(1) $x \in (-3, -2)$. (2) $x \in [2, 3]$.

24. 圆 $(x-1)^2 + (y-2)^2 = 4$ 和直线 $(1+2\lambda)x + (1-\lambda)y - 3 - 3\lambda = 0$ 相交于两点.

(1) $\lambda = \frac{2\sqrt{3}}{5}$. (2) $\lambda = \frac{5\sqrt{3}}{2}$.

25. $\{a_n\}$ 的前 n 项和 S_n 与 $\{b_n\}$ 的前 n 项和 T_n 满足 $S_{19} : T_{19} = 3 : 2$.

(1) $\{a_n\}$ 和 $\{b_n\}$ 是等差数列. (2) $a_{10} : b_{10} = 3 : 2$.

解　析

一、问题求解

1.【答案】 E

【解析】 设甲商品的成本为 a 元,乙商品的成本为 b 元,由已知 $1.2a=480, 0.8b=480$,从而 $a=400(元), b=600(元), 2\times 480-(400+600)=-40(元)$,即商店亏了 40 元.

2.【答案】 B

【解析】 方法1:设原来男运动员人数为 $19k$,女运动员人数为 $12k$,先增加女运动员 x 人,后增加男运动员 $x+3$ 人.则有:
$$\begin{cases} \dfrac{19k}{12k+x}=\dfrac{20}{13}, \\ \dfrac{19k+x+3}{12k+x}=\dfrac{30}{19} \end{cases} \Rightarrow \begin{cases} k=20, \\ x=7. \end{cases}$$

从而最后运动员总人数为 $(19k+x+3)+(12k+x)=637(人)$.

方法2:整除法.

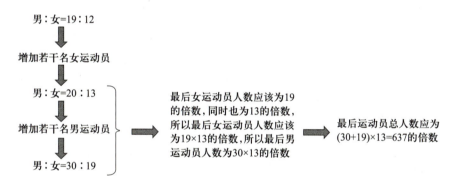

方法3:统一比例法.

$$\begin{cases} 男:女=19:12=380:240 \\ 男:女=20:13=380:247 \\ 男:女=30:19=390:247 \end{cases}$$ 女运动员增加7份，男运动员增加10份

所以男运动员比女运动员多增加3份,则 1 份 = 1 人,故最后总人数为 $390+247=637$.

注:本题方法1设未知数解方程,属于处理应用题的正常解法,但是对于本题来说计算量较大.而方法2利用整除的特性,很容易得出答案.如果读者想不到这种整除法,至少应该得出最后运动员总人数为 $30+19=49$ 的倍数,这样只有 A,B 选项可能正确.方法3利用统一比例法,这种方法也很容易得出原来运动员总人数为 $(19+12)\times 20=620$.

3.【答案】 B

【解析】 设应该每 x 天购买一次原料,则该厂平均每天支付的总费用为(其中括号中为保管费用):

$$\dfrac{1800\times 6x+900+(3\times 6+3\times 6\times 2+\cdots+3\times 6\times x)}{x} = \dfrac{1800\times 6x+900+18(1+2+\cdots+x)}{x} = 1800\times 6+$$

$$\frac{900}{x}+\frac{18}{x}\cdot\frac{x(1+x)}{2}=1\ 800\times6+9+\frac{900}{x}+9x=1\ 800\times6+9+9\left(\frac{100}{x}+x\right),$$

要使费用最省,即让 $\frac{100}{x}+x$ 最小即可. 由算术平均值和几何平均值的关系可知: $\frac{100}{x}+x\geqslant$

$2\sqrt{\frac{100}{x}\cdot x}=20$,当 $\frac{100}{x}=x$,即 $x=10$ 时等号成立.

4.【答案】 C

【解析】 设 A 管中原有水 x 克,B 管中原有水 y 克,C 管中原有水 z 克,则由已知可得:

A 试管加入盐水后浓度为 $\frac{10\times12\%}{x+10}=6\%\Rightarrow x=10$(克),

B 试管加入盐水后浓度为 $\frac{10\times6\%}{y+10}=2\%\Rightarrow y=20$(克),

C 试管加入盐水后浓度为 $\frac{10\times2\%}{z+10}=0.5\%\Rightarrow z=30$(克).

所以选 C.

5.【答案】 A

【解析】 设甲、乙码头相距 S,船在静水中的速度为 V_1,水流速度为 V_2,则往返一次所需的时间 $t_1=\frac{S}{V_1+V_2}+\frac{S}{V_1-V_2}$,现往返一次所需时间 $t_2=\frac{S}{V_1+1.5V_2}+\frac{S}{V_1-1.5V_2}$,则 $t_1-t_2=\frac{2V_1S}{V_1^2-V_2^2}-\frac{2V_1S}{V_1^2-(1.5V_2)^2}<0$,因此 $t_1<t_2$.

【技巧】 $t_1=\frac{S}{V_1+V_2}+\frac{S}{V_1-V_2}=\frac{2V_1S}{V_1^2-V_2^2}$ 是关于 V_2 的增函数,所以选 A.

本题可以采用极限思想,不妨假设水流速度增加 50% 后无限接近(或等于)船在静水中的速度,此时虽然顺水航行时时间会缩短,但逆水航行时所用时间将会无穷大,所以总的时间会增加.

6.【答案】 C

【解析】 原方程等价于 $x-|2x+1|=4$ 或 $x-|2x+1|=-4$,即

$$\begin{cases}2x+1\geqslant0,\\x-2x-1=4,\end{cases}\begin{cases}2x+1<0,\\x+2x+1=4,\end{cases}$$ 或 $$\begin{cases}2x+1\geqslant0,\\x-2x-1=-4,\end{cases}\begin{cases}2x+1<0,\\x+2x+1=-4.\end{cases}$$

前面两个不等式组无解,从后面两个不等式组可解出 $x=3$ 或 $x=-\frac{5}{3}$.

注意:本题最简单的方法为代入验证法.

7.【答案】 D

【解析】 由韦达定理得 $\begin{cases}\alpha+\beta=-\frac{b}{3},\\\alpha\beta=\frac{c}{3},\end{cases}$ 且 $\begin{cases}\alpha+\beta+\alpha\beta=\frac{b}{3},\\(\alpha+\beta)\alpha\beta=\frac{c}{3},\end{cases}$ 从而可解得 $b=-3,c=-6$.

注意:方程 $3x^2+bx+c=0$ $(c\neq0)$ 和 $3x^2-bx+c=0$ 的根互为相反数,即有:

$$\begin{cases}\alpha+\beta=-\alpha,\\ \alpha\beta=-\beta\end{cases}\Rightarrow\begin{cases}\alpha=-1,\\ \beta=2\end{cases}\Rightarrow\begin{cases}-1+2=-\dfrac{b}{3},\\ -2=\dfrac{c}{3}\end{cases}\Rightarrow\begin{cases}b=-3,\\ c=-6.\end{cases}$$

8.【答案】 C

【解析】 令题干中的 $x=2$，可得：

$$a_1+2a_2+3a_3+\cdots+na_n=3+3^2+\cdots+3^n=\dfrac{3(1-3^n)}{1-3}=\dfrac{3(3^n-1)}{2}=\dfrac{3^{n+1}-3}{2}.$$

注意：读者如果不记得等比数列的求和公式，可令 $n=1$，得 $a_1=3$，代入选项，$n=1$ 时，答案为 3，只有选项 C 满足.

9.【答案】 A

【解析】 所求事件的概率为 $P=\dfrac{C_{12}^2+C_{10}^2+C_8^2+C_6^2}{C_{36}^2}=\dfrac{77}{315}.$

10.【答案】 B

【解析】 4 个小岛，每两个小岛间修建一座桥，共可修建 $C_4^2=6$ 座桥（下图左）. 要建 3 座桥将这 4 个小岛连接起来的建法，应为总建法去掉不能将其连接起来的建法，连接不起来即会出现孤岛的情况，一共有 4 种：孤立 A，B，C，D 岛（下图右为孤立 A 岛的情况）. 所以能连接起来的建桥方案共有 $C_6^3-4=20-4=16$（种）.

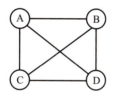 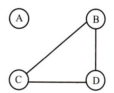

11.【答案】 E

【解析】 $\dfrac{1}{S_1}=\dfrac{1}{a_1}=2.$ 当 $n\geq 2$ 时，$a_n=S_n-S_{n-1}$，因此 $S_n-S_{n-1}=\dfrac{2S_n^2}{2S_n-1}$，

整理得 $S_{n-1}=\dfrac{-S_n}{2S_n-1}\Rightarrow\dfrac{1}{S_{n-1}}=\dfrac{1}{S_n}-2\Rightarrow\dfrac{1}{S_n}-\dfrac{1}{S_{n-1}}=2$，可知 $\left\{\dfrac{1}{S_n}\right\}$ 是首项为 2，公差为 2 的等差数列.

12.【答案】 B

【解析】 方法 1：在三角形 ABC 和三角形 DBE 中，$\angle ACB=\angle DEB=90°$，$\angle B$ 为公共角，即 $\triangle ABC$ 相似于 $\triangle DBE$，$\triangle ABC$ 的面积 $S_1=\dfrac{1}{2}\times 12\times 5=30$（平方厘米）. 设 $\triangle DBE$ 的面积为 S_2，则有 $\dfrac{S_1}{S_2}=\left(\dfrac{12}{13-5}\right)^2=\left(\dfrac{3}{2}\right)^2$，因此 $S_2=30\times\dfrac{4}{9}=\dfrac{40}{3}$（平方厘米）.

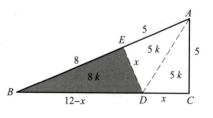

方法 2：如图，设 $DC=DE=x$，则 $BD=12-x$，在 Rt$\triangle BDE$ 中由勾股定理得：

$$8^2+x^2=(12-x)^2 \Rightarrow x=\frac{10}{3}, \text{所以有 } S_{\triangle BDE}=\frac{1}{2}\times 8\times\frac{10}{3}=\frac{40}{3}(\text{平方厘米}).$$

方法 3：如图，设阴影部分面积为 $8k$，则 $S_{\triangle ADE}=5k$（底在同一条直线上，共顶点的两个三角形面积之比等于底边之比），所以 $S_{\triangle ACD}=5k$，则有

$$S_{\triangle BDE}=\frac{8k}{8k+5k+5k}S_{\triangle ABC}=\frac{8}{18}\times\frac{1}{2}\times 12\times 5=\frac{40}{3}(\text{平方厘米}).$$

13. 【答案】 C

【解析】 $nx+(n+1)y=1$ 在 x 轴上的截距为 $\frac{1}{n}$，在 y 轴上的截距为 $\frac{1}{n+1}$，所以 $S_n=\frac{1}{2}\times\frac{1}{n}\times\frac{1}{n+1}=\frac{1}{2}\left(\frac{1}{n}-\frac{1}{n+1}\right)$，从而有

$$S_1+S_2+\cdots+S_{2\,009}=\frac{1}{2}\left(1\times\frac{1}{2}+\frac{1}{2}\times\frac{1}{3}+\cdots+\frac{1}{2\,009}\times\frac{1}{2\,010}\right)$$

$$=\frac{1}{2}\left(1-\frac{1}{2}+\frac{1}{2}-\frac{1}{3}+\cdots+\frac{1}{2\,009}-\frac{1}{2\,010}\right)=\frac{1}{2}\left(1-\frac{1}{2\,010}\right)=\frac{1}{2}\times\frac{2\,009}{2\,010}.$$

14. 【答案】 A

【解析】 设所求直线方程为 $y=kx+b$，则 $k=1$（与 OC 垂直），从而所求方程为 $x-y+b=0$，且 $OM=OC-CM=\sqrt{(-1-0)^2+(1-0)^2}-1=\sqrt{2}-1$.

另一方面，由点到直线的距离公式得 $OM=\frac{|b|}{\sqrt{1^2+(-1)^2}}$，从而 $\frac{|b|}{\sqrt{2}}=\sqrt{2}-1\Rightarrow b=2-\sqrt{2}$（舍去 $-2+\sqrt{2}$），因此所求直线方程为 $y=x+2-\sqrt{2}$.

注意：由于所求直线斜率为 1，故其倾斜角为 45°，可知下图中 $\text{Rt}\triangle OMD$ 为等腰直角三角形，所以截距 $OD=\sqrt{2}OM=\sqrt{2}(\sqrt{2}-1)=2-\sqrt{2}$.

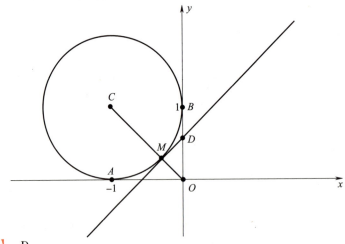

15. 【答案】 D

【解析】 由 $y=1-a^2-|\sqrt{x}-\sqrt{2}|$ 及 $y=1+b^2+|x-2|$ 可得

$$1-a^2-|\sqrt{x}-\sqrt{2}|=1+b^2+|x-2|\Rightarrow a^2+b^2+|x-2|+|\sqrt{x}-\sqrt{2}|=0,$$

所以得出 $a=0,b=0,x=2$，代入原式得到 $y=1$，此时 $3^{x+y}+3^{a+b}=3^3+3^0=28$.

二、条件充分性判断

16.【答案】 B

【解析】 条件(1), $a_1^2 = 2^2, a_2^2 = 2^4, \cdots, a_n^2 = 2^{2n}$, 从而

$$a_1^2 + a_2^2 + a_3^2 + \cdots + a_n^2 = 2^2 + (2^2)^2 + \cdots + (2^2)^n = \frac{4(1-4^n)}{1-4} = -\frac{4}{3}(1-4^n) \neq \frac{1}{3}(4^n-1),$$

即条件(1)不充分.

条件(2), $a_1 = 2^1 - 1 = 1, a_n = S_n - S_{n-1} = (2^n - 1) - (2^{n-1} - 1) = 2^{n-1} \ (n \geq 2)$.

因此 $a_1^2 + a_2^2 + a_3^2 + \cdots + a_n^2 = 1 + 2^2 + (2^2)^2 + \cdots + (2^2)^{n-1} = \frac{1-4^n}{1-4} = \frac{1}{3}(4^n-1)$, 即条件(2)是充分的.

注意:本题最简单的方法为特殊值法.令 $n=1$, 则题干要推出 $a_1^2 = \frac{1}{3}(4^1-1) = 1$, 条件(1)有 $a_1 = 2$, 显然不充分, 条件(2)有 $a_1 = 1$, 满足题意, 所以 B 很可能正确.

17.【答案】 E

【解析】 设 A 企业前年职工人数为 a, 去年职工人数为 b, 今年职工人数为 c, 题干要求推出 $c = 1.3a$. 条件(1)和条件(2)显然单独不充分, 联合条件(1)(2), 可得
$b = 0.8a, c = 1.5b \Rightarrow c = 1.5b = 1.5 \times 0.8a = 1.2a \neq 1.3a$, 也不充分.

18.【答案】 D

【解析】 方法1:题干要求推出 $\log_a x > 1$ 或者 $\log_a x < -1$.

条件(1), $y = \log_a x$ 在 $\frac{1}{2} < a < 1$ 时为减函数. 当 $x = \frac{1}{a}$ 时, $\log_a x = -1$, 若当 $x \in [2,4]$ 时, 则必有 $\log_a x < -1$ 成立, 因此条件(1)充分.

条件(2), $y = \log_a x$ 在 $1 < a < 2$ 时为增函数. 当 $x = a$ 时, $\log_a x = 1$, 若 $x \in [4,6]$, 则必有 $\log_a x > 1$ 成立, 因此条件(2)也充分.

方法2:条件(1): $|\log_a x| > 1 \Leftrightarrow -\log_a x > 1 \Leftrightarrow \log_a x < -1 = \log_a \frac{1}{a} \Leftrightarrow x > \frac{1}{a}$, 显然在条件 $x \in [2,4], \frac{1}{2} < a < 1$ 下, $x > \frac{1}{a}$ 成立, 所以条件(1)充分.

条件(2): $|\log_a x| > 1 \Leftrightarrow \log_a x > 1 = \log_a a \Leftrightarrow x > a$, 显然在条件 $x \in [4,6], 1 < a < 2$ 下, $x > a$ 成立, 所以条件(2)也充分.

19.【答案】 B

【解析】 方法1:当 $bx + 11 \neq 0$ 时, 分式 $\frac{ax+7}{bx+11}$ 有意义.

由条件(1), 取 $a = 11, b = 7$, 则 $\frac{ax+7}{bx+11} = \frac{11x+7}{7x+11}$, 不是定值, 因此条件(1)不充分.

由条件(2), 将 $a = \frac{7}{11}b$ 代入分式 $\frac{ax+7}{bx+11}$, 则有 $\frac{ax+7}{bx+11} = \frac{\frac{7}{11}bx + 7}{bx+11} = \frac{7}{11} \left(\frac{bx+11}{bx+11} \right) = \frac{7}{11}$, 为定值. 条件(2)充分.

方法 2：$\dfrac{ax+7}{bx+11} = \dfrac{a\left(x+\dfrac{7}{a}\right)}{b\left(x+\dfrac{11}{b}\right)}$ 与 x 无关，即上述关于 x 的项可以约去，所以 $\dfrac{7}{a} = \dfrac{11}{b} \Rightarrow 11a - 7b = 0$.

方法 3：题干要求分式 $\dfrac{ax+7}{bx+11}$ 的值与 x 无关，所以令 $x=1, x=0$ 时，该分式应相等.

即：$\dfrac{a+7}{b+11} = \dfrac{7}{11} \Rightarrow 11a - 7b = 0$.

20. 【答案】 D

【解析】 题干要求推出 $134a^2 - 134b^2 = 19a^2 + 96b^2$，即 $a^2 = 2b^2$.

由条件(1)，$a^2 = 2, a^2 - b^2 - 1 = 0$，可知 $a^2 = 2, b^2 = 1$，所以条件(1)充分.

由条件(2)，$a^2b^2 = a^4 - 2b^4 \Rightarrow (a^2 + b^2)(a^2 - 2b^2) = 0$，又因为 $a^2 + b^2 \neq 0$，从而 $a^2 = 2b^2$，即条件(2)也是充分的.

21. 【答案】 A

【解析】 条件(1)，将 $a^2 = 3a - 1$ 代入题干，则有

$2a^2 - 5a - 2 + \dfrac{3}{a^2+1} = 6a - 2 - 5a - 2 + \dfrac{3}{3a} = a - 4 + \dfrac{1}{a} = \dfrac{a^2 - 4a + 1}{a} = \dfrac{3a - 1 - 4a + 1}{a} = -1$,

所以条件(1)充分.

条件(2)，可取 $a=1$，则 $2a^2 - 5a - 2 + \dfrac{3}{a^2+1} = 2 - 5 - 2 + \dfrac{3}{2} \neq -1$，所以条件(2)不充分.

22. 【答案】 B

【解析】 条件(1)，(s,t) 落入 $(x-a)^2 + (y-a)^2 = a^2$ 内的所有可能性为（如下图左）：
$(s,t) = (1,1),(1,2),(2,1),(1,3),(3,1),(1,4),(4,1),(1,5),(5,1),(2,2),(2,3),$
$(3,2),(2,4),(4,2),(2,5),(5,2),(3,3),(3,4),(4,3),(3,5),(5,3),(4,4),(4,5),$
$(5,4),(5,5)$，共计 25 种.

而掷两次骰子的可能性共 $6 \times 6 = 36$（种），从而概率 $P = \dfrac{25}{36} \neq \dfrac{1}{4}$，因此条件(1)不充分.

条件(2)，(s,t) 落入 $(x-a)^2 + (y-a)^2 = a^2$ 内的所有可能性为（如下图右）：
$(s,t) = (1,1),(1,2),(2,1),(1,3),(3,1),(2,2),(2,3),(3,2),(3,3)$,

共计 9 种，从而所求概率为 $P = \dfrac{9}{36} = \dfrac{1}{4}$，即条件(2)充分.

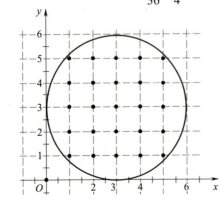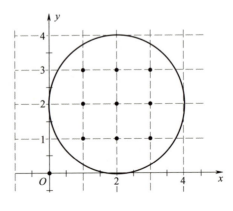

23. 【答案】 E

【解析】 因为 $2x-2x^2-6=0$ 的判别式 $\Delta=2^2-4\times(-2)\times(-6)<0$，开口向下，所以 $2x-2x^2-6<0$ 在 $x\in\mathbf{R}$ 上恒成立。此时题干中不等式可化为：

$$(x^2-2x-8)(2-x)<0 \Leftrightarrow (x-4)(x+2)(x-2)>0 \Leftrightarrow -2<x<2 \text{ 或 } x>4.$$

显然条件(1)(2)单独都不充分，联合也不充分。

24. 【答案】 D

【解析】 方法1：题干要求圆心 $(1,2)$ 到直线的距离 $d=\dfrac{|1+2\lambda+2-2\lambda-3-3\lambda|}{\sqrt{(1+2\lambda)^2+(1-\lambda)^2}}<2$，整理得 $|-3\lambda|<2\sqrt{5\lambda^2+2\lambda+2}\Rightarrow 11\lambda^2+8\lambda+8>0$，由于 $8^2-4\times8\times11<0$，从而对任意的 λ，不等式 $11\lambda^2+8\lambda+8>0$ 都恒成立。

方法2：将直线 $(1+2\lambda)x+(1-\lambda)y-3-3\lambda=0$ 化为

$(2x-y-3)\lambda+x+y-3=0$，令 $\begin{cases}2x-y-3=0,\\ x+y-3=0\end{cases}\Rightarrow\begin{cases}x=2,\\ y=1,\end{cases}$ 可解得该直线系恒过点 $(2,1)$（无论 λ 取何值）。将该点代入圆方程得：$(2-1)^2+(1-2)^2<4$，所以该点在圆内。因此，无论 λ 取何值，直线与圆必然都相交。

25. 【答案】 C

【解析】 显然条件(1)(2)单独不充分。

联合条件(1)(2)，$\dfrac{a_{10}}{b_{10}}=\dfrac{\dfrac{19(a_1+a_{19})}{2}}{\dfrac{19(b_1+b_{19})}{2}}=\dfrac{S_{19}}{T_{19}}=\dfrac{3}{2}$，充分。

注意：本题考查的知识点为：等差数列 $\{a_n\}$ 和 $\{b_n\}$ 的前 n 项和分别用 S_n 和 T_n 表示，则 $\dfrac{a_k}{b_k}=\dfrac{S_{2k-1}}{T_{2k-1}}$。同学们最好记住这个知识点。

2009年10月在职攻读硕士学位全国联考综合能力数学真题及解析

真 题

一、问题求解：第1~15小题，每小题3分，共45分。下列每题给出的A、B、C、D、E五个选项中，只有一项是符合试题要求的。

1. 已知某车间的男工人数比女工人数多80%. 若在该车间一次技术考核中全体工人的平均成绩为75分，而女工平均成绩比男工平均成绩高20%，则女工的平均成绩为（　　）分.

   A. 88　　　　　　　　　　　　　　B. 86
   C. 84　　　　　　　　　　　　　　D. 82
   E. 80

2. 某人在市场上买猪肉，小贩称得肉重为4斤. 但此人不放心，拿出一个自备的100克重的砝码，将肉和砝码放在一起让小贩用原称复称，结果重量为4.25斤. 由此可知顾客应要求小贩补猪肉（　　）两.

   A. 3　　　　　　　　　　　　　　B. 6
   C. 4　　　　　　　　　　　　　　D. 7
   E. 8

3. 甲、乙两商店某种商品的进货价格都是200元，甲店以高于进货价格20%的价格出售，乙店以高于进货价格15%的价格出售，结果乙店的售出件数是甲店的2倍. 扣除营业税后乙店的利润比甲店多5 400元. 若设营业税率是营业额的5%，那么甲、乙两店售出该商品各为（　　）件.

   A. 450, 900　　　　　　　　　　　B. 500, 1 000
   C. 550, 1 100　　　　　　　　　　D. 600, 1 200
   E. 650, 1 300

4. 甲、乙两人在环形跑道上跑步，他们同时从起点出发，当方向相反时每隔48秒相遇一次，当方向相同时每隔10分钟相遇一次. 若甲每分钟比乙快40米，则甲、乙两人的跑步速度分别为（　　）米/分钟.

   A. 470, 430　　　　　　　　　　　B. 380, 340

C. 370,330   D. 280,240
E. 270,230

5. 一艘小轮船上午8:00起航逆流而上(设船速和水流速度一定),中途船上一块木板落入水中,直到8:50船员才发现这块重要的木板丢失,立即调转船头去追,最终于9:20追上木板.由以上数据可以算出木板落水的时间是( ).

A. 8:50   B. 8:30
C. 8:25   D. 8:20
E. 8:15

6. 若 x,y 是有理数,且满足 $(1+2\sqrt{3})x+(1-\sqrt{3})y-2+5\sqrt{3}=0$,则 x,y 的值分别为( ).

A. 1,3   B. -1,2
C. -1,3   D. 1,2
E. 以上结论都不正确

7. 设 a 与 b 之和的倒数的2 007次方等于1, a 的相反数与 b 之和的倒数的2 009次方也等于1. 则 $a^{2\,007}+b^{2\,009}=$ ( ).

A. -1   B. 2
C. 1   D. 0
E. $2^{2\,007}$

8. 设 $y=|x-a|+|x-20|+|x-a-20|$,其中 $0<a<20$,则对于满足 $a\leq x\leq 20$ 的 x 值, y 的最小值是( ).

A. 10   B. 15
C. 20   D. 25
E. 30

9. 若关于 x 的二次方程 $mx^2-(m-1)x+m-5=0$ 有两个实根 α,β,且满足 $-1<\alpha<0$ 和 $0<\beta<1$,则 m 的取值范围是( ).

A. $3<m<4$ B. $4<m<5$
C. $5<m<6$ D. $m>6$ 或 $m<5$
E. $m>5$ 或 $m<4$

10. 一个球从100米高处自由落下,每次着地后又跳回前一次高度的一半再落下,当它第10次着地时,共经过的路程是( )米.(精确到1米且不计任何阻力)

A. 300   B. 250
C. 200   D. 150
E. 100

11. 曲线 $x^2-2x+y^2=0$ 上的点到直线 $3x+4y-12=0$ 的最短距离是( ).

A. $\dfrac{3}{5}$ B. $\dfrac{4}{5}$
C. 1   D. $\dfrac{4}{3}$
E. $\sqrt{2}$

12. 曲线 $|xy|+1=|x|+|y|$ 所围成的图形的面积为( ).

A. $\dfrac{1}{4}$ B. $\dfrac{1}{2}$

C. 1 D. 2

E. 4

13. 如图所示,向放在水槽底部的口杯注水(流量一定),注满口杯后继续注水,直到注满水槽,水槽中水平面上升高度 h 与注水时间 t 之间的函数关系大致是( ).

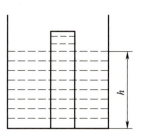

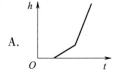
A.

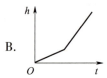
B.

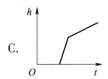
C.

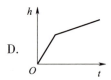
D.

E. 以上图形均不正确

14. 若将 10 只相同的球随机放入编号为 1、2、3、4 的四个盒子中,则每个盒子不空的投放方法有( )种.

A. 72 B. 84

C. 96 D. 108

E. 120

15. 若以连续两次掷色子得到的点数 a 和 b 作为点 P 的坐标,则点 $P(a,b)$ 落在直线 $x+y=6$ 和两坐标轴围成的三角形内的概率为( ).

A. $\dfrac{1}{6}$ B. $\dfrac{7}{36}$

C. $\dfrac{2}{9}$ D. $\dfrac{1}{4}$

E. $\dfrac{5}{18}$

二、条件充分性判断:第 16~25 小题,每小题 3 分,共 30 分。要求判断每题给出的条件(1)和条件(2)能否充分支持题干所陈述的结论。A、B、C、D、E 五个选项为判断结果,请选择一项符合试题要求的判断。

A. 条件(1)充分,但条件(2)不充分.
B. 条件(2)充分,但条件(1)不充分.
C. 条件(1)和条件(2)单独都不充分,但条件(1)和条件(2)联合起来充分.
D. 条件(1)充分,条件(2)也充分.
E. 条件(1)和条件(2)单独都不充分,条件(1)和条件(2)联合起来也不充分.

16. $a+b+c+d+e$ 的最大值是 133.
 (1) a,b,c,d,e 是大于 1 的自然数,且 $abcde=2\,700$.
 (2) a,b,c,d,e 是大于 1 的自然数,且 $abcde=2\,000$.

17. 二次三项式 x^2+x-6 是多项式 $2x^4+x^3-ax^2+bx+a+b-1$ 的一个因式.
 (1) $a=16$.　　　　　　　　(2) $b=2$.

18. $2^{x+y}+2^{a+b}=17$.
 (1) a,b,x,y 满足 $y+|\sqrt{x}-\sqrt{3}|=1-a^2+\sqrt{3}b$.
 (2) a,b,x,y 满足 $|x-3|+\sqrt{3}b=y-1-b^2$.

19. $\dfrac{1}{a}+\dfrac{1}{b}+\dfrac{1}{c}>\sqrt{a}+\sqrt{b}+\sqrt{c}$.
 (1) $abc=1$.　　　　　　　　(2) a,b,c 为不全相等的正数.

20. 关于 x 的方程 $\dfrac{1}{x-2}+3=\dfrac{1-x}{2-x}$ 与 $\dfrac{x+1}{x-|a|}=2-\dfrac{3}{|a|-x}$ 有相同的增根.
 (1) $a=2$.　　　　　　　　(2) $a=-2$.

21. 关于 x 的方程 $a^2x^2-(3a^2-8a)x+2a^2-13a+15=0$ 至少有一个整数根.
 (1) $a=3$.　　　　　　　　(2) $a=5$.

22. 等差数列 $\{a_n\}$ 的前 18 项的和 $S_{18}=\dfrac{19}{2}$.
 (1) $a_3=\dfrac{1}{6}, a_6=\dfrac{1}{3}$.　　　　(2) $a_3=\dfrac{1}{4}, a_6=\dfrac{1}{2}$.

23. △ABC 是等边三角形.
 (1) △ABC 的三边满足 $a^2+b^2+c^2=ab+bc+ac$.
 (2) △ABC 的三边满足 $a^3-a^2b+ab^2+ac^2-b^3-bc^2=0$.

24. 圆 $(x-3)^2+(y-4)^2=25$ 与圆 $(x-1)^2+(y-2)^2=r^2$ $(r>0)$ 相切.
 (1) $r=5\pm2\sqrt{3}$.　　　　　(2) $r=5\pm2\sqrt{2}$.

25. 命中来犯敌机的概率是 99%.
 (1) 每枚导弹命中率为 0.6.
 (2) 至多同时向来犯敌机发射 4 枚导弹.

解　析

一、问题求解

1. 【答案】　C

【解析】　设女工人数为 a，平均成绩为 b，男工人数为 $1.8a$，平均成绩为 c，则 $b=1.2c$，从而 $\dfrac{a \cdot b + 1.8a \cdot c}{a+1.8a}=75$，整理得 $3c=210, b=1.2c=1.2\times 70=84(分)$.

2. 【答案】　E

【解析】　4 斤 $= 2\,000$ 克，4.25 斤 $= 2\,125$ 克. 设此人买到的猪肉实际重 x 克，则有 $\dfrac{2\,000}{x}=\dfrac{2\,125}{x+100}$，解得 $x=1\,600$，因此小贩需补猪肉 $2\,000-1\,600=400(克)=8(两)$.

3. 【答案】　D

【解析】　由已知，甲店每件商品的售价为 240 元，乙店每件售价为 230 元. 设甲店售出件数为 a，则乙店售出的件数为 $2a$，从而
$$(230-200)\times 2a-230\times 2a\times 0.05=(240-200)\times a-240a\times 0.05+5\,400,$$
整理得 $a=600(件), 2a=1\,200(件)$.

4. 【答案】　E

【解析】　设甲、乙的速度分别为 v_1 米/分钟，v_2 米/分钟，环形跑道全长为 S 米，则有 $v_1-v_2=40$，及 $\begin{cases}(v_1+v_2)\times 0.8=S \\ (v_1-v_2)\times 10=S\end{cases}$，整理得 $v_2=230, v_1=270$.

5. 【答案】　D

【解析】　设静水中船速为 v_1，水流速度为 v_2，在轮船出发 t 分钟后木板落入水中，则由已知可得 $\dfrac{(50-t)v_2+(50-t)(v_1-v_2)}{v_1+v_2-v_2}=30$，

整理得 $50-t=30\Rightarrow t=20$，所以选 D.

【技巧】　特值法. 设水速为 0，如图，从 C 到 B 用了 30 分钟，那么从 B 到 C 也要用 30 分钟，所以落水时间为 $8:20$.

出发	落水	发现
A	B	C

6. 【答案】　C

【解析】　已知等式可化为 $(x+y-2)+(2x-y+5)\sqrt{3}=0$，从而必有 $\begin{cases}x+y-2=0 \\ 2x-y+5=0\end{cases}$，解得 $\begin{cases}x=-1 \\ y=3\end{cases}$.

7. 【答案】　C

【解析】　由已知条件，$\left(\dfrac{1}{a+b}\right)^{2\,007}=1, \left(\dfrac{1}{-a+b}\right)^{2\,009}=1$，则有 $\begin{cases}a+b=1 \\ -a+b=1\end{cases}$，解得 $\begin{cases}a=0 \\ b=1\end{cases}$，

因此 $a^{2\,007}+b^{2\,009}=1$.

8. 【答案】　C

【解析】　由已知 $x-a\geqslant 0, x-20\leqslant 0, x-a-20<0$，因此
$$y=x-a+20-x+a+20-x=40-x.$$
当 $x=20$ 时，y 取最小值 $40-20=20$，所以选 C.

9. 【答案】 B

【解析】 由题意知 $m\neq 0$，令 $f(x)=mx^2-(m-1)x+m-5$. 可分为两种情况考虑：

(1) $m<0$, $\begin{cases} f(-1)=m+m-1+m-5<0, \\ f(0)=m-5>0, \\ f(1)=m-m+1+m-5<0, \end{cases}$ 此时不等式组无解.

(2) $m>0$, $\begin{cases} f(-1)=m+m-1+m-5>0, \\ f(0)=m-5<0, \\ f(1)=m-m+1+m-5>0 \end{cases} \Rightarrow 4<m<5.$

10. 【答案】 A

【解析】 所求路程

$S=100+2\times 50+2\times 25+\cdots+2\times\dfrac{50}{2^8}=100+100\left(1+\dfrac{1}{2}+\dfrac{1}{2^2}+\cdots+\dfrac{1}{2^8}\right)=100+200\left(1-\dfrac{1}{2^9}\right)\approx 300(\text{米}).$

11. 【答案】 B

【解析】 所给圆方程为：$(x-1)^2+y^2=1$，圆心 $(1,0)$ 到直线 $3x+4y-12=0$ 的距离 $d=\dfrac{|3-12|}{\sqrt{9+16}}=\dfrac{9}{5}>1$(半径)，所以圆上的点到直线的最短距离为 $\dfrac{9}{5}-1=\dfrac{4}{5}$.

12. 【答案】 E

【解析】 曲线所围成的图形如下：

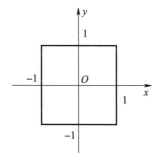

其面积为 $2^2=4$.

13. 【答案】 C

【解析】 在注满口杯前，$h=0$，注满口杯后，h 随时间 t 而增加，当 h 超过口杯顶部位置时，随时间 t 增加，h 也增加，但此时由于水面面积增加，h 增加的速度较前缓慢，从而应选C.

14. 【答案】 B

【解析】 本题采用隔板法：投放方法共有 $C_{10-1}^{4-1}=C_9^3=84$(种).

注意：隔板法公式为：

① 将 n 个相同的元素放入 m 个不同的位置，每个位置至少放一个，有 C_{n-1}^{m-1} 种方法.

② 将 n 个相同的元素放入 m 个不同的位置，每个位置允许空着，有 C_{n+m-1}^{m-1} 种方法.

15. 【答案】 E

【解析】 $P(a,b)$ 的总点数为 $6\times 6=36$，满足 $a+b<6$ 的点数有：$(1,1),(1,2),(1,3),$ $(1,4),(2,1),(2,2),(2,3),(3,1),(3,2),(4,1)$，共 10 个，从而所求概率为 $\dfrac{10}{36}=\dfrac{5}{18}$.

二、条件充分性判断

16.【答案】 B

【解析】 由条件(1), $abcde = 2\,700 = 2 \times 2 \times 3 \times 3 \times 3 \times 5 \times 5$. 要使 $a+b+c+d+e$ 取最大值,则需 $a=2, b=2, c=3, d=3, e=75$,其最大值为 $2+2+3+3+75 = 85 \neq 133$,即条件(1)不充分.

由条件(2), $abcde = 2\,000 = 2 \times 2 \times 2 \times 2 \times 5 \times 5 \times 5$,令 $a=b=c=d=2, e=125$,则最大值为 $2+2+2+2+125 = 133$,即条件(2)充分.

17.【答案】 E

【解析】 因为 $x^2+x-6 = (x+3)(x-2)$,所以 $x+3$ 与 $x-2$ 也是 $2x^4+x^3-ax^2+bx+a+b-1$ 的因式,由因式定理得:
$$\begin{cases} 2 \times 81 - 27 - 9a - 3b + a + b - 1 = 0, \\ 32 + 8 - 4a + 2b + a + b - 1 = 0 \end{cases} \Rightarrow \begin{cases} 67 - 4a - b = 0, \\ 13 - a + b = 0 \end{cases} \Rightarrow \begin{cases} a = 16, \\ b = 3. \end{cases}$$

所以条件(1)和(2)单独不充分,联合起来也不充分.

18.【答案】 C

【解析】 显然条件(1)和(2)单独都不充分. 联合条件(1)和条件(2),则有 $|x-3| + \sqrt{3}b + 1 + b^2 = 1 - a^2 + \sqrt{3}b - |\sqrt{x} - \sqrt{3}|$,整理得 $|x-3| + a^2 + b^2 + |\sqrt{x} - \sqrt{3}| = 0$,从而 $a = b = 0, x = 3$,代入求得 $y = 1$,此时 $2^{x+y} + 2^{a+b} = 17$,充分.

19.【答案】 C

【解析】 取 $a=b=c=1$,则知条件(1)不充分.

取 $a=1, b=4, c=9$,则知条件(2)也不充分.

联合条件(1)(2),则有
$$\frac{1}{a} + \frac{1}{b} + \frac{1}{c} = \frac{abc}{a} + \frac{abc}{b} + \frac{abc}{c} = bc + ac + ab = \frac{bc+ac}{2} + \frac{ac+ab}{2} + \frac{bc+ab}{2} > \sqrt{abc^2} + \sqrt{bca^2} + \sqrt{acb^2}$$
$$= \sqrt{a} + \sqrt{b} + \sqrt{c}.$$

20.【答案】 D

【解析】 方程 $\dfrac{1}{x-2} + 3 = \dfrac{1-x}{2-x}$ 可以化为 $x=2$, $x=2$ 为此方程的增根.

由条件(1),题干中第 2 个方程为 $\dfrac{x+1}{x-2} = 2 - \dfrac{3}{2-x}$,整理得其增根为 $x=2$,因此条件(1)是充分的.

同理可知条件(2)也是充分的. 所以选 D.

21.【答案】 D

【解析】 由条件(1),题干中方程为 $9x^2 - 3x - 6 = 0$,得 $x=1$ 或 $x=-\dfrac{2}{3}$.

由条件(2),题干中方程为 $25x^2 - 35x = 0$,得 $x=0$ 或 $x=\dfrac{7}{5}$.

因此条件(1)及条件(2)都是充分的,所以选 D.

22.【答案】 A

【解析】 设等差数列首项为 a_1,公差为 d,题干要求推出 $\dfrac{18(a_1 + a_1 + 17d)}{2} = \dfrac{19}{2}$,即 $18(2a_1 +$

$17d) = 19$.

由条件(1)，$\begin{cases} a_1 + 2d = \dfrac{1}{6}, \\ a_1 + 5d = \dfrac{1}{3}, \end{cases}$ 得 $d = \dfrac{1}{18}, a_1 = \dfrac{1}{18}$，从而 $18\left(2 \times \dfrac{1}{18} + 17 \times \dfrac{1}{18}\right) = 19$ 成立，条件(1)是充分的.

由条件(2)，$\begin{cases} a_1 + 2d = \dfrac{1}{4}, \\ a_1 + 5d = \dfrac{1}{2}, \end{cases}$ 得 $d = \dfrac{1}{12}, a_1 = \dfrac{1}{12}$，从而 $18\left(2 \times \dfrac{1}{12} + 17 \times \dfrac{1}{12}\right) \ne 19$，条件(2)不是充分的.

23. 【答案】 A

【解析】 由条件(1)，$a^2 + b^2 + c^2 - ab - bc - ca = 0 \Leftrightarrow \dfrac{1}{2}[(a-b)^2 + (b-c)^2 + (c-a)^2] = 0 \Leftrightarrow a = b = c$，所以条件(1)充分.

由条件(2)，$a^3 - a^2 b + ab^2 + ac^2 - b^3 - bc^2 = (a-b)(a^2 + b^2 + c^2) = 0$，推不出 $a = b = c$，不充分.

24. 【答案】 B

【解析】 题干中两圆的圆心距 $d = \sqrt{(4-2)^2 + (3-1)^2} = 2\sqrt{2}$，两圆若相切，则需 $d = 5 + r$ 或 $d = |r - 5|$，即 $2\sqrt{2} = |r - 5| \Rightarrow r = 5 \pm 2\sqrt{2}$.

25. 【答案】 E

【解析】 显然条件(1)和(2)单独都不充分. 联合条件(1)(2)，知命中来犯敌机的最大概率为：$P = 1 - (1 - 0.6)^4 = 0.9744 < 99\%$，所以联合也不充分.

注意：条件(2)无须验证发射3枚、发射2枚、发射1枚导弹命中的概率，因为发射4枚尚且不满足，其他情况更不必讨论.

2008年1月管理类专业学位联考综合能力数学真题及解析

真 题

一、问题求解:第1~15小题,每小题3分,共45分。下列每题给出的A、B、C、D、E 五个选项中,只有一项是符合试题要求的。

1. $\dfrac{(1+3)(1+3^2)(1+3^4)(1+3^8)\cdots(1+3^{32})+\dfrac{1}{2}}{3\times 3^2\times 3^3\times 3^4\times\cdots\times 3^{10}} = (\quad)$.

   A. $\dfrac{1}{2}\times 3^{10}+3^{19}$ 　　　　B. $\dfrac{1}{2}+3^{19}$

   C. $\dfrac{1}{2}\times 3^{19}$ 　　　　D. $\dfrac{1}{2}\times 3^9$

   E. 以上均不对

2. 若 $\triangle ABC$ 的三边 a,b,c 满足 $a^2+b^2+c^2=ab+ac+bc$,则 $\triangle ABC$ 为( ).

   A. 等腰三角形 　　　　B. 直角三角形
   C. 等边三角形 　　　　D. 等腰直角三角形
   E. 以上均不对

3. P 是以 a 为边长的正方形,P_1 是以 P 的四边中点为顶点的正方形,P_2 是以 P_1 的四边中点为顶点的正方形,$\cdots$,P_i 是以 P_{i-1} 的四边中点为顶点的正方形,则 P_6 的面积是( ).

   A. $\dfrac{a^2}{16}$ 　　　　B. $\dfrac{a^2}{32}$

   C. $\dfrac{a^2}{40}$ 　　　　D. $\dfrac{a^2}{48}$

   E. $\dfrac{a^2}{64}$

4. 某单位有90人,其中65人参加外语培训,72人参加计算机培训.已知参加外语培训而未参加计算机培训的有8人,则参加计算机培训而未参加外语培训的人数是( ).

   A. 5 　　　　B. 8
   C. 10 　　　　D. 12
   E. 15

5. 方程 $x^2-(1+\sqrt{3})x+\sqrt{3}=0$ 的两个根分别为等腰三角形的腰 a 和底 b（$a<b$），则该三角形的面积是（　　）.

A. $\dfrac{\sqrt{11}}{4}$　　　　　　　　B. $\dfrac{\sqrt{11}}{8}$

C. $\dfrac{\sqrt{3}}{4}$　　　　　　　　D. $\dfrac{\sqrt{3}}{5}$

E. $\dfrac{\sqrt{3}}{8}$

6. 一辆出租车有段时间的营运全在东西走向的一条大道上. 若规定向东为正向, 向西为负向, 且该车行驶的公里数依次为 -10、6、5、-8、9、-15、12, 则将最后一名乘客送到目的地时该车的位置是在首次出发地的（　　）.

A. 东面 1 千米处　　　　　　B. 西面 1 千米处
C. 东面 2 千米处　　　　　　D. 西面 2 千米处
E. 仍在原地

7. 如图所示, 长方形 $ABCD$ 中的 $AB=10$ 厘米, $BC=5$ 厘米, 以 AB 和 AD 分别为半径作 $\dfrac{1}{4}$ 圆, 则图中阴影部分的面积为（　　）平方厘米.

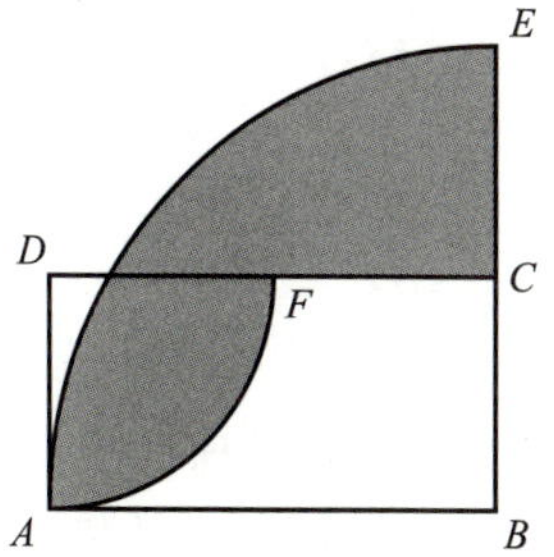

A. $25-\dfrac{25}{2}\pi$　　　　　　B. $25+\dfrac{125}{2}\pi$

C. $50+\dfrac{25}{4}\pi$　　　　　　D. $\dfrac{125}{4}\pi-50$

E. 以上均不对

8. 若用浓度为 30% 和 20% 的甲、乙两种食盐溶液配成浓度为 24% 的食盐溶液 500 克, 则甲、乙两种溶液各取（　　）克.

A. 180，320　　　　　　B. 185，315
C. 190，310　　　　　　D. 195，305
E. 200，300

9. 将价值 200 元的甲原料与价值 480 元的乙原料配成一种新原料, 若新原料每千克的售价分别比甲、乙原料每千克的售价少 3 元和多 1 元, 则新原料每千克的售价是（　　）.

A. 15 元　　　　　　　　B. 16 元
C. 17 元　　　　　　　　D. 18 元
E. 19 元

10. 两直角边边长之和为 12 的直角三角形面积最大值等于（　　）.

A. 16　　　　　　　　　B. 18
C. 20　　　　　　　　　D. 22
E. 以上均不对

11. 如果数列 $\{a_n\}$ 的前 n 项和 $S_n=\dfrac{3}{2}a_n-3$, 那么这个数列的通项公式是（　　）.

A. $a_n=2(n^2+n+1)$　　　　B. $a_n=3\times 2^n$

C. $a_n = 3n+1$　　　　　　　　　　D. $a_n = 2 \times 3^n$

E. 以上均不对

12. 以直线 $y+x=0$ 为对称轴且与直线 $y-3x=2$ 对称的直线方程为（　　）.

A. $y = \dfrac{x}{3} + \dfrac{2}{3}$　　　　　　　　B. $y = -\dfrac{x}{3} + \dfrac{2}{3}$

C. $y = -3x-2$　　　　　　　　D. $y = -3x+2$

E. 以上均不对

13. 有两排座位，前排 6 个座，后排 7 个座．若安排 2 人就座，规定前排中间 2 个座位不能坐，且此 2 人始终不能相邻而坐，则不同的坐法种数为（　　）.

A. 92　　　　　　　　　　　　B. 93

C. 94　　　　　　　　　　　　D. 95

E. 96

14. 若从原点出发的质点 M 向 x 轴正向移动一个和两个坐标单位的概率分别是 $\dfrac{2}{3}$ 和 $\dfrac{1}{3}$，则该质点移动 3 个坐标单位，到达 $x=3$ 的概率是（　　）.

A. $\dfrac{19}{27}$　　　　　　　　　　　　B. $\dfrac{20}{27}$

C. $\dfrac{7}{9}$　　　　　　　　　　　　D. $\dfrac{22}{27}$

E. $\dfrac{23}{27}$

15. 某乒乓球男子单打决赛在甲、乙两选手间进行，比赛采用 7 局 4 胜制．已知每局比赛甲选手战胜乙选手的概率为 0.7，则甲选手以 4：1 战胜乙选手的概率为（　　）.

A. 0.84×0.7^3　　　　　　　　B. 0.7×0.7^3

C. 0.3×0.7^3　　　　　　　　D. 0.9×0.7^3

E. 以上均不对

二、条件充分性判断：第 16~30 小题，每小题 2 分，共 30 分。要求判断每题给出的条件(1)和条件(2)能否充分支持题干所陈述的结论。A、B、C、D、E 五个选项为判断结果，请选择一项符合试题要求的判断。

A. 条件(1)充分，但条件(2)不充分．

B. 条件(2)充分，但条件(1)不充分．

C. 条件(1)和条件(2)单独都不充分，但条件(1)和条件(2)联合起来充分．

D. 条件(1)充分，条件(2)也充分．

E. 条件(1)和条件(2)单独都不充分，条件(1)和条件(2)联合起来也不充分．

16. 本学期某大学的 a 个学生或者付 x 元的全额学费或者付半额学费．则付全额学费的学生所付的学费占 a 个学生所付学费总额的比率是 $\dfrac{1}{3}$．

(1) 在这 a 个学生中 20% 的人付全额学费．

（2）这 a 个学生本学期共付 9 120 元学费.

17. 两直线 $y=x+1, y=ax+7$ 与 x 轴所围成的三角形面积是 $\dfrac{27}{4}$.

（1）$a=-3$. （2）$a=-2$.

18. $f(x)$ 有最小值 2.

（1）$f(x)=\left|x-\dfrac{5}{12}\right|+\left|x-\dfrac{1}{12}\right|$. （2）$f(x)=|x-2|+|4-x|$.

19. 申请驾照时必须参加理论考试和路考且两种考试均通过. 若在同一批学员中有 70% 的人通过了理论考试，80% 的人通过了路考. 则最后领到驾驶执照的人有 60%.

（1）10% 的人两种考试都没通过. （2）20% 的人仅通过了路考.

20. $S_2+S_5=2S_8$.

（1）等比数列前 n 项和为 S_n，且公比 $q=-\dfrac{\sqrt[3]{4}}{2}$.

（2）等比数列前 n 项和为 S_n，且公比 $q=\dfrac{1}{\sqrt[3]{2}}$.

21. 方程 $2ax^2-2x-3a+5=0$ 的一个根大于 1，另一个根小于 1.

（1）$a>3$. （2）$a<0$.

22. 动点 (x,y) 的轨迹是圆.

（1）$|x-1|+|y|=4$. （2）$3(x^2+y^2)+6x-9y+1=0$.

23. 一件含有 25 张一类贺卡和 30 张二类贺卡的邮包总重量（不计包装重量）为 700 克.

（1）一类贺卡重量是二类贺卡重量的 3 倍.

（2）一张一类贺卡与两张二类贺卡的总重量是 $\dfrac{100}{3}$ 克.

24. $a=-4$.

（1）点 $A(1,0)$ 关于直线 $x-y+1=0$ 的对称点是 $A'\left(\dfrac{a}{4},-\dfrac{a}{2}\right)$.

（2）直线 $l_1:(2+a)x+5y=1$ 与直线 $l_2:ax+(2+a)y=2$ 垂直.

25. 公路 AB 上各站之间共有 90 种不同的车票.

（1）公路 AB 上有 10 个车站，每两站之间都有往返车票.

（2）公路 AB 上有 9 个车站，每两站之间都有往返车票.

26. $(2x^2+x+3)(-x^2+2x+3)<0$.

（1）$x\in[-3,-2]$. （2）$x\in(4,5)$.

27. $ab^2<cb^2$.

（1）$a+b+c=0$. （2）$a<b<c$.

28. 圆 $C_1:\left(x-\dfrac{3}{2}\right)^2+(y-2)^2=r^2$ 与圆 $C_2:x^2-6x+y^2-8y=0$ 有交点.

（1）$0<r<\dfrac{5}{2}$. （2）$r>\dfrac{15}{2}$.

29. $a>b$.

(1) a,b 为实数,且 $a^2>b^2$. (2) a,b 为实数,且 $\left(\dfrac{1}{2}\right)^a < \left(\dfrac{1}{2}\right)^b$.

30. $\dfrac{b+c}{|a|}+\dfrac{c+a}{|b|}+\dfrac{a+b}{|c|}=1$.

(1) $a+b+c=0$. (2) $abc>0$.

解 析

一、问题求解

1.【答案】 D

【解析】 分子、分母同时乘$(1-3)$,得$\dfrac{(1-3)(1+3)(1+3^2)\cdots(1+3^{32})-1}{(1-3)\times 3^{\frac{1+10}{2}\times 10}}=\dfrac{1}{2}\times 3^9$,选 D.

2.【答案】 C

【解析】 $a^2+b^2+c^2=ab+ac+bc$,那么 $a^2+b^2+c^2-(ab+ac+bc)=0$,而

$$a^2+b^2+c^2-ab-bc-ac = \dfrac{2a^2+2b^2+2c^2-2ab-2bc-2ac}{2}$$

$$= \dfrac{a^2-2ab+b^2+b^2-2bc+c^2+a^2-2ac+c^2}{2}$$

$$= \dfrac{(a-b)^2+(b-c)^2+(c-a)^2}{2},$$

即$(a-b)^2+(b-c)^2+(c-a)^2=0$,那么 $a=b=c$,选 C.

【技巧】 不难看出,a,b,c 三者在等式中的位置可以互换,也就是它们相等,选 C.

3.【答案】 E

【解析】 如图,图中的三角形都是等腰直角三角形,那么不难看出,正方形 P_{n+1} 的面积是正方形 P_n 的面积的$\dfrac{1}{2}$,故可以将正方形 P_n 的面积看成公比为$\dfrac{1}{2}$的等比数列,$S_P=a^2$,$S_{P_1}=\dfrac{1}{2}a^2$,可推知 $S_{P_6}=\left(\dfrac{1}{2}\right)^6 S_P=\dfrac{a^2}{64}$,选 E.

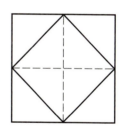

4.【答案】 E

【解析】 如图所示,依题意:既参加外语培训又参加计算机培训的人有 $65-8=57$(人),则参加计算机培训而未参加外语培训的人有 $72-57=15$(人),选 E.

```
   外          计
   65   57    72
```

5.【答案】 C

【解析】 不难用十字相乘法将方程左边表达式因式分解,得到$(x-1)(x-\sqrt{3})=0$,解出方程两根 $x_1=\sqrt{3}$,$x_2=1$.依题意,$a=1$,$b=\sqrt{3}$.作出底边 b 上的高 h,根据等腰三角形的高平分底边和勾股定理可求出其高 $h=\sqrt{1-\left(\dfrac{\sqrt{3}}{2}\right)^2}=\dfrac{1}{2}$,故其面积 $S=\dfrac{1}{2}\times\sqrt{3}\times\dfrac{1}{2}=\dfrac{\sqrt{3}}{4}$,选 C.

6.【答案】 B

【解析】 依题意,该车的位置是$(-10)+6+5+(-8)+9+(-15)+12=-1$,即西面 1 千米处,选 B.

7.【答案】 D

【解析】 不难看出,阴影部分的面积是两个$\frac{1}{4}$圆面积之和减去长方形面积,$S_{阴}=S_{\frac{1}{4}圆D}+S_{\frac{1}{4}圆B}-S_{ABCD}=\frac{1}{4}\pi(10^2+5^2)-5\times10=\frac{125}{4}\pi-50$(平方厘米),选 D.

【技巧】 若已知思路,可根据算式的形式(必然是含π的项减不含π的项)观察选项,选 D.

8.【答案】 E

【解析】 可设甲、乙两种溶液各取x克,y克,依题意可列方程组
$$\begin{cases}x+y=500,\\ \dfrac{30\%x+20\%y}{x+y}=24\%,\end{cases}\text{解得}\begin{cases}x=200,\\ y=300.\end{cases}$$

【技巧】 从解析中可以看出,浓度的分母是溶液的量,故甲、乙溶液的量可以看成各自浓度的权,可根据十字交叉法计算甲、乙两种溶液的质量比(权重比):

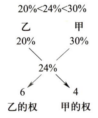

甲、乙溶液的质量比为 4∶6=2∶3,又已知溶液总量为 500 克,故两种溶液各取 200 克,300 克.

9.【答案】 C

【解析】 方法 1:可设新原料售价为x元/千克,则甲原料售价为$(x+3)$元/千克,共用$\dfrac{200}{x+3}$千克;乙原料售价为$(x-1)$元/千克,共用$\dfrac{480}{x-1}$千克.根据质量不变,可列方程$\dfrac{200+480}{x}=\dfrac{200}{x+3}+\dfrac{480}{x-1}$,解得$x=17$.

方法 2:新原料售价单位是"元/千克",分母是质量,故可以将质量看成甲、乙两种原料单价的权,题目中给出"新原料每千克的售价分别比甲、乙原料每千克的售价少 3 元和多 1 元"就是直接给出距离比为 3∶1,故权重比(质量比)为 1∶3,可得$\dfrac{200}{x+3}:\dfrac{480}{x-1}=1:3$,经过验证选项,只有 C 选项满足.

【技巧】 不妨大胆猜测"甲原料的售价能被 200 整除,同时乙原料的售价能被 480 整除",即"新原料售价+3 后能被 200 整除,-1 后能被 480 整除",只有 C 选项符合要求.

10.【答案】 B

【解析】 设两直角边的边长分别为a和b,则$a+b=12$,$S=\dfrac{1}{2}ab$.根据均值不等式,a与b

的和为定值12,乘积ab有最大值,当$a=b=6$时,$(ab)_{max}=6\times 6=36$,故$S_{max}=\dfrac{1}{2}(ab)_{max}=18$,选B.

11. 【答案】 D

【解析】 当$n\geqslant 2$时,$a_n=S_n-S_{n-1}=\left(\dfrac{3}{2}a_n-3\right)-\left(\dfrac{3}{2}a_{n-1}-3\right)=\dfrac{3}{2}a_n-\dfrac{3}{2}a_{n-1}$,即$a_n=3a_{n-1}$,可知数列$\{a_n\}$是公比为3的等比数列.为求其首项,可令$n=1$,得$S_1=a_1=\dfrac{3}{2}a_1-3$,解得$a_1=6$,于是得到$a_n=6\times 3^{n-1}=2\times 3^n$,选D.

【技巧】 可令$n=1,2$,代入已知等式解得$a_1=6,a_2=18$,逐个验证选项后选D.

12. 【答案】 A

【解析】 对称轴斜率为-1,如此特殊的对称轴,可采用快速代入法,将$y=-x,x=-y$代入$y-3x=2$,写出对称直线方程为$y=\dfrac{x}{3}+\dfrac{2}{3}$,选A.

【技巧】 在坐标系中画出三条直线,不难看出所求直线的斜率是正的,选A.

13. 【答案】 C

【解析】 方法1:分类:(1)两人同坐前排,共$C_2^1\times C_2^1\times 2!=8$(种)方法;(2)两人同坐后排,采取插空法,共$C_6^2\times 2!=30$(种)方法;(3)两人一个前排一个后排,共$C_4^1\times C_7^1\times 2!=56$(种)方法.综上,共$8+30+56=94$(种)方法.

方法2:考虑其反面"两人相邻而坐",情况数为$8\times 2!$,故不相邻而坐的情况数为$C_{11}^2\times 2!-8\times 2!=94$.

14. 【答案】 B

【解析】 质点要到达$x=3$分两类:(1)经过3次移动到达$x=3$(每次向右移动1个单位),其概率为$P_1=\left(\dfrac{2}{3}\right)^3=\dfrac{8}{27}$;(2)经过2次移动到达$x=3$(1次向右移动1个单位,另1次向右移动2个单位),其概率为$P_2=C_2^1\times\dfrac{2}{3}\times\dfrac{1}{3}=\dfrac{4}{9}$.综上,质点到达$x=3$的概率是$P=P_1+P_2=\dfrac{20}{27}$.

15. 【答案】 A

【解析】 要求甲4:1取胜,则第5局甲胜且在前4局比赛中甲胜3局输1局,那么所求概率为$P=C_4^3\times 0.7^3\times 0.3\times 0.7=0.84\times 0.7^3$,选A.

二、条件充分性判断

16. 【答案】 A

【解析】 条件(1):$20\%a$的学生每人都付全额学费x元,共$20\%ax$元,另外$80\%a$的学生每人付学费$\dfrac{x}{2}$元,共$40\%ax$元,那么所有学生共付学费$60\%ax$,付全额学费的学生所付的学费确实占了$\dfrac{1}{3}$,充分.

条件(2):只给出共付了9 120元学费的条件,并没有给出付两种学费的人数关系,故无法确定全额学费占总额的比率,不充分.

注意:此题中,只要付两种学费的人数关系确定,其所交学费占总额的比率就能确定.

17.【答案】 B

【解析】 条件(1)：$a=-3$ 时，在坐标系中画出 $y=x+1$ 和 $y=-3x+7$ 的图像(如下左图所示)．为求其底边长，只需求出两条直线与 x 轴的交点坐标：$(-1,0)$ 和 $\left(\dfrac{7}{3},0\right)$，其底边长为 $\left|-1-\dfrac{7}{3}\right|=\dfrac{10}{3}$；为求其高，只需求出两条直线交点的纵坐标（联立两直线方程，解出 $y=\dfrac{5}{2}$），因此所求面积为 $S=\dfrac{1}{2}\times\dfrac{10}{3}\times\dfrac{5}{2}=\dfrac{25}{6}$，不充分．

同理，可以验证条件(2)是充分的，故选 B．

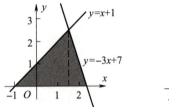 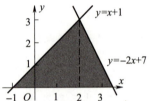

【技巧】 两个条件矛盾无法联合，备选选项只有 A、B、D．当直线 $y=ax+7$ 的斜率 a 取不同的值时，所求三角形的面积也是不同的，故不会是两个条件都充分，排除 D 选项．此题只需验证一个条件即可．

18.【答案】 B

【解析】 根据三角不等式，不难解出 $f(x)=\left|x-\dfrac{5}{12}\right|+\left|x-\dfrac{1}{12}\right|\geqslant\left|\left(x-\dfrac{5}{12}\right)-\left(x-\dfrac{1}{12}\right)\right|=\dfrac{1}{3}$，$f(x)=|x-2|+|4-x|\geqslant|(x-2)+(4-x)|=2$，条件(2)充分，条件(1)不充分，选 B．

注意：根据绝对值的几何意义，可以画出形如 $f(x)=|x-x_1|+|x-x_2|(x_1<x_2)$ 的函数图像如下左图所示，同理也可画出形如 $g(x)=|x-x_1|-|x-x_2|(x_1<x_2)$ 的图像如下右图所示．

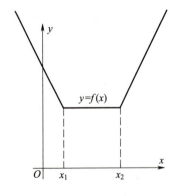 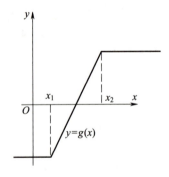

请考生记住这两种函数的图像特点：$f(x)=|x-x_1|+|x-x_2|$ 在 $x\in(x_1,x_2)$ 时恒取最小值，在定义域内无最大值；而 $g(x)=|x-x_1|-|x-x_2|$ 在 $x\in(-\infty,x_1)$ 或 $(x_2,+\infty)$ 时分别取得最小值或最大值，它既有最小值又有最大值．

19. 【答案】 D

【解析】 比较两个条件复杂程度,先验证条件(2):共有80%的人通过了路考,其中20%的人仅通过路考,自然可以推出另外60%的人通过了路考的同时也通过了理论考试,拿到了驾照,充分.

再验证条件(1):10%的人两种考试均没通过,则可知另外90%至少通过一门考试.根据集合问题的公式,两种考试均通过的人有70%+80%-90%=60%,充分.

注意:画出文氏图,如下图所示.

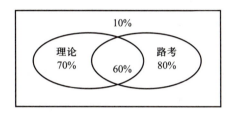

20. 【答案】 A

【解析】 方法1:若等比数列的公比$q=1$,$S_2+S_5=2a_1+5a_1=7a_1\neq 2S_8$,题干一定不成立;若等比数列的公比$q\neq 1$,则$S_2+S_5=\dfrac{a_1}{1-q}(1-q^2)+\dfrac{a_1}{1-q}(1-q^5)=2S_8=2\dfrac{a_1}{1-q}(1-q^8)$,整理得到关于公比$q$的方程$2q^6-q^3-1=0$,解得$q^3=1$或$q^3=-\dfrac{1}{2}$.此时验证两个条件,条件(1)充分,而条件(2)不充分,选A.

方法2:观察S_2,S_5,S_8下角标2,5,8成等差数列,于是想到利用固定结论:"若$\{a_n\}$为等比数列,公比为q,则$S_n,S_{2n}-S_n,S_{3n}-S_{2n}$也为等比数列,公比为$q^n$",即要构造$S_8-S_5,S_5-S_2$,对题干$S_2+S_5=2S_8$做等价变形,左右两边同时减掉$2S_5$,可得$S_2-S_5=2(S_8-S_5)$,即$\dfrac{S_8-S_5}{S_5-S_2}=q^3=-\dfrac{1}{2}\Leftrightarrow q=-\dfrac{1}{\sqrt[3]{2}}$.

【技巧】 题干可以变形为$S_8=\dfrac{S_2+S_5}{2}$,可以看出S_8是S_2,S_5的算术平均值,那么S_n关于n不单调,可知公比$q<0$(若公比$q>0$,数列所有项符号相同,前n项和S_n必然单调).

21. 【答案】 D

【解析】 按照题干要求,$a>0$时,函数$f(x)=2ax^2-2x-3a+5$的大致图像如下页左图所示.

只要保证$f(1)<0$即可,即$2a-2-3a+5<0$,解得$a>3$.

$a<0$时,函数$f(x)=2ax^2-2x-3a+5$的大致图像如下页右图所示.

只要保证$f(1)>0$即可,即$2a-2-3a+5>0$,解得$a<3$,同时还要保证$a<0$,即$a<0$.

因此两个条件均充分,选D.

注意:方程$ax^2+bx+c=0$的一个根大于k,另一个根小于k,只需$af(k)<0$即可(此时无须添加$\Delta>0$的条件).

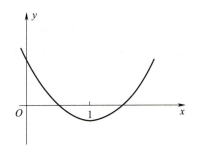
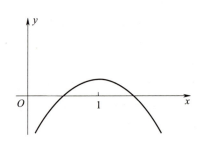

22.【答案】 B

【解析】 条件(1)中的方程含有绝对值,不含二次项,轨迹一定不是圆,它表示正方形,不充分.

经过配方整理,条件(2)的方程是圆的方程,充分,选 B. 方程 $x^2+y^2+Dx+Ey+F=0$ 为圆方程 $\Leftrightarrow D^2+E^2>4F$.

注意:对于含有绝对值的方程,一般的处理方式是分段讨论去掉绝对值符号,分区域画出方程所代表的曲线;而圆的方程形式必须是二次的,x,y 的二次项系数必须相等,同时不含交叉项,并且要保证配方后半径大于 0.

记住结论:对于 $|ax-b|+|py-q|=t$,

① 若 $|a|=|p|$,则表示正方形;

② 若 $|a|\neq|p|$,则表示菱形;

③ 它所围的面积 $S=\dfrac{2t^2}{|ap|}$.

23.【答案】 C

【解析】 两个条件单独显然均不充分. 考虑联合:根据条件(1),可设 1 张二类贺卡重量为 x 克,则 1 张一类贺卡重量为 $3x$ 克,再根据条件(2)可列出方程 $3x+2x=\dfrac{100}{3}$,解得 $x=\dfrac{20}{3}$,那么 25 张一类贺卡和 30 张二类贺卡的总重量是 $25\times3x+30x=105x=700$(克),充分,选 C.

24.【答案】 A

【解析】 条件(1),根据两点关于直线对称的等价条件:① 对称两点连线的中点在对称轴上,② 对称点的连线垂直于对称轴,可以快速写出 A' 的坐标为 $(-1,2)$,解得 $a=-4$,充分.

条件(2),根据两条直线互相垂直的等价条件:两条直线斜率的乘积为 -1(x,y 对应项系数乘积之和为 0),得到 $a(2+a)+5(2+a)=0$,解得 $a=-2$ 或 $a=-5$,不充分.

25.【答案】 A

【解析】 条件(1),只要将车票的起点和终点确定,车票就确定了,因此分两步:第一步确定起点,10 个车站均有可能作为起点,有 10 种方法;第二步确定终点(起点与终点不能相同),有 9 种方法. 故共有 $10\times9=90$(种)车票,充分.

同理,条件(2)有 $9\times8=72$(种)不同车票,不充分.

26.【答案】 D

【解析】 不等号左边是两个一元二次整式相乘,左边的代数式 $2x^2+x+3$,其判别式显然小于 0,且它的二次项系数大于 0,则其在 $x\in\mathbf{R}$ 范围内是恒大于 0 的,不对该不等式产生影响,只需解 $-x^2+2x+3<0$,解得 $x>3$ 或 $x<-1$,再验证两个条件,均充分,选 D.

27. 【答案】 E

【解析】 观察题干,不等式两边同时除以 b^2,可将不等式化简为 $a<c$,但前提条件是 $b\neq 0$. 如果 $b=0$,就得到 $ab^2=cb^2$,题干 $ab^2<cb^2$ 不成立,那么 $b=0$ 就是题干成立的一个反例. 观察两个条件,都可以令 $b=0$,于是两个条件单独均不充分;考虑联合,联合后依然可以令 $b=0$,题干也不成立,故选 E.

注意:若条件(2)改为 $a<c<b$,则联合后,$a+b+c=0$,b 又是 a,b,c 三者中最大的,故一定有 $b>0$,无法取反例 $b=0$,于是题干可化简为 $a<c$,联合后充分. 此时选 C.

28. 【答案】 E

【解析】 两圆有交点的等价条件:两圆圆心距大于或等于半径之差,小于或等于半径之和.

根据以上知识可以对题干做等价变形,对圆 C_2 配方后不难算出圆心坐标 $C_2(3,4)$,半径为 5;再根据两点距离公式求出两圆的圆心距离 $d=\dfrac{5}{2}$,要使得两圆有交点,那么应该满足 $|5-r|\leq d=\dfrac{5}{2}\leq 5+r$,解得 $\dfrac{5}{2}\leq r\leq\dfrac{15}{2}$,两个条件单独均不充分,也无法联合,选 E.

【技巧】 可以采取单点验证法. 条件(1)当 $r\to 0$ 时,圆 C_2 非常小,圆心 C_2 不在圆 C_1 的圆周上,故两圆一定内含(无交点),不充分;条件(2)当 $r\to +\infty$ 时,圆 C_2 非常大,圆 C_2 一定包含圆 C_1,两圆一定无交点,不充分;两个条件矛盾,无法联合,故选 E.

29. 【答案】 B

【解析】 条件(1),$a^2>b^2$ 只能说明 $|a|>|b|$,无法推出 $a>b$,不充分.

条件(2),由于以真分数为底数的指数函数是单调递减的,故可以推出 $a>b$,充分.

30. 【答案】 C

【解析】 条件(1),根据 $a+b+c=0$,可将题干的分子通过换元化简为 $\dfrac{-a}{|a|}+\dfrac{-b}{|b|}+\dfrac{-c}{|c|}$,由于无法确定 a,b,c 各自的符号,因此无法去掉绝对值符号,故表达式的值不一定是 1,不充分.

条件(2)单独显然不充分(可随意举出反例,如 $a=b=c=1$ 时,题干左边等于 6).

考虑联合:当 $abc>0$ 时,要么三者均大于 0,要么 2 负 1 正,再根据条件(1)$a+b+c=0$,只能是 2 负 1 正,因此题干左边为 $\dfrac{-a}{|a|}+\dfrac{-b}{|b|}+\dfrac{-c}{|c|}=1+1-1=1$,充分,故选 C.

2008 年 10 月在职攻读硕士学位全国联考综合能力数学真题及解析

真　题

一、问题求解：第 1~15 小题，每小题 3 分，共 45 分。下列每题给出的 A、B、C、D、E 五个选项中，只有一项是符合试题要求的。

1. 若 $a:b=\frac{1}{3}:\frac{1}{4}$，则 $\frac{12a+16b}{12a-8b}=$(　　).

A. 2　　B. 3

C. 4　　D. −3

E. −2

2. 设 a,b,c 为整数，且 $|a-b|^{20}+|c-a|^{41}=1$，则 $|a-b|+|a-c|+|b-c|=$(　　).

A. 2　　B. 3

C. 4　　D. −3

E. −2

3. 以下命题中正确的是(　　).

A. 两个数的和为正数，则这两个数都是正数

B. 两个数的差为负数，则这两个数都是负数

C. 两个数中较大的一个其绝对值也较大

D. 加上一个负数，等于减去这个数的绝对值

E. 一个数的 2 倍大于这个数本身

4. 一个大于 1 的自然数的算术平方根为 a，则与该自然数左、右相邻的两个自然数的算术平方根分别为(　　).

A. $\sqrt{a}-1,\sqrt{a}+1$　　B. $a-1,a+1$

C. $\sqrt{a-1},\sqrt{a+1}$　　D. $\sqrt{a^2-1},\sqrt{a^2+1}$

E. a^2-1,a^2+1

5. 如下页图，若 $\triangle ABC$ 的面积为 1，$\triangle AEC$，$\triangle DEC$，$\triangle BED$ 的面积相等，则 $\triangle AED$ 的面积 $=$(　　).

A. $\dfrac{1}{3}$ B. $\dfrac{1}{6}$

C. $\dfrac{1}{5}$ D. $\dfrac{1}{4}$

E. $\dfrac{2}{5}$

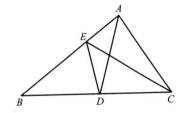

6. 若以连续掷两枚骰子分别得到的点数 a 与 b 作为点 M 的坐标,则点 M 落入圆 $x^2+y^2=18$ 内(不含圆周)的概率是( ).

A. $\dfrac{7}{36}$ B. $\dfrac{2}{9}$

C. $\dfrac{1}{4}$ D. $\dfrac{5}{18}$

E. $\dfrac{11}{36}$

7. 过点 $A(2,0)$ 向圆 $x^2+y^2=1$ 作两条切线 AM 和 AN (如图),则两切线和弧 MN 所围的面积(阴影部分)为 ( ).

A. $1-\dfrac{\pi}{3}$ B. $1-\dfrac{\pi}{6}$

C. $\dfrac{\sqrt{3}}{2}-\dfrac{\pi}{6}$ D. $\sqrt{3}-\dfrac{\pi}{6}$

E. $\sqrt{3}-\dfrac{\pi}{3}$

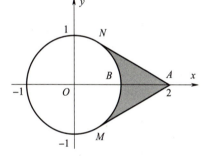

8. 某学生在解方程 $\dfrac{ax+1}{3}-\dfrac{x+1}{2}=1$ 时,误将式中的 $x+1$ 看成 $x-1$,得出的解为 $x=1$,那么 a 的值和原方程的解应该是( ).

A. $a=1, x=7$ B. $a=2, x=5$

C. $a=2, x=7$ D. $a=5, x=2$

E. $a=5, x=\dfrac{1}{7}$

9. 某班同学参加智力竞赛,共有 A、B、C 三题,每题或得 0 分或得满分. 竞赛结果无人得 0 分,三题全部答对的有 1 人,答对两题的有 15 人. 答对 A 题的人数和答对 B 题的人数之和为 29,答对 A 题的人数和答对 C 题的人数之和为 25,答对 B 题的人数和答对 C 题的人数之和为 20,那么该班的人数为( ).

A. 20 B. 25

C. 30 D. 35

E. 40

10. 若 $|3x+2|+2x^2-12xy+18y^2=0$,则 $2y-3x=$( ).

A. $-\dfrac{14}{9}$ B. $-\dfrac{2}{9}$

C. 0 D. $\dfrac{2}{9}$

E. $\dfrac{14}{9}$

11. 一批救灾物资分别随16列货车从甲站紧急调到600千米外的乙站,每列车的平均速度为125千米/小时.若两列相邻的货车在运行中的间隔不得小于25千米,则这批物资全部到达乙站最少需要( )小时.

A. 7.4 B. 7.6
C. 7.8 D. 8
E. 8.2

12. 下列通项公式表示的数列为等差数列的是( ).

A. $a_n = \dfrac{n}{n-1}$ B. $a_n = n^2 - 1$

C. $a_n = 5n + (-1)^n$ D. $a_n = 3n - 1$

E. $a_n = \sqrt{n} - \sqrt[3]{n}$

13. 某公司员工义务献血,在体检合格的人中,O型血的有10人,A型血的有5人,B型血的有8人,AB型血的有3人.若从四种血型的人中各选1人去献血,则不同的选法种数共有( ).

A. 1 200 B. 600
C. 400 D. 300
E. 26

14. 某班有学生36人,期末各科平均成绩为85分以上的为优秀生.若该班优秀生的平均成绩为90分,非优秀生的平均成绩为72分,全班平均成绩为80分,则该班优秀生的人数是( ).

A. 12 B. 14
C. 16 D. 18
E. 20

15. 若 $y^2 - 2\left(\sqrt{x} + \dfrac{1}{\sqrt{x}}\right)y + 3 < 0$ 对一切正实数 x 恒成立,则 y 的取值范围是( ).

A. $1 < y < 3$ B. $2 < y < 4$
C. $1 < y < 4$ D. $3 < y < 5$
E. $2 < y < 5$

二、条件充分性判断:第16~30小题,每小题2分,共30分. 要求判断每题给出的条件(1)和条件(2)能否充分支持题干所陈述的结论. A、B、C、D、E 五个选项为判断结果,请选择一项符合试题要求的判断。

A. 条件(1)充分,但条件(2)不充分.
B. 条件(2)充分,但条件(1)不充分.
C. 条件(1)和条件(2)单独都不充分,但条件(1)和条件(2)联合起来充分.
D. 条件(1)充分,条件(2)也充分.

E. 条件(1)和条件(2)单独都不充分,条件(1)和条件(2)联合起来也不充分.

16. $-1 < x \leqslant \dfrac{1}{3}$.

(1) $\left|\dfrac{2x-1}{x^2+1}\right| = \dfrac{1-2x}{1+x^2}$. (2) $\left|\dfrac{2x-1}{3}\right| = \dfrac{2x-1}{3}$.

17. ax^2+bx+1 与 $3x^2-4x+5$ 的积不含 x 的一次方项和三次方项.

(1) $a:b = 3:4$. (2) $a = \dfrac{3}{5}, b = \dfrac{4}{5}$.

18. 如图,$PQ \cdot RS = 12$.

(1) $QR \cdot PR = 12$. (2) $PQ = 5$.

19. $C_n^4 > C_n^6$.

(1) $n = 10$. (2) $n = 9$.

20. $|1-x| - \sqrt{x^2-8x+16} = 2x-5$.

(1) $2 < x$. (2) $x < 3$.

21. $a_1 a_8 < a_4 a_5$.

(1) $\{a_n\}$ 为等差数列,且 $a_1 > 0$. (2) $\{a_n\}$ 为等差数列,公差 $d \neq 0$.

22. $a_1 = \dfrac{1}{3}$.

(1) 在数列 $\{a_n\}$ 中,$a_3 = 2$. (2) 在数列 $\{a_n\}$ 中,$a_2 = 2a_1$,$a_3 = 3a_2$.

23. $\dfrac{n}{14}$ 是一个整数.

(1) n 是一个整数,且 $\dfrac{3n}{14}$ 也是一个整数.

(2) n 是一个整数,且 $\dfrac{n}{7}$ 也是一个整数.

24. 整个队列的人数是 57.

(1) 甲、乙两人排队买票,甲后面有 20 人,而乙前面有 30 人.

(2) 甲、乙两人排队买票,甲、乙之间有 5 人.

25. $x^2+mxy+6y^2-10y-4=0$ 的图形是两条直线.

(1) $m = 7$. (2) $m = -7$.

26. 曲线 $ax^2+by^2=1$ 通过 4 个定点.

(1) $a+b = 1$. (2) $a+b = 2$.

27. $\alpha^2+\beta^2$ 的最小值是 $\dfrac{1}{2}$.

(1) α 与 β 是方程 $x^2-2ax+(a^2+2a+1)=0$ 的两个实根.

(2) $\alpha\beta = \dfrac{1}{4}$.

28. 张三以卧姿射击 10 次,命中靶子 7 次的概率是 $\dfrac{15}{128}$.

(1) 张三以卧姿打靶的命中率是 0.2.
(2) 张三以卧姿打靶的命中率是 0.5.

29. 方程 $3x^2+[2b-4(a+c)]x+(4ac-b^2)=0$ 有相等的实根.

(1) a,b,c 是等边三角形的三条边.
(2) a,b,c 是等腰三角形的三条边.

30. 直线 $y=x, y=ax+b$ 与 $x=0$ 所围三角形的面积等于 1.

(1) $a=-1, b=2.$ (2) $a=-1, b=-2.$

解 析

一、问题求解

1.【答案】 C

【解析】 取特值 $a=\dfrac{1}{3}, b=\dfrac{1}{4}$，代入得 $\dfrac{12a+16b}{12a-8b}=4$，选 C.

2.【答案】 A

【解析】 由于 a,b,c 为整数，则它们的差的绝对值最小为 0，$|a-b|$ 和 $|c-a|$ 一定是非负的，故只能是 $|a-b|$ 和 $|c-a|$ 其中一个为 0，一个为 1，不妨令 $|c-a|=0$，$|a-b|=1$，可得 $a=c$，则 $|a-b|+|a-c|+|b-c|=|a-b|+|a-c|+|b-a|=1+0+1=2$.

【技巧】 可以取特值，令 $a=c=1, b=0$，代入得 $|a-b|+|a-c|+|b-c|=1+0+1=2$.

3.【答案】 D

【解析】 对于选项 A 可以举反例：-1 和 3；对于选项 B 可以举反例：1 和 3；对于选项 C 可以举反例：1 和 -3；对于选项 E 可以举反例：0. 故选 D.

4.【答案】 D

【解析】 一个大于 1 的自然数的算术平方根为 a，则这个自然数为 a^2，该自然数左、右相邻的两个自然数为 a^2-1 和 a^2+1，再开方得到算术平方根分别为 $\sqrt{a^2-1}$ 和 $\sqrt{a^2+1}$.

注意：同学们要注意算术平方根和平方根的区别，一个正数 a 的平方根有两个 $\sqrt{a}$ 和 $-\sqrt{a}$，而算术平方根是特指正的平方根 $\sqrt{a}$.

5.【答案】 B

【解析】 $S_{\triangle BED}+S_{\triangle AEC}+S_{\triangle EDC}=S_{\triangle ABC}=1$，则 $S_{\triangle BED}=S_{\triangle AEC}=S_{\triangle EDC}=\dfrac{1}{3}$，根据"高相同的三角形，面积之比等于底边之比"，$\dfrac{S_{\triangle BEC}}{S_{\triangle AEC}}=\dfrac{BE}{AE}=\dfrac{2}{1}=\dfrac{S_{\triangle BED}}{S_{\triangle AED}}$，那么 $S_{\triangle AED}=\dfrac{1}{2}S_{\triangle BED}=\dfrac{1}{6}$，选 B.

6.【答案】 D

【解析】 点 M 共有 36 种情况：$(1,1),(1,2),\cdots,(6,6)$，故样本空间中的样本点个数为 36，其中落入圆 $x^2+y^2=18$ 内的点的坐标要满足 $x^2+y^2<18$，它们是：$(1,1),(1,2),(1,3),(1,4),(2,1),(2,2),(2,3),(3,1),(3,2),(4,1)$，共 10 个，故点 M 落入圆内的概率为 $\dfrac{10}{36}=\dfrac{5}{18}$，选 D.

注意：本题考查古典概型和穷举法.

【技巧】 10 个落入圆内的点并不是简单穷举，而是有规律地验证，可以看出圆 $x^2+y^2=18$ 关于直线 $y=x$ 对称，那么我们只需列举出一半的点（即满足 $y>x$，在直线 $y=x$ 上侧），有 $(1,2),(1,3),(1,4),(2,3)$，共 4 个，对称的同样有 4 个点在直线 $y=x$ 下侧落入圆内，再加上落在直线 $y=x$ 上的点 $(1,1),(2,2)$，共 10 个点.

7.【答案】 E

【解析】 如下页图，连接 ON，则 $ON\perp AN$，在 Rt$\triangle ONA$ 中，斜边 $OA=2$，直角边 $ON=1$，则

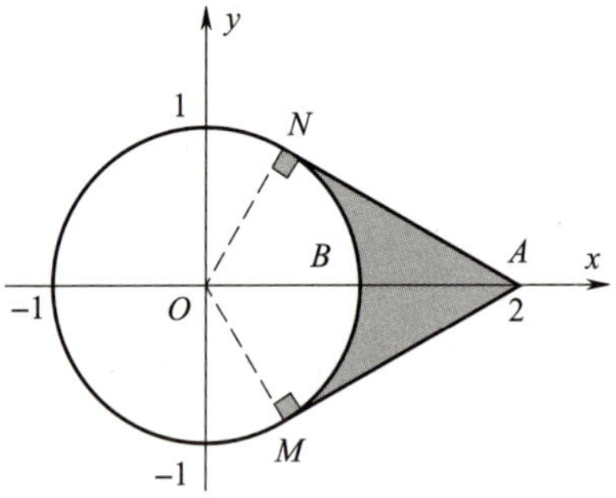

$\angle NOA=\dfrac{\pi}{3}$,那么 $AN=\sqrt{3}$,阴影部分面积的一半就等于直角三角形面积减去 $60°$ 角扇形面积,因此 $S_{阴影}=2$ $(S_{Rt\triangle ONA}-S_{60°扇形})=2\left(\dfrac{1}{2}\times1\times\sqrt{3}-\dfrac{1}{6}\times\pi\times1^2\right)=\sqrt{3}-\dfrac{\pi}{3}$,选 E.

8. 【答案】 C

【解析】 学生解的是 $\dfrac{ax+1}{3}-\dfrac{x-1}{2}=1$,将算得的解 $x=1$ 代入后解得 $a=2$,因此原方程是 $\dfrac{2x+1}{3}-\dfrac{x+1}{2}=1$,解得 $x=7$,选 C.

【技巧】 可以根据整除特点验证选项,只有 C 选项的数据代入后使得 $\dfrac{ax+1}{3}$ 为整数,猜测答案为 C.

9. 【答案】 A

【解析】 设答对 A 题人数为 N_A,答对 B 题人数为 N_B,答对 C 题人数为 N_C.依题意可知,三题全部答错的有 0 人;三题全部答对的有 1 人,即 $N_{A\cap B\cap C}=1$;答对两题的有 15 人,即 $N_{阴影}=15$(如图).根据已知条件还可知 $N_A+N_B=29,N_A+N_C=25,N_B+N_C=20$,三式相加可得 $2(N_A+N_B+N_C)=74$,即 $N_A+N_B+N_C=37$.将 N_A,N_B,N_C 三者相加后,阴影部分重复计算了 1 次(2 层),需减掉 1 次,三个集合相交的中间部分重复计算了 2 次(3 层),需减掉 2 次,故 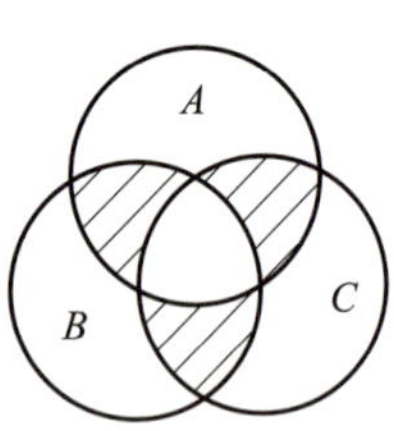
$$N_{A\cup B\cup C}=N_A+N_B+N_C-N_{阴影}-2N_{A\cap B\cap C}=37-15-2=20.$$
注意:死记硬背公式 $N_{A\cup B\cup C}=N_A+N_B+N_C-N_{A\cap B}-N_{B\cap C}-N_{A\cap C}+N_{A\cap B\cap C}$ 没有意义,要懂得每部分被重复计算了多少次.

10. 【答案】 E

【解析】 很容易对后三项配方整理得到 $|3x+2|+2(x-3y)^2=0$,由于两项均非负,其和为 0,那么只有 $3x+2=0,x-3y=0$,解得 $x=-\dfrac{2}{3},y=-\dfrac{2}{9}$,故 $2y-3x=\dfrac{14}{9}$,选 E.

11. 【答案】 C

【解析】 假设 16 列货车同时出发,但起点不同,第一列货车在甲站,第二列货车在甲站后 25 千米处……将 16 列货车看成 16 个端点,中间有 15 条线段,每条线段(每两辆列车间最短间隔)长 25 千米,那么最后一列货车距乙站 $600+25\times15=975$(千米),故最后一列货车到达乙站的时间为 $\dfrac{975}{125}=7.8$(小时),选 C.

12. 【答案】 D

【解析】 $a_n=3n-1$ 时,$a_{n-1}=3(n-1)-1$,故 $a_n-a_{n-1}=3n-1-[3(n-1)-1]=3$,由此可得 $\{a_n\}$ 是等差数列.可以验证,当 $n=1,2,3$ 时,其他选项均不是等差数列.

注意:可记住结论:等差数列的通项公式 $a_n=dn+a_1-d$,是关于 n 的一次函数.

13. 【答案】 A

【解析】 四种血型各选1人,分为4步:第一步,从10个O型血中选1人,有10种方法;第二步,从5个A型血中选1人,有5种方法……故最后答案为 10×5×8×3=1 200(种),选 A.

14. 【答案】 C

【解析】 根据加权平均数计算公式,全班平均分为
$$80 = \frac{90 \times \text{优秀生人数} + 72 \times \text{非优秀生人数}}{36},$$
可以利用十字交叉法迅速计算出两种学生人数之比为 8∶10=4∶5,又知共36人,故优秀生人数为 $36 \times \frac{4}{9} = 16$,选 C.

15. 【答案】 A

【解析】 方法1:若 $y \leq 0$,则原不等式左边恒正,与已知矛盾,因此必然有 $y>0$. 可将原不等式化简变形为 $\frac{y^2+3}{2y} < \sqrt{x} + \frac{1}{\sqrt{x}}$,对于一切正实数 x,不等号右边的式子 $\sqrt{x} + \frac{1}{\sqrt{x}}$ 的范围是 $[2,+\infty)$,最小值是2,只要保证 $\frac{y^2+3}{2y} < 2$ 即可,解不等式 $y^2-4y+3<0$ 得 $1<y<3$,选 A.

方法2:可以采取特值法验证选项,令 $y=3$,排除 B、C、E,再令 $y=2$,排除 D.

二、条件充分性判断

16. 【答案】 E

【解析】 根据绝对值的定义,条件(1)等价于 $2x-1 \leq 0$,得 $x \leq \frac{1}{2}$,不充分;条件(2)等价于 $2x-1 \geq 0$,也不充分;条件(1)(2)无法联合,故选 E.

17. 【答案】 B

【解析】 $(ax^2+bx+1)(3x^2-4x+5)$ 的展开式中,一次方项是 $(5b-4)x$,三次方项是 $(3b-4a)x^3$,其系数为0,即 $\begin{cases} 5b-4=0, \\ 3b-4a=0, \end{cases}$ 解得 $a=\frac{3}{5}, b=\frac{4}{5}$,条件(2)充分,选 B.

注意:本题采取了最基本的待定系数法,即两个多项式相等的充分必要条件是对应次项系数相等.

【技巧】 本题只需思考 $(ax^2+bx+1)(3x^2-4x+5)$ 的一次方项和三次方项,无需将整个表达式展开. 以一次方项为例,(ax^2+bx+1) 的一次项 bx 与 $(3x^2-4x+5)$ 的常数项 5 相乘可以得到一次项 $5bx$,(ax^2+bx+1) 的常数项 1 与 $(3x^2-4x+5)$ 的一次项 $-4x$ 相乘可以得到一次项 $-4x$,故一次项为 $(5b-4)x$.

18. 【答案】 A

【解析】 直角三角形的面积可以是两直角边长乘积的一半,也可以是斜边与斜边上的高乘积的一半,故条件(1)充分,条件(2)不充分,选 A.

19. 【答案】 B

【解析】 条件(1):$n=10$ 时,$C_{10}^4 = C_{10}^6$,不充分;条件(2):$n=9$ 时,$C_9^4 > C_9^3 = C_9^6$,充分. 故选 B.

注意:组合数的性质:$C_n^m = C_n^{n-m}$,m 越接近 $\frac{n}{2}$,C_n^m 越大.

【技巧】 两个条件矛盾,条件(1) $n=10$ 时, $C_{10}^4=C_{10}^6$,不充分,可猜另一个充分,选 B.

20.【答案】 C

【解析】 化简题干等式左端得 $|1-x|-\sqrt{(x-4)^2}=|1-x|-|x-4|$.条件(1): $2<x$ 时,只能确定 $1-x<0$, $|1-x|=x-1$,无法确定 $x-4$ 的符号,故无法得到一个确定的表达式,不充分;条件(2): $x<3$ 时,只能确定 $x-4<0$, $|x-4|=4-x$,无法确定 $1-x$ 的符号,也无法得到一个确定的表达式,不充分;考虑联合: $2<x<3$ 时,有 $1-x<0,x-4<0$,则题干等式左端化简为 $|1-x|-|x-4|=x-1-(4-x)=2x-5$,充分.综上,选 C.

注意:当无法得知绝对值内表达式的符号时,去掉绝对值符号后有两种情况(或加"+",或加"-"),一定要分段讨论.

21.【答案】 B

【解析】 $a_1a_8=a_1(a_1+7d)=a_1^2+7a_1d$, $a_4a_5=(a_1+3d)(a_1+4d)=a_1^2+7a_1d+12d^2$,题干 $a_1a_8<a_4a_5 \Leftrightarrow a_1^2+7a_1d<a_1^2+7a_1d+12d^2 \Leftrightarrow 0<12d^2 \Leftrightarrow d\neq 0$.

条件(1):当等差数列公差 $d=0$ 时,所有项均相等, $a_1a_8=a_4a_5$,题干不成立,不充分;条件(2):当公差 $d\neq 0$ 时,条件(2)充分.综上,选 B.

【技巧】 根据均值不等式, $a_1+a_8=a_4+a_5$,和为定值时,偏离越远积越小,只要保证公差 $d\neq 0$ 即可.

【拓展】 若此题改为" $\{a_n\}$ 为等比数列,比较 a_1+a_8,a_4+a_5 的大小",该如何思考?

22.【答案】 C

【解析】 两个条件显然单独均不充分,联合后不难推出 $a_2=\dfrac{a_3}{3}=\dfrac{2}{3}, a_1=\dfrac{a_2}{2}=\dfrac{1}{3}$,充分,选 C.

23.【答案】 A

【解析】 条件(2):不难举出反例,当 $n=7$ 时, $\dfrac{n}{7}=1$ 是整数,但 $\dfrac{n}{14}=\dfrac{1}{2}$ 不是整数,不充分;条件(1):设 $\dfrac{3n}{14}=m$ 是整数,则 $3n=14m$,由于 n,m 均为整数,因此 n 一定有约数 14,充分.综上,选 A.

24.【答案】 E

【解析】 对于条件(1),"㉚乙甲㉛"符合,共有 52 人,不充分;对于条件(2),"甲⑤乙"符合,共有 7 人,不充分;两个条件联合时,条件并没有给出甲、乙两人的相对位置(谁在前谁在后),因此联合后也无法确定队列人数,不充分.选 E.

25.【答案】 D

【解析】 先对二次三项式 $6y^2-10y-4$ 进行因式分解, $6y^2-10y-4=2(y-2)(3y+1)$.条件(1):当 $m=7$ 时, $x^2+7xy+6y^2-10y-4=x^2+7xy+2(y-2)(3y+1)$,将 $2(y-2)(3y+1)$ 拆开成 $y-2$ 和 $2(3y+1)$ 继续十字相乘, $x^2+7xy+2(y-2)(3y+1)=(x+y-2)(x+6y+2)=0$,表示两条直线 $x+y-2=0$ 和 $x+6y+2=0$,充分;同理,条件(2):当 $m=-7$ 时, $x^2-7xy+6y^2-10y-4=x^2-7xy+2(y-2)(3y+1)$,将 $2(y-2)(3y+1)$ 拆开成 $-(y-2)$ 和 $-2(3y+1)$ 继续十字相乘, $x^2-7xy+2(y-2)(3y+1)=(x-y+2)(x-6y-2)=0$,表示两条直线 $x-y+2=0$ 和 $x-6y-2=0$,也

充分.

【技巧】 题干等价于 $x^2+mxy+6y^2-10y-4=0$ 能化为这种形式:$(A_1x+B_1y+C_1)(A_2x+B_2y+C_2)=0$,即 $x^2+mxy+6y^2-10y-4$ 可以因式分解为两个不同的一次因式的乘积. 二次式 ax^2+bx+c 能够因式分解的本质是二次方程有实根(判别式非负),将式中 y 视为常数,则 $x^2+mxy+6y^2-10y-4$ 的判别式 $\Delta=(my)^2-4(6y^2-10y-4)$,再观察两个条件,无论 $m=7$ 还是 $m=-7$,判别式均为 $\Delta=25y^2+40y+16=(5y+4)^2\geq 0$,故一定能分解为两个一次因式的乘积,两个条件均充分,选 D.

【拓展】 题目的方程如果改为 $x^2+4xy+4y^2=0$,则计算出判别式 $\Delta=(4y)^2-4\times 4y^2\equiv 0$,则其是一个完全平方式,只能表示一条直线,无法表示两条不同直线.

26.【答案】 D

【解析】 条件(1) $a+b=1$ 时,将 $b=1-a$ 代入到题干方程中,得到曲线方程 $ax^2+(1-a)y^2=1$,方程中只含 a 一个参数,并且参数 a 可以任意取值,将含有 a 的项整理到一起,可得 $a(x^2-y^2)+y^2-1=0$,参数 a 任意取值时,方程要保证等号成立,就必须要有 $x^2-y^2=0,y^2-1=0$,解得 $x=\pm 1$,$y=\pm 1$,故四个定点为 $(1,1),(1,-1),(-1,1),(-1,-1)$,充分;同理,条件(2)也充分,选 D.

27.【答案】 D

【解析】 条件(2):$(\alpha-\beta)^2\geq 0$,故 $\alpha^2+\beta^2\geq 2\alpha\beta=\dfrac{1}{2}$,充分;条件(1):要保证原方程有两个实根,则要求 $\Delta=4a^2-4(a^2+2a+1)\geq 0$,解得 $a\leq-\dfrac{1}{2}$,根据韦达定理有 $\alpha+\beta=2a,\alpha\beta=a^2+2a+1$,故 $\alpha^2+\beta^2=(\alpha+\beta)^2-2\alpha\beta=4a^2-2(a^2+2a+1)=2(a^2-2a-1)$,当 $a=-\dfrac{1}{2}$ 时取得最小值 $\dfrac{1}{2}$,充分. 综上,选 D.

注意:一元二次方程在实数范围内使用韦达定理的前提是方程要有实根,其判别式 $\Delta\geq 0$,原方程中的参数是有限定条件的,考生需引起注意.

28.【答案】 B

【解析】 观察题干分母 128 为 2 的幂,先验证条件(2),根据伯努利公式,10 次独立射击命中 7 次不中 3 次的概率是 $P=C_{10}^7\times 0.5^7\times(1-0.5)^3=\dfrac{15}{128}$,充分;同理,验证条件(1),不充分. 选 B.

注意:在 n 次独立重复试验中,事件 A 恰好发生 k 次的概率为 $P(A)=C_n^k p^k(1-p)^{n-k}$,其中 p 代表在一次试验中事件 A 发生的概率.

29.【答案】 A

【解析】 方程判别式 $\Delta=[2b-4(a+c)]^2-12(4ac-b^2)$. 验证条件(1),将 $a=b=c$ 代入判别式,$\Delta=0$,充分;条件(2),当 a,b,c 中只有两者相等,第三者不定时无法得到 $\Delta=0$,不充分. 故选 A.

【技巧】 两个条件属于包含关系,条件(2)包含了条件(1),小范围条件充分性更强,猜测选 A.

30.【答案】 D

【解析】 条件(1)，在坐标系中分别画出三条直线 $y=x, y=-x+2, x=0$，如下左图所示，不难看出阴影部分是等腰直角三角形，它是大等腰直角三角形(直线 $y=-x+2$ 与坐标轴所围等腰直角三角形)面积的一半，是 1，充分；条件(2)，画出三条直线 $y=x, y=-x-2, x=0$，如下右图所示，同理也充分．综上，选 D．

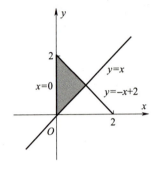 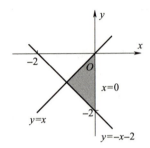

2007年1月管理类专业学位联考综合能力数学真题及解析[①]

真　题

一、问题求解：下列每题给出的 A、B、C、D、E 五个选项中，只有一项是符合试题要求的。

1. 如果方程 $|x|=ax+1$ 有一个负根，那么 a 的取值范围是(　　).
   A. $a<1$ B. $a=1$
   C. $a>-1$ D. $a<-1$
   E. 以上均不对

2. 设变量 $x_1,x_2,\cdots,x_{10}$ 的算术平均值为 $\bar{x}$. 若 $\bar{x}$ 为定值，则在 $x_1,x_2,\cdots,x_{10}$ 中可以任意取值的变量有(　　).
   A. 10个   B. 9个
   C. 2个   D. 1个
   E. 0个

3. 甲、乙、丙三人进行百米赛跑(假设他们的速度不变)，甲到达终点时，乙距终点还差10米，丙距终点还差16米. 那么乙到达终点时，丙距终点还有(　　)米.
   A. $\dfrac{22}{3}$ B. $\dfrac{20}{3}$
   C. $\dfrac{15}{3}$ D. $\dfrac{10}{3}$
   E. 以上均不对

4. 修一条公路，甲队单独施工需要40天完成，乙队单独施工需要24天完成. 现两队同时从两端开工，结果在距该路中点7.5千米处会合完工. 则这条公路的长度是(　　)千米.
   A. 60   B. 70
   C. 80   D. 90
   E. 100

5. 某自来水公司的水费计算方法如下：每户每月用水不超过5吨的，每吨收费4元，超

[①] 2007年1月及之前的管理类综合能力考试数学试题包含了高等数学部分的内容，本书删除了涉及这些内容的试题，只保留了现在大纲内容范围之内的试题.

过 5 吨的,每吨收取较高标准的费用.已知 9 月份张家的用水量比李家的用水量多 50%,张家和李家的水费分别是 90 元和 55 元,则用水量超过 5 吨的收费标准是( )元/吨.

A. 5
B. 5.5
C. 6
D. 6.5
E. 7

6. 设罪犯与警察在一开阔地上相隔一条宽 0.5 千米的河,罪犯从北岸 A 点处以 1 千米/分钟的速度向正北逃窜,警察从南岸 B 点以 2 千米/分钟的速度向正东追击(如图),则警察从 B 点到达最佳射击位置(即罪犯与警察相距最近的位置)所需的时间是( )分钟.

A. $\dfrac{3}{5}$
B. $\dfrac{5}{3}$
C. $\dfrac{10}{7}$
D. $\dfrac{7}{10}$
E. $\dfrac{7}{5}$

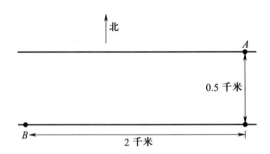

7. 一个人的血型为 O,A,B,AB 型的概率分别为 0.46,0.40,0.11,0.03.现任选 5 人,则至多一人血型为 O 型的概率为( ).

A. 0.045
B. 0.196
C. 0.201
D. 0.241
E. 0.461

二、条件充分性判断: 要求判断每题给出的条件(1)和条件(2)能否充分支持题干所陈述的结论。A、B、C、D、E 五个选项为判断结果,请选择一项符合试题要求的判断。

A. 条件(1)充分,但条件(2)不充分.
B. 条件(2)充分,但条件(1)不充分.
C. 条件(1)和条件(2)单独都不充分,但条件(1)和条件(2)联合起来充分.
D. 条件(1)充分,条件(2)也充分.
E. 条件(1)和条件(2)单独都不充分,条件(1)和条件(2)联合起来也不充分.

8. 方程 $\sqrt{x-p}=x$ 有两个不相等的正根.

(1) $p \geq 0$. (2) $p < \dfrac{1}{4}$.

9. 整数数列 a,b,c,d 中,则 a,b,c 成等比数列,b,c,d 成等差数列.

(1) $b=10, d=6a$. (2) $b=-10, d=6a$.

解　析

一、问题求解

1. 【答案】 C

【解析】 方法1：依题意，方程$|x|=ax+1$有一个负根，知$x<0$，化简方程得$-x=ax+1$，解得$x=-\dfrac{1}{a+1}<0$，得$a>-1$.

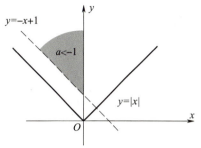

方法2：将方程两端看成函数，左端函数为$y=|x|$，右端函数$y=ax+1$为恒过点$(0,1)$，斜率为a的直线. 方程有一个负根，说明两个函数的图像在$x<0$部分（y轴左侧）有交点，即直线$y=ax+1$与$y=|x|$左半部分要相交，如图，当斜率$a\leqslant-1$时，直线与$y=|x|$左半部分无交点，这样只要保证直线$y=ax+1$的斜率$a>-1$即可.

2. 【答案】 B

【解析】 依题意知$x_1+x_2+\cdots+x_{10}=10\bar{x}$，$\bar{x}$为已知量，则有10个未知数，1个方程，可自由取值的未知量有$10-1=9$(个)，选B.

注意：如果有n个未知量，m个方程，则可以自由取值的变量有$n-m$个.

3. 【答案】 B

【解析】 甲到达终点时，三者所用时间相同，三者所跑路程之比就是速度之比，即
$$V_甲:V_乙:V_丙=100:(100-10):(100-16)=100:90:84.$$
乙到达终点时，乙、丙二人所跑路程之比就是二者速度之比，$V_乙:V_丙=90:84=100:S_丙$，解得$S_丙=\dfrac{280}{3}$，因此丙距终点还有$100-\dfrac{280}{3}=\dfrac{20}{3}$(米).

4. 【答案】 A

【解析】 依题意，甲、乙二者完成相等工程量所用时间比应该为速度的反比，因此$V_甲:V_乙=24:40=3:5$. 二者共同修完这条路时，所用时间相同，因此二者所修路程比就是二者速度比，$S_甲:S_乙=V_甲:V_乙=3:5$. 不妨设整条公路长8份，甲修了3份，乙修了5份，二者相遇时距中点1份长为7.5千米，因此整条公路长为$7.5\times8=60$(千米).

5. 【答案】 E

【解析】 两家水费均大于$4\times5=20$(元)，不难看出，两家9月份用水量均超过5吨. 可设李家用水量超过5吨的部分为x吨，超出5吨部分收费y元/吨，则李家总用水量为$5+x$吨，张家用水量为$(5+x)\times(1+50\%)=1.5x+7.5$吨，根据两家水费可列方程组
$$\begin{cases}4\times5+xy=55,\\ 4\times5+(1.5x+7.5-5)y=90,\end{cases}\text{解得}\begin{cases}x=5,\\ y=7.\end{cases}$$
选E.

6. 【答案】 D

【解析】 设经过t分钟后警察与罪犯距离最近，如下页图所示.

t分钟后警察到达C点，罪犯到达D点，二者之间的距离CD是直角三角形CDE的斜边长，故

$$|CD|^2=|CE|^2+|DE|^2=(2-2t)^2+(t+0.5)^2=5t^2-7t+4.25.$$

$|CD|^2$可以看成关于t的二次函数,显然,当$t=\dfrac{7}{10}$时,$|CD|$取得最小值,选 D.

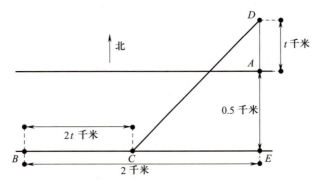

【技巧】 不难看出,1 分钟后警察就跑过E点了,显然时间不能大于 1 分钟,排除 B、C、E.

7.【答案】 D

【解析】 记"任选一人为 O 型的概率"为$p=0.46$,"不为 O 型的概率"为$1-p=0.54$,依题意,"至多一人为 O 型"包括:(1)"仅 1 人为 O 型,另外 4 人不为 O 型",其概率$P_1=C_5^1 p^1 (1-p)^4 \approx 0.196$;(2)"5 人均不为 O 型",其概率为$P_2=(1-p)^5 \approx 0.046$. 综上,至多一人为 O 型的概率为$P=P_1+P_2 \approx 0.242$,考虑到计算时四舍五入时的误差,选 D.

二、条件充分性判断

8.【答案】 E

【解析】 题干方程$\sqrt{x-p}=x \Leftrightarrow \begin{cases} x \geq p, \\ x \geq 0, \\ x-p=x^2 \end{cases}$,有两个不等正根,即$x^2-x+p=0$有两个不等正根,即$\Delta=1-4p>0 \Leftrightarrow p<\dfrac{1}{4}$,且$x_1+x_2=1>0$,$x_1 x_2=p>0$,故$0<p<\dfrac{1}{4}$. 比较两个条件,单独均不充分,联合后$0 \leq p<\dfrac{1}{4}$,亦不充分. 综上,选 E.

【技巧】 取$p=0$,满足条件(1)和条件(2). 此时题干中方程为$\sqrt{x}=x$,该方程有两个根 0 和 1,可知条件(1)和条件(2)单独均不充分,联合也不充分,所以选 E.

【拓展】 此方程$x^2-x+p=0$的两个不等正根x_1,x_2中,是否存在增根?

答:一定不存在,依题意$x_1+x_2=1>0$,$x_1 x_2=p>0$,已经保证两根均为正数,题干的方程$\sqrt{x-p}=x$平方前两边同为正,平方后不可能产生增根.

9.【答案】 E

【解析】 两个条件都没有给出c,可知c是任意取值的,这样无法确定数列是什么数列,因此怎么样都不充分,选 E.

【拓展】 此题改为"整数数列a,b,c,d中,已知a,b,c成等比数列,b,c,d成等差数列,$b=10$,求满足条件的d有多少种取值可能?"

答:a,b,c成等比数列$\Leftrightarrow ac=b^2=100$,$a,b,c$都为整数,故该数列为 1,10,100 或 2,10,50 或 4,10,25 或 5,10,20 或 10,10,10,这样有 5 种情况,前 4 种情况数列为递增数列,同样对应有 4 种递减数列,故正整数数列共 9 种情况. 同样,有 9 种含负整数的数列,故一共有 18 种情况.

2007年10月在职攻读硕士学位全国联考综合能力数学真题及解析

真 题

一、问题求解：第1~15小题，每小题3分，共45分。下列每题给出的A、B、C、D、E五个选项中，只有一项是符合试题要求的。

1. $\dfrac{\dfrac{1}{2}+\left(\dfrac{1}{2}\right)^2+\left(\dfrac{1}{2}\right)^3+\cdots+\left(\dfrac{1}{2}\right)^8}{0.1+0.2+0.3+\cdots+0.9}=(\qquad)$.

   A. $\dfrac{85}{768}$　　　　　　　　　　B. $\dfrac{85}{512}$

   C. $\dfrac{85}{384}$　　　　　　　　　　D. $\dfrac{255}{256}$

   E. 以上均不对

2. 王女士以一笔资金分别投入股市和基金，但因故需抽回一部分资金. 若从股市中抽回10%，从基金中抽回5%，则其总投资额减少8%；若从股市和基金的投资额中各抽回15%和10%，则其总投资额减少130万元. 其总投资额为(　　).

   A. 1 000万元　　　　　　　　B. 1 500万元

   C. 2 000万元　　　　　　　　D. 2 500万元

   E. 3 000万元

3. 某电镀厂两次改进操作方法，使用锌量比原来节省15%，则平均每次节约(　　).

   A. 42.5%　　　　　　　　　B. 7.5%

   C. $1-\sqrt{0.85}$　　　　　　　　D. $1+\sqrt{0.85}$

   E. 以上均不对

4. 某产品有一等品、二等品和不合格品三种. 若在一批产品中一等品件数和二等品件数的比是5∶3，二等品件数和不合格品件数的比是4∶1，则该产品的不合格品率约为(　　).

   A. 7.2%　　　　　　　　　　B. 8%

   C. 8.6%　　　　　　　　　　D. 9.2%

   E. 10%

5. 完成某项任务,甲单独做需 4 天,乙单独做需 6 天,丙单独做需 8 天. 现甲、乙、丙三人一次一日一轮换地工作,则完成该项任务共需的天数为(   ).

A. $6\dfrac{2}{3}$　　　　　　　　　　B. $5\dfrac{1}{3}$

C. 6　　　　　　　　　　　　D. $4\dfrac{2}{3}$

E. 4

6. 一元二次函数 $x(1-x)$ 的最大值为(   ).

A. 0.05　　　　　　　　　　B. 0.10

C. 0.15　　　　　　　　　　D. 0.20

E. 0.25

7. 有 5 人报名参加 3 项不同的培训,每人都只报 1 项,则不同的报法有(   )种.

A. 243　　　　　　　　　　B. 125

C. 81　　　　　　　　　　　D. 60

E. 以上均不对

8. 若方程 $x^2+px+q=0$ 的一个根是另一个根的 2 倍,则 p 和 q 应满足(   ).

A. $p^2=4q$　　　　　　　　B. $2p^2=9q$

C. $4p=9q^2$　　　　　　　　D. $2p=3q^2$

E. 以上均不对

9. 设 $y=|x-2|+|x+2|$,则下列结论正确的是(   ).

A. y 没有最小值　　　　　　B. 只有一个 x 使 y 取到最小值

C. 有无穷多个 x 使 y 取到最大值　　D. 有无穷多个 x 使 y 取到最小值

E. 以上均不对

10. $x^2+x-6>0$ 的解集是(   ).

A. $(-\infty,-3)$　　　　　　　B. $(-3,2)$

C. $(2,+\infty)$　　　　　　　D. $(-\infty,-3)\cup(2,+\infty)$

E. 以上结论均不正确

11. 已知等差数列 $\{a_n\}$ 中, $a_2+a_3+a_{10}+a_{11}=64$,则 $S_{12}=$(   ).

A. 64　　　　　　　　　　　B. 81

C. 128　　　　　　　　　　　D. 192

E. 188

12. 点 $P_0(2,3)$ 关于直线 $x+y=0$ 的对称点是(   ).

A. $(4,3)$　　　　　　　　　B. $(-2,-3)$

C. $(-3,-2)$　　　　　　　　D. $(-2,3)$

E. $(-4,-3)$

13. 若多项式 $f(x)=x^3+a^2x^2+x-3a$ 能被 $x-1$ 整除,则实数 $a=$(   ).

A. 0　　　　　　　　　　　　B. 1

C. 0 或 1　　　　　　　　　　D. 2 或 -1

E. 2 或 1

14. 圆 $x^2+(y-1)^2=4$ 与 x 轴的两个交点是( ).

A. $(-\sqrt{5},0),(\sqrt{5},0)$ B. $(-2,0),(2,0)$

C. $(0,\sqrt{5}),(0,-\sqrt{5})$ D. $(-\sqrt{3},0),(\sqrt{3},0)$

E. $(-\sqrt{2},-\sqrt{3}),(\sqrt{2},\sqrt{3})$

15. 如图所示,正方形 $ABCD$ 四条边与圆 O 相切,而正方形 $EFGH$ 是圆 O 的内接正方形. 已知正方形 $ABCD$ 的面积为1,则正方形 $EFGH$ 的面积是( ).

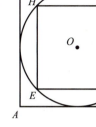

A. $\dfrac{2}{3}$ B. $\dfrac{1}{2}$

C. $\dfrac{\sqrt{2}}{2}$ D. $\dfrac{\sqrt{2}}{3}$

E. $\dfrac{1}{4}$

二、条件充分性判断: 第16~30小题,每小题2分,共30分。要求判断每题给出的条件(1)和条件(2)能否充分支持题干所陈述的结论。A、B、C、D、E 五个选项为判断结果,请选择一项符合试题要求的判断。

A. 条件(1)充分,但条件(2)不充分.
B. 条件(2)充分,但条件(1)不充分.
C. 条件(1)和条件(2)单独都不充分,但条件(1)和条件(2)联合起来充分.
D. 条件(1)充分,条件(2)也充分.
E. 条件(1)和条件(2)单独都不充分,条件(1)和条件(2)联合起来也不充分.

16. m 是一个整数.

(1) 若 $m=\dfrac{p}{q}$,其中 p 与 q 为非零整数,且 m^2 是一个整数.

(2) 若 $m=\dfrac{p}{q}$,其中 p 与 q 为非零整数,且 $\dfrac{2m+4}{3}$ 是一个整数.

17. 三个实数 x_1,x_2,x_3 的算术平均数为4.

(1) x_1+6,x_2-2,x_3+5 的算术平均数为4.

(2) x_2 为 x_1 和 x_3 的等差中项,且 $x_2=4$.

18. 方程 $\dfrac{a}{x^2-1}+\dfrac{1}{x+1}+\dfrac{1}{x-1}=0$ 有实根.

(1) 实数 $a\neq 2$.   (2) 实数 $a\neq -2$.

19. $\sqrt{1-x^2}<x+1$.

(1) $x\in[-1,0]$.   (2) $x\in\left(0,\dfrac{1}{2}\right]$.

20. 三角形 ABC 的面积保持不变.

(1) 底边 AB 增加了2厘米,AB 上的高 h 减少了2厘米.

(2) 底边 AB 扩大了1倍,AB 上的高 h 减少了50%.

21. $S_6 = 126$.

(1) 数列 $\{a_n\}$ 的通项公式是 $a_n = 10(3n+4)$.

(2) 数列 $\{a_n\}$ 的通项公式是 $a_n = 2^n$.

22. 从含有 2 件次品，$n-2$（$n>2$）件正品的 n 件产品中随机抽查 2 件，其中恰有 1 件次品的概率为 0.6.

(1) $n = 5$.　　　　　　　　　　　(2) $n = 6$.

23. 如右图所示，$ABCD$ 为正方形.则其面积为 1.

(1) AB 所在的直线方程为 $y = x - \dfrac{1}{\sqrt{2}}$.

(2) AD 所在的直线方程为 $y = 1 - x$.

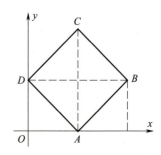

24. 一满杯酒的容积为 $\dfrac{1}{8}$ 升.

(1) 瓶中有 $\dfrac{3}{4}$ 升酒，再倒入 1 满杯酒可使瓶中的酒增至 $\dfrac{7}{8}$ 升.

(2) 瓶中有 $\dfrac{3}{4}$ 升酒，再从瓶中倒出 2 满杯酒可使瓶中的酒减至 $\dfrac{1}{2}$ 升.

25. 管径相同的三条不同管道甲、乙、丙可同时向某基地容积为 1 000 立方米的油罐供油.则丙管道的供油速度比甲管道供油速度大.

(1) 甲、乙同时供油 10 天可注满油罐.

(2) 乙、丙同时供油 5 天可注满油罐.

26. 1 千克鸡肉的价格高于 1 千克牛肉的价格.

(1) 一家超市出售袋装鸡肉与袋装牛肉，一袋鸡肉的价格比一袋牛肉的价格高 30%.

(2) 一家超市出售袋装鸡肉与袋装牛肉，一袋鸡肉比一袋牛肉重 25%.

27. $x > y$.

(1) 若 x 和 y 都是正整数，且 $x^2 < y$.

(2) 若 x 和 y 都是正整数，且 $\sqrt{x} < y$.

28. $a < -1 < 1 < -a$.

(1) a 为实数，$a+1 < 0$.　　　　(2) a 为实数，$|a| < 1$.

29. 若王先生驾车从家到单位必须经过三个有红绿灯的十字路口，则他没有遇到红灯的概率为 0.125.

(1) 他在每一个路口遇到红灯的概率都是 0.5.

(2) 他在每一个路口遇到红灯的事件相互独立.

30. 方程 $|x+1| + |x| = 2$ 无根.

(1) $x \in (-\infty, -1)$.　　　　　(2) $x \in (-1, 0)$.

解　析

一、问题求解

1.【答案】 C

【解析】 不难看出,分子是首项为 $\frac{1}{2}$、公比为 $\frac{1}{2}$ 的等比数列前 8 项的和,分母是首项为 0.1,公差为 0.1 的等差数列前 9 项的和,因此其算式值为 $\dfrac{\dfrac{1}{2}\times\dfrac{1-\left(\dfrac{1}{2}\right)^{8}}{1-\dfrac{1}{2}}}{\dfrac{(0.1+0.9)\times 9}{2}}=\dfrac{85}{384}$,选 C.

2.【答案】 A

【解析】 方法 1:设王女士投资股票 x 万元,投资基金 y 万元,依题意可列方程
$\begin{cases}\dfrac{10\%x+5\%y}{x+y}=8\%,\\ 15\%x+10\%y=130,\end{cases}$ 解得 $\begin{cases}x=600,\\ y=400,\end{cases}$ 因此总投资额为 $x+y=1\,000$(万元),选 A.

方法 2:10%,5% 这两个数值的分母分别是股市和基金的投资额,故可以将股市和基金的投资额看成 10%,5% 的权,根据十字交叉法(如下图所示)可算出股市和基金的投资额之比(权重比).

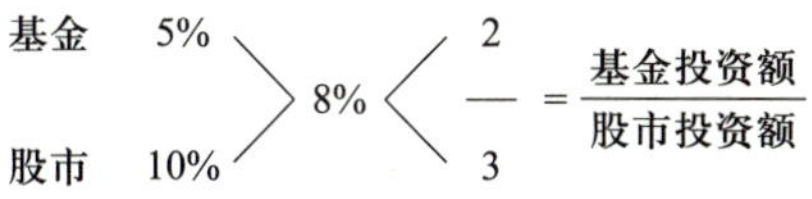

$$\begin{array}{c}\text{基金}\quad 5\%\\ \text{股市}\quad 10\%\end{array}\!\!>\!8\%\!<\!\!\begin{array}{c}2\\ \overline{3}\end{array}=\dfrac{\text{基金投资额}}{\text{股市投资额}}$$

已知条件中又有"从股市和基金的投资额中各抽回 15% 和 10%,则其总投资额减少 130 万元",根据加权平均数公式可知总投资额减少 $\dfrac{15\%\times 3+10\%\times 2}{3+2}=13\%$,所减少的这 130 万元占总投资额的 13%,故总投资额为 $130\div 13\%=1\,000$(万元).

3.【答案】 C

【解析】 设平均每次节约 x,依题意可列方程 $1\times(1-x)^{2}=1-15\%$,解得 $x=1-\sqrt{0.85}$,选 C.

4.【答案】 C

【解析】 依题意,一等品、二等品、不合格品的件数比为 20∶12∶3,不难看出,不合格品率为 $\dfrac{3}{20+12+3}\approx 8.6\%$,选 C.

注意:本题用到了统一比例法.

5.【答案】 B

【解析】 依题意,甲、乙、丙三人合作 1 天所完成的工作量等同于三者每人单独做一天的工作量(也就是一轮的工作量),三人一起合作需 $\dfrac{1}{\dfrac{1}{4}+\dfrac{1}{6}+\dfrac{1}{8}}=1\dfrac{11}{13}$ 天(也就是 1 轮多),

因此甲、乙、丙三人先轮流做三天(1轮)完成了 $\frac{1}{4}+\frac{1}{6}+\frac{1}{8}=\frac{13}{24}$,还剩 $\frac{11}{24}$,这样第4天甲做 $\frac{1}{4}$,第5天乙做 $\frac{1}{6}$,最后剩下 $\frac{1}{24}$,丙还需做 $\frac{1}{3}$ 天.综上,共 $5\frac{1}{3}$ 天.

【技巧】 效率特值法:设工程总量为24,则甲、乙、丙的效率分别为6、4、3,三者每一轮(3天)的工作量为 $6+4+3=13$,这样两轮(6天)的工作量为26,工作6天就会多做 $26-24=2$ 的工作量.丙每天的效率为3,这多出来的2个工作量是丙在第6天做的,因此丙在第6天工作时只需做1个工作量即可完成整个工程,丙完成1个工作量需 $\frac{1}{3}$ 天,故共需 $5\frac{1}{3}$ 天.

注意:轮流工作问题,先确定完成整个工程需几轮,再具体分析最后一轮的情况.

6. 【答案】 E

【解析】 $x(1-x)=-x^2+x$,对称轴为 $x=0.5$,顶点纵坐标为 $y_{\max}=0.25$.

【技巧】 不难看出解析式的形式为两根式,可得其对应抛物线与 x 轴的两个交点分别是 $(0,0)$ 和 $(1,0)$,对称轴应该是二者中点横坐标,故知 $x=0.5$ 为对称轴,因此最大值为0.25,选E.

7. 【答案】 A

【解析】 5个人分5步,每人都有3种报名方法,故共有 $3\times3\times3\times3\times3=3^5$ 种不同的报法.

注意:本题用到了分房公式,即 n 个不同的元素无限制地分配到 m 个不同的房间,共有 m^n 种分配方法.本题中人是元素,培训视为房间.

8. 【答案】 B

【解析】 设 $x_1=t, x_2=2t$,由韦达定理可得 $x_1+x_2=-p=3t, x_1x_2=q=2t^2$,两式消掉参数 t,可得 $2p^2=9q$,选B.

【技巧】 可取特值,令两根为 $x_1=1, x_2=2$,代入原方程,很容易解得 $p=-3, q=2$,显然只有B选项成立.

9. 【答案】 D

【解析】 函数 $y=|x-2|+|x+2|=\begin{cases}-2x, & x<-2, \\ 4, & -2\leq x\leq 2, \\ 2x, & x>2\end{cases}$,是分段函数,在 $x\in[-2,2]$ 时,函数恒取最小值4.

10. 【答案】 D

【解析】 $x^2+x-6=(x+3)(x-2)>0$,解得 $x>2$ 或 $x<-3$,选D.

【技巧】 二次项 x^2 系数为正,且不等号为">",故解集形式一定是两根两侧,只有D选项符合特征.

11. 【答案】 D

【解析】 根据等差数列的等距离公式:$m+n=p+q$ 时,$a_m+a_n=a_p+a_q$,不难看出 $a_2+a_3+a_{10}+a_{11}=2(a_1+a_{12})=64$,知 $a_1+a_{12}=32$,于是 $S_{12}=\frac{12\times(a_1+a_{12})}{2}=192$,选D.

12. 【答案】 C

【解析】 点关于直线对称需要同时满足如下两个条件:(1) 对称点连线的中点在对称轴

上;(2)对称点连线垂直于对称轴.故可设所求对称点坐标为(x_0,y_0),需满足$\begin{cases}\dfrac{x_0+2}{2}+\dfrac{y_0+3}{2}=0,\\ \dfrac{y_0-3}{x_0-2}\times(-1)=-1,\end{cases}$

解得$\begin{cases}x_0=-3,\\ y_0=-2,\end{cases}$选 C.

重要结论:点$P(x_0,y_0)$关于直线$x+y=0$的对称点为$(-y_0,-x_0)$;点$P(x_0,y_0)$关于直线$y=x$的对称点为(y_0,x_0).

【技巧】 对称轴斜率为-1,可根据上述重要结论直接写出对称点坐标为$(-3,-2)$.

13.【答案】 E

【解析】 $f(x)$能被$x-1$整除等价于$f(1)=0$,将$x=1$代入原多项式可得$f(1)=1+a^2+1-3a=0$,解得$a=2$或$a=1$,选 E.

14.【答案】 D

【解析】 计算曲线与x轴的交点,可令$y=0$,代入曲线方程,解得两个交点坐标分别为$(-\sqrt{3},0)$,$(\sqrt{3},0)$,选 D.

15.【答案】 B

【解析】 如下左图,连接圆心O与切点K可以得到圆半径r,连接OH,则$OH=OK=r$,不难看出大正方形边长$CD=2DK=2OK=2r$,小正方形对角线为圆O直径为$2r$,故小正方形边长$HG=\sqrt{2}r$,于是可得大、小两正方形边长之比为$CD:HG=2r:\sqrt{2}r=\sqrt{2}:1$,故其面积比$S_{ABCD}:S_{EFGH}=2:1\Rightarrow S_{EFGH}=\dfrac{1}{2}$.

【技巧】 将小正方形$EFGH$绕圆心旋转$45°$,连接小正方形对角线EG,FH,如下右图,可以看出,小正方形$EFGH$包含了4个等腰直角三角形,大正方形$ABCD$包含了8个等腰直角三角形,故$S_{EFGH}=\dfrac{1}{2}S_{ABCD}=\dfrac{1}{2}$.

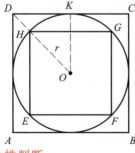 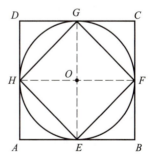

二、条件充分性判断

16.【答案】 A

【解析】 "$m=\dfrac{p}{q}$,其中p与q为非零整数"等同于"m是有理数".条件(1):已知m^2为整数,对此整数开根号才能得到m.对一个整数开根号只有两种结果,要么开得尽(其结果必为整数),要么开不尽(其结果为无理数).条件要求m是有理数,那么m^2开方必然能开得尽,其结果必为整数,充分.也可采用反证法分析.假设m不是整数,则m一定为分数,进而

m^2 也一定是分数,矛盾,所以 m 是整数,条件(1)充分.条件(2):取特值,令 $\dfrac{2m+4}{3}=1$,得到 $m=-\dfrac{1}{2}$ 不是整数,不充分.综上,选 A.

17. 【答案】 B

【解析】 条件(1):$x_1+6+x_2-2+x_3+5=12$,知 $x_1+x_2+x_3=3$,其算术平均数为 1,不充分;条件(2):$2x_2=x_1+x_3=8$,知 $x_1+x_2+x_3=12$,其算术平均数为 4,充分.综上,选 B.

注意:a,c 的等差中项 $b=\dfrac{a+c}{2}$ 恰好是 a,c 的算术平均数,同时也是 a,b,c 三个数的算术平均数.

【拓展】 n 个数 $x_1,x_2,\cdots,x_n$ 成等差数列,它们的中项 $x_{\frac{1+n}{2}}=\dfrac{x_1+x_2+\cdots+x_n}{n}$(如果 n 为偶数,中项 $x_{\frac{1+n}{2}}$ 可视为中间两项 $x_{\frac{n}{2}}$ 和 $x_{\frac{n}{2}+1}$ 的平均数)是这 n 个数的算术平均数.

18. 【答案】 C

【解析】 化简题干方程,去分母得:$a+x-1+x+1=0$,解得唯一解 $x=-\dfrac{a}{2}$.若 $a=\pm 2$,则 $x=\pm 1$ 为增根,原方程无解.因此要保证原方程有实根,必须要求 $a\neq\pm 2$,故两个条件必须联合才充分,选 C.

19. 【答案】 B

【解析】 方法 1:题干不等式 $\sqrt{1-x^2}<x+1 \Leftrightarrow \begin{cases} x+1>0, \\ 1-x^2\geq 0, \\ 1-x^2<(x+1)^2, \end{cases}$ 解得 $x\in(0,1]$,故条件(2):$x\in\left(0,\dfrac{1}{2}\right]$ 充分;条件(1):$x\in[-1,0]$ 不充分.选 B.

【技巧】 可采取端点验证法,条件(1)验证右端点,令 $x=0$,题干不等式不成立,不充分.两个条件矛盾,此时可猜条件(2)充分.条件(2)也可以验证端点,右端点 $x=\dfrac{1}{2}$ 可使题干成立.

方法 2:令 $f(x)=\sqrt{1-x^2}$,$g(x)=x+1$,可画出函数 $f(x),g(x)$ 的图像如图所示,$f(x)=\sqrt{1-x^2}$ 的图像为上半圆,$g(x)=x+1$ 的图像为直线,不等式 $\sqrt{1-x^2}<x+1$ 成立对应函数图像 $f(x)<g(x)$ 的部分,即直线位于半圆上方的部分,观察图像可知满足条件的 x 的范围是 $x\in(0,1]$.

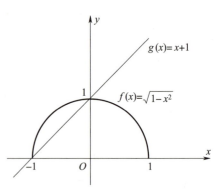

20. 【答案】 B

【解析】 条件(1)无法保证三角形 ABC 面积不变,而条件(2)可以,选 B.

21. 【答案】 B

【解析】 条件(1):数列 $\{a_n\}$ 是首项为 70,公差为 30 的等差数列,则 $S_6=6\times 70+\dfrac{6\times(6-1)\times 30}{2}\neq 126$,不充分;条件(2):数列 $\{a_n\}$ 是首项为 2,公比为 2 的等比数列,其前 6 项

和为 $S_6 = 2 \times \dfrac{1-2^6}{1-2} = 126$,充分. 综上,选 B.

注意:等差数列通项公式是关于 n 的一次函数,公差 d 为一次项系数,决定数列的增减性;等比数列通项公式是关于 n 的指数函数,公比 q 为指数函数的底数,决定数列的增减性.

【拓展】 等差数列前 n 项和是关于 n 的二次函数,公差 d 决定抛物线开口方向;等比数列前 n 项和依然是关于 n 的指数函数,公比 q 为指数函数的底数.

【技巧】 条件(1):不难看出当 $n=3$ 时,$a_3=130>126$,数列 a_n 又是递增数列,因此 S_6 必然大于 130,不充分,两个条件矛盾无法联合,猜测答案为 B.

22.【答案】 A

【解析】 随机试验是"从 n 件产品中随机抽查 2 件",总情况数为 C_n^2;随机事件 $A=$"所取 2 件产品中恰有 1 件次品",即所取的 2 件产品,其中 1 件是 2 件次品中的某一件,另 1 件是 $n-2$ 件正品中的某一件,情况数为 $C_2^1 C_{n-2}^1$,故 $P(A)=\dfrac{C_2^1 C_{n-2}^1}{C_n^2}$. 分别验证两个条件,条件(1):$n=5$ 时,$P(A)=\dfrac{C_2^1 C_3^1}{C_5^2}=0.6$,充分;条件(2):$n=6$ 时,$P(A)=\dfrac{C_2^1 C_4^1}{C_6^2}=\dfrac{8}{15}$,不充分. 综上,选 A.

【技巧】 两个条件矛盾,而且当 n 的值不同时,随机事件的概率也是不同的,故此题备选选项非 A 即 B,只需验证一个条件即可.

23.【答案】 A

【解析】 条件(1):根据 AB 的方程,令 $y=0$,不难得出 OA 的长为 $\dfrac{1}{\sqrt{2}}$,又有直线的斜率是 1,得知直线 AB 与 x 轴的夹角 $\angle BAx = 45°$,则 $\angle DAO = 45°$,则 $\triangle DAO$ 为等腰直角三角形,直角边 $OA = \dfrac{1}{\sqrt{2}}$,故可知斜边长 $AD = \sqrt{2}\, OA = 1$,于是正方形面积 $S_{ABCD} =$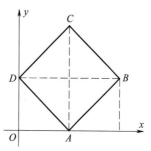
$AD^2 = 1$,充分;条件(2):根据 AD 的方程,可知 $OD=1$,$\angle DAO=45°$,$\triangle AOD$ 是等腰直角三角形,故斜边 $AD=\sqrt{2}\, OA=\sqrt{2}$,于是可得 $S_{ABCD}=AD^2=2$,不充分. 综上,选 A.

24.【答案】 D

【解析】 设一满杯酒容积为 x 升,条件(1):$\dfrac{3}{4}+x=\dfrac{7}{8}$,解得 $x=\dfrac{1}{8}$,充分;条件(2):$\dfrac{3}{4}-2x=\dfrac{1}{2}$,解得 $x=\dfrac{1}{8}$,充分. 综上,选 D.

25.【答案】 C

【解析】 两个条件显然需要联合. 同样是与乙一起供油,丙用天数比甲用天数少,那么就说明丙的供油速度大于甲的供油速度,联合充分,故选 C.

26.【答案】 C

【解析】 显然需联合两个条件. 可设一袋牛肉价格 100,质量 100,那么单位质量牛肉的价格为 $\dfrac{100}{100}=1$. 根据两个条件,一袋鸡肉的价格为 130,质量为 125,那么单位质量鸡肉的价格为 $\dfrac{130}{125}>1$,故联合充分,选 C.

注意:常识性公式:单位质量肉价格 = $\dfrac{\text{一袋肉价格}}{\text{一袋肉质量}}$.

【技巧】 一袋鸡肉价格高于一袋牛肉价格30%,而质量只比牛肉多25%,分子大的程度比分母大的程度多,故可推知1千克鸡肉价格高于1千克牛肉价格,选C.

27.【答案】 E

【解析】 条件(1):$x^2<y$ 显然无法推出 $x>y$,比如可取反例 $x=1,y=2$,不充分;条件(2):$\sqrt{x}<y$ 显然无法推出 $x>y$,比如可取反例 $x=1,y=2$,不充分;联合后依然可取反例 $x=1,y=2$,亦不充分. 综上,选E.

【拓展】 若题干改为"$x<y$",两个条件不变,该如何作答?
条件(1):对于正整数而言,$x^2 \geq x$(平方后的值不小于平方前的值,当 $x=1$ 时,$x^2=x$,当 $x \neq 1$ 时,$x^2>x$),故 $x \leq x^2 <y$,充分;条件(2):对于正整数而言,$\sqrt{x} \leq x$(开方后的值不大于开方前的值,当 $x=1$ 时,$\sqrt{x}=x$,当 $x \neq 1$ 时,$\sqrt{x}<x$),故 $x \leq x,\sqrt{x}<y,x$ 与 y 的大小关系无法确定,题干不成立,比如可取反例 $x=3,y=2,\sqrt{3}<2$,但是 $3>2$,不充分. 综上,选A.

【拓展】 对于正整数而言,$\sqrt{x} \leq x$ 成立;若 $0<x<1$,则有 $\sqrt{x}>x$,即:对于正的真分数而言,平方后的值会变小,开方后的值会变大.

28.【答案】 A

【解析】 条件(1):解得 $a<-1$,也就是 $1<-a$,充分;条件(2):解得 $-1<a<1$,不充分. 综上,选A.

29.【答案】 C

【解析】 条件(1)缺少事件的独立性,所以不充分.
条件(2)只强调了独立性,没有给出具体的数值,显然不充分.
考虑条件(1)和条件(2)联合:设 A_1="第一个路口没遇到红灯",A_2="第二个路口没遇到红灯",A_3="第三个路口没遇到红灯",A="三个路口都没遇到红灯",A_1,A_2,A_3 是相互独立的,则 $P(A)=P(A_1A_2A_3)=P(A_1)P(A_2)P(A_3)=0.5^3=0.125$,所以选C.

30.【答案】 B

【解析】 根据三角不等式,当 $x \in [-1,0]$ 时,方程等号左边 $|x+1|+|x| \equiv 1$,若 $x \notin [-1,0]$,则 $|x+1|+|x|$ 可取大于1的任意值,故条件(2)充分,条件(1)不充分,选B.

【拓展】 如何求方程 $|x+1|+|x|=2$ 的根?
答:可先画出函数 $f(x)=|x+1|+|x|$ 的图像,如图所示.
$f(x)=|x+1|+|x|$ 的图像与 $g(x)=2$ 的图像的交点的横坐标,就是方程 $|x+1|+|x|=2$ 的根. 根据图像可以看出,交点的位置在分段点 $x=-1,x=0$ 两侧,那么两个根的范围就分别落在 $(-\infty,-1)$ 和 $(0,+\infty)$ 的范围内. 当 $x<-1$ 时,可根据绝对值定义,直接去绝对值符号,$f(x)=|x+1|+|x|=-(x+1)-x=-2x-1=2$,解得一个根 $x=-1.5$;当 $x>0$ 时,同理,$f(x)=|x+1|+|x|=(x+1)+x=2x+1=2$,解得另一个根 $x=0.5$.

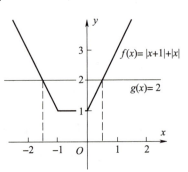

2006年1月管理类专业学位联考综合能力数学真题及解析

真　题

一、问题求解：下列每题给出的 A、B、C、D、E 五个选项中，只有一项是符合试题要求的。

1. 一辆大巴车从甲城以匀速 v 行驶可按照预定时间到达乙城，但在距乙城还有 150 千米处因故障停留了半小时，因此需要平均每小时增加 10 千米才能按照预定时间到达乙城．则大巴原来的速度 v 为（　　）千米/小时．

   A. 45　　　　　　　　　　B. 50
   C. 55　　　　　　　　　　D. 60
   E. 以上都不正确

2. 甲、乙两项工程分别由一、二工程队负责完成．晴天时，一队完成甲工程需要 12 天，二队完成乙工程需要 15 天；雨天时一队的效率是晴天的 60%，二队的效率是晴天的 80%．结果两队同时开工并同时完成各自的工程．那么在这段工期内，雨天的天数为（　　）．

   A. 8　　　　　　　　　　B. 10
   C. 12　　　　　　　　　　D. 15
   E. 以上都不正确

3. 若 $6, a, c$ 成等差数列，且 $36, a^2, -c^2$ 也成等差数列，则 c 为（　　）．

   A. -6　　　　　　　　　B. 2
   C. 3 或 -2　　　　　　　D. -6 或 2
   E. 以上都不正确

4. 如果 x_1, x_2, x_3 三个数的算术平均值为 5，则 x_1+2, x_2-3, x_3+6 与 8 的算术平均值为（　　）．

   A. $3\frac{1}{4}$　　　　　　　　B. 6
   C. 7　　　　　　　　　　D. $9\frac{1}{5}$
   E. $7\frac{1}{2}$

5. 某电子产品一月份按原定价的 80% 出售，能获利 20%，二月份由于进价降低，按同样原定价的 75% 出售，却能获利 25%．那么二月份进价是一月份进价的百分之（　　）．

A. 92 B. 90
C. 85 D. 80
E. 75

二、条件充分性判断：要求判断每题给出的条件（1）和条件（2）能否充分支持题干所陈述的结论。A、B、C、D、E 五个选项为判断结果，请选择一项符合试题要求的判断。

A. 条件（1）充分，但条件（2）不充分．
B. 条件（2）充分，但条件（1）不充分．
C. 条件（1）和条件（2）单独都不充分，但条件（1）和条件（2）联合起来充分．
D. 条件（1）充分，条件（2）也充分．
E. 条件（1）和条件（2）单独都不充分，条件（1）和条件（2）联合起来也不充分．

6. 方程 $x^2+ax+2=0$ 与 $x^2-2x-a=0$ 只有一个公共实数解．
（1）$a=3$．　　　　　　　　　　（2）$a=-2$．

解　析

一、问题求解

1.【答案】 B

【解析】 方法1：可观察分析.

停车耽误了0.5小时，再开车需要平均每小时增加10千米，才能在150千米内赶出0.5小时，观察题中给出的答案，不难选择B，可验算如下：

原来的速度 $v=50$ 千米/小时，走150公里需 $\dfrac{150}{50}=3$（小时），

每小时增加10千米，走150千米需 $\dfrac{150}{60}=2.5$（小时），

前后相差恰为0.5小时.

方法2：设原来的速度为 x 千米/小时，则有

$$\dfrac{150}{x}-\dfrac{1}{2}=\dfrac{150}{x+10},$$

$$2\times 150(x+10)-x(x+10)=150\times 2x,$$

$$x^2+10x-3\,000=0,$$

$$(x-50)(x+60)=0, \text{解得 } x=50.$$

故应选B.

方法3：利用变速公式 $v_1\cdot v_2=\dfrac{S\cdot \Delta v}{\Delta t}$ 可以快速解题. 设原来的速度为 v 千米/小时，则有

$$v(v+10)=\dfrac{150\times 10}{0.5}=3\,000,$$

解得 $v=50$，选B.

2.【答案】 D

【解析】 设晴天天数为 x，雨天天数为 y；甲的工程量为 S_1，乙的工程量为 S_2.

效率如下表所示：

	晴天效率	雨天效率
一队	$\dfrac{S_1}{12}$	$\dfrac{S_1}{12}\cdot\dfrac{3}{5}$
二队	$\dfrac{S_2}{15}$	$\dfrac{S_2}{15}\cdot\dfrac{4}{5}$

根据题意，有

$$\begin{cases}\dfrac{S_1}{12}\cdot x+\dfrac{S_1}{12}\cdot\dfrac{3}{5}\cdot y=S_1,\\ \dfrac{S_2}{15}\cdot x+\dfrac{S_2}{15}\cdot\dfrac{4}{5}\cdot y=S_2,\end{cases}\Rightarrow\begin{cases}5x+3y=60,\\ 5x+4y=75,\end{cases}\Rightarrow y=15.$$

故应选 D.

3. 【答案】 D

【解析】 据等差数列的性质,有
$$2a=6+c\cdots\cdots(1), \quad 2a^2=36-c^2\cdots\cdots(2).$$

由(1)得 $a=\dfrac{6+c}{2}$,代入(2),整理得 $c^2+4c-12=0$,

解得 $c=-6$ 或 $c=2$.

故应选 D.

4. 【答案】 C

【解析】 由题意,得 $\dfrac{x_1+x_2+x_3}{3}=5 \Rightarrow x_1+x_2+x_3=15$,

从而 $\dfrac{x_1-2+x_2-3+x_3+6+8}{4}=\dfrac{15+13}{4}=\dfrac{28}{4}=7.$

故应选 C.

5. 【答案】 B

【解析】 设二月份进价为 a 元,一月份进价为 b 元,原定价为 c 元.
根据题意,有 $0.8c=1.2b$,$0.75c=1.25a$,

可得 $b=\dfrac{0.8c}{1.2}$,$a=\dfrac{0.75c}{1.25}$,

从而 $\dfrac{a}{b}=\dfrac{0.75c}{1.25}\cdot\dfrac{1.2}{0.8c}=0.9=90\%.$

故应选 B.

二、条件充分性判断

6. 【答案】 A

【解析】 (1) $a=3$,两方程为 $x^2+3x+2=0$ 和 $x^2-2x-3=0$,

它们的解分别为 $\begin{cases}x_1=-1,\\ x_2=-2\end{cases}$ 和 $\begin{cases}x_1=-1,\\ x_2=3.\end{cases}$

此时两方程有一个公共实数解 $x_1=-1$. 因此条件(1)充分.

(2) $a=-2$,两方程为 $x^2-2x+2=0$ 和 $x^2-2x+2=0$,
它们为同一方程,但该方程的判别式 $\Delta=b^2-4ac=(-2)^2-4\times 2=-4<0$,
故无实数解. 因此条件(2)不充分.

故应选 A.

2006年10月在职攻读硕士学位全国联考综合能力数学真题及解析

真 题

一、问题求解：下列每题给出的 A、B、C、D、E 五个选项中，只有一项是符合试题要求的。

1. 某人以 6 千米/小时的平均速度上山，上山后立即以 12 千米/小时的平均速度原路返回，那么此人在往返过程中每小时平均所走的千米数为（　　）．
   A. 9　　　　　　　　　　　　B. 8
   C. 7　　　　　　　　　　　　D. 6
   E. 以上均不对

2. 甲、乙两仓库储存的粮食质量之比为 4∶3，现从甲库中调出 10 万吨粮食，则甲、乙两仓库存粮吨数之比为 7∶6. 甲仓库原有粮食（　　）万吨．
   A. 70　　　　　　　　　　　　B. 78
   C. 80　　　　　　　　　　　　D. 85
   E. 以上均不对

3. 将放有乒乓球的 577 个盒子从左到右排成一行，如果最左边的盒子里放了 6 个乒乓球，且每相邻的 4 个盒子里共有 32 个乒乓球，那么最右边的盒子里的乒乓球个数为（　　）．
   A. 6　　　　　　　　　　　　B. 7
   C. 8　　　　　　　　　　　　D. 9
   E. 以上均不对

4. 仓库中有甲、乙两种产品若干件，其中甲产品占总库存量的 45%. 若再存入 160 件乙产品后，甲产品占新库存量的 25%，那么甲产品原有件数为（　　）．
   A. 80　　　　　　　　　　　　B. 90
   C. 100　　　　　　　　　　　D. 110
   E. 以上均不对

5. 已知不等式 $ax^2+2x+2>0$ 的解集是 $\left(-\dfrac{1}{3}, \dfrac{1}{2}\right)$，则 $a=$（　　）．
   A. -12　　　　　　　　　　　B. 6
   C. 0　　　　　　　　　　　　D. 12

E. 以上均不对

6. 一批产品的合格率为95%,而合格品中一等品占60%,其余为二等品.现从中任取一件检验,这件产品是二等品的概率为(　　).

A. 0.57　　　　　　　　　　　B. 0.38

C. 0.35　　　　　　　　　　　D. 0.26

E. 以上均不对

二、条件充分性判断:要求判断每题给出的条件(1)和条件(2)能否充分支持题干所陈述的结论。A、B、C、D、E 五个选项为判断结果,请选择一项符合试题要求的判断。

A. 条件(1)充分,但条件(2)不充分.

B. 条件(2)充分,但条件(1)不充分.

C. 条件(1)和条件(2)单独都不充分,但条件(1)和条件(2)联合起来充分.

D. 条件(1)充分,条件(2)也充分.

E. 条件(1)和条件(2)单独都不充分,条件(1)和条件(2)联合起来也不充分.

7. $|b-a|+|c-b|-|c|=a$.

(1) 实数 a,b,c 在数轴上的位置为

(2) 实数 a,b,c 在数轴上的位置为

解　析

一、问题求解

1.【答案】 B

【解析】 假设上山的路程为120千米,则上山和下山的时间之和为 $120\div 6+120\div 12=30$(小时),则整个往返过程的平均速度为 $240\div 30=8$(千米/小时).

注意:本题可直接套用公式 $\bar{v}=\dfrac{2}{\dfrac{1}{v_1}+\dfrac{1}{v_2}}$.

2.【答案】 C

【解析】 乙仓库中粮食吨数无变化,则原来的吨数之比为 $4:3=8:6$,后来变为 $7:6$,甲仓库减少1份,对应10万吨,则甲仓库原有8份,即80万吨.

注意:本题用到了统一比例思想.

3.【答案】 A

【解析】 相邻4个盒子的总球数相等,则 $1,5,9,\cdots,577$ 号盒子中球的个数相等,即最右边的盒子里有6个乒乓球.

4.【答案】 B

【解析】 原来甲、乙库存量之比为 $45\%:55\%=9:11$,后来甲、乙库存量之比为 $25\%:75\%=1:3$,比例变化过程中甲产品的库存量无变化,因此后来库存量为 $1:3=9:27$,乙增加了16份,对应160件乙产品,即1份10件,甲原有9份,对应90件.

注意:本题也用到了统一比例思想.

5.【答案】 A

【解析】 不等式的解集端点是对应方程的根,结合韦达定理得 $x_1 x_2 = \dfrac{2}{a} = -\dfrac{1}{3} \times \dfrac{1}{2} \Rightarrow a = -12$.

6.【答案】 B

【解析】 二等品占全部产品的 $95\% \times (1-60\%) = 38\%$,即概率为0.38.

二、条件充分性判断

7.【答案】 A

【解析】 (1) 由数轴得, $\left.\begin{array}{r}b-a<0\\c-b<0\\c<0\end{array}\right\} \Rightarrow |b-a|+|c-b|-|c|=a-b+b-c+c=a$,充分.

(2) 由数轴得, $\left.\begin{array}{r}b-a>0\\c-b>0\\c>0\end{array}\right\} \Rightarrow |b-a|+|c-b|-|c|=b-a+c-b-c=-a$,不充分.

2005年1月管理类专业学位联考综合能力数学真题及解析

真　　题

一、问题求解：下列每题给出的 A、B、C、D、E 五个选项中，只有一项是符合试题要求的.

1. 甲、乙两个储煤仓库的库存量之比为 10∶7，要使这两个仓库的库存煤量相等，甲仓库需向乙仓库搬入的煤量占甲仓库库存煤量的(　　).
   A. 10%　　　　　　　　　　　　B. 15%
   C. 20%　　　　　　　　　　　　D. 25%
   E. 30%

2. 一支队伍排成长度为 800 米的队列行军，速度为 80 米/分钟. 在队首的通信员以 3 倍于行军的速度跑步到队尾，花 1 分钟传达首长命令后，立即以同样的速度跑回到队首，在这往返全程中通信员所花费的时间为(　　).
   A. 6.5 分　　　　　　　　　　　B. 7.5 分
   C. 8 分　　　　　　　　　　　　D. 8.5 分
   E. 10 分

3. 满足不等式 $(x+4)(x+6)+3>0$ 的所有实数 x 的集合是(　　).
   A. $[4,+\infty)$　　　　　　　　　B. $(4,+\infty)$
   C. $(-\infty,-2]$　　　　　　　　D. $(-\infty,-1)$
   E. $(-\infty,+\infty)$

二、条件充分性判断：要求判断每题给出的条件(1)和条件(2)能否充分支持题干所陈述的结论. A、B、C、D、E 五个选项为判断结果，请选择一项符合试题要求的判断.
   A. 条件(1)充分，但条件(2)不充分.
   B. 条件(2)充分，但条件(1)不充分.
   C. 条件(1)和条件(2)单独都不充分，但条件(1)和条件(2)联合起来充分.
   D. 条件(1)充分，条件(2)也充分.
   E. 条件(1)和条件(2)单独都不充分，条件(1)和条件(2)联合起来也不充分.

4. 方程 $4x^2+(a-2)x+a-5=0$ 有两个不等的负实根.
   (1) $a<6$.　　　　　　　　　　　(2) $a>5$.

5. 实数 a,b 满足 $|a|(a+b)>a|a+b|$.
   (1) $a<0$.　　　　　　　　　　　(2) $b>-a$.

解　析

一、问题求解

1.【答案】 B

【解析】 甲、乙两仓库存煤总和为17份,均分之后各存煤8.5份,因此甲向乙搬入 $\dfrac{10-8.5}{10}=15\%$.

2.【答案】 D

【解析】 行程问题中的相遇和追及问题. 通信员从队首跑到队尾可以看作通信员和队尾的人相遇,通信员从队尾跑回队首可以看作通信员追及队首的人.

通信员从队首跑到队尾所用时间为: $\dfrac{800}{240+80}$ 分钟;通信员从队尾跑回队首所用时间为: $\dfrac{800}{240-80}$ 分钟,所以往返全程总时间为: $\dfrac{800}{240+80}+1+\dfrac{800}{240-80}=8.5$(分钟).

3.【答案】 E

【解析】 $(x+4)(x+6)+3=x^2+10x+27=(x+5)^2+2$ 恒大于零,所以解集为全体实数.

结论: $ax^2+bx+c>0$ 的充分必要条件是 $\begin{cases}a>0,\\ \Delta<0.\end{cases}$

二、条件充分性判断

4.【答案】 C

【解析】 一元二次方程正负根问题,注意不要漏掉判别式.

方程 $4x^2+(a-2)x+a-5=0$ 有两个不等的负实根 $x_1,x_2 \Leftrightarrow \begin{cases}\Delta>0,\\ x_1+x_2<0,\\ x_1x_2>0\end{cases} \Leftrightarrow 5<a<6$ 或 $a>14$. 两个条件单独都不充分,联合之后是结论的子集,所以充分.

5.【答案】 C

【解析】 (1) 反例 $a+b=0$,不充分.

(2) 反例 $a=0$,不充分.

联合(1)(2), $\begin{cases}a<0,\\ b>-a\end{cases} \Rightarrow \begin{cases}a<0,\\ b+a>0\end{cases} \Rightarrow |a|(a+b)>0>a|a+b|$,充分.

注意:考试时对于信息量不全的条件无需举反例,直接否定.

2005年10月在职攻读硕士学位全国联考综合能力数学真题及解析

真 题

一、问题求解：下列每题给出的A、B、C、D、E五个选项中，只有一项是符合试题要求的。

1. 一列火车完全通过一个长为1 600米的隧道用了25秒，通过一根电线杆用了5秒，则该列火车的长度为（　　）米.

   A. 200　　　　　　　　　　　　B. 300
   C. 400　　　　　　　　　　　　D. 450
   E. 500

2. 某公司二月份产值为36万元，比一月份产值增加了11万元，比三月份产值少了7.2万元，第二季度产值为第一季度产值的1.4倍. 该公司上半年产值的月平均值为（　　）万元.

   A. 40.51　　　　　　　　　　　B. 41.68
   C. 48.25　　　　　　　　　　　D. 50.16
   E. 52.16

二、条件充分性判断：要求判断每题给出的条件(1)和条件(2)能否充分支持题干所陈述的结论. A、B、C、D、E五个选项为判断结果，请选择一项符合试题要求的判断.

   A. 条件(1)充分，但条件(2)不充分.
   B. 条件(2)充分，但条件(1)不充分.
   C. 条件(1)和条件(2)单独都不充分，但条件(1)和条件(2)联合起来充分.
   D. 条件(1)充分，条件(2)也充分.
   E. 条件(1)和条件(2)单独都不充分，条件(1)和条件(2)联合起来也不充分.

3. a,b,c 的算术平均值是 $\dfrac{14}{3}$，则几何平均值是4.

   (1) a,b,c 是满足 $a>b>c>1$ 的三个整数，$b=4$.
   (2) a,b,c 是满足 $a>b>c>1$ 的三个整数，$b=2$.

4. $4x^2-4x<3$.

   (1) $x\in\left(-\dfrac{1}{4},\dfrac{1}{2}\right)$.　　　　(2) $x\in(-1,0)$.

5. 方程 $x^2+ax+b=0$ 有一正一负两个实根.

   (1) $b=-C_4^3$.　　　　　　　　(2) $b=-C_7^5$.

248

解　析

一、问题求解

1.【答案】 C

【解析】 假设火车的长度为 x 米，则 $\dfrac{x+1\,600}{25}=\dfrac{x}{5} \Rightarrow x=400$.

2.【答案】 B

【解析】 第一季度总产值为 $(36-11)+36+(36+7.2)=104.2$（万元），则上半年月平均产值为 $104.2\times(1+1.4)\div 6=41.68$（万元）.

二、条件充分性判断

3.【答案】 E

【解析】 （1）$a+b+c=14$，且 $b=4$，可得 $a+c=10$，则几何平均值为 $\sqrt[3]{abc}=\sqrt[3]{4ac}$，无法确定，不充分.

（2）$a+b+c=14$，且 $b=2$，无法找到合适的 c，推不出结论，不充分.

两个条件矛盾，无法联合，也不充分.

4.【答案】 A

【解析】 $4x^2-4x<3 \Rightarrow -\dfrac{1}{2}<x<\dfrac{3}{2}$.

（1）是结论的子集，充分；

（2）不是结论的子集，不充分.

5.【答案】 D

【解析】 方程有一正一负两个实根，则由韦达定理得 $b<0$，两个条件都能满足，都充分. 结论：$ax^2+bx+c=0$ 有一正一负两个实根的充分必要条件为 $ac<0$.

2004年1月管理类专业学位联考综合能力数学真题及解析

真 题

一、问题求解：下列每题给出的A、B、C、D、E五个选项中,只有一项是符合试题要求的。

1. 装一台机器需要甲、乙、丙三种部件各一件.现库中存有这三种部件共270件,分别用甲、乙、丙库存件数的 $\frac{3}{5}$, $\frac{3}{4}$, $\frac{2}{3}$ 装配若干机器,那么原来存有甲种部件(　　)件.

   A. 80　　　　　　　　　　　　B. 90
   C. 100　　　　　　　　　　　 D. 110
   E. 以上都不对

2. 快、慢两列车长度分别为160米和120米,它们相向行驶在平行的轨道上.若坐在慢车上的人见整列快车驶过的时间是4秒,那么坐在快车上的人见整列慢车驶过的时间是(　　)秒.

   A. 3　　　　　　　　　　　　B. 4
   C. 5　　　　　　　　　　　　D. 6
   E. 以上均不对

3. 某工厂生产某种新型产品,一月份每件产品销售的利润是出厂价的25%(假设利润等于出厂价减去成本),二月份每件产品出厂价降低10%,成本不变,销售件数比一月份增加80%,则销售利润比一月份的销售利润增长(　　).

   A. 6%　　　　　　　　　　　　B. 8%
   C. 15.5%　　　　　　　　　　 D. 25.5%
   E. 以上都不对

4. 矩形周长为2,将它绕其一边旋转一周,所得圆柱体体积最大时的矩形面积为(　　).

   A. $\frac{4\pi}{27}$　　　　　　　　　　　　B. $\frac{2}{3}$
   C. $\frac{2}{9}$　　　　　　　　　　　　D. $\frac{27}{4}$
   E. 以上均不对

二、条件充分性判断：要求判断每题给出的条件(1)和条件(2)能否充分支持题干所陈述的结论。A、B、C、D、E 五个选项为判断结果，请选择一项符合试题要求的判断。

A. 条件(1)充分，但条件(2)不充分．
B. 条件(2)充分，但条件(1)不充分．
C. 条件(1)和条件(2)单独都不充分，但条件(1)和条件(2)联合起来充分．
D. 条件(1)充分，条件(2)也充分．
E. 条件(1)和条件(2)单独都不充分，条件(1)和条件(2)联合起来也不充分．

5. x, y 是实数，$|x|+|y|=|x-y|$．

   (1) $x>0, y<0$．　　　　　　　　(2) $x<0, y>0$．

6. x_1, x_2 是方程 $x^2-2(k+1)x+k^2+2=0$ 的两个实根．

   (1) $k>\dfrac{1}{2}$．　　　　　　　　(2) $k=\dfrac{1}{2}$．

7. 方程组 $\begin{cases} x+y=a, \\ y+z=4, \\ z+x=2, \end{cases}$ 得 x, y, z 等差．

   (1) $a=1$．　　　　　　　　(2) $a=0$．

解　析

一、问题求解

1.【答案】 C

【解析】 本题属于配套问题. 设原有甲、乙、丙三种部件 x,y,z 件.

$$\begin{cases} x+y+z=270, \\ \dfrac{3}{5}x=\dfrac{3}{4}y=\dfrac{2}{3}z, \end{cases} \text{解得} \begin{cases} x=100, \\ y=80, \\ z=90. \end{cases}$$

2.【答案】 A

【解析】 火车相对于人的速度都是快车和慢车的速度和，速度相等时，时间之比等于路程之比. 已知坐在慢车上的人见整列快车驶过的路程为快车车长 160 米，时间是 4 秒；则坐在快车上的人见整列慢车驶过的路程为慢车车长 120 米，因此时间为 3 秒.

3.【答案】 B

【解析】 假设一月份的出厂价为 100 元，一月份的销售量为 10 件.

一月份：每件产品利润为 25 元，成本为 $100-25=75(元)$，则一月份总利润为 $25×10=250(元)$；二月份：出厂价为 90 元，成本为 75 元，销售量为 18 件，则二月份总利润为 $(90-75)×18=270(元)$. 综上，二月份的利润比一月份的利润增长了 $(270-250)÷250=8\%$.

4.【答案】 C

【解析】 设矩形两边长分别为 $a, 1-a$，绕长度为 a 的边旋转一周，得到的圆柱体的体积为 $V=\pi(1-a)^2 a$，利用均值定理，当且仅当 $1-a=2a \Rightarrow a=\dfrac{1}{3}$ 时圆柱体的体积取得最大值，即

$$V=\pi(1-a)^2 a=\dfrac{\pi}{2}(1-a)(1-a)\times 2a \leq \dfrac{\pi}{2}\times\left(\dfrac{2}{3}\right)^3=\dfrac{4\pi}{27}，\text{此时矩形的面积为}(1-a)a=\dfrac{2}{9}.$$

【陷阱】 此题容易误选 A，但问题中要求的是"矩形面积".

二、条件充分性判断

5.【答案】 D

【解析】 本题可以执果索因，从题干入手.

$$|x|+|y|=|x-y| \Leftrightarrow x^2+y^2+2|xy|=x^2+y^2-2xy$$
$$\Leftrightarrow |xy|=-xy \Leftrightarrow xy\leq 0,$$

所以条件(1)与(2)都满足，因此选 D.

6.【答案】 D

【解析】 方程有两个实根，则 $\Delta=[-2(k+1)]^2-4(k^2+2)=4(2k-1)\geq 0 \Rightarrow k\geq \dfrac{1}{2}$，两个条件都是结论的非空子集，因此都充分.

7.【答案】 B

【解析】 由 $y+z=4, z+x=2$ 可得 $y-x=2$；由 $x+y=a, z+x=2$ 可得 $z-y=2-a$. 要使 x,y,z 等差，即 $z-y=y-x$，于是有 $2-a=2$，解得 $a=0$，故条件(1)不充分，条件(2)充分.

注意：本题的解法也用到了执果索因的思想，从题干入手，将要证明的结论等价转化，再寻找条件.

2004年10月在职攻读硕士学位全国联考综合能力数学真题及解析

真 题

一、问题求解：下列每题给出的A、B、C、D、E五个选项中，只有一项是符合试题要求的。

1. 甲、乙两人同时从同一地点出发，相背而行，1小时后他们分别到达各自的终点 A 和 B. 若从原地出发，互换彼此的目的地，则甲在乙到达 A 之后35分钟到达 B. 则甲的速度和乙的速度之比是（　　）.

   A. $3:5$　　　　　　　　　　　B. $4:3$

   C. $4:5$　　　　　　　　　　　D. $3:4$

   E. 以上都不对

2. 某单位有职工40人，其中参加计算机考核的有31人，参加外语考核的有20人，有8人没有参加任何一种考核，则同时参加两项考核的职工有（　　）人.

   A. 10　　　　　　　　　　　　B. 13

   C. 15　　　　　　　　　　　　D. 19

   E. 以上都不对

二、条件充分性判断：要求判断每题给出的条件（1）和条件（2）能否充分支持题干所陈述的结论。A、B、C、D、E五个选项为判断结果，请选择一项符合试题要求的判断。

   A. 条件（1）充分，但条件（2）不充分.

   B. 条件（2）充分，但条件（1）不充分.

   C. 条件（1）和条件（2）单独都不充分，但条件（1）和条件（2）联合起来充分.

   D. 条件（1）充分，条件（2）也充分.

   E. 条件（1）和条件（2）单独都不充分，条件（1）和条件（2）联合起来也不充分.

3. A 公司2003年6月份的产值是1月份产值的 a 倍.

   （1）在2003年上半年，A 公司月产值的平均增长率为 $\sqrt[5]{a}$.

   （2）在2003年上半年，A 公司月产值的平均增长率为 $\sqrt[6]{a}-1$.

4. $\dfrac{c}{a+b} < \dfrac{a}{b+c} < \dfrac{b}{c+a}$.

   （1）$0 < c < a < b$.　　　　　　（2）$0 < a < b < c$.

5. $\sqrt{a^2 b} = -a\sqrt{b}$.

   （1）$a > 0, b < 0$.　　　　　　（2）$a < 0, b > 0$.

解　析

一、问题求解

1.【答案】 D

【解析】 设甲的速度为 $v_甲$，乙的速度为 $v_乙$（单位均为千米/小时）。

如图所示，设 O 为出发地，OA 表示 1 小时甲走的距离，OB 表示 1 小时乙走的距离，则 $OA = 1 \cdot v_甲 = v_甲$，$OB = 1 \cdot v_乙 = v_乙$。

```
        ← 甲 乙 →
   A        O         B
```

交换目的地后，如下图所示：

```
        ← 乙 甲 →
   A        O         B
```

甲走完 OB 的时间为 $\dfrac{v_乙}{v_甲}$，乙走完 OA 的时间为 $\dfrac{v_甲}{v_乙}$。根据题意，有 $\dfrac{v_乙}{v_甲} = \dfrac{v_甲}{v_乙} + \dfrac{35}{60}$。设 $t = \dfrac{v_乙}{v_甲}$，则 $\dfrac{1}{t} = t + \dfrac{7}{12}$，即 $12t^2 + 7t - 12 = 0$，解得 $t = \dfrac{3}{4}$。故选 D。

2.【答案】 D

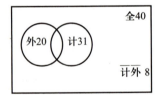

【解析】 画文氏图，如右图所示。

由图可知，参加计算机或外语考核的有 $40 - 8 = 32$（人），再由容斥原理可知同时参加两项考核的职工有

$$20 + 31 - 32 = 19（人）.$$

所以选 D。

二、条件充分性判断

3.【答案】 E

【解析】 设 1 月份的产值为 1，则

(1) 6 月份的产值为 $1 \times (1 + \sqrt[5]{a})^5 \neq a$，不充分。

(2) 6 月份的产值为 $1 \times (1 + \sqrt[6]{a} - 1)^5 = a^{\frac{5}{6}} \neq a$，不充分。

联合条件(1)(2)：也不充分。

4.【答案】 A

【解析】 (1) $0 < c < a < b \Rightarrow \dfrac{1}{c} > \dfrac{1}{a} > \dfrac{1}{b} \Rightarrow \dfrac{a+b+c}{c} > \dfrac{a+b+c}{a} > \dfrac{a+b+c}{b} \Rightarrow \dfrac{a+b}{c} > \dfrac{b+c}{a} > \dfrac{a+c}{b} \Rightarrow \dfrac{c}{a+b} < \dfrac{a}{b+c} < \dfrac{b}{a+c}$，充分。

(2) 假设 $a = 1, b = 2, c = 3$，则不等式不成立，不充分。

5.【答案】 B

【解析】 $\sqrt{a^2 b} = -a\sqrt{b} \Rightarrow \begin{cases} -a\sqrt{b} \geq 0 \\ b \geq 0 \end{cases} \Rightarrow \begin{cases} a \leq 0 \\ b \geq 0 \end{cases}$，因此条件(1)不充分，条件(2)充分。

2003年1月管理类专业学位联考综合能力数学真题及解析

真 题

一、问题求解：下列每题给出的 A、B、C、D、E 五个选项中，只有一项是符合试题要求的。

1. 设所得税是工资加奖金总和的 30%。如果一个人的所得税为 6 810 元，奖金为 3 200 元，则他的工资为（　　）元.
   A. 12 000　　　　　　　　B. 15 900
   C. 19 500　　　　　　　　D. 25 900
   E. 62 000

2. 车间共有 40 人，某技术操作考核的平均成绩为 80 分，其中男工平均成绩为 83 分，女工平均成绩为 78 分，则该车间有女工（　　）人.
   A. 16　　　　　　　　　　B. 18
   C. 20　　　　　　　　　　D. 24
   E. 28

3. 设 P 是正方形 $ABCD$ 外的一点，$PB = 10$ 厘米，$\triangle APB$ 的面积是 80 平方厘米，$\triangle CPB$ 的面积是 90 平方厘米，则正方形 $ABCD$ 的面积为（　　）平方厘米.
   A. 720　　　　　　　　　　B. 580
   C. 640　　　　　　　　　　D. 600
   E. 560

4. 若平面内有 10 条直线，其中任何两条不平行，且任何 3 条不共点（即不相交于一点），则这 10 条直线将平面分成了（　　）部分.
   A. 21　　　　　　　　　　B. 32
   C. 43　　　　　　　　　　D. 56
   E. 77

5. 某产品的产量 Q 与原材料 A, B, C 的数量 x, y, z（单位为吨）满足 $Q = 0.05xyz$，已知 A, B, C 每吨的价格分别是 3，2，4（百元）. 若用 5 400 元购买 A, B, C 三种原材料，则使产量最大的 A, B, C 的采购量分别为（　　）吨.
   A. 6, 9, 4.5　　　　　　　　B. 2, 4, 8
   C. 2, 3, 6　　　　　　　　　D. 2, 2, 2
   E. 以上均不对

6. 已知某厂生产 x 件产品的成本为 $C=25\,000+200x+\dfrac{1}{40}x^2$（元），要使平均成本最小，所生产的产品件数为（　　）件.

A. 100　　　　　　　　　　　　B. 200

C. 1 000　　　　　　　　　　　D. 2 000

E. 以上均不对

7. 两只一模一样的铁罐里都装有大量的红球和黑球，其中一罐（取名"甲罐"）内的红球数与黑球数之比为 2∶1，另一罐（取名"乙罐"）内的黑球数与红球数之比为 2∶1. 今任取一罐从中取出 50 只球，查得其中有 30 只红球和 20 只黑球，则该罐为"甲罐"的概率是该罐为"乙罐"的概率的（　　）倍.

A. 154　　　　　　　　　　　　B. 254

C. 438　　　　　　　　　　　　D. 798

E. 1 024

二、条件充分性判断：要求判断每题给出的条件（1）和条件（2）能否充分支持题干所陈述的结论。A、B、C、D、E 五个选项为判断结果，请选择一项符合试题要求的判断。

A. 条件（1）充分，但条件（2）不充分.

B. 条件（2）充分，但条件（1）不充分.

C. 条件（1）和条件（2）单独都不充分，但条件（1）和条件（2）联合起来充分.

D. 条件（1）充分，条件（2）也充分.

E. 条件（1）和条件（2）单独都不充分，条件（1）和条件（2）联合起来也不充分.

8. 某公司得到一笔贷款共 68 万元，用于下属三个工厂的设备改造，结果甲、乙、丙三个工厂按比例分别得到 36 万元、24 万元和 8 万元.

(1) 甲、乙、丙三个工厂按 $\dfrac{1}{2}:\dfrac{1}{3}:\dfrac{1}{9}$ 的比例分配贷款.

(2) 甲、乙、丙三个工厂按 9∶6∶2 的比例分配贷款.

9. 一元二次方程 $x^2+bx+c=0$ 的两根之差的绝对值为 4.

(1) $b=4,c=0$.　　　　　　　　(2) $b^2-4c=16$.

10. 不等式 $|x-2|+|4-x|<s$ 无解.

(1) $s\leq 2$.　　　　　　　　　　(2) $s>2$.

11. $\dfrac{a+b}{a^2+b^2}=-\dfrac{1}{3}$.

(1) $a^2,1,b^2$ 成等差数列.　　　(2) $\dfrac{1}{a},1,\dfrac{1}{b}$ 成等比数列.

解　析

一、问题求解

1. 【答案】 C

【解析】 由题知,工资为 $\dfrac{6\,810}{30\%} - 3\,200 = 19\,500(元)$.

注意:总量 $= \dfrac{部分量}{部分量所占比}$.

2. 【答案】 D

【解析】 由交叉法得男工与女工的人数之比为 $\dfrac{80-78}{83-80} = \dfrac{2}{3}$,则女工人数为 $40 \times \dfrac{3}{5} = 24$.

3. 【答案】 B

【解析】 如图所示.设正方形的边长为 a. 在 $\triangle PAB$ 中,AB 是底边,h_{PAB} 是对应的高,$S_{\triangle PAB} = \dfrac{1}{2}ah_{PAB} = 80$;同理,在 $\triangle PBC$ 中,BC 是底边,h_{PBC} 是对应的高,$S_{\triangle PBC} = \dfrac{1}{2}ah_{PBC} = 90$. 结合两个等式,平方得 $h_{PAB}^2 + h_{PBC}^2 = \dfrac{160^2 + 180^2}{a^2} = PB^2 = 100 \Rightarrow a^2 = 580(平方厘米)$.

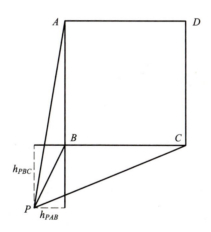

4. 【答案】 D

【解析】 找规律:

一条直线将平面分成 2 部分;

两条直线将平面分成 4 部分:$4 = 2+2$;

三条直线将平面分成 7 部分:$7 = 2+2+3$;

四条直线将平面分成 11 部分:$11 = 2+2+3+4$;

……

10 条直线将平面分成 56 部分:$2+2+3+4+\cdots+10 = 56$.

5. 【答案】 A

【解析】 代值验证.

将每个选项的值代入求总钱数,都没有超过 5 400,因此直接代入计算其产量即可.其中选项 A 的产量最大.

6. 【答案】 C

【解析】 平均成本为 $\dfrac{C}{x} = \dfrac{25\,000 + 200x + \dfrac{x^2}{40}}{x} = \dfrac{25\,000}{x} + \dfrac{x}{40} + 200$，当且仅当 $\dfrac{25\,000}{x} = \dfrac{x}{40}$，即 $x = 1\,000$ 时，平均成本取到最小值.

7. 【答案】 E

【解析】 甲罐中取出 1 只红球的概率为 $\dfrac{2}{3}$，取出 1 只黑球的概率为 $\dfrac{1}{3}$；

乙罐中取出 1 只红球的概率为 $\dfrac{1}{3}$，取出 1 只黑球的概率为 $\dfrac{2}{3}$.

若从甲罐中取 50 只球，其中有 30 只红球和 20 只黑球的概率为 $C_{50}^{30} \times \left(\dfrac{2}{3}\right)^{30} \times \left(\dfrac{1}{3}\right)^{20}$；若从乙罐中取 50 只球，其中有 30 只红球和 20 只黑球的概率为 $C_{50}^{30} \times \left(\dfrac{1}{3}\right)^{30} \times \left(\dfrac{2}{3}\right)^{20}$. 则甲的概

率是乙的概率的 $\dfrac{C_{50}^{30} \times \left(\dfrac{2}{3}\right)^{30} \times \left(\dfrac{1}{3}\right)^{20}}{C_{50}^{30} \times \left(\dfrac{1}{3}\right)^{30} \times \left(\dfrac{2}{3}\right)^{20}} = 2^{10} = 1\,024(倍)$.

二、条件充分性判断

8. 【答案】 D

【解析】 (1) $\dfrac{1}{2} : \dfrac{1}{3} : \dfrac{1}{9} = 9 : 6 : 2$，$68 \div (9+6+2) = 4$，因此甲、乙、丙三个工厂分别得到的贷款为：$4 \times 9 = 36, 4 \times 6 = 24, 4 \times 2 = 8$，充分.

(2) 与条件(1)等价，充分.

【技巧】 在考试中遇到两个条件等价，则其中只要有一个充分，就选 D.

9. 【答案】 D

【解析】 (1) 方程为 $x^2 + 4x = 0$，解得两根分别为 $0, -4$，两根之差的绝对值为 4，充分.

(2) 由求根公式得 $x = \dfrac{-b \pm \sqrt{b^2 - 4c}}{2} = -\dfrac{b}{2} \pm 2$，则两根之差的绝对值为 4，充分.

10. 【答案】 A

【解析】 "不等式 $|x-2| + |4-x| < s$ 无解"等价于"不等式 $|x-2| + |4-x| \geqslant s$ 恒成立"，只需使得代数式 $|x-2| + |4-x|$ 的最小值都大于或等于 s 即可，则 $s \leqslant 2$.

(1) 能推出结论，充分；　　　　　　　　(2) 不充分.

结论：$F(x) \geqslant a \Leftrightarrow F(x)_{\min} \geqslant A$；$F(x) < a$ 无解 $\Leftrightarrow F(x) \geqslant a$ 恒成立.

11. 【答案】 E

【解析】 反例：$a = b = 1$，则所求 $\dfrac{a+b}{a^2+b^2} = 1$，因此两个条件都不充分.

【技巧】 在考试时，对于条件充分性判断题，如果能用一个反例既否定条件(1)，也否定条件(2)，则直接选 E.

2003年10月在职攻读硕士学位全国联考综合能力数学真题及解析

真 题

一、问题求解：下列每题给出的 A、B、C、D、E 五个选项中，只有一项是符合试题要求的。

1. 某培训班有学员96人，其中男生占全班人数的 $\frac{7}{12}$，女生中有15%是30岁和30岁以上的，则女生中不到30岁的有（　　）人．

   A. 30　　　　　　　　　　　　B. 31
   C. 32　　　　　　　　　　　　D. 33
   E. 34

2. 某工厂人员由技术人员、行政人员和工人组成，共有男职工420人，是女职工的 $1\frac{1}{3}$ 倍．其中行政人员占全体职工的20%，技术人员比工人少 $\frac{1}{25}$，那么该工厂有工人（　　）人．

   A. 200　　　　　　　　　　　　B. 250
   C. 300　　　　　　　　　　　　D. 350
   E. 400

3. 已知 $\left|\dfrac{5x-3}{2x+5}\right|=\dfrac{3-5x}{2x+5}$，则实数 x 的取值范围是（　　）．

   A. $x<-\dfrac{5}{2}$ 或 $x\geq\dfrac{3}{5}$　　　　B. $-\dfrac{5}{2}\leq x\leq\dfrac{3}{5}$
   C. $-\dfrac{5}{2}<x\leq\dfrac{3}{5}$　　　　　　D. $-\dfrac{3}{5}\leq x<\dfrac{5}{2}$
   E. 以上结论均不正确

4. 数列 $\{a_n\}$ 的前 n 项和是 $S_n=4n^2+n-2$，则它的通项 a_n 是（　　）．

   A. $8n-3$　　　　　　　　　　B. $4n+1$
   C. $8n-2$　　　　　　　　　　D. $8n-5$
   E. $a_n=\begin{cases}3, & n=1,\\ 8n-3, & n\geq 2\end{cases}$

5. 已知某厂生产 x 件产品的成本为 $C=25\,000+200x+\dfrac{1}{40}x^2$ 元,若产品以每件 500 元售出,则使利润最大的产量是(　　)件.

　　A. 2 000　　　　　　　　　　　　B. 3 000

　　C. 4 000　　　　　　　　　　　　D. 5 000

　　E. 6 000

6. 甲、乙、丙依次轮流投掷一枚均匀的硬币,若先投出正面者为胜,则甲、乙、丙获胜的概率分别为(　　).

　　A. $\dfrac{1}{3},\dfrac{1}{3},\dfrac{1}{3}$　　　　　　　　B. $\dfrac{4}{8},\dfrac{2}{8},\dfrac{1}{8}$

　　C. $\dfrac{4}{8},\dfrac{3}{8},\dfrac{1}{8}$　　　　　　　　D. $\dfrac{4}{7},\dfrac{2}{7},\dfrac{1}{7}$

　　E. 以上都不对

二、条件充分性判断:要求判断每题给出的条件(1)和条件(2)能否充分支持题干所陈述的结论. A、B、C、D、E 五个选项为判断结果,请选择一项符合试题要求的判断.

　　A. 条件(1)充分,但条件(2)不充分.

　　B. 条件(2)充分,但条件(1)不充分.

　　C. 条件(1)和条件(2)单独都不充分,但条件(1)和条件(2)联合起来充分.

　　D. 条件(1)充分,条件(2)也充分.

　　E. 条件(1)和条件(2)单独都不充分,条件(1)和条件(2)联合起来也不充分.

7. 某城区 2001 年绿地面积较上年增加了 20%,人口却负增长,结果人均绿地面积比上年增长了 21%.

　　(1) 2001 年人口较上年下降了 8.26‰.

　　(2) 2001 年人口较上年下降了 10‰.

8. 不等式 $(k+3)x^2-2(k+3)x+k-1<0$ 对 x 的任意数值都成立.

　　(1) $k=0$.　　　　　　　　　　　(2) $k=-3$.

9. 可以确定 $\dfrac{|x+y|}{x-y}=2$.

　　(1) $\dfrac{x}{y}=3$.　　　　　　　　　　(2) $\dfrac{x}{y}=\dfrac{1}{3}$.

10. 数列 $\{a_n\}$ 的前 k 项和 $a_1+a_2+\cdots+a_k$ 与随后 k 项和 $a_{k+1}+a_{k+2}+\cdots+a_{2k}$ 之比与 k 无关.

　　(1) $a_n=2n-1$.　　　　　　　　(2) $a_n=2n$.

解 析

一、问题求解

1.【答案】 E

【解析】 女生的总人数为 $96 \times \left(1 - \frac{7}{12}\right) = 40$,则女生中不到 30 岁的人数为 $40 \times (1 - 15\%) = 34$.

2.【答案】 C

【解析】 总职工人数为 $420 + 420 \div 1\frac{1}{3} = 735$,其中技术人员和工人共 $735 \times (1 - 20\%) = 588$(人),则工人共有 $588 \div \left(1 + \frac{24}{25}\right) = 300$(人).

注意:x 比 y 少 $p\% \Leftrightarrow x = y(1 - p\%)$;$x$ 比 y 多 $p\% \Leftrightarrow x = y(1 + p\%)$.

3.【答案】 C

【解析】 由绝对值的定义得 $\left|\frac{5x-3}{2x+5}\right| = \frac{3-5x}{2x+5} \Rightarrow \frac{5x-3}{2x+5} \leq 0 \Rightarrow -\frac{5}{2} < x \leq \frac{3}{5}$.

【技巧】 本题的解答用到了绝对值的等价性:$|f(x)| = f(x) \Leftrightarrow f(x) \geq 0$,$|f(x)| = -f(x) \Leftrightarrow f(x) \leq 0$.

4.【答案】 E

【解析】 由题知,$S_n = 4n^2 + n - 2 \Rightarrow a_1 = S_1 = 3$,且当 $n \geq 2$ 时,$a_n = S_n - S_{n-1} = 8n - 3$,因此,通项公式为:$a_n = \begin{cases} 3, & n = 1, \\ 8n-3, & n \geq 2. \end{cases}$

【技巧】 $S_n = An^2 + Bn + C$ 中,当 $C = 0$ 时,$\{a_n\}$ 为等差数列;当 $C \neq 0$ 时,$\{a_n\}$ 去掉 a_1 后为等差数列.

5.【答案】 E

【解析】 总利润为 $Z = 500x - \left(25\,000 + 200x + \frac{1}{40}x^2\right) = -\frac{1}{40}x^2 + 300x - 25\,000$,当 $x = 6\,000$ 件时,总利润能取到最大值.

6.【答案】 D

【解析】 甲获胜:即甲第一次投获胜,概率为 $\frac{1}{2}$;甲第二次投获胜,概率为 $\left(\frac{1}{2}\right)^4$;甲第三次投获胜,概率为 $\left(\frac{1}{2}\right)^7$……总概率为 $\frac{1}{2} + \left(\frac{1}{2}\right)^4 + \left(\frac{1}{2}\right)^7 + \cdots = \frac{4}{7}$.

乙获胜:即乙第一次投获胜,概率为 $\left(\frac{1}{2}\right)^2$;乙第二次投获胜,概率为 $\left(\frac{1}{2}\right)^5$;乙第三次投获胜,概率为 $\left(\frac{1}{2}\right)^8$……总概率为 $\left(\frac{1}{2}\right)^2 + \left(\frac{1}{2}\right)^5 + \left(\frac{1}{2}\right)^8 + \cdots = \frac{2}{7}$.

丙获胜:即丙第一次投获胜,概率为 $\left(\frac{1}{2}\right)^3$;丙第二次投获胜,概率为 $\left(\frac{1}{2}\right)^6$;丙第三次投获胜,概率为 $\left(\frac{1}{2}\right)^9$……总概率为 $\left(\frac{1}{2}\right)^3 + \left(\frac{1}{2}\right)^6 + \left(\frac{1}{2}\right)^9 + \cdots = \frac{1}{7}$.

注意:本题用到了无穷等比数列$\{a_n\}$的求和公式.当$|q|<1$时,$S=a_1+a_2+\cdots+a_n+\cdots=\dfrac{a_1}{1-q}$.

【技巧】 只研究一轮(其他轮都是重复的):甲获胜的概率为$\dfrac{1}{2}$,乙获胜的概率为$\dfrac{1}{4}$,丙获胜的概率为$\dfrac{1}{8}$.设最终获胜概率分别为$P(甲),P(乙),P(丙)$,则有:

$$\begin{cases} P(甲):P(乙):P(丙)=\dfrac{1}{2}:\dfrac{1}{4}:\dfrac{1}{8}=4:2:1, \\ P(甲)+P(乙)+P(丙)=1, \end{cases}$$ 解得 $P(甲)=\dfrac{4}{7}$.

二、条件充分性判断

7. 【答案】 D

【解析】 假设2000年的绿地面积为100、人口为100,则2001年的绿地面积为$100\times1.2=120$,2000年的人均绿地面积为1.

(1) 2001年的人口为$100\times(1-8.26‰)=99.174$,则2001年的人均绿地面积为$\dfrac{120}{99.174}$,比2000年增长了$\dfrac{\dfrac{120}{99.174}-1}{1}\approx21\%$,充分.

(2) 2001年的人口为$100\times(1-10‰)=99$,则2001年的人均绿地面积为$\dfrac{120}{99}$,比2000年增长了$\dfrac{\dfrac{120}{99}-1}{1}\approx21\%$,充分.

8. 【答案】 B

【解析】 (1) 将$k=0$代入不等式,得$3x^2-6x-1<0$,曲线$y=3x^2-6x-1$开口向上,该不等式不是恒成立的,不充分.

(2) 将$k=-3$代入不等式,得$-4<0$,该不等式恒成立,充分.

9. 【答案】 E

【解析】 (1) $\dfrac{x}{y}=3\Rightarrow x=3y\Rightarrow \dfrac{|x+y|}{x-y}=2\dfrac{|y|}{y}=\pm2$,不充分.

(2) $\dfrac{x}{y}=\dfrac{1}{3}\Rightarrow y=3x\Rightarrow \dfrac{|x+y|}{x-y}=-2\dfrac{|x|}{x}=\pm2$,不充分.

两个条件矛盾,无法联合.

10. 【答案】 A

【解析】 (1) $\dfrac{a_1+a_2+\cdots+a_k}{a_{k+1}+a_{k+2}+\cdots+a_{2k}}=\dfrac{\dfrac{(1+2k-1)k}{2}}{\dfrac{[(2k+1)+(4k-1)]k}{2}}=\dfrac{k^2}{3k^2}=\dfrac{1}{3}$,充分.

(2) $\dfrac{a_1+a_2+\cdots+a_k}{a_{k+1}+a_{k+2}+\cdots+a_{2k}}=\dfrac{\dfrac{(2+2k)k}{2}}{\dfrac{[(2k+2)+4k]k}{2}}=\dfrac{k+1}{3k+1}$,不充分.

2002年1月管理类专业学位联考综合能力数学真题及解析

真　题

问题求解: 下列每题给出的 A、B、C、D 四个选项中,只有一项是符合试题要求的。

1. 奖金发给甲、乙、丙、丁四人,其中 $\frac{1}{5}$ 发给甲,$\frac{1}{3}$ 发给乙,发给丙的奖金数正好是甲、乙奖金之差的 3 倍. 已知发给丁的奖金为 200 元,则这批奖金为(　　).

   A. 1 500 元　　　　　　　　　　　　B. 2 000 元
   C. 2 500 元　　　　　　　　　　　　D. 3 000 元

2. 公司有职工 50 人,理论知识考核平均成绩为 81 分. 按成绩将公司职工分为优秀与非优秀两类,优秀职工的平均成绩为 90 分,非优秀职工的平均成绩是 75 分,则非优秀职工的人数为(　　).

   A. 30　　　　　　　　　　　　　　　B. 25
   C. 20　　　　　　　　　　　　　　　D. 无法确定

3. 公司的一项工程由甲、乙两队合作 6 天完成,公司需付 8 700 元;由乙、丙两队合作 10 天完成,公司需付 9 500 元;由甲、丙两队合作 7.5 天完成,公司需付 8 250 元. 若单独承包给一个工程队并且要求不超过 15 天完成全部工作,则公司付钱最少的队是(　　).

   A. 甲队　　　　　　　　　　　　　　B. 丙队
   C. 乙队　　　　　　　　　　　　　　D. 无法确定

4. 某厂生产的一批产品经产品检验,优等品与二等品的比是 5∶2,二等品与次品的比是 5∶1,则该产品的合格率(合格品包括优等品与二等品)为(　　).

   A. 92%　　　　　　　　　　　　　　B. 92.3%
   C. 94.6%　　　　　　　　　　　　　D. 96%

5. 设 $\frac{1}{x}:\frac{1}{y}:\frac{1}{z}=4:5:6$,则使 $x+y+z=74$ 成立的 y 的值是(　　).

   A. 24　　　　　　　　　　　　　　　B. 36
   C. $\frac{74}{3}$　　　　　　　　　　　　　　D. $\frac{37}{2}$

6. 已知关于 x 的方程 $x^2-6x+(a-2)|x-3|+9-2a=0$ 有两个不同的实数根，则系数 a 的取值范围是（   ）.

   A. $a>0$
   B. $a<0$
   C. $a>0$ 或 $a=-2$
   D. $a=-2$

7. 已知方程 $3x^2+5x+1=0$ 的两个根为 α, β，则 $\sqrt{\dfrac{\beta}{\alpha}}+\sqrt{\dfrac{\alpha}{\beta}}=$（   ）.

   A. $-\dfrac{5\sqrt{3}}{3}$
   B. $\dfrac{5\sqrt{3}}{3}$
   C. $\dfrac{\sqrt{3}}{5}$
   D. $-\dfrac{\sqrt{3}}{5}$

8. a, b, c 是不完全相等的任意实数，若 $x=a^2-bc, y=b^2-ac, z=c^2-ab$，则 x, y, z（   ）.

   A. 都大于 0
   B. 至少有一个大于 0
   C. 至少有一个小于 0
   D. 都不小于 0

9. 设有两个数列 $\{\sqrt{2}-1, a\sqrt{3}, \sqrt{2}+1\}$ 和 $\left\{\sqrt{2}-1, \dfrac{a\sqrt{6}}{2}, \sqrt{2}+1\right\}$，则使前者成为等差数列，后者成为等比数列的实数 a 的值有（   ）个.

   A. 0
   B. 1
   C. 2
   D. 3

10. 方程 $\dfrac{1}{C_5^x}-\dfrac{1}{C_6^x}=\dfrac{7}{10C_7^x}$ 的解是（   ）.

    A. 4
    B. 3
    C. 2
    D. 1

11. 两条线段 MN 和 PQ 不相交，线段 MN 上有 6 个点 $A_1, A_2, \cdots, A_6$，线段 PQ 上有 7 个点 $B_1, B_2, \cdots, B_7$. 若将每一个 A_i 和每一个 B_j 连成不作延长的线段 $A_iB_j (i=1,2,\cdots,6; j=1,2,\cdots,7)$，则由这些线段 A_iB_j 相交而得到的交点最多有（   ）.（交点在直线 MN 和 PQ 内部达到）

    A. 315 个
    B. 316 个
    C. 317 个
    D. 318 个

12. 在盛有 10 只螺母的盒子中有 0 只，1 只，2 只，$\cdots$，10 只铜螺母是等可能的，今向盒中放入 1 只铜螺母，然后随机从盒中取出 1 只螺母，则这只螺母为铜螺母的概率是（   ）.

    A. $\dfrac{6}{11}$
    B. $\dfrac{5}{10}$
    C. $\dfrac{5}{11}$
    D. $\dfrac{4}{11}$

解 析

问题求解

1.【答案】 D

【解析】 根据题意,发给丙的奖金是 $\left(\dfrac{1}{3} - \dfrac{1}{5}\right) \times 3 = \dfrac{2}{5}$. 可设奖金总额为 x 元,列出方程 $x\left(1 - \dfrac{1}{5} - \dfrac{1}{3} - \dfrac{2}{5}\right) = 200$,解得 $x = 3\ 000$.

注意:此题只给出丁的具体奖金金额,想求出总量,就一定要求出丁占总量的百分比,利用公式"总量 = $\dfrac{\text{部分量}}{\text{对应占总量的比例}}$"求解.

【技巧】 可设这批奖金共 15 份,则奖金总额应该为 15 的倍数. 依题意,发给甲 3 份,发给乙 5 份,发给丙 (5-3)×3 = 6 份,发给丁 15-3-5-6 = 1 份为 200 元,则奖金总额为 200×15 = 3 000(元),选 D.

2.【答案】 A

【解析】 设优秀职工 x 人,非优秀职工 y 人,依题意可列方程组

$$\begin{cases} x + y = 50, \\ \dfrac{90x + 75y}{x + y} = 81, \end{cases} \text{解得} \begin{cases} x = 20, \\ y = 30. \end{cases}$$

【技巧】 根据加权平均数的性质"个体与总体均值距离越小,其权越大",非优秀职工平均分 75 分,距离总体均值 81 分更小,因此其人数(权重)占总人数比例一定大于 50 人的 1/2,只有 A 选项大于 25.

3.【答案】 A

【解析】 设甲、乙、丙三队效率分别为 x, y, z,依题意可列方程组

$$\begin{cases} x + y = \dfrac{1}{6}, \\ y + z = \dfrac{1}{10}, \\ z + x = \dfrac{1}{7.5}, \end{cases} \text{解得} \begin{cases} x = \dfrac{1}{10}, \\ y = \dfrac{1}{15}, \\ z = \dfrac{1}{30}. \end{cases}$$

再设甲、乙、丙三队每天的报酬分别为 a, b, c 元,依题意可列方程组

$$\begin{cases} 6(a+b) = 8\ 700, \\ 10(b+c) = 9\ 500, \\ 7.5(a+c) = 8\ 250, \end{cases} \text{解得} \begin{cases} a = 800, \\ b = 650, \\ c = 300. \end{cases}$$

可以在 15 天内完成的只有甲队或乙队,付给甲队报酬 800×10 = 8 000(元),付给乙队报酬 650×15 = 9 750(元),选 A.

【技巧】 甲、丙两队的效率和为 $\dfrac{1}{7.5} = \dfrac{2}{15}$,则可得到两队合作时每队的平均效率是 $\dfrac{1}{15}$,那

么一定是一个队效率大于 $\dfrac{1}{15}$,另一个队效率小于 $\dfrac{1}{15}$.同样与乙合作完成该工程,甲需 6 天丙需 10 天,说明甲的效率高于丙的效率,因此丙队效率小于 $\dfrac{1}{15}$,故丙队无法在 15 天内完成任务,排除 B 选项.再比较甲、乙两队,同样与丙合作,乙队用 10 天付钱 9 500 元,甲队用 7.5 天付钱 8 250,显然甲队要比乙队报酬低且效率高,故选甲队,答案为 A.

注意:技巧在得出"丙队效率小于 $\dfrac{1}{15}$"这个结论时,本质上还是在利用"十字交叉法",考生要理解"均值必介于二者之间"的结论.

4.【答案】 C

【解析】 依题意,优等品、二等品、次品三者的比例为 25:10:2,则可将这批产品视为 $25+10+2=37$(份),合格品(优等品和二等品)为 35 份,则合格率为 $\dfrac{35}{37}\approx 94.6\%$,选 C.

注意:多个量的比,需要找到中间量,通过最小公倍数统一中间量的份数,将多个量的比写成一个比式.

5.【答案】 A

【解析】 依题意,$x:y:z=\dfrac{1}{4}:\dfrac{1}{5}:\dfrac{1}{6}=15:12:10$,则可设 $x+y+z$ 共 $15+12+10=37$(份),每一份为 2,则 $y=12\times 2=24$,选 A.

6.【答案】 C

【解析】 经移项配方后,原方程化为 $(x-3)^2+(a-2)|x-3|-2a=0$,将 $|x-3|$ 视为一个整体,得 $(|x-3|+a)(|x-3|-2)=0$,解得 $|x-3|=-a$ 或 $|x-3|=2$,其中 $|x-3|=2$ 已经保证原方程有两个不同的实根,则在此基础上要保证原方程不会再出现另外多余的根,只能是 $|x-3|=-a<0$ 或 $|x-3|=-a=2$,得到 $a>0$ 或 $a=-2$,选 C.

【技巧】 原方程含绝对值,为去掉绝对值,取 $a=2$ 验证,原方程化为 $x^2-6x+5=0$,保证了有两个不同实根,排除 B、D;再令 $a=-2$ 验证,原方程化为 $(x-3)^2-4|x-3|+4=0$,保证了有两个不同实根,排除 A 选项,选 C.

7.【答案】 B

【解析】 依题意有 $\alpha+\beta=-\dfrac{5}{3},\alpha\beta=\dfrac{1}{3}$,由此知两个根同为负,则

$$\sqrt{\dfrac{\beta}{\alpha}}+\sqrt{\dfrac{\alpha}{\beta}}=\dfrac{\sqrt{\alpha\beta}}{|\alpha|}+\dfrac{\sqrt{\alpha\beta}}{|\beta|}=\dfrac{\sqrt{\alpha\beta}(|\alpha|+|\beta|)}{|\alpha\beta|}=\dfrac{|\alpha+\beta|}{\sqrt{\alpha\beta}}=\dfrac{5\sqrt{3}}{3}.$$

【技巧】 根式一定是非负的,由此可排除 A、D 两项;又由均值不等式 $x+\dfrac{1}{x}\geq 2$,排除 C 选项.

8.【答案】 B

【解析】 三式相加,由 $a、b、c$ 不完全相等,得

$$x+y+z=a^2+b^2+c^2-ab-ac-bc=\dfrac{1}{2}[(a-b)^2+(b-c)^2+(c-a)^2]>0,$$

可以得到 x,y,z 三者中至少有一个大于 0,选 B.

【拓展】 请思考,当 $x+y+z>3$ 时,能否推出 $x<1,y<1,z<1$?

答:不能! 当 $x<1,y<1,z<1$ 时,必然有 $x+y+z<3$,故已知 $x+y+z>3$ 时,我们可以得到 x,y,z 三者中至少有一个大于 1.

【推广结论】 若 $x_1+x_2+\cdots+x_n>C$,则 $x_1,x_2,\cdots,x_n$ 中至少有一个大于 $\dfrac{C}{n}$.

【技巧】 可令 $a=b=0,c=1$,得 $x=y=0,z=1$,排除 A、C 选项;再令 $a=0,b=c=2$,得 $x<0$,排除 D 选项,选 B.

9.【答案】 B

【解析】 依题意,有
$$\begin{cases} 2a\sqrt{3}=\sqrt{2}-1+\sqrt{2}+1, \\ \left(\dfrac{a\sqrt{6}}{2}\right)^2=(\sqrt{2}-1)(\sqrt{2}+1), \end{cases}$$ 解得 $a=\dfrac{\sqrt{2}}{\sqrt{3}}$,只有一个,选 B.

【技巧】 在解第一个方程时就得到唯一解 $a=\dfrac{\sqrt{2}}{\sqrt{3}}$,此时可将 $a=\dfrac{\sqrt{2}}{\sqrt{3}}$ 代入到第二个方程验证,不必求解.

10.【答案】 C

【解析】 $\dfrac{1}{C_5^x}-\dfrac{1}{C_6^x}=\dfrac{7}{10C_7^x}\Leftrightarrow\dfrac{x!}{5\times 4\times\cdots\times(6-x)}-\dfrac{x!}{6\times 5\times\cdots\times(7-x)}=\dfrac{7\times x!}{10\times 7\times 6\times\cdots\times(8-x)}$,

去分母化简可得 $\dfrac{1}{(7-x)(6-x)}-\dfrac{1}{6\times(7-x)}=\dfrac{7}{10\times 7\times 6}$,即 $x^2-23x+42=0$,解得 $x=2$ 或 $x=21$(舍).

【技巧】 可逐个验证选项.

【拓展】 若题目改为 $\dfrac{1}{P_5^x}-\dfrac{1}{P_6^x}=\dfrac{7}{10P_7^x}$,答案是否发生变化? 不变!

11.【答案】 A

【解析】 不妨设 MN 在 PQ 的上方,逐步分析:(1)以 A_1 为上端点,与 PQ 上的 7 个点连线可以作出 7 条线段(如下页图).(2)再以 A_2 为上端点,连接 A_2B_1 后,与上述线段的交点有 6 个,A_2B_2 与上述线段的交点有 5 个……以此类推,以 A_2 为上端点与以 A_1 为上端点的线段交点有 $6+5+4+3+2+1=21$(个).同理,以 A_3,A_4,A_5,A_6 为上端点与以 A_1 为上端点的线段交点都有 21 个,因此与以 A_1 为上端点的线段交点共有 $21\times 5=105$(个).(3)同理,以 A_3 为上端点与以 A_2 为上端点的线段交点也有 $6+5+4+3+2+1=21$(个),即 A_4,A_5,A_6 为上端点与以 A_2 为上端点的线段交点都有 21 个,因此与以 A_2 为上端点的线段交点共有 $21\times 4=84$(个).故可以推知交点个数共有 $21\times(5+4+3+2+1)=315$(个),选 A.

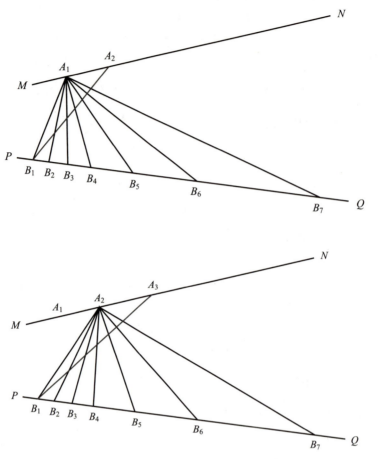

【技巧】 在线段 MN,PQ 上分别取两点,可组成一个四边形,该四边形的对角线交点就是题目要求的一个交点. 有一个四边形就有一个交点,故只需计算四边形的个数即可. 从 MN 上的 6 个点中选 2 点作为四边形的 2 个顶点,另外 2 个顶点来自 PQ 上 7 个点中的某 2 个,根据乘法原理,可确定 $C_6^2 \times C_7^2 = 315$(个)四边形.

12. 【答案】 A

【解析】 依题意,向盒中放入 1 只铜螺母后,盒子中一共有 11 只螺母,而原来盒中有 0 只,1 只,2 只,…,10 只铜螺母的概率都是 $\dfrac{1}{11}$,根据加法公式和乘法公式,随机取 1 只螺母为铜螺母的概率为 $P = \dfrac{1}{11} \times \dfrac{0}{11} + \dfrac{1}{11} \times \dfrac{1}{11} + \cdots + \dfrac{1}{11} \times \dfrac{11}{11} = \dfrac{1}{11} \times \left(\dfrac{0}{11} + \cdots + \dfrac{11}{11} \right) = \dfrac{6}{11}$,选 A.

2002年10月在职攻读硕士学位全国联考综合能力数学真题及解析

真 题

问题求解：下列每题给出的A、B、C、D四个选项中，只有一项是符合试题要求的。

1. 有大、小两种货车，2辆大车与3辆小车可以运货15.5吨，5辆大车与6辆小车可以运货35吨，则3辆大车与5辆小车可以运货（　　）．

   A. 20.5吨　　　　　　　　　　B. 22.5吨
   C. 24.5吨　　　　　　　　　　D. 26.5吨

2. 甲花费5万元购买了股票，随后他将这些股票转卖给乙，获利10%．不久乙又将这些股票返卖给甲，但乙损失了10%．最后甲按乙卖给他的价格的9折把这些股票卖掉了．不计交易费，甲在上述股票交易中（　　）．

   A. 不盈不亏　　　　　　　　　B. 盈利50元
   C. 盈利100元　　　　　　　　 D. 亏损50元

3. 商店出售两套礼盒，均以210元售出．按进价计算，其中一套盈利25%，而另一套亏损25%，结果商店（　　）．

   A. 不赔不赚　　　　　　　　　B. 赚了24元
   C. 亏了28元　　　　　　　　　D. 亏了24元

4. 甲、乙两组射手打靶，乙组平均成绩为171.6环，比甲组平均成绩高出30%，而甲组人数比乙组人数多20%，则甲、乙两组射手的总平均成绩是（　　）环．

   A. 140　　　　　　　　　　　 B. 145.5
   C. 150　　　　　　　　　　　 D. 158.5

5. A、B两地相距15千米．甲中午12时从A地出发，步行前往B地，20分钟后乙从B地出发骑车前往A地，到达A地后乙停留40分钟，又骑车从原路返回，结果甲、乙同时到达B地．若乙骑车比甲步行每小时快10千米，则两人同时到达B地的时间是（　　）．

   A. 下午2时　　　　　　　　　 B. 下午2时半
   C. 下午3时　　　　　　　　　 D. 下午3时半

6. 已知 $t^2-3t-18 \leq 0$，则 $|t+4|+|t-6| = $（　　）．

   A. $2t-2$　　　　　　　　　　B. 10

C. 3   D. $2t+2$

7. 设方程 $3x^2+mx+5=0$ 的两个实根 x_1, x_2 满足 $\frac{1}{x_1}+\frac{1}{x_2}=1$，则 m 的值为（   ）．

A. 5   B. -5

C. 3   D. -3

8. 若 $\frac{a+b-c}{c}=\frac{a-b+c}{b}=\frac{-a+b+c}{a}=k$，则 k 的值为（   ）．

A. 1   B. 1 或 -2

C. -1 或 2   D. -2

9. 设 $3^a=4, 3^b=8, 3^c=16$，则 a,b,c（   ）．

A. 是等比数列，但不是等差数列   B. 是等差数列，但不是等比数列

C. 既是等比数列，也是等差数列   D. 既不是等比数列，也不是等差数列

10. 不等式 $4+5x^2>x$ 的解集是（   ）．

A. 全体实数   B. $(-5,-1)$

C. $(-4,2)$ D. 空集

11. 某办公室有男职工 5 人，女职工 4 人，欲从中抽调 3 人支援其他工作，要求至少有两位是男士，则不同的抽调方案共有（   ）种．

A. 50   B. 40

C. 30   D. 20

12. 从 6 双不同的鞋子中任取 4 只，其中没有成双鞋子的概率是（   ）．

A. $\frac{4}{11}$ B. $\frac{5}{11}$

C. $\frac{16}{33}$ D. $\frac{2}{3}$

解　析

问题求解

1.【答案】 C

【解析】 设每辆大车可运货 x 吨,每辆小车可运货 y 吨.
$\begin{cases} 2x+3y=15.5, \\ 5x+6y=35, \end{cases}$ 解得 $\begin{cases} x=4, \\ y=2.5, \end{cases}$ 因此 3 辆大车与 5 辆小车可运货 $4\times3+2.5\times5=24.5$(吨),选 C.

2.【答案】 B

【解析】 第一次交易"甲卖给乙",甲的成本是 50 000 元,获利 50 000×10% = 5 000(元),乙买下这些股票,乙的成本相当于甲的售价 50 000×(1+10%) = 55 000(元);第二次交易"乙卖给甲",乙的成本是 55 000 元,损失 10%,故乙的售价为 55 000×(1-10%) = 49 500(元),相当于甲之后购买这些股票的成本;第三次交易"甲 9 折卖掉这些股票",甲的进价为 49 500 元,9 折会亏损 10%,即甲交易亏损 49 500×10% = 4 950(元).第一次交易甲赚了 5 000 元,之后又亏损了 4 950 元,故合计甲共赚取 5 000-4 950=50(元).

注意:此题的问题是甲最终盈利还是亏损,因此考生仅需要关注甲每次交易的成本和售价即可,而最后一次交易甲的成本相当于上一次乙卖给甲的售价.

3.【答案】 C

【解析】 两套礼盒的成本分别为 $\dfrac{210}{1+25\%} = 168$(元)和 $\dfrac{210}{1-25\%} = 280$(元).

一套赚了 210-168=42(元),另一套亏了 280-210=70(元),因此总共亏了 70-42=28(元).

注意:成本 $= \dfrac{售价}{1+利润率}$.

结论:一个商店出售两件商品都以 a 元成交,一件赚 $p\%$,一件亏 $p\%$,最后必亏.

4.【答案】 C

【解析】 依题意可得甲组平均成绩为 $\dfrac{171.6}{1+30\%} = 132$(环). 又知甲组人数比乙组人数多 20%,则可以将乙组人数看成 5 份,甲组人数就是 6 份,知甲、乙两组人数比(权重比)为 6∶5,故两组的平均成绩为 $\dfrac{132\times6+171.6\times5}{6+5} = 150$(环).

注意:两组平均成绩就是加权平均数,人数相当于权.

【技巧】 十字交叉法:

甲　132　　　171.6-x
　　　　＞x＜　　　　　＝ $\dfrac{1.2}{1}$（人数比）
乙　171.6　　　x-132

则 $x=150$. 选 C.

5.【答案】 C

【解析】 整个过程甲行驶了 A、B 两地的路程,乙行驶了 2 个 A、B 两地的路程,且比甲少用了 20+40=60(分钟)=1(小时).设甲的速度为 x 公里/小时,乙的速度为 $(x+10)$ 公里/

小时,则可列出方程 $\frac{15}{x}-1=\frac{30}{x+10}$,解得 $x=5$ 或 $x=-30$(舍),因此甲用时 $15\div 5=3$(小时),故到达 B 地时间为下午 3 时,选 C.

6. 【答案】 B

【解析】 解不等式 $t^2-3t-18\leqslant 0$,得 $-3\leqslant t\leqslant 6$,则 $|t+4|+|t-6|=t+4+6-t=10$,选 B.

7. 【答案】 B

【解析】 $\frac{1}{x_1}+\frac{1}{x_2}=\frac{x_1+x_2}{x_1 x_2}=-\frac{m}{5}=1$,得 $m=-5$.

注意:此题存在问题,解得 $m=-5$ 后,原方程判别式 $\Delta=(-5)^2-4\times 3\times 5<0$,无实根!

8. 【答案】 B

【解析】 方法 1:去分母得 $\begin{cases} a+b-c=ck, \\ a-b+c=bk, \\ -a+b+c=ak, \end{cases}$ 三式相加得 $a+b+c=(a+b+c)k$. 因此,当 $a+b+c\ne 0$ 时,$k=1$;当 $a+b+c=0$ 时,得 $a+b=-c$,将其代入第一个等式,得 $k=-2$. 故 $k=1$ 或 $k=-2$.

方法 2:利用等比定理得

$$k=\begin{cases} \frac{a+b+c}{a+b+c}=1, & a+b+c\ne 0, \\ -2, & a+b+c=0. \end{cases}$$

所以 k 有两种情况,不要遗漏.

【技巧】 令 $a=b=c=1$,代入得 $k=1$,排除 C、D;再令 $k=-2$,代入原分式,三式都得到 $a+b+c=0$,知 k 可以等于 -2,故选 B.

9. 【答案】 B

【解析】 $4,8,16$ 三数成等比数列,得 $8^2=4\times 16$,即 $(3^b)^2=3^a\cdot 3^c$,即 $3^{2b}=3^{a+c}$,得 $2b=a+c$,所以 a,b,c 成等差数列. 若 a,b,c 同时也成等比数列,则 $a=b=c$,显然不对,因此选 B.

10. 【答案】 A

【解析】 题干中不等式移项得 $5x^2-x+4>0$,其判别式 $\Delta<0$,设 $y=f(x)=5x^2-x+4$,则其图像开口向上并与 x 轴无交点,因此无论 x 取何值,$f(x)>0$ 恒成立,故选 A.

11. 【答案】 A

【解析】 抽 3 人至少 2 位男士,可分为 2 类:(1)2 男 1 女;(2)3 男. 因此抽调方案数为: $C_5^2 C_4^1 + C_5^3 = 50$,选 A.

12. 【答案】 C

【解析】 随机试验为"从 6 双共 12 只鞋子中任取 4 只",总情况数为 C_{12}^4;所求随机事件 A="取出的 4 只都不成双",不难分析,4 只不成双的鞋都来自不同的 4 双鞋,则先从 6 双鞋中任取 4 双,再从取出的 4 双鞋中每双取 1 只,情况数为 $C_6^4 C_2^1 C_2^1 C_2^1 C_2^1$,所以所求概率为

$$P(A)=\frac{C_6^4 C_2^1 C_2^1 C_2^1 C_2^1}{C_{12}^4}=\frac{16}{33},选 C.$$

【拓展】 若此题的问题改为求恰有 1 双的概率,答案是 $P=\frac{C_6^1 C_5^2 C_2^1 C_2^1}{C_{12}^4}$;

若问题改为求恰有 2 双的概率,答案是 $P=\frac{C_6^2}{C_{12}^4}$.

2001年1月管理类专业学位联考综合能力数学真题及解析

真 题

问题求解：下列每题给出的 A、B、C、D 四个选项中，只有一项是符合试题要求的。

1. 一商店把某商品按标价的九折出售，仍可获利 20%. 若该商品的进价为每件 21 元，则该商品每件的标价为（　　）元.
   A. 26　　　　　　　　　　　　B. 28
   C. 30　　　　　　　　　　　　D. 32

2. 两地相距 351 千米，汽车已行驶了全程的 $\dfrac{1}{9}$，试问再行驶（　　）千米，剩下的路程是已行驶路程的 5 倍.
   A. 19.5　　　　　　　　　　　B. 21
   C. 21.5　　　　　　　　　　　D. 22

3. 一公司向银行借款 34 万元，欲按 $\dfrac{1}{2} : \dfrac{1}{3} : \dfrac{1}{9}$ 的比例分配给下属甲、乙、丙三个车间进行技术改造，则甲车间应得（　　）.
   A. 17 万元　　　　　　　　　　B. 8 万元
   C. 12 万元　　　　　　　　　　D. 18 万元

4. 某班同学在一次测验中，平均成绩为 75 分，其中男同学人数比女同学多 80%，而女同学平均成绩比男同学高 20%，则女同学的平均成绩为（　　）.
   A. 83 分　　　　　　　　　　　B. 84 分
   C. 85 分　　　　　　　　　　　D. 86 分

5. 已知 $|a|=5,|b|=7,ab<0$，则 $|a-b|=$（　　）.
   A. 2　　　　　　　　　　　　　B. -2
   C. 12　　　　　　　　　　　　D. -12

6. 已知关于 x 的一元二次方程 $k^2x^2-(2k+1)x+1=0$ 有两个相异实根，则 k 的取值范围是（　　）.
   A. $k>\dfrac{1}{4}$　　　　　　　　　　B. $k\geq\dfrac{1}{4}$

C. $k > -\frac{1}{4}$ 且 $k \neq 0$ 　　　　　　D. $k \geq -\frac{1}{4}$ 且 $k \neq 0$

7. 某人下午三点钟出门赴约. 若他每分钟走 60 米, 会迟到 5 分钟; 若他每分钟走 75 米, 会提前 4 分钟到达. 则所定的约会时间是下午(　　).

   A. 三点五十分　　　　　　　　　B. 三点四十分
   C. 三点三十五分　　　　　　　　D. 三点半

8. 设 $0 < x < 1$, 则不等式 $\frac{3x^2 - 2}{x^2 - 1} > 1$ 的解是(　　).

   A. $0 < x < \frac{1}{\sqrt{2}}$　　　　　　　　B. $\frac{1}{\sqrt{2}} < x < 1$
   C. $0 < x < \sqrt{\frac{2}{3}}$　　　　　　　　D. $\sqrt{\frac{2}{3}} < x < 1$

9. 在等差数列 $\{a_n\}$ 中, $a_3 = 2$, $a_{11} = 6$. 数列 $\{b_n\}$ 是等比数列, 若 $b_2 = a_3$, $b_3 = \frac{1}{a_2}$, 则满足 $b_n > \frac{1}{a_{26}}$ 的最大的 n 是(　　).

   A. 3　　　　　　　　　　　　　　B. 4
   C. 5　　　　　　　　　　　　　　D. 6

10. 若 $2, 2^x - 1, 2^x + 3$ 成等比数列, 则 $x =$ (　　).

    A. $\log_2 5$　　　　　　　　　　B. $\log_2 6$
    C. $\log_2 7$　　　　　　　　　　D. $\log_2 8$

11. 将 4 封信投入 3 个不同的邮筒, 若 4 封信全部投完, 且每个邮筒至少投入 1 封信, 则共有投法(　　)种.

    A. 12　　　　　　　　　　　　　B. 21
    C. 36　　　　　　　　　　　　　D. 42

12. 在共有 10 个座位的小会议室内随机地坐上 6 名与会者, 则指定的 4 个座位被坐满的概率是(　　).

    A. $\frac{1}{14}$　　　　　　　　　　　　B. $\frac{1}{13}$
    C. $\frac{1}{12}$　　　　　　　　　　　　D. $\frac{1}{11}$

13. 将一块各面涂有红漆的正方体锯成 125 个大小相同的小正方体, 从这些小正方体中随机抽取一个, 所取到的小正方体至少两面涂有红漆的概率是(　　).

    A. 0.064　　　　　　　　　　　B. 0.216
    C. 0.288　　　　　　　　　　　D. 0.352

14. 甲文具盒内装有 2 支蓝色笔和 3 支黑色笔, 乙文具盒内也有 2 支蓝色笔和 3 支黑色笔. 现从甲文具盒中任取 2 支笔放入乙文具盒, 然后再从乙文具盒中任取 2 支笔, 则最后取出的 2 支笔都是黑色笔的概率为(　　).

    A. $\frac{23}{70}$　　　　　　　　　　　　B. $\frac{27}{70}$
    C. $\frac{29}{70}$　　　　　　　　　　　　D. $\frac{3}{7}$

解　析

问题求解

1. 【答案】　B

   【解析】　进价 = $\dfrac{标价}{1+利润率}$. 设商品标价为 x 元，依题意有 $0.9x = 21 \times (1+20\%)$，解得 $x = 28$，选 B.

   【技巧】　根据进价每件 21 元含约数 7，标价与进价是简单的倍数关系，也很可能含约数 7，选 B.

2. 【答案】　A

   【解析】　依题意，剩下路程与已行驶路程之比为 5∶1，则已行驶的路程占总路程的 $\dfrac{1}{6}$，那么已行驶的路程为 $351 \times \dfrac{1}{6}$ 千米，所以还需行驶的路程为 $351 \times \left(\dfrac{1}{6} - \dfrac{1}{9}\right) = 19.5$（千米），选 A.

3. 【答案】　D

   【解析】　甲、乙、丙三个车间借款金额之比为 $\dfrac{1}{2} : \dfrac{1}{3} : \dfrac{1}{9} = 9 : 6 : 2$，甲车间占总借款额的 $\dfrac{9}{9+6+2} = \dfrac{9}{17}$，因此甲车间应得 $34 \times \dfrac{9}{17} = 18$（万元），选 D.

4. 【答案】　B

   【解析】　"女同学平均成绩比男同学高 20%"，可设男同学的平均成绩为 $5x$ 分，则女同学的平均成绩为 $6x$ 分. 又已知"男同学人数比女同学多 80%"，知男、女人数比（权重比）为 9∶5，则根据加权平均数公式得：全班平均分 $75 = \dfrac{5x \times 9 + 6x \times 5}{9+5}$，解得 $x = 14$，则女同学的平均成绩为 $14 \times 6 = 84$（分）.

   【技巧】　十字交叉法.

   设女生平均成绩为 x，则

   女　x　　　　　　$75 - \dfrac{x}{1.2}$

   　　　　　75　　　　　　　　　　　$= \dfrac{5}{9} \Rightarrow x = 84$.

   男　$\dfrac{x}{1.2}$　　　　　$x - 75$

5. 【答案】　C

   【解析】　根据三角不等式取等条件，$|a-b| = |a| + |b| = 5 + 7 = 12$.

   【拓展】　若已知条件改为 "$ab > 0$"，则 $|a-b| = ||a| - |b|| = 7 - 5 = 2$，选 A.

6. 【答案】　C

   【解析】　由题意知 $\begin{cases} k \neq 0, \\ \Delta = (2k+1)^2 - 4k^2 > 0, \end{cases}$ 解得 $k > -\dfrac{1}{4}$ 且 $k \neq 0$，选 C.

   注意：题目明确要求方程是一元二次方程，意味着二次项系数不为 0.

7. 【答案】　B

【解析】 设从下午三点到约会开始有 x 分钟,则根据所走行程不变列出方程 $60(x+5)=75(x-4)$,解得 $x=40$,那么约会开始时间是下午三点四十分.

【技巧】 由于所走路程一定,所用的时间比是速度比的反比,$75:60=5:4$,即:每分钟走 60 米用 5 份时间,每分钟走 75 米用 4 份时间,二者相差 $5-4=1$(份)时间,这 1 份时间对应真实时间差是 $5+4=9$(分钟),故每分钟走 60 米用 5 份时间对应 $5×9=45$(分钟),减去迟到的 5 分钟,得到会议开始时间是 3:40.

8.【答案】 A

【解析】 由 $0<x<1$ 知 $x^2-1<0$,根据不等式的性质,两边同乘 x^2-1 得 $3x^2-2<x^2-1$,解得 $0<x<\dfrac{1}{\sqrt{2}}$,选 A.

【拓展】 若已知条件中没有"$0<x<1$"这个要求,那么就不知道 x^2-1 的正负,不能直接去分母,应该移项通分,$\dfrac{3x^2-2}{x^2-1}>1 \Leftrightarrow \dfrac{3x^2-2}{x^2-1}-1>0 \Leftrightarrow \dfrac{2x^2-1}{x^2-1}>0 \Leftrightarrow (2x^2-1)(x^2-1)>0$,再通过穿针引线法解这个高次不等式.

注意:不等式两边同时乘一个小于 0 的数,不等号方向改变.

9.【答案】 B

【解析】 由题意,等差数列 $\{a_n\}$ 的公差 $d=\dfrac{a_{11}-a_3}{8}=\dfrac{1}{2}$,知 $a_2=\dfrac{3}{2}$,$a_1=1$,$a_n=1+\dfrac{1}{2}(n-1)$;等比数列 $\{b_n\}$ 的公比 $q=\dfrac{b_3}{b_2}=\dfrac{1}{a_2a_3}=\dfrac{1}{3}$,知 $b_1=\dfrac{b_2}{q}=6$,$b_n=6×\left(\dfrac{1}{3}\right)^{n-1}$,那么 $b_n>\dfrac{1}{a_{26}}$ 就是 $6×\left(\dfrac{1}{3}\right)^{n-1}>\dfrac{1}{1+\dfrac{1}{2}×(26-1)}$,解得 $n<5$,则 n 最大取 4,选 B.

10.【答案】 A

【解析】 依题意,$2×(2^x+3)=(2^x-1)^2$,化简得 $(2^x)^2-4×2^x-5=0$,解得 $2^x=5$ 或 -1(舍去),因此 $x=\log_2 5$,选 A.

11.【答案】 C

【解析】 按照题目要求,4 封信投入 3 个邮筒,每个邮筒至少 1 封信,必然有 1 个邮筒中要有两封信.我们的思路是先选出投入同一个邮筒的两封信,然后把选出的这两封信看成一个整体,再与另外两封信分配到 3 个邮筒去,因此不同的投法有:$C_4^2 \cdot \dfrac{C_2^1 C_1^1}{2!} ×3!=36$(种),选 C.

注意:此题没有指定哪个邮筒装 2 封信,哪 2 个邮筒装 1 封信,即没有指定具体位置的元素个数,于是先分好组,将 4 封信分成 2,1,1 三组,有 C_4^2 种分法,再将"三组信"分到"3 个邮筒"中,有 3! 种分法.

12.【答案】 A

【解析】 方法 1:随机试验为"6 名与会者随机地坐到 10 个座位中的 6 个座位上",总情况数为 $C_{10}^6 ×6!=P_{10}^6$;随机事件 $A=$"指定的 4 个座位被坐满",情况数为 $C_6^4 ×4! \times C_6^2 ×2!$.故

$$P(A) = \frac{C_6^4 \times 4! \times C_6^2 \times 2!}{C_{10}^6 \times 6!} = \frac{1}{14}.$$

方法 2：10 个座位坐 6 个人，每个座位被坐的概率均为 $\frac{6}{10}$. 指定的第一个座位被坐的概率是 $\frac{6}{10}$，在这个座位已经被坐的条件下，还有 9 个座位 5 个人，每个座位被坐的概率为 $\frac{5}{9}$，指定的第二个座位被坐的概率是 $\frac{5}{9}$. 以此类推，根据乘法公式，指定的 4 个座位被坐的概率是

$$P = \frac{6}{10} \times \frac{5}{9} \times \frac{4}{8} \times \frac{3}{7} = \frac{1}{14}.$$

13.【答案】 D

【解析】 首先要明确，将一个正方体锯成 125 个小正方体，那么大正方体的每条棱被等分为 5 份，其中至少两面涂有红漆的正方体都在棱上（其中 8 块顶点三面都涂有红漆，正方体共 12 条棱，每条棱除两个顶点外有 5−2＝3 块小正方体两面涂有红漆），则至少两面涂有红漆的正方体共有 (5−2)×12+8＝44（个），则从中抽取一个至少两面涂有红漆的概率为

$$P = \frac{44}{125} = 0.352.$$

结论：一个 $n \times n \times n$ 的正方体表面涂上红漆后，锯成 $n \times n \times n$ 个小正方体：
① 具有三面红漆的小正方体共 8 个.
② 具有两面红漆的小正方体共 $12(n-2)$ 个.
③ 具有一面红漆的小正方体共 $6(n-2)^2$ 个.
④ 没有涂色的小正方体共 $(n-2)^3$ 个.

14.【答案】 A

【解析】 从甲盒中取 2 支笔放入乙盒，有如下三种情况：取到 2 支蓝色笔，其概率为 $\frac{C_2^2}{C_5^2} = \frac{1}{10}$；取到蓝色笔、黑色笔各 1 支，其概率为 $\frac{C_2^1 C_3^1}{C_5^2} = \frac{6}{10}$；取到 2 支黑色笔，其概率为 $\frac{C_3^2}{C_5^2} = \frac{3}{10}$. 放入乙文具盒后，再从乙文具盒取 2 支笔都是黑色笔的概率为 $P = \frac{1}{10} \times \frac{C_3^2}{C_7^2} + \frac{6}{10} \times \frac{C_4^2}{C_7^2} + \frac{3}{10} \times \frac{C_5^2}{C_7^2} = \frac{23}{70}$，选 A.

2001年10月在职攻读硕士学位全国联考综合能力数学真题及解析

真 题

问题求解：下列每题给出的 A、B、C、D 四个选项中，只有一项是符合试题要求的。

1. 从甲地到乙地，水路比公路近40千米．上午10:00一艘轮船从甲地驶往乙地，下午1:00一辆汽车从甲地开往乙地，最后船、车同时到达乙地．若汽车的速度是每小时40千米，轮船的速度是汽车的 $\frac{3}{5}$，则甲、乙两地的公路长为（　　）千米．

   A. 320　　　　　　　　　　B. 300
   C. 280　　　　　　　　　　D. 260

2. 健身房中，某个周末下午3:00参加健身的男士与女士人数之比为3：4，下午5:00男士中有25%、女士中有50%离开了健身房．此时留在健身房内的男士与女士人数之比是（　　）．

   A. 10：9　　　　　　　　　B. 9：8
   C. 8：9　　　　　　　　　D. 9：10

3. 有A、B两种型号的收割机，在第一个工作日，9部A型机和3部B型机共收割小麦189公顷；在第二个工作日，5部A型机和6部B型机共收割小麦196公顷．A、B两种收割机一个工作日内收割小麦的公顷数分别是（　　）．

   A. 14，21　　　　　　　　B. 21，14
   C. 15．18　　　　　　　　D. 18，15

4. 已知方程 $3x^2+px+5=0$ 的两个根 x_1,x_2 满足 $\frac{1}{x_1}+\frac{1}{x_2}=2$，则 $p=$（　　）．

   A. 10　　　　　　　　　　B. −6
   C. 6　　　　　　　　　　D. −10

5. 商店某种服装换季降价，原来可买8件的钱现在可以买13件，则这种服装价格下降的百分比是（　　）．

   A. 36.5%　　　　　　　　B. 38.5%
   C. 40%　　　　　　　　　D. 42%

6. 用一笔钱的 $\frac{5}{8}$ 购买甲商品，再以剩余金额的 $\frac{2}{5}$ 购买乙商品，最后剩余900元．这笔钱的总额是( ).

A. 2 400 元　　　　　　　　　　B. 3 600 元

C. 4 000 元　　　　　　　　　　D. 4 500 元

7. 一个班里有 5 名男工和 4 名女工,若要安排 3 名男工和 2 名女工分别担任不同的工作,则不同的安排方法有( )种.

A. 300　　　　　　　　　　　　B. 720

C. 1 440　　　　　　　　　　　D. 7 200

8. 若 $C_{m-1}^{m-2} = \dfrac{3}{n-1} C_{n+1}^{n-2}$,则( ).

A. $m = n-2$　　　　　　　　　B. $m = n+2$

C. $m = \sum\limits_{k=1}^{n} k$　　　　　　　　　D. $m = 1 + \sum\limits_{k=1}^{n} k$

9. 已知 $\sqrt{x^3 + 2x^2} = -x\sqrt{2+x}$,则 x 的取值范围是( ).

A. $x < 0$　　　　　　　　　　B. $x \geq -2$

C. $-2 \leq x \leq 0$　　　　　　　D. $-2 < x < 0$

10. 若 $a > b > 0, k > 0$,则下列不等式中一定成立的是( ).

A. $-\dfrac{b}{a} < -\dfrac{b+k}{a+k}$　　　　　　B. $\dfrac{a}{b} > \dfrac{a-k}{b-k}$

C. $-\dfrac{b}{a} > -\dfrac{b+k}{a+k}$　　　　　　D. $\dfrac{a}{b} < \dfrac{a-k}{b-k}$

11. 等差数列 $\{a_n\}$ 中,$a_5 < 0, a_6 > 0$,且 $a_6 > |a_5|$,S_n 是其前 n 项和,则( ).

A. S_1, S_2, S_3 均小于 0,而 $S_4, S_5, \cdots$ 均大于 0

B. $S_1, S_2, \cdots, S_5$ 均小于 0,而 $S_6, S_7, \cdots$ 均大于 0

C. $S_1, S_2, \cdots, S_9$ 均小于 0,而 $S_{10}, S_{11}, \cdots$ 均大于 0

D. $S_1, S_2, \cdots, S_{10}$ 均小于 0,而 $S_{11}, S_{12}, \cdots$ 均大于 0

12. 一只口袋中有 5 只同样大小的球,编号分别为 1,2,3,4,5,今从中随机抽取 3 只球,则取到的球中最大号码是 4 的概率为( ).

A. 0.3　　　　　　　　　　　　B. 0.4

C. 0.5　　　　　　　　　　　　D. 0.6

13. 从集合 $\{0,1,3,5,7\}$ 中先任取一个数记为 a,放回集合后再任取一个数记为 b. 若 $ax + by = 0$ 能表示一条直线,则该直线的斜率等于 -1 的概率是( ).

A. $\dfrac{4}{25}$　　　　　　　　　　　B. $\dfrac{1}{6}$

C. $\dfrac{1}{4}$　　　　　　　　　　　D. $\dfrac{1}{15}$

解 析

问题求解

1. 【答案】 C

   【解析】 汽车速度为40千米/小时,轮船速度是汽车速度的 $\frac{3}{5}$,是 $40 \times \frac{3}{5} = 24$ (千米/小时).汽车比轮船多行驶40千米,但少用了3小时.设汽车行驶了 t 小时,轮船航行了 $(t+3)$ 小时,则依题意可列出方程: $40t = 24(t+3) + 40$,解得 $t = 7$ (小时),则甲、乙两地的公路长为 $40 \times 7 = 280$ (千米),故选C.

2. 【答案】 B

   【解析】 留在健身房内的男、女人数之比为 $[3 \times (1-25\%)]:[4 \times (1-50\%)] = 9:8$,故选B.

3. 【答案】 A

   【解析】 设A、B两种型号收割机在一个工作日内收割小麦的公顷数分别是 x,y ,依题意列出方程: $\begin{cases} 9x+3y=189 \\ 5x+6y=196 \end{cases}$,解得 $\begin{cases} x=14 \\ y=21 \end{cases}$.

   【技巧】 可将选项逐个代入验证,验证时可以只算尾数.

4. 【答案】 D

   【解析】 $\frac{1}{x_1} + \frac{1}{x_2} = \frac{x_1+x_2}{x_1 x_2} = \frac{-\frac{p}{3}}{\frac{5}{3}} = -\frac{p}{5} = 2$,则 $p = -10$,选D.

5. 【答案】 B

   【解析】 设原价为 x ,现价为 y ,则 $8x = 13y, y = \frac{8}{13}x$,故价格下降的百分比为 $\frac{x - \frac{8}{13}x}{x} = \frac{5}{13} \approx 38.5\%$.

   【技巧】 依题意,购买服装的总价钱不变,可以设原来每件13元,现在每件8元,则刚好满足原来买8件的钱现在买13件,所以价格下降的百分比是 $\frac{13-8}{13} = \frac{5}{13} \approx 38.5\%$.

6. 【答案】 C

   【解析】 设这笔钱总额为 x 元,依题意有 $x\left(1 - \frac{5}{8}\right)\left(1 - \frac{2}{5}\right) = 900$,解得 $x = 4\,000$.

   注意:此题也可借助公式"总量 = $\frac{部分量}{对应占总量的比例}$ "求解.

   【技巧】 根据已知条件"最后剩余900元",可以改为"最后剩余9元"(除以100),正确答案除以100后要能被5和8同时整除,只有C选项满足特征.

7. 【答案】 D

   【解析】 思路是:先按要求选出3名男工和2名女工,有 $C_5^3 C_4^2$ 种选法;再将选出的5个人分配到 5 个不同的工作岗位中. 共有 $C_5^3 C_4^2 \times 5! = 7\,200$(种)不同的安排方法,选 D.

8.【答案】 D

【解析】 根据组合数的性质 $C_x^y = C_x^{x-y}$,原等式可化简为 $C_{m-1}^1 = \dfrac{3}{n-1}C_{n+1}^3$,进一步化简得 $m-1 = \dfrac{3}{n-1} \times \dfrac{(n+1)n(n-1)}{3 \times 2} = \dfrac{n(n+1)}{2}$,所以 $m = 1 + \sum_{k=1}^{n} k$,选 D.

9.【答案】 C

【解析】 为保证根号内的式子非负,则 $x^3 + 2x^2 \geq 0$,那么 $x \geq -2$,同时还要保证等号右边非负,即 $-x \geq 0$,综上得 $-2 \leq x \leq 0$,选 C.

【技巧】 先令 $x=0$,等号成立,排除 A、D 选项;再令 $x=1$,等号不成立,排除 B 选项,选 C.

10.【答案】 C

【解析】 观察 4 个备选项,旨在判断 $\dfrac{b+k}{a+k} - \dfrac{b}{a}$ 和 $\dfrac{a-k}{b-k} - \dfrac{a}{b}$ 的正负号,$\dfrac{b+k}{a+k} - \dfrac{b}{a} = \dfrac{ab+ak-ab-bk}{a(a+k)} = \dfrac{k(a-b)}{a(a+k)} > 0$,因此 $-\dfrac{b}{a} > -\dfrac{b+k}{a+k}$,选 C.

11.【答案】 C

【解析】 根据等差数列前 n 项和公式 $S_n = \dfrac{n(a_1+a_n)}{2}$,可知 $S_9 = 9a_5 < 0$,$S_{10} = \dfrac{(a_1+a_{10}) \times 10}{2} = \dfrac{(a_5+a_6) \times 10}{2}$,由于 $a_6 > |a_5|$,故 $a_5+a_6 > 0, S_{10} > 0$.

【拓展】 此题中,当 $n=$? 时,S_n 取最小值?

答:由 $a_5 < 0, a_6 > 0$ 可知公差 $d > 0$,该数列为递增的等差数列,前 5 项均小于 0,S_5 是 5 个负数相加,$S_6 = S_5 + a_6 > S_5$,故 S_5 最小. 可得到如下结论:等差数列 $\{a_n\}$ 中,S_n 是其前 n 项和,若 $a_m < 0, a_{m+1} > 0$,则 S_m 是 S_n 中最小的;同理,若 $a_m > 0, a_{m+1} < 0$,那么 S_m 是 S_n 中最大的.

12.【答案】 A

【解析】 5 只球中任取 3 只,总情况数为 $C_5^3 = 10$;取到的球中最大号码是 4,那么另外 2 只球需从 1,2,3 号球中任选 2 只,情况数为 $C_3^2 = 3$. 则其概率为 $P = \dfrac{C_3^2}{C_5^3} = \dfrac{3}{10} = 0.3$,选 A.

13.【答案】 B

【解析】 方程 $ax+by=0$ 能表示一条直线,要求 a,b 不同时为 0,即如果两次从集合中都选到 0,则方程无法表示直线,所以总情况数为:$C_5^1 C_5^1 - 1 = 24$;斜率等于 -1,要求两次从集合中取到相同的数,有 4 种情况. 所以其概率为 $\dfrac{4}{24} = \dfrac{1}{6}$,选 B.

2000年1月管理类专业学位联考综合能力数学真题及解析

真 题

问题求解：下列每题给出的A、B、C、D四个选项中，只有一项是符合试题要求的。

1. 商店委托搬运队运送500只花瓶，双方商定每只花瓶运费0.5元，若搬运中打破1只，则不但不计运费，还要从运费中扣除2元.已知搬运队共收到240元，则搬运中打破了（　　）只花瓶.

   A. 3　　　　　　　　　　　　B. 4
   C. 5　　　　　　　　　　　　D. 6

2. 购买商品A、B、C，第一次各买2件，共11.40元；第二次购买A商品4件，B商品3件，C商品2件，共14.80元；第三次购买A商品5件，B商品4件，C商品2件，共17.50元.每件A商品的价格是（　　）元.

   A. 0.70　　　　　　　　　　　B. 0.75
   C. 0.80　　　　　　　　　　　D. 0.85

3. 一本书内有三篇文章，第一篇的页数分别是第二篇页数和第三篇页数的2倍和3倍，已知第三篇比第二篇少10页，则这本书共有（　　）页.

   A. 100　　　　　　　　　　　B. 105
   C. 110　　　　　　　　　　　D. 120

4. 一艘轮船发生漏水事故.当漏进水600桶时，两部抽水机开始排水，甲机每分钟能排水20桶，乙机每分钟能排水16桶，经50分钟刚好将水全部排完.每分钟漏进的水有（　　）桶.

   A. 12　　　　　　　　　　　　B. 18
   C. 24　　　　　　　　　　　　D. 30

5. 已知方程$x^3+2x^2-5x-6=0$的根为$x_1=-1, x_2, x_3$，则$\dfrac{1}{x_2}+\dfrac{1}{x_3}=(\quad)$.

   A. $\dfrac{1}{6}$　　　　　　　　　　　B. $\dfrac{1}{5}$
   C. $\dfrac{1}{4}$　　　　　　　　　　　D. $\dfrac{1}{3}$

6. 若$\alpha^2, 1, \beta^2$成等比数列，而$\dfrac{1}{\alpha}, 1, \dfrac{1}{\beta}$成等差数列，则$\dfrac{\alpha+\beta}{\alpha^2+\beta^2}=(\quad)$.

A. $-\dfrac{1}{2}$ 或 1   B. $-\dfrac{1}{3}$ 或 1

C. $\dfrac{1}{2}$ 或 1   D. $\dfrac{1}{3}$ 或 1

7. 用五种不同的颜色涂在图中四个区域里,每一区域涂上一种颜色,且相邻区域的颜色必须不同,则共有不同的涂法( )种.

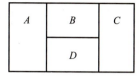

A. 120   B. 140

C. 160   D. 180

8. 在平面直角坐标系中,以直线 $y=2x+4$ 为轴与原点对称的点的坐标是( ).

A. $\left(-\dfrac{16}{5},\dfrac{8}{5}\right)$ B. $\left(-\dfrac{8}{5},\dfrac{4}{5}\right)$

C. $\left(\dfrac{16}{5},\dfrac{8}{5}\right)$ D. $\left(\dfrac{8}{5},\dfrac{4}{5}\right)$

9. 袋中有 6 只红球、4 只黑球,今从袋中随机取出 4 只球,设取到 1 只红球得 2 分,取到 1 只黑球得 1 分,则得分不大于 6 分的概率是( ).

A. $\dfrac{23}{42}$ B. $\dfrac{4}{7}$

C. $\dfrac{25}{42}$ D. $\dfrac{13}{21}$

10. 某人忘记 3 位号码锁(每位均有 0~9 十个数码)的最后一个数码,因此在正确拨出前两个数码后,只能随机地试拨最后一个数码. 每拨一次算作 1 次试开,则他在第 4 次试开时才将锁打开的概率是( ).

A. $\dfrac{1}{4}$ B. $\dfrac{1}{6}$

C. $\dfrac{2}{5}$ D. $\dfrac{1}{10}$

11. 假设实验室器皿中产生 A 类细菌与 B 类细菌的机会相等,且每个细菌的产生是相互独立的. 若某次发现产生了 n 个细菌,则其中至少有 1 个 A 类细菌的概率是( ).

A. $1-\left(\dfrac{1}{2}\right)^n$ B. $1-C_n^1\left(\dfrac{1}{2}\right)^n$

C. $\left(\dfrac{1}{2}\right)^n$ D. $1-\left(\dfrac{1}{2}\right)^{n-1}$

12. 解方程 $4^{x-\frac{1}{2}}+2^x=1$,此方程( ).

A. 有两个正实根   B. 只有一个正实根

C. 只有一个负实根   D. 有一正一负两个实根

解　析

问题求解

1. 【答案】 B

   【解析】 方法1：列方程解应用题．设打破了 x 只花瓶，则 $0.5(500-x)-2x=240 \Rightarrow x=4$．
   方法2：打破1只花瓶，少得 $2+0.5=2.5$（元），共少得 $500 \times 0.5 - 240 = 10$（元），则打破了 $10 \div 2.5 = 4$（只）．

2. 【答案】 A

   【解析】 假设三种商品的单价分别是 A,B,C，则由题知：$\begin{cases} 2A+2B+2C=11.4, \\ 4A+3B+2C=14.8, \\ 5A+4B+2C=17.5 \end{cases} \Rightarrow A=0.7$．

3. 【答案】 C

   【解析】 设第一篇页数为 $6k$，则第二篇、第三篇的页数分别为 $3k,2k$，由题知 $3k-2k=k=10$，因此本书共有 $6k+3k+2k=11k=110$（页）．

4. 【答案】 C

   【解析】 总排水量 = 原有量 + 漏水量，因此每分钟的漏水量为 $[(20+16) \times 50 - 600] \div 50 = 24$（桶）．

5. 【答案】 A

   【解析】 方程有一个根为 -1，则方程必能分解出因式 $x+1$．将方程因式分解，得：
   $x^3+2x^2-5x-6=(x+1)(x^2+x-6)=(x+1)(x-2)(x+3)=0$，因此 x_2, x_3 分别为 $2, -3$，$\dfrac{1}{x_2}+\dfrac{1}{x_3}=\dfrac{1}{2}-\dfrac{1}{3}=\dfrac{1}{6}$．

   【技巧】 根据三次方程的韦达定理得 $\begin{cases} -1+x_2+x_3=-2, \\ -1 \cdot x_2 \cdot x_3=6 \end{cases} \Rightarrow \begin{cases} x_2+x_3=-1, \\ x_2 \cdot x_3=-6, \end{cases}$ 则 $\dfrac{1}{x_2}+\dfrac{1}{x_3}=\dfrac{x_2+x_3}{x_2 x_3}=\dfrac{1}{6}$．

6. 【答案】 B

   【解析】 由题知：$\begin{cases} \alpha\beta = \pm 1, \\ \dfrac{1}{\alpha}+\dfrac{1}{\beta}=2 \end{cases} \Rightarrow \begin{cases} \alpha+\beta=-2, \\ \alpha^2+\beta^2=6, \end{cases}$ 或 $\begin{cases} \alpha+\beta=2, \\ \alpha^2+\beta^2=2, \end{cases}$ 因此 $\dfrac{\alpha+\beta}{\alpha^2+\beta^2}=-\dfrac{1}{3}$ 或 1．

7. 【答案】 D

   【解析】 分步计算．第一步给 A 涂色，5种涂法；第二步给 B 涂色，4种涂法；第三步给 D 涂色，3种涂法；第四步给 C 涂色，因为只需与 B、D 颜色不同即可，因此有3种涂法．综上，共 $5 \times 4 \times 3 \times 3 = 180$（种）涂法．

8. 【答案】 A

   【解析】 假设对称点的坐标为 (a,b)，根据点关于直线的对称点的特征：两点连线与轴垂直，两点连线的中点在轴上，得 $\begin{cases} \dfrac{b-0}{a-0} \times 2 = -1, \\ \dfrac{b+0}{2} = 2 \times \dfrac{a+0}{2}+4 \end{cases} \Rightarrow \begin{cases} a=-\dfrac{16}{5}, \\ b=\dfrac{8}{5}. \end{cases}$

【技巧】 利用公式：点 $P(x_0,y_0)$ 关于直线 $Ax+By+C=0$ 的对称点为 $\left(x_0-\dfrac{2A(Ax_0+By_0+C)}{A^2+B^2}\right.$, $\left.y_0-\dfrac{2B(Ax_0+By_0+C)}{A^2+B^2}\right)$，故点 $(0,0)$ 关于直线 $2x-y+4=0$ 的对称点为 $\left(0-\dfrac{4\times 4}{5},0-\dfrac{(-2)\times 4}{5}\right)=\left(-\dfrac{16}{5},\dfrac{8}{5}\right)$．选 A．

9．【答案】 A

【解析】 样本空间"从袋中随机取出 4 只球"，共 C_{10}^4 种取法；

事件 A "得分不大于 6 分"，分三种情况：(1) 取 4 只黑球，得分为 4 分，1 种取法；(2) 取 3 只黑球，1 只红球，得分为 5 分，共 $C_4^3 C_6^1 = 24$（种）取法；(3) 取 2 只黑球，2 只红球，得分为 6 分，共 $C_4^2 C_6^2 = 90$（种）取法．

综上，所求概率为 $\dfrac{1+24+90}{C_{10}^4}=\dfrac{23}{42}$．

10．【答案】 D

【解析】 方法 1：第 4 次将锁打开，即前 3 次没有打开，概率为 $\dfrac{9}{10}\times\dfrac{8}{9}\times\dfrac{7}{8}\times\dfrac{1}{7}=\dfrac{1}{10}$．

方法 2：本题属于抽签原理，无论第几次开锁，打开的概率都是 $\dfrac{1}{10}$．

11．【答案】 A

【解析】 反面：n 个细菌都是 B 类细菌，其概率为 $\left(\dfrac{1}{2}\right)^n$．

因此，所求概率为 $1-\left(\dfrac{1}{2}\right)^n$．

结论：在考试时有三种情况用对立面解决：①分类较多时；②遇到"至多""至少"时；③遇到否定词时．

12．【答案】 C

【解析】 令 $2^x = t$（$t>0$），原方程化简为 $\dfrac{1}{2}t^2+t-1=0\Rightarrow t=-1\pm\sqrt{3}$，其中：

$t=-1-\sqrt{3}<0$，舍去；

$t=-1+\sqrt{3}\Rightarrow 2^x=-1+\sqrt{3}\in(0,1)$，结合指数函数的图像得 $x<0$．

综上，方程只有 1 个负实根．

结论：考试时遇到指数方程和对数方程往往考虑用换元法，将方程转化为一元二次方程或二元一次方程组．

2000年10月在职攻读硕士学位全国联考综合能力数学真题及解析

真 题

问题求解：下列每题给出的 A、B、C、D 四个选项中，只有一项是符合试题要求的。

1. 某单位有男职工 420 人，男职工人数是女职工人数的 $1\frac{1}{3}$ 倍．工龄 20 年以上者占全体职工人数的 20%，工龄 10~20 年者是工龄 10 年以下者人数的一半，工龄在 10 年以下者的人数是（ ）．

   A. 250   B. 275
   C. 392   D. 401

2. 甲、乙两机床 4 小时共生产某种零件 360 个．现在两台机床同时生产这种零件，在相同时间内，甲机床生产了 1 225 个，乙机床生产了 1 025 个，则甲机床每小时生产零件（ ）个．

   A. 49   B. 50
   C. 51   D. 52

3. 车间工会为职工买来足球、排球和篮球共 94 个．按人数平均每 3 人 1 只足球，每 4 人 1 只排球，每 5 人 1 只篮球．该车间共有职工（ ）人．

   A. 110   B. 115
   C. 120   D. 125

4. 菜园里的白菜获得丰收，收到 $\frac{3}{8}$ 时，装满 4 筐还多 24 斤，其余部分收完后刚好又装满了 8 筐，菜园人共收了白菜（ ）斤．

   A. 381   B. 382
   C. 383   D. 384

5. 已知 a,b,c 是 $\triangle ABC$ 的三边长，并且 $a=c=1$．若 $(b-x)^2-4(a-x)(c-x)=0$ 有相同实根，则 $\triangle ABC$ 为（ ）．

   A. 等边三角形   B. 等腰三角形
   C. 直角三角形   D. 钝角三角形

6. 已知等差数列 $\{a_n\}$ 的公差不为 0，但第 3，4，7 项构成等比数列，则 $\dfrac{a_2+a_6}{a_3+a_7}$ 为（ ）．

A. $\dfrac{3}{5}$ B. $\dfrac{2}{3}$

C. $\dfrac{3}{4}$ D. $\dfrac{4}{5}$

7. 已知 $-2x^2+5x+c \geq 0$ 的解集为 $-\dfrac{1}{2} \leq x \leq 3$，则 c 为（   ）.

A. $\dfrac{1}{3}$ B. 3

C. $-\dfrac{1}{3}$ D. -3

8. 三位教师分配到 6 个班级任教. 若其中一人教一个班，一人教两个班，一人教三个班，则共有分配方法（   ）种.

A. 720 B. 360
C. 120 D. 60

9. 某剧院正在上演一部新歌剧，前座票价为 50 元，中座票价为 35 元，后座票价为 20 元. 如果购到任何一种票是等可能的，现任意购买 2 张票，则其值不超过 70 元的概率是（   ）.

A. $\dfrac{1}{3}$ B. $\dfrac{1}{2}$

C. $\dfrac{3}{5}$ D. $\dfrac{2}{3}$

10. $\dfrac{1}{1\times 2}+\dfrac{1}{2\times 3}+\dfrac{1}{3\times 4}+\cdots+\dfrac{1}{99\times 100}=$（   ）.

A. $\dfrac{99}{100}$ B. $\dfrac{100}{101}$

C. $\dfrac{99}{101}$ D. $\dfrac{97}{100}$

11. 某人将 5 个环一一投向一木柱，直到有 1 个套中为止. 若每次套中的概率为 0.1，则至少剩下 1 个环未投的概率是（   ）.

A. $1-0.9^4$ B. $1-0.9^3$
C. $1-0.9^5$ D. $1-0.1\times 0.9^4$

12. 一抛物线以 y 轴为对称轴，且过 $\left(-1,\dfrac{1}{2}\right)$ 点及原点. 一直线 l 过 $\left(1,\dfrac{5}{2}\right)$ 和 $\left(0,\dfrac{3}{2}\right)$ 点，则直线 l 被抛物线所截得的线段长度为（   ）.

A. $4\sqrt{2}$ B. $3\sqrt{2}$
C. $4\sqrt{3}$ D. $3\sqrt{3}$

解 析

问题求解

1.【答案】 C

【解析】 女职工人数为 $420 \div 1\frac{1}{3} = 315$,总人数为 $420 + 315 = 735$,工龄 20 年以下的有 $735 \times 80\% = 588$(人),工龄 10 年以下的有 $588 \div 1\frac{1}{2} = 392$(人).

2.【答案】 A

【解析】 甲、乙机床工作效率之比为 $1\,225 : 1\,025 = 49 : 41$,两台机床一小时共生产 $360 \div 4 = 90$(个)零件,则甲机床每小时生产 49 个零件.

3.【答案】 C

【解析】 设有职工 x 人,则 $\frac{x}{3} + \frac{x}{4} + \frac{x}{5} = 94 \Rightarrow x = 120$.

【技巧】 职工总人数应为 3,4,5 的公倍数,可直接选 C.

4.【答案】 D

【解析】 $\frac{5}{8}$ 的白菜装了 8 筐,即一筐装 $\frac{5}{8} \div 8 = \frac{5}{64}$,则 24 斤相当于总白菜数量的 $\frac{3}{8} - \frac{5}{64} \times 4 = \frac{1}{16}$,因此白菜共有 $24 \div \frac{1}{16} = 384$(斤).

5.【答案】 A

【解析】 由题意知 $(b-x)^2 - 4(1-x)^2 = 0 \Rightarrow x_1 = 2-b, x_2 = \frac{b+2}{3}$,则有 $2-b = \frac{b+2}{3} \Rightarrow b = 1$,因此 $\triangle ABC$ 是等边三角形.

6.【答案】 A

【解析】 $a_4^2 = a_3 a_7 \Rightarrow (a_1 + 3d)^2 = (a_1 + 2d)(a_1 + 6d) \Rightarrow a_1 = -\frac{3}{2}d$,则 $\frac{a_2 + a_6}{a_3 + a_7} = \frac{2a_1 + 6d}{2a_1 + 8d} = \frac{3}{5}$.

【技巧】 $\frac{a_2 + a_6}{a_3 + a_7} = \frac{2a_4}{2a_5} = \frac{a_4}{a_5}$. 而 $a_4^2 = a_3 a_7 = (a_5 - 2d)(a_5 + 2d) = a_5^2 - 4d^2$,所以 $4d^2 = a_5^2 - a_4^2 = (a_5 + a_4)d$,则 $4d = a_5 + a_4$,从而 $4(a_5 - a_4) = a_5 + a_4$,可得 $3a_5 = 5a_4$,故有 $\frac{a_2 + a_6}{a_3 + a_7} = \frac{a_4}{a_5} = \frac{3}{5}$.

7.【答案】 B

【解析】 二次不等式的解集的端点是不等式对应方程的根,结合韦达定理得 $\frac{c}{-2} = -\frac{1}{2} \times 3 \Rightarrow c = 3$.

8.【答案】 B

【解析】 分组分配,将 6 个班级分成三组再分配给三个教师,则共有 $C_6^1 C_5^2 C_3^3 P_3^3 = 360$(种)分配方法.

9. 【答案】 D

【解析】 样本空间:"任意购买 2 张票",共有 $C_3^2+3=6$(种)可能.

事件 A:"任意购买 2 张票的票价之和不超过 70 元",分为 50+20、35+35、35+20、20+20 4 种情况. 综上,所求概率为 $\dfrac{4}{6}=\dfrac{2}{3}$.

10. 【答案】 A

【解析】 利用公式 $\dfrac{1}{n(n+1)}=\dfrac{1}{n}-\dfrac{1}{n+1}$ 裂项求和:

$\dfrac{1}{1\times 2}+\dfrac{1}{2\times 3}+\dfrac{1}{3\times 4}+\cdots+\dfrac{1}{99\times 100}=\dfrac{1}{1}-\dfrac{1}{2}+\dfrac{1}{2}-\dfrac{1}{3}+\dfrac{1}{3}-\dfrac{1}{4}+\cdots+\dfrac{1}{99}-\dfrac{1}{100}=\dfrac{99}{100}$.

11. 【答案】 A

【解析】 反面计算. 本题目的反面是"一个环都没剩",分两种情况:(1) 前 4 个环都没中,第 5 个环中,概率为 $0.9^4\times 0.1$;(2) 5 个环都没投中,概率为 0.9^5. 总概率为 $0.9^4\times 0.1+0.9^5=0.9^4$. 因此所求概率为 $1-0.9^4$.

12. 【答案】 A

【解析】 抛物线以 y 轴为对称轴,则可设抛物线为 $y=ax^2+b$,又知其过点 $\left(-1,\dfrac{1}{2}\right)$ 及原点,代入表达式得 $b=0$,$a=\dfrac{1}{2}$,即抛物线为 $y=\dfrac{1}{2}x^2$.

直线过点 $\left(1,\dfrac{5}{2}\right)$ 和点 $\left(0,\dfrac{3}{2}\right)$,根据斜截式得直线方程为 $y=x+\dfrac{3}{2}$.

因此直线与抛物线的交点为 $\begin{cases} y=\dfrac{1}{2}x^2 \\ y=x+\dfrac{3}{2} \end{cases} \Rightarrow \left(3,\dfrac{9}{2}\right),\left(-1,\dfrac{1}{2}\right)$,两点间的距离为 $4\sqrt{2}$.

结论:直线 $y=kx+m$ 与抛物线 $y=ax^2+bx+c$ 相交于 A,B 两点,所截得的弦长 $AB=\sqrt{k^2+1}\cdot |x_A-x_B|$,其中 x_A,x_B 为方程 $ax^2+bx+c=kx+m$ 的两根.

1999年1月管理类专业学位联考综合能力数学真题及解析

真　题

问题求解：下列每题给出的 A、B、C、D、E 五个选项中，只有一项是符合试题要求的。

1. 一批图书放在两个书柜中，其中第一柜占 55%．若从第一柜中取出 15 本放入第二柜内，则两书柜的书各占这批图书的 50%，这批图书共有（　　　）本．

    A. 200　　　　　　　　　　B. 260
    C. 300　　　　　　　　　　D. 360
    E. 600

2. 一项工程由甲、乙两队合作 30 天可完成．甲队单独做 24 天后，乙队加入，两队合作 10 天后甲队调走，乙队继续做了 17 天才完成．若这项工程由甲队单独做，则需要（　　　）天完成．

    A. 60　　　　　　　　　　B. 70
    C. 80　　　　　　　　　　D. 90
    E. 100

3. 若方程 $(a^2+c^2)x^2-2c(a+b)x+b^2+c^2=0$ 有实根，则（　　　）．

    A. a,b,c 成等比数列　　　　B. a,c,b 成等比数列
    C. b,a,c 成等比数列　　　　D. a,b,c 成等差数列
    E. b,a,c 成等差数列

4. 加工某产品需要经过 5 个工种，其中某一工种不能最后加工，试问可安排（　　　）种工序．

    A. 96　　　　　　　　　　B. 102
    C. 112　　　　　　　　　　D. 92
    E. 86

5. 一个两头密封的圆柱形水桶，水平横放时桶内有水部分占水桶一头圆周长的 $\frac{1}{4}$，则水桶直立时水的高度和桶的高度之比值是（　　　）．

    A. $\frac{1}{4}$　　　　　　　　　　B. $\frac{1}{4}-\frac{1}{\pi}$
    C. $\frac{1}{4}-\frac{1}{2\pi}$　　　　　　　　D. $\frac{1}{8}$

E. $\dfrac{\pi}{4}$

6. 已知直线 $l_1:(a+2)x+(1-a)y-3=0$ 和直线 $l_2:(a-1)x+(2a+3)y+2=0$ 互相垂直,则 a 等于（　　）.

   A. -1 B. 1

   C. ± 1 D. $-\dfrac{3}{2}$

   E. 0

7. 设 N 件产品中有 D 件是不合格品.从这 N 件产品中任取 2 件,恰有 1 件不合格的概率是（　　）.

   A. $\dfrac{DN}{N(N-1)}$ B. $\dfrac{D(D-1)}{N(N-1)}$

   C. $\dfrac{D(N-D)}{N(N-1)}$ D. $\dfrac{D-1}{2(N-D)}$

   E. $\dfrac{2D(N-D)}{N(N-1)}$

8. 进行一系列独立的试验,每次试验成功的概率为 p,则在成功 2 次之前已经失败 3 次的概率为（　　）.

   A. $4p^2(1-p)^3$ B. $4p(1-p)^3$

   C. $10p^2(1-p)^3$ D. $p^2(1-p)^3$

   E. $(1-p)^3$

9. 求 $S_n=3+2\times 3^2+3\times 3^3+4\times 3^4+\cdots+n\times 3^n$ 的结果为（　　）.

   A. $\dfrac{3(3^n-1)}{4}+\dfrac{n\cdot 3^n}{2}$ B. $\dfrac{3(1-3^n)}{4}+\dfrac{3^{n+1}}{2}$

   C. $\dfrac{3(1-3^n)}{4}+\dfrac{(n+2)\cdot 3^n}{2}$ D. $\dfrac{3(3^n-1)}{4}+\dfrac{3^n}{2}$

   E. $\dfrac{3(1-3^n)}{4}+\dfrac{n\cdot 3^{n+1}}{2}$

10. 在等腰三角形 ABC 中,$AB=AC$,$BC=\dfrac{2\sqrt{2}}{3}$,且 AB,AC 的长分别是方程 $x^2-\sqrt{2}mx+\dfrac{3m-1}{4}=0$ 的两个根,则 $\triangle ABC$ 的面积为（　　）.

    A. $\dfrac{\sqrt{5}}{9}$ B. $\dfrac{2\sqrt{5}}{9}$

    C. $\dfrac{5\sqrt{5}}{9}$ D. $\dfrac{\sqrt{5}}{3}$

    E. $\dfrac{\sqrt{5}}{18}$

11. 设 A_1,A_2,A_3 为三个独立事件,且 $P(A_k)=p$ $(k=1,2,3;0<p<1)$,则这三个事件不全

发生的概率是( ).

A. $(1-p)^3$
B. $3(1-p)$
C. $(1-p)^3+3p(1-p)$
D. $3p(1-p)^2+3p^2(1-p)$
E. $3p(1-p)^2$

12. 甲盒内有红球 4 只,黑球 2 只,白球 2 只;乙盒内有红球 5 只,黑球 3 只;丙盒内有黑球 2 只,白球 2 只. 从这三个盒子的任意一个中取出 1 只球,它是红球的概率是( ).

A. 0.562 5
B. 0.5
C. 0.45
D. 0.375
E. 0.225

13. 下列框图中的字母代表元件种类,字母相同但下标不同的为同一类元件. 已知 A,B,C,D 各类元件的正常工作概率依次为 p,q,r,s,且各元件的工作是相互独立的,则此系统正常工作的概率为( ).

A. s^2pqr
B. $s^2(p+q+r)$
C. $s^2(1-pqr)$
D. $1-(1-pqr)(1-s)^2$
E. $s^2[1-(1-p)(1-q)(1-r)]$

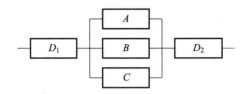

解 析

问题求解

1.【答案】 C

【解析】 由题意知,从第一柜中取出了5%的书,因此这批图书共有 $15 \div 5\% = 300$(本).

2.【答案】 B

【解析】 在完成整个工作中,甲队工作了 $24+10=34$(天),乙队工作了 $10+17=27$(天),相当于甲、乙合作了 27 天,甲单独干了 7 天. 合作一天的工作量是 $\frac{1}{30}$,合作 27 天的工作量为 $\frac{1}{30} \times 27 = \frac{9}{10}$,则甲单独干 7 天对应 $1 - \frac{9}{10} = \frac{1}{10}$ 的工作量,因此甲单独干需要 70 天完成.

【技巧】 效率特值法.

设工程量为 S,甲、乙两队的效率分别为 $v_甲, v_乙$,则有
$$S = 30(v_甲 + v_乙) = 24v_甲 + 10(v_甲 + v_乙) + 17v_乙 = 34v_甲 + 27v_乙,$$
从而 $4v_甲 = 3v_乙$,取 $v_甲 = 3$,则 $v_乙 = 4$,$S = 210$,从而这项工程由甲队单独做所需时间为 $t_甲 = \frac{S}{v_甲} = \frac{210}{3} = 70$(天).

3.【答案】 B

【解析】 方程有实根,即判别式大于或等于 0:
$$\Delta = [2c(a+b)]^2 - 4(a^2+c^2)(b^2+c^2) \geq 0 \Rightarrow c^2 = ab.$$

4.【答案】 A

【解析】 特殊元素优先处理:先给"某一工种"从前四个顺序中选一个,有 C_4^1 种安排;再把其他工种放到剩余四个位置上,有 P_4^4 种安排. 因此,共有 $C_4^1 P_4^4 = 96$(种)工序.

5.【答案】 C

【解析】 横放时:水底截面积为占水桶一头圆周长的 $\frac{1}{4}$ 的弓形面积,为 $\frac{1}{4}\pi r^2 - \frac{r^2}{2}$;高为水桶的高 h. 直立时:水底面积为水桶的底面积 πr^2,利用体积相等,水的高度为 $\dfrac{\frac{1}{4}\pi r^2 - \frac{r^2}{2}}{\pi r^2} h$,

则水的高度和桶的高度之比为 $\dfrac{\frac{1}{4}\pi r^2 - \frac{r^2}{2}}{\pi r^2} = \frac{1}{4} - \frac{1}{2\pi}$.

6.【答案】 C

【解析】 两条直线 $A_1 x + B_1 y + C_1 = 0$ 与 $A_2 x + B_2 y + C_2 = 0$ 垂直,则应满足 $A_1 A_2 + B_1 B_2 = 0 \Rightarrow (a+2)(a-1) + (1-a)(2a+3) = 0 \Rightarrow a = \pm 1$.

7.【答案】 E

【解析】 古典模型. 样本空间"从这 N 件产品中任取 2 件",有 C_N^2 种取法;事件 A 为"从这 N

件产品中任取2件,恰有1件不合格",有 $C_{N-D}^1 C_D^1$ 种取法.因此所求概率为 $\dfrac{C_{N-D}^1 C_D^1}{C_N^2} = \dfrac{2D(N-D)}{N(N-1)}$.

8. 【答案】 A

【解析】 成功2次之前已经失败3次,则第5次肯定成功,前4次中有一次成功,即概率为:
$$C_4^1 \times p^2 \times (1-p)^3 = 4p^2(1-p)^3.$$

9. 【答案】 E

【解析】 方法1:错位相减.
$$\begin{cases} S_n = 3 + 2\times 3^2 + 3\times 3^3 + 4\times 3^4 + \cdots + n\times 3^n, \\ 3S_n = 3^2 + 2\times 3^3 + 3\times 3^4 + \cdots + (n-1)\times 3^n + n\times 3^{n+1}, \end{cases}$$
两式相减得:
$$-2S_n = 3 + 3^2 + 3^3 + 3^4 + \cdots + 3^n - n\times 3^{n+1} = \dfrac{3(1-3^n)}{1-3} - n\times 3^{n+1} \Rightarrow$$
$$S_n = \dfrac{3(1-3^n)}{4} + \dfrac{n\cdot 3^{n+1}}{2}.$$

方法2:代值验证.

$n=1$ 时,$S_1=3$. 将 $n=1$ 代入选项得,五个选项都等于3,不排除;

$n=2$ 时,$S_2=21$. 将 $n=2$ 代入选项得,除 E 之外其他选项都不等于21,因此选 E.

10. 【答案】 A

【解析】 方程有两个相等的实根,则
$$\Delta = (\sqrt{2}m)^2 - 4\times \dfrac{3m-1}{4} = (m-1)(2m-1) = 0 \Rightarrow m=1 \text{ 或 } m=\dfrac{1}{2}.$$

当 $m=\dfrac{1}{2}$ 时,$AB=AC=x=\dfrac{\sqrt{2}}{4} \Rightarrow AB+AC<BC$,三边不构成三角形,舍去;

当 $m=1$ 时,$AB=AC=x=\dfrac{\sqrt{2}}{2}$,等腰三角形底边上的高为 $\sqrt{\left(\dfrac{\sqrt{2}}{2}\right)^2 - \left(\dfrac{\sqrt{2}}{3}\right)^2} = \sqrt{\dfrac{5}{18}}$,则面积为

$\dfrac{1}{2}\times \sqrt{\dfrac{5}{18}} \times \dfrac{2\sqrt{2}}{3} = \dfrac{\sqrt{5}}{9}.$

11. 【答案】 C

【解析】 "不全发生"的对立面是"全发生",故 $P(\text{"不全发生"}) = 1-p^3$,而 C 选项是
$$(1-p)^3 + 3p(1-p) = 1-3p+3p^2-p^3+3p-3p^2 = 1-p^3,$$
所以选 C.

12. 【答案】 D

【解析】 由于一共有三个盒子,取球之前先要随机选择盒子,选择盒子也占概率,分别为 $\dfrac{1}{3}, \dfrac{1}{3}, \dfrac{1}{3}$,则 $P(\text{"任取1只球为红球"}) = \dfrac{1}{3}\times \dfrac{4}{8} + \dfrac{1}{3}\times \dfrac{5}{8} + \dfrac{1}{3}\times \dfrac{0}{4} = 0.375$,选 D.

13. 【答案】 E

【解析】 此系统要正常工作,D_1, D_2 必须正常工作,且 A, B, C 中至少有一个正常工作,因而系统正常工作的概率为
$$P = s^2 [1-(1-p)(1-q)(1-r)].$$

1999年10月在职攻读硕士学位全国联考综合能力数学真题及解析

真 题

问题求解：下列每题给出的 A、B、C、D、E 五个选项中，只有一项是符合试题要求的。

1. 容器内装满铁质或木质的黑球与白球，其中30%是黑球，60%的白球是铁质的，则容器中木质白球的百分比是(　　).

   A. 28%　　　　　　　　　　　　B. 30%
   C. 40%　　　　　　　　　　　　D. 42%
   E. 70%

2. 甲、乙、丙三名工人加工一批零件，甲工人完成了总件数的34%，乙、丙两名工人完成的件数之比为6∶5，已知丙工人完成了45件，则甲工人完成了(　　)件.

   A. 48　　　　　　　　　　　　　B. 51
   C. 60　　　　　　　　　　　　　D. 63
   E. 132

3. 一列火车长75米，通过525米长的桥梁需要40秒，若以同样的速度穿过300米的隧道，则需要(　　)秒.

   A. 20　　　　　　　　　　　　　B. 约23
   C. 25　　　　　　　　　　　　　D. 约27
   E. 约28

4. 某商店将每套服装按原价提高50%后再做7折"优惠"的广告宣传，这样每售一套可获利625元. 已知每套服装的成本是2 000元，该店按"优惠价"售出一套服装比按原价(　　).

   A. 多赚100元　　　　　　　　　B. 少赚100元
   C. 多赚125元　　　　　　　　　D. 少赚125元
   E. 多赚155元

5. 已知方程 $x^2-6x+8=0$ 有两个相异实根，下列方程中仅有一根在已知方程两根之间的方程是(　　).

   A. $x^2+6x+9=0$　　　　　　　　B. $x^2-2\sqrt{2}x+2=0$

C. $x^2-4x+2=0$ D. $x^2-5x+7=0$
E. $x^2-6x+5=0$

6. 不等式 $(x^4-4)-(x^2-2)\geq 0$ 的解集是( ).

A. $x\geq\sqrt{2}$ 或 $x\leq-\sqrt{2}$ B. $-\sqrt{2}\leq x\leq\sqrt{2}$
C. $x\geq\sqrt{3}$ 或 $x\leq-\sqrt{3}$ D. $-\sqrt{2}<x\leq\sqrt{2}$
E. 空集

7. 设方程 $3x^2-8x+a=0$ 的两个实根为 x_1 和 x_2, 若 $\dfrac{1}{x_1}$ 和 $\dfrac{1}{x_2}$ 的算术平均值为 2, 则 a 的值是( ).

A. -2 B. -1
C. 1 D. $\dfrac{1}{2}$
E. 2

8. 从 0,1,2,3,5,7,11 七个数字中每次取两个相乘,不同的积有( )种.

A. 15 B. 16
C. 19 D. 23
E. 21

9. 一个圆柱体的高减少到原来的 70%, 底半径增加到原来的 130%, 则它的体积( ).

A. 不变 B. 增加到原来的 121%
C. 增加到原来的 130% D. 增加到原来的 118.3%
E. 减少到原来的 91%

10. 如图,半圆 ADB 以 C 为圆心,半径为 1, 且 $CD\perp AB$, 分别延长 BD 和 AD 至 E 和 F, 使得圆弧 AE 和 BF 分别以 B 和 A 为圆心,则图中阴影部分的面积为( ).

A.   B. $(1-\sqrt{2})\pi$

C.   D.

E. $\pi-1$

11. 在直角坐标系中, O 为原点, 点 A,B 的坐标分别为 $(-2,0),(2,-2)$, 以 OA 为一边, OB 为另一边作平行四边形 $OACB$, 则平行四边形的边 AC 的方程是( ).

A. $y=-2x-1$ B. $y=-2x-2$
C. $y=-x-2$ D. $y=\dfrac{1}{2}x-\dfrac{3}{2}$

E.

12. 盒中有 4 只球,其中红球、黑球、白球各 1 只,另有 1 只红、黑、白三色球. 现从中任取

2 球,其中恰有 1 球上有红色的概率为( ).

A. $\dfrac{1}{6}$ B. $\dfrac{1}{3}$

C. $\dfrac{1}{2}$ D. $\dfrac{2}{3}$

E. $\dfrac{5}{6}$

13. 将 3 人以相同的概率分配到 4 间房的每一间中,恰有 3 间房各有 1 人的概率是( ).

A. 0.75   B. 0.375

C. 0.187 5   D. 0.125

E. 0.105

14. 一个圆通过坐标原点,又通过抛物线 $y=\dfrac{x^2}{4}-2x+4$ 与坐标轴的交点. 该圆的半径为( ).

A. $\sqrt{2}$ B. $2\sqrt{2}$

C. $3\sqrt{2}$ D. $\dfrac{\sqrt{2}}{2}$

E. $4\sqrt{2}$

解　析

问题求解

1. 【答案】 A

【解析】 白球占 $1-30\%=70\%$，铁质白球占白球的 60%，木质白球占白球的 40%，所以木质白球占整体的 $70\%\times40\%=28\%$.

2. 【答案】 B

【解析】 乙、丙两名工人完成了 $1-34\%=66\%$，由完成的件数之比 $6:5$ 得丙完成了 30%，因此总件数为 $45\div30\%=150$，甲完成了 $150\times34\%=51$（件）.

3. 【答案】 C

【解析】 火车速度为 $(525+75)\div40=15$（米/秒），则穿过 300 米的隧道需要 $(300+75)\div15=25$（秒）.

4. 【答案】 C

【解析】 设原价为 a，则 $1.5a\times70\%=2\,000+625\Rightarrow a=2\,500$，按原价售出的利润为 500 元，因此按"优惠价"售出多赚 125 元.

5. 【答案】 C

【解析】 原方程的根为 2,4.

A. 两根为 $-3,-3$，不成立；

B. 两根为 $\sqrt{2},\sqrt{2}$，不成立；

C. 两根为 $2\pm\sqrt{2}$，成立；

D. 无根，不成立；

E. 两根为 1,5，不成立.

【技巧】 可以构造函数来解答. $x^2-6x+8=0$ 的根为 2 和 4.

对于 A 选项，令 $f(x)=x^2+6x+9$，$f(2)>0$，$f(4)>0$，不满足；

对于 B 选项，令 $f(x)=x^2-2\sqrt{2}x+2$，$f(2)=6-4\sqrt{2}>0$，$f(4)=18-8\sqrt{2}>0$，不满足；

对于 C 选项，令 $f(x)=x^2-4x+2$，$f(2)<0$，$f(4)>0$，则存在 $x_0\in(2,4)$，使 $f(x_0)=0$，且另一个根小于 2，故选 C.

6. 【答案】 A

【解析】 方法 1：穿线法.

$(x^4-4)-(x^2-2)=(x^2-2)(x^2+2-1)=(x^2-2)(x^2+1)\geqslant 0\Leftrightarrow x^2-2\geqslant 0$，解得

$$x\geqslant\sqrt{2} \text{ 或 } x\leqslant -\sqrt{2}.$$

方法 2：代值排除选项. 首先排除 E（肯定有值使得不等式成立）；当 $x=0$ 时，不等式不成立，排除 B、D；当 $x=\sqrt{2}$ 时，不等式成立，排除 C. 选 A.

7. 【答案】 E

【解析】 结合韦达定理，得 $\dfrac{1}{x_1}+\dfrac{1}{x_2}=\dfrac{x_1+x_2}{x_1x_2}=\dfrac{8}{a}=4\Rightarrow a=2$.

8. 【答案】 B

【解析】 分两类：

若有 0,则无论另一个数取哪一个,结果都是 0,即 1 种；

若无 0,则任意两数相乘都得到一个不相同的结果,有 $C_6^2 = 15$(种).

综上,共有 16 种.

9. 【答案】 D

【解析】 $V = \pi(1.3r)^2(0.7h) = 1.183\pi r^2 h.$

10. 【答案】 C

【解析】 $S_{阴} = 2S_{扇} - S_{半圆} - S_{\triangle ABD} = \dfrac{\pi}{2} - 1.$

11. 【答案】 C

【解析】 AC 与 OB 平行,斜率相等,即 $k_{AC} = k_{OB} = -1$,且直线过点 $A(-2,0)$,因此直线方程为：

$$y - 0 = -(x+2) \Rightarrow y = -x - 2.$$

12. 【答案】 D

【解析】 样本空间："从中任取 2 球",有 $C_4^2 = 6$(种)取法；

事件 A："从中任取 2 球,恰有 1 球上有红色",有 $C_2^1 C_2^1 = 4$(种)取法.

因此所求概率为 $\dfrac{4}{6} = \dfrac{2}{3}.$

13. 【答案】 B

【解析】 样本空间："3 人以相同的概率分配到 4 间房的每一间",共 $4^3 = 64$(种)分法；

事件 A："3 人以相同的概率分配到 4 间房的每一间,恰有 3 间房各有 1 人",即从 4 间房中选出 3 间分配给 3 个人,共 $P_4^3 = 24$(种)分法.

因此所求概率为 $\dfrac{24}{64} = 0.375.$

14. 【答案】 B

【解析】 抛物线与坐标轴的交点有两个：$A(4,0), B(0,4)$. 设原点为 $C(0,0)$.

圆的圆心是线段 AC 和 BC 中垂线的交点,线段 AC 的中垂线为 $x = 2$,线段 BC 的中垂线为 $y = 2$,则圆心为 $D(2,2)$.

因此圆的半径为 DC 的长度,即 $2\sqrt{2}.$

【技巧】 若圆的直径的两个端点分别为 $A(x_A, y_A), B(x_B, y_B)$,则圆的方程可直接写为 $(x - x_A)(x - x_B) + (y - y_A)(y - y_B) = 0.$

本题中的圆过点 $C(0,0), A(4,0), B(0,4)$,且 $\angle ACB = 90°$,所以 AB 为直径,则圆的方程为 $(x-4)(x-0) + (y-0)(y-4) = 0$,半径 $r = \dfrac{AB}{2} = 2\sqrt{2}.$

1998年1月管理类专业学位联考综合能力数学真题及解析

真　题

问题求解：下列每题给出的A、B、C、D、E五个选项中，只有一项是符合试题要求的。

1. 一种货币贬值15%，一年后又增值（　　）才能保持原币值．

   A. 15%　　　　　　　　　　　　B. 15.25%

   C. 16.78%　　　　　　　　　　　D. 17.17%

   E. 17.65%

2. 制鞋厂本月计划生产旅游鞋5 000双，结果12天就完成了计划的45%，照这样的进度，这个月（按30天计算）旅游鞋的产量将为（　　）双．

   A. 5 625　　　　　　　　　　　B. 5 650

   C. 5 700　　　　　　　　　　　D. 5 750

   E. 5 800

3. 甲、乙两汽车从相距695千米的两地出发，相向而行．乙汽车比甲汽车迟2个小时出发，甲汽车每小时行驶55千米，若乙汽车出发后5小时与甲汽车相遇，则乙汽车每小时行驶（　　）千米．

   A. 55　　　　　　　　　　　　B. 58

   C. 60　　　　　　　　　　　　D. 62

   E. 65

4. 一批货物要运进仓库．由甲、乙两队合运9小时，可运进全部货物的50%．乙队单独运则要30小时才能运完．又知甲队每小时可运进3吨，则这批货物共有（　　）吨．

   A. 135　　　　　　　　　　　　B. 140

   C. 145　　　　　　　　　　　　D. 150

   E. 155

5. 一元二次不等式 $3x^2-4ax+a^2<0$（$a<0$）的解集是（　　）．

   A. $\dfrac{a}{3}<x<a$　　　　　　　　　B. $x>a$ 或 $x<\dfrac{a}{3}$

   C. $a<x<\dfrac{a}{3}$　　　　　　　　　D. $x>\dfrac{a}{3}$ 或 $x<a$

   E. $a<x<3a$

6. 设实数 x,y 适合等式 $x^2-4xy+4y^2+\sqrt{3}x+\sqrt{3}y-6=0$,则 $x+y$ 的最大值为( ).

A. $\dfrac{\sqrt{3}}{2}$ B. $\dfrac{2\sqrt{3}}{3}$

C. $2\sqrt{3}$ D. $3\sqrt{2}$

E. $3\sqrt{3}$

7. 要使方程 $3x^2+(m-5)x+m^2-m-2=0$ 的两根 x_1,x_2 分别满足 $0<x_1<1$ 和 $1<x_2<2$,实数 m 的取值范围应是( ).

A. $-2<m<-1$ B. $-4<m<-1$

C. $-4<m<-2$ D. $\dfrac{-1-\sqrt{65}}{2}<m<-1$

E. $-3<m<1$

8. 圆柱的底半径和高的比是 $1:2$,若体积增加到原来的 6 倍,底半径和高的比保持不变,则底半径增加到原来的( )倍.

A. $\sqrt{6}$ B. $\sqrt[3]{6}$

C. $\sqrt{3}$ D. $\sqrt[3]{3}$

E. 6

9. 已知 a,b,c 三数成等差数列,又成等比数列. 设 α,β 是方程 $ax^2+bx-c=0$ 的两个根,且 $\alpha>\beta$,则 $\alpha^3\beta-\alpha\beta^3=$( ).

A. $\sqrt{5}$ B. $\sqrt{2}$

C. $\sqrt{3}$ D. $\sqrt{7}$

E. $\sqrt{11}$

10. 在四边形 $ABCD$ 中,设 AB 的长为 8,$\angle A:\angle B:\angle C:\angle D=3:7:4:10$,$\angle CDB=60°$,则 $\triangle ABD$ 的面积是( ).

A. 8 B. 32

C. 4 D. 16

E. 18

11. 设正方形 $ABCD$ 如图所示. 其中 $A(2,1),B(3,2)$,则边 CD 所在的直线方程是( ).

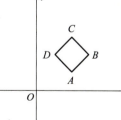

A. $y=-x-1$ B. $y=x+1$

C. $y=x-2$ D. $y=2x+2$

E. $y=-x+2$

12. 设 AB 为圆 C 的直径,点 A,B 的坐标分别是 $(-3,5),(5,1)$,则圆 C 的方程是( ).

A. $(x-2)^2+(y-6)^2=80$ B. $(x-1)^2+(y-3)^2=20$

C. $(x-2)^2+(y-4)^2=80$ D. $(x-2)^2+(y-4)^2=80$

E. $x^2+y^2=20$

13. 有 3 个人,每人都以相同的概率被分配到 4 间房的每一间中,某指定房间中恰有 2

人的概率是( ).

A. $\dfrac{1}{64}$ B. $\dfrac{3}{64}$

C. $\dfrac{9}{64}$ D. $\dfrac{5}{32}$

E. $\dfrac{3}{16}$

14. 甲、乙两选手进行乒乓球单打比赛. 甲选手发球成功后,乙选手回球失误的概率为 0.3. 若乙选手回球成功,甲选手回球失误的概率为 0.4. 若甲选手回球成功,乙选手再次回球失误的概率为 0.5. 试计算这几个回合中,乙选手输掉 1 分的概率是( ).

A. 0.36 B. 0.43

C. 0.49 D. 0.51

E. 0.57

解 析

问题求解

1.【答案】 E

【解析】 设原币值为1,增值 x 才能保持原币值,则 $1×(1-15\%)(1+x)=1 \Rightarrow x=\dfrac{3}{17} \approx 17.65\%$.

结论:一件商品先提价 $p\%$,再降 $\dfrac{p\%}{1+p\%}$ 才能保持原值;一件商品先降价 $p\%$,再涨 $\dfrac{p\%}{1-p\%}$ 才能保持原值.

2.【答案】 A

【解析】 12 天完成 45%,则 30 天完成 $\dfrac{45\%}{12}×30=112.5\%$,即产量为 $112.5\%×5\,000=5\,625$(双).

3.【答案】 D

【解析】 方法 1:列方程解应用题.设乙汽车的速度为 x 千米/小时,则 $55×7+5x=695 \Rightarrow x=62$(千米/小时).

方法 2:利用基本公式,速度=路程÷时间,即 $(695-55×7)÷5=62$(千米/小时).

4.【答案】 A

【解析】 设总工作量为 1,则甲、乙工作效率之和为 $50\%÷9=\dfrac{1}{18}$,乙的工作效率为 $\dfrac{1}{30}$,因此甲的工作效率为 $\dfrac{1}{45}$,对应 3 吨的实际工作量,因此这批货物总共有 $3÷\dfrac{1}{45}=135$(吨).

【技巧】 效率特值法.

设这批货物共 S 吨,甲、乙的运货效率分别为 $v_甲,v_乙$,则有 $\dfrac{1}{2}S=9(v_甲+v_乙)$,$S=30v_乙$,所以 $18(v_甲+v_乙)=30v_乙$,即 $18v_甲=12v_乙$,$3v_甲=2v_乙$.而 $v_甲=3$,则 $v_乙=4.5$,故 $S=30×4.5=135$(吨),故选 A.

5.【答案】 C

【解析】 $3x^2-4ax+a^2=(x-a)(3x-a)<0$,结合 $a<0$ 得 $a<x<\dfrac{a}{3}$.

6.【答案】 C

【解析】 由题知 $x+y=\dfrac{6-(x-2y)^2}{\sqrt{3}} \leqslant \dfrac{6}{\sqrt{3}}=2\sqrt{3}$.

7.【答案】 A

【解析】 本题考查二次方程的根的存在区间问题,只需考虑函数的开口方向和 $f(k)$ (k 指所给区间的端点)的正、负即可.如下图所示:

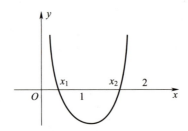

对于函数 $f(x)=3x^2+(m-5)x+m^2-m-2$, 有 $\begin{cases} f(0)>0, \\ f(1)<0, \\ f(2)>0 \end{cases} \Rightarrow -2<m<-1.$

【技巧】 取 $m=-2$, $f(x)=3x^2-7x+4$, 则 $f(1)=0$, 不满足题干, 排除选项 B、D、E. 取 $m=-3$, $f(x)=3x^2-8m+10$, 则 $f(1)=5>0$, 也不满足题干, 排除选项 C. 故选 A.

8. 【答案】 B

【解析】 假设圆柱体原来的体积为 v, 底半径增加到原来的 a 倍, 则想保持底半径和高的比不变, 高也需增加到原来的 a 倍, 此时圆柱体的体积为 $V=\pi(ar)^2(ah)=a^3\pi r^2h=a^3v=6v \Rightarrow a=\sqrt[3]{6}$.

9. 【答案】 A

【解析】 三数既成等差数列, 又成等比数列, 则三数相等且非零. 方程 $ax^2+bx-c=0$ 可化简为
$$x^2+x-1=0.$$

方法 1: $\alpha^3\beta-\alpha\beta^3=\alpha\beta(\alpha^2-\beta^2)=\alpha\beta(\alpha+\beta)(\alpha-\beta)$, 结合韦达定理得:
$\alpha\beta=-1, \alpha+\beta=-1, \alpha-\beta=\sqrt{(\alpha+\beta)^2-4\alpha\beta}=\sqrt{5}$, 因此所求代数式为 $\sqrt{5}$.

方法 2: 解方程并结合 $\alpha>\beta$ 得 $\alpha=\dfrac{\sqrt{5}-1}{2}, \beta=\dfrac{-\sqrt{5}-1}{2}$, 将其代入所求代数式得 $\alpha^3\beta-\alpha\beta^3=\alpha\beta(\alpha^2-\beta^2)=\sqrt{5}.$

10. 【答案】 D

【解析】 四边形的内角和是 $360°$, 因此四个角分别为: $45°, 105°, 60°, 150°$, 如图所示.

根据角度可得, 三角形 ABD 是等腰直角三角形, 其中 $\angle ADB=90°$; 三角形 BCD 是等边三角形, 其边长就是等腰直角三角形 ABD 的腰长. 因为 $AB=8$, 且等腰直角三角形斜边上的高是斜边长的一半, 故三角形 ABD 的面积为 $\dfrac{1}{2}\times 8\times 4=16.$

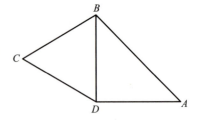

11. 【答案】 B

【解析】 由题知, CD 与 AB 平行, 且直线 AB 的斜率为 $\dfrac{1-2}{2-3}=1$, 则直线 CD 的斜率也为 1, 因此排除选项 A、D、E, 从 B、C 中选.

方法 1: 从图中可知, 直线 CD 的纵截距为正数, 因此选 B.

方法 2: 利用点 A 到直线 CD 的距离为正方形的边长求解. 正方形的边长为 AB 的长度,

$|AB|=\sqrt{2}$,则

B 选项的直线 $y=x+1$,点 A 到该直线的距离为 $\dfrac{|2-1+1|}{\sqrt{2}}=\sqrt{2}$,满足要求;

C 选项的直线 $y=x-2$,点 A 到该直线的距离为 $\dfrac{|2-1-2|}{\sqrt{2}}=\dfrac{1}{\sqrt{2}}$,不满足要求.

综上,B 选项满足要求.

12. 【答案】 B

【解析】 由题知,圆 C 的半径为线段 AB 的一半,则 $r=\dfrac{1}{2}\sqrt{(-3-5)^2+(5-1)^2}=2\sqrt{5}$;

圆 C 的圆心为线段 AB 的中点,即 $\left(\dfrac{-3+5}{2},\dfrac{5+1}{2}\right)=(1,3)$.

因此圆 C 的方程为 $(x-1)^2+(y-3)^2=20$.

13. 【答案】 C

【解析】 古典概型.

样本空间:3 个人分配到 4 间房,共有 $4\times4\times4=64$(种)分法.

事件 A:特殊元素优先处理.

第一步,先处理指定房间,给这个房间分配两个人,有 C_3^2 种方法;

第二步,将剩下的那个人分到房间里,注意指定房间不能再选,有 3 种方法.共有 9 种方法.

综上,所求概率为 $\dfrac{9}{64}$.

14. 【答案】 D

【解析】 分两类:甲—乙(乙回球失误),概率为 0.3;

甲—乙(乙回球成功)—甲(甲回球成功)—乙(乙回球失误),概率为 $0.7\times0.6\times0.5=0.21$.

综上,乙输掉 1 分的概率为 $0.3+0.21=0.51$.

注意:本题考查的是独立事件的分类法,本质上是独立与互斥相结合.

A,B 互斥 $\Leftrightarrow P(A+B)=P(A)+P(B)$,

A,B 相互独立 $\Leftrightarrow P(AB)=P(A)P(B)$.

1998年10月在职攻读硕士学位全国联考综合能力数学真题及解析

真 题

问题求解：下列每题给出的 A、B、C、D、E 五个选项中，只有一项是符合试题要求的。

1. 某种商品降价 20% 后，若欲恢复原价，应提价（　　）．
   A. 20%　　　　　　　　　　　　B. 25%
   C. 22%　　　　　　　　　　　　D. 15%
   E. 24%

2. 商店本月的计划销售额为 20 万元，由于开展了促销活动，上半月完成了计划的 60%．若全月要超额完成计划的 25%，则下半月应完成销售额（　　）万元．
   A. 12　　　　　　　　　　　　　B. 13
   C. 14　　　　　　　　　　　　　D. 15
   E. 16

3. 用一笔钱购买 A 型彩色电视机，若买 5 台余 2 500 元，若买 6 台则缺 4 000 元．现将这笔钱用于购买 B 型彩色电视机，正好可购 7 台．B 型彩色电视机每台的售价是（　　）元．
   A. 4 000　　　　　　　　　　　B. 4 500
   C. 5 000　　　　　　　　　　　D. 5 500
   E. 6 000

4. 采矿场有数千吨矿石要运走，运矿石的汽车 7 天可运走全部的 35%，照这样的进度，余下的矿石都运走还需（　　）天．
   A. 13　　　　　　　　　　　　　B. 12
   C. 11　　　　　　　　　　　　　D. 10
   E. 9

5. 在有上、下行的轨道上，两列火车相向开来，若甲车长 187 米，每秒行驶 25 米，乙车长 173 米，每秒行驶 20 米，则从两车头相遇到车尾离开，需要（　　）秒．
   A. 12　　　　　　　　　　　　　B. 11
   C. 10　　　　　　　　　　　　　D. 9
   E. 8

6. 若方程 $x^2+px+37=0$ 恰有两个正整数解 x_1 和 x_2，则 $\dfrac{(x_1+1)(x_2+1)}{p}$ 的值是（　　）.

   A. -2　　　　　　　　　　　B. -1

   C. $\dfrac{-1}{2}$　　　　　　　　　　D. 1

   E. 2

7. 若等差数列的前 5 项和 $S_5=15$，前 15 项和 $S_{15}=120$，则前 10 项和 S_{10} 为（　　）.

   A. 40　　　　　　　　　　　B. 45

   C. 50　　　　　　　　　　　D. 55

   E. 60

8. 若一球体的表面积增加到原来的 9 倍，则它的体积增加到原来的（　　）倍.

   A. 9　　　　　　　　　　　　B. 27

   C. 3　　　　　　　　　　　　D. 6

   E. 8

9. 已知等腰直角三角形 ABC 和等边三角形 BDC（如图），设 $\triangle ABC$ 的周长为 $2\sqrt{2}+4$，则 $\triangle BDC$ 的面积是（　　）.

   A. $3\sqrt{2}$　　　　　　　　　　B. $6\sqrt{2}$

   C. 12　　　　　　　　　　　D. $2\sqrt{3}$

   E. $4\sqrt{3}$

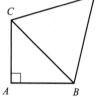

10. 已知直线 l 的方程为 $x+2y-4=0$，点 A 的坐标为 $(5,7)$，过 A 点作直线垂直于 l，则垂足的坐标为（　　）.

    A. $(6,5)$　　　　　　　　　　B. $(5,6)$

    C. $(2,1)$　　　　　　　　　　D. $(-2,6)$

    E. $\left(\dfrac{1}{2},3\right)$

11. 将 3 人分配到 4 间房的每一间中，若每人被分配到这 4 间房的每一间房中的概率都相同，则第一、第二、第三号房中各有 1 人的概率是（　　）.

    A. $\dfrac{3}{4}$　　　　　　　　　　　B. $\dfrac{3}{8}$

    C. $\dfrac{3}{16}$　　　　　　　　　　D. $\dfrac{3}{32}$

    E. $\dfrac{3}{64}$

12. 掷一枚不均匀的硬币，正面朝上的概率为 $\dfrac{2}{3}$. 若将此硬币掷 4 次，则正面朝上 3 次的概率是（　　）.

    A. $\dfrac{1}{81}$　　　　　　　　　　B. $\dfrac{8}{27}$

    C. $\dfrac{32}{81}$　　　　　　　　　D. $\dfrac{1}{2}$

E. $\dfrac{26}{27}$

13. 甲、乙、丙三人进行定点投篮比赛. 已知甲的命中率为 0.9, 乙的命中率为 0.8, 丙的命中率为 0.7, 现每人各投一次, 则:

(1) 三人中至少有两人投进的概率是( ).

A. 0.802　　　　　　　　　　B. 0.812

C. 0.832　　　　　　　　　　D. 0.842

E. 0.902

(2) 三人中至多有两人投进的概率是( ).

A. 0.396　　　　　　　　　　B. 0.416

C. 0.426　　　　　　　　　　D. 0.496

E. 0.506

解 析

问题求解

1.【答案】 B

【解析】 设原价为 1,提价 x 才能恢复原价,则有 $1\times(1-20\%)(1+x)=1\Rightarrow x=25\%$.

2.【答案】 B

【解析】 超额完成 25%,则总销售额为 125%,下半月需完成 125%-60%=65%,即 $65\%\times 20=13$(万元).

3.【答案】 C

【解析】 买 5 台余 2 500 元,买 6 台则缺 4 000 元,可知买一台 A 型电视机需要 2 500+4 000=6 500(元),故共有 $6\,500\times 5+2\,500=35\,000$(元). 因此,B 型电视机的售价为 $35\,000\div 7=5\,000$(元).

4.【答案】 A

【解析】 方法 1:余下 1-35%=65%,工作效率为 $35\%\div 7=5\%$,因此还需要 $65\%\div 5\%=13$(天).

方法 2:工作效率为 $35\%\div 7=5\%$,完成所有工程共需要 $1\div 5\%=20$(天),因此还需 20-7=13(天).

5.【答案】 E

【解析】 车头相遇到车尾离开,路程为两车长之和,即 187+173=360(米),而速度和为 25+20=45(米/秒),因此时间=$360\div 45=8$(秒).

6.【答案】 A

【解析】 结合韦达定理得 $x_1x_2=37$,两个正整数相乘为 37,则只能是 1 和 37,因此两根分别为 1,37,两根之和为 $-p=1+37\Rightarrow p=-38$,所求为 $\dfrac{(1+1)(1+37)}{-38}=-2$.

7.【答案】 D

【解析】 若 $\{a_n\}$ 是等差数列,则 $S_n,S_{2n}-S_n,S_{3n}-S_{2n},S_{4n}-S_{3n},\cdots$ 也是等差数列. 因此,设 $S_{10}=x,S_5,S_{10}-S_5,S_{15}-S_{10}$ 成等差数列,必有 $2(x-15)=15+(120-x)\Rightarrow x=55$.

8.【答案】 B

【解析】 球体的表面积为 $4\pi r^2$,若表面积增加到原来的 9 倍,则半径增加到原来的 3 倍,因此体积 $\dfrac{4}{3}\pi r^3$ 将增加到原来的 $3^3=27$(倍).

结论:设半径为 r_1 和 r_2 的两个球的表面积为 S_1 和 S_2,体积为 V_1 和 V_2,则 $\dfrac{S_1}{S_2}=\dfrac{r_1^2}{r_2^2}$,$\dfrac{V_1}{V_2}=\dfrac{r_1^3}{r_2^3}$.

9.【答案】 D

【解析】 等腰直角三角形的三边长之比为 $1:1:\sqrt{2}$,利用"份数"思想,得斜边 $BC=$

$\dfrac{2\sqrt{2}+4}{1+1+\sqrt{2}} \times \sqrt{2} = 2\sqrt{2}$，即等边三角形 BDC 的边长为 $2\sqrt{2}$，则面积为 $\dfrac{\sqrt{3}}{4} \times (2\sqrt{2})^2 = 2\sqrt{3}$.

注意：等边三角形的面积公式为 $S = \dfrac{\sqrt{3}}{4}a^2$（其中 a 为边长）.

10. 【答案】 C

【解析】 过点 A 的垂线与 l（$k_l = -\dfrac{1}{2}$）垂直，则垂线的斜率为 2，得该垂线为 $y-7 = 2(x-5) \Rightarrow 2x-y-3=0$，垂足是两条直线的交点，即 $\begin{cases} x+2y-4=0, \\ 2x-y-3=0 \end{cases} \Rightarrow \begin{cases} x=2, \\ y=1. \end{cases}$

11. 【答案】 D

【解析】 样本空间为"3 人等概率地分配到 4 间房中的每一间"，共 4^3 种分法；事件 A 为"第一、第二、第三号房中各有 1 人"，即三人分到一、二、三号房间即可，全排列，有 P_3^3 种分法. 因此所求概率为 $\dfrac{P_3^3}{4^3} = \dfrac{3}{32}$.

注意：n 个人无限制进入 m 个房间，共有 m^n 种方法.

12. 【答案】 C

【解析】 此题考查伯努利概型的基本公式，即 $C_4^3 \times \left(\dfrac{2}{3}\right)^3 \times \dfrac{1}{3} = \dfrac{32}{81}$.

13. 【答案】 (1) E；(2) D

【解析】 (1) 至少有两人投进，分两种情况：两人投进、三人投进.

当有两人投进时，甲、乙、丙都有可能投进，概率为：

$0.9 \times 0.8 \times (1-0.7) + (1-0.9) \times 0.8 \times 0.7 + 0.9 \times (1-0.8) \times 0.7 = 0.398$；

当有三人投进时，概率为 $0.9 \times 0.8 \times 0.7 = 0.504$.

综上，所求概率为 $0.398 + 0.504 = 0.902$.

(2) 至多两人投进，分三种情况：两人投进、一人投进、无人投进；"正难则反"，因为三人都投进的概率为 $0.9 \times 0.8 \times 0.7 = 0.504$，因此所求概率为 $1 - 0.504 = 0.496$.

1997年1月管理类专业学位联考综合能力数学真题及解析

真 题

问题求解：下列每题给出的 A、B、C、D、E 五个选项中，只有一项是符合试题要求的。

1. 某工厂一生产流水线,若15秒可出产品4件,则1小时该流水线可出产品(　　)件.
   A. 480　　　　　　　　　　　　B. 540
   C. 720　　　　　　　　　　　　D. 960
   E. 1 080

2. 若 $x^2+bx+1=0$ 的两个根为 x_1 和 x_2，且 $\dfrac{1}{x_1}+\dfrac{1}{x_2}=5$，则 b 的值是(　　).
   A. -10　　　　　　　　　　　B. -5
   C. 3　　　　　　　　　　　　　D. 5
   E. 10

3. 某投资者以2万元购买甲、乙两种股票,甲股票的价格为8元/股,乙股票的价格为4元/股,它们的投资额之比是4∶1.在甲、乙股票分别为10元/股和3元/股时,该投资者全部抛出这两种股票,他共获利(　　)元.
   A. 3 000　　　　　　　　　　　B. 3 889
   C. 4 000　　　　　　　　　　　D. 5 000
   E. 2 300

4. 甲仓存粮30吨,乙仓存粮40吨,要再往甲仓和乙仓共运去粮食80吨,使甲仓粮食是乙仓粮食的1.5倍,应运往乙仓的粮食是(　　)吨.
   A. 15　　　　　　　　　　　　B. 20
   C. 25　　　　　　　　　　　　D. 30
   E. 35

5. 若 $\sqrt{(a-60)^2}+|b+90|+(c-130)^{10}=0$，则 $a+b+c$ 的值是(　　).
   A. 0　　　　　　　　　　　　　B. 280
   C. 100　　　　　　　　　　　　D. -100
   E. 无法确定

6. 一等差数列中, $a_1=2$, $a_4+a_5=-3$，该等差数列的公差是(　　).
   A. -2　　　　　　　　　　　B. -1

C. 1 D. 2

E. 3

7. $ab<0$ 时,直线 $y=ax+b$ 必然( ).

A. 经过一、二、四象限 B. 经过一、三、四象限

C. 在 y 轴上的截距为正数 D. 在 x 轴上的截距为正数

E. 在 x 轴上的截距为负数

8. 若菱形 $ABCD$ 的两条对角线 $AC=a$, $BD=b$, 则它的面积是( ).

A. ab B. $\dfrac{1}{3}ab$

C. $\sqrt{2}ab$ D. $\dfrac{1}{2}ab$

E. $\dfrac{\sqrt{2}}{2}ab$

9. 若圆柱体的高增大到原来的 3 倍, 底半径增大到原来的 1.5 倍, 则其体积增大到原来的( )倍.

A. 4.5 B. 6.75

C. 9 D. 12.5

E. 15

10. 圆方程 $x^2-2x+y^2+4y+1=0$ 的圆心是( ).

A. $(-1,-2)$ B. $(-1,2)$

C. $(-2,-2)$ D. $(2,-2)$

E. $(1,-2)$

11. 10 件产品中有 3 件次品, 从中随机抽出 2 件, 至少抽到 1 件次品的概率是( ).

A. $\dfrac{1}{3}$ B. $\dfrac{2}{5}$

C. $\dfrac{7}{15}$ D. $\dfrac{8}{15}$

E. $\dfrac{3}{5}$

解 析

问题求解

1.【答案】 D

【解析】 1 小时包含 $\dfrac{3\,600}{15}$ 个 15 秒,因此可出产品 $\dfrac{3\,600}{15} \times 4 = 960$(个).

注意时间换算单位:1 小时 = 60 分钟 = 3 600 秒.

2.【答案】 B

【解析】 利用韦达定理,$\dfrac{1}{x_1} + \dfrac{1}{x_2} = \dfrac{x_1 + x_2}{x_1 x_2} = -b = 5 \Rightarrow b = -5$.

3.【答案】 A

【解析】 甲、乙两种股票的投资额之比为 4∶1,得

甲股票:投资额 $20\,000 \times \dfrac{4}{5} = 16\,000$(元),购买的数量为 $16\,000 \div 8 = 2\,000$(股),获利 $2\,000 \times (10-8) = 4\,000$(元);

乙股票:投资额 $20\,000 \times \dfrac{1}{5} = 4\,000$(元),购买的数量为 $4\,000 \div 4 = 1\,000$(股),亏损 $1\,000 \times (4-3) = 1\,000$(元).

综上,共获利 3 000 元.

注意:股票的盈利 = 每股差价 × 股票数量.

4.【答案】 B

【解析】 设运往乙仓库 x 吨,则 $30 + 80 - x = 1.5(40 + x) \Rightarrow x = 20$.

注意:本题考查一元一次方程.

5.【答案】 C

【解析】 由绝对值和偶次方项的非负性,可得

$$\begin{cases} \sqrt{(a-60)^2} = 0, \\ |b+90| = 0, \\ (c-130)^{10} = 0 \end{cases} \Rightarrow \begin{cases} a = 60, \\ b = -90, \\ c = 130, \end{cases}$$

所以 $a + b + c = 100$.

6.【答案】 B

【解析】 由等差数列的通项公式 $a_n = a_1 + (n-1)d$ 得,$a_4 + a_5 = 2a_1 + 7d = -3$,结合 $a_1 = 2$ 得 $d = -1$.

7.【答案】 D

【解析】 $ab < 0$ 分两种情况:

当 $a > 0, b < 0$ 时,图像过一、二、三象限;

当 $a < 0, b > 0$ 时,图像过一、二、四象限.

因此排除 A、B 两个选项.

图像在 y 轴上的截距为 b,无法确定其正负,排除 C 选项.

图像在 x 轴上的截距为 $-\dfrac{b}{a}>0$，故选 D．

8.【答案】 D

【解析】 菱形的面积等于对角线乘积的一半，即 $\dfrac{ab}{2}$．

9.【答案】 B

【解析】 方法 1：$V'=\pi R^2 H=\pi(1.5r)^2(3h)=6.75\pi r^2h=6.75V$．

方法 2：特殊值法．圆柱体积为 πr^2h；令原始的圆柱体的底面半径和高都是 1，体积为 π；则扩大后的半径和高分别为 1.5 和 3，体积为 6.75π，扩大到原来的 6.75 倍．

10.【答案】 E

【解析】 将圆的方程配方，得 $(x-1)^2+(y+2)^2=4$，圆心为 $(1,-2)$．

11.【答案】 D

【解析】 方法 1：本题考查古典概型，样本空间为"从 10 件产品中随机抽出 2 件"，有 $C_{10}^2=45$（种）；事件 A 为"至少抽到 1 件次品"，有 $C_3^2+C_7^1C_3^1=24$（种）．因此所求概率为 $\dfrac{24}{45}=\dfrac{8}{15}$．

方法 2：反面计算，至少抽到 1 件次品，其反面为"抽到的全是正品"，因此所求概率为 $1-\dfrac{C_7^2}{C_{10}^2}=\dfrac{8}{15}$．

郑重声明

高等教育出版社依法对本书享有专有出版权。任何未经许可的复制、销售行为均违反《中华人民共和国著作权法》，其行为人将承担相应的民事责任和行政责任；构成犯罪的，将被依法追究刑事责任。为了维护市场秩序，保护读者的合法权益，避免读者误用盗版书造成不良后果，我社将配合行政执法部门和司法机关对违法犯罪的单位和个人进行严厉打击。社会各界人士如发现上述侵权行为，希望及时举报，我社将奖励举报有功人员。

反盗版举报电话　（010）58581999　58582371
反盗版举报邮箱　dd@hep.com.cn
通信地址　北京市西城区德外大街4号
　　　　　高等教育出版社知识产权与法律事务部
邮政编码　100120

读者意见反馈

为收集对本书的意见建议，进一步完善本书编写并做好服务工作，读者可将对本书的意见建议通过如下渠道反馈至我社。

咨询电话　400-810-0598
反馈邮箱　gjdzfwb@pub.hep.cn
通信地址　北京市朝阳区惠新东街4号富盛大厦1座
　　　　　高等教育出版社总编辑办公室
邮政编码　100029

防伪查询说明

用户购书后刮开封底防伪涂层，使用手机微信等软件扫描二维码，会跳转至防伪查询网页，获得所购图书详细信息。

防伪客服电话　（010）58582300